Horst W. Köhler

Die Planeten

Horst W. Köhler, geb. 1941 in Augsburg, studierte Maschinenbau und ist seit Abschluß seines Studiums bei MAN in Augsburg tätig, zuerst als Berechnungs- und Versuchsingenieur, seit 1982 als Technical Sales Manager für Abgasturbolader.

Nebenberuflich hat er sich als Verfasser von etwa 300 Beiträgen aus dem Gebiet der Astronautik für die verschiedensten technischen und technisch-wissenschaftlichen Publikationen einen Namen gemacht, wobei der Schwerpunkt seiner Arbeit auf dem Gebiet der Planetenforschung liegt. Er ist Verfasser mehrerer Raumfahrt-Bücher; 1978 erschien im gleichen Verlag sein mit hervorragenden Kritiken bedachtes Buch „Der Mars – Bericht über einen Nachbarplaneten". Seit 1979 erfüllt er an der Fachhochschule Augsburg einen Lehrauftrag über Grundlagen der Raumfahrt. H. W. Köhler ist langjähriges Mitglied der Hermann-Oberth-Gesellschaft e.V. und des American Institute of Aeronautics and Astronautics (AIAA, USA), sowie Gründungsmitglied der Planetary Society (USA).

Horst W. Köhler

Die Planeten

Mit 183 einfarbigen Bildern
und 8 Farbtafeln

V

Friedr. Vieweg & Sohn Braunschweig/Wiesbaden

CIP-Kurztitelaufnahme der Deutschen Bibliothek

Köhler, Horst W.:
Die Planeten / Horst W. Köhler. – Braunschweig;
Wiesbaden: Vieweg, 1983.
ISBN 978-3-663-01903-9 ISBN 978-3-663-01902-2 (eBook)
DOI 10.1007/978-3-663-01902-2

Satz: Vieweg, Wiesbaden

ISBN 978-3-663-01903-9

In Erinnerung an meine Schwester

Karin Köhler

geb. 12.3.1943
gest. 27.1.1981

Vorwort

Seit 1963 verstrich kaum ein Jahr, in dem nicht mindestens eine der amerikanischen und sowjetischen Sonden Ranger, Surveyor, Mariner, Apollo (als bemanntes Raumschiff), Mars, Venera, Pioneer, Viking und Voyager überraschende Meßdaten und sensationelle Nahaufnahmen von den Planeten und dem Erdmond zur Erde übertrugen. Mit wissenschaftlichen Meßgeräten und stark auflösenden Kameras ausgerüstete Planetensonden waren monatelang künstliche Begleiter von Mars und Venus; hochentwickelte Landekapseln setzten auf deren Oberflächen weich auf und führten ausgedehnte Arbeitsprogramme durch. Oberflächenaufnahmen von den Planeten und deren Monden änderten Auffassung und Wissen von Milliarden von Menschen, bewirkten unausgesprochen ein gesteigertes Umweltbewußtsein, verstärkten das Nachdenken über die „Lebensinsel" Erde, die es zu erhalten und zu schützen gilt. Der Begriff der vergleichenden Planetologie wurde geboren: ein Flug zu den anderen, meist einfacheren Planeten, um durch deren Erforschung unsere Erde und die Vorgänge auf und in ihr besser verstehen zu lernen. Planetologie ist gegenwärtig populär, so populär, daß etwa die neu gegründete amerikanische Gesellschaft „The Planetary Society" allein in den ersten drei Jahren ihres Bestehens mehr als 100 000 Mitglieder gewann.

Doch seit 1981 gehen die Bemühungen zur Erkundung der Planeten, vor allem in den USA, deutlich zurück. Über Nachfolgeprogramme wird jahrelang diskutiert — der Start von Sonden Jahr um Jahr verschoben, die vorgesehenen Raumflugkörper aus Kostengründen gegenüber den früheren Planungen konstruktiv vereinfacht.

Für ein Buch wie das vorliegende ist diese Situation ein günstiger Erscheinungstermin. Es soll aufzeigen, was erreicht wurde, es soll aber auch eine stille Forderung nach verstärkter Wiederaufnahme der internationalen Planetenforschung sein. Viele Fragen harren noch einer Antwort — die Erkundung der Planeten ist noch lange nicht abgeschlossen. Noch nie wurde beispielsweise ein Asteroid oder ein Komet angeflogen, etwa die Hälfte der Oberfläche von Merkur ist uns noch unbekannt, ebenso fehlen — in hochaufgelösten Nahaufnahmen — Bilder von den Polgebieten des Erdmondes. Die so wichtige Frage nach Leben auf dem Mars läßt sich bestenfalls für die zwei Viking-Landeplätze mit ausreichender Sicherheit beantworten. Und noch niemals hat eine auf der Venusoberfläche weich aufgesetzte Landesonde wesentlich länger als eine Stunde überlebt, noch nie ist eine atmosphärische Eintauchsonde in die Tiefe unserer massereichen Großplaneten eingedrungen. Die Aufzählung ließe sich noch erweitern.

Allen, die mich bei der Entstehung dieses Buches direkt und indirekt unterstützten, ist an dieser Stelle herzlicher Dank gesagt. Bei dem begrenzten Umfang des Werkes und der weiten Thematik mußte zwangsläufig manches unerwähnt und unbeschrieben bleiben, was mir nachzusehen ist. Darunter fallen auch solch faszinierende, aber gleichzeitig schwierige Fragen wie die nach der Entstehung der Planeten und nach dem Ursprung des Lebens: Trotz aller neuer Kenntnisse steht zur Beantwortung dieses Fragenkomplexes nach meiner Meinung immer noch einem zu Wenig an Fakten ein zu Viel an Hypothese, Spekulation und Fantasie gegenüber.

Horst W. Köhler

Augsburg—Friedberg, Juni 1983

Inhaltsverzeichnis

1 Unser Sonnensystem – Übersicht in Zahlen

Die großen Distanzen im Universum werden in Lichtjahren gemessen. Ein Lichtjahr (Lj.) ist die Strecke, die das Licht, das sich mit einer Geschwindigkeit von 300 000 km/s ausbreitet, in einem Jahr zurücklegt. Sie beträgt $9{,}4608 \cdot 10^{12}$ km, also 9,4608 Billionen km. Mit den modernen Radioteleskopen dringt man heute weit in die Tiefen des Weltalls vor; der häufig abgebildete Andromedanebel [1*] ist beispielsweise rund 2 Mio. Lj. von uns weg, und der entfernteste, optisch eben noch nachweisbare Spiralnebel sogar 5 Mrd. Lj. Das Licht dieses fernen extragalaktischen Objekts wurde also zu einer Zeit ausgesandt, als die Erde und die anderen Planeten unseres Sonnensystems noch gar nicht existierten. Der Teil des Universums, der heute mit den leistungsfähigsten optischen Instrumenten erfaßt wird, enthält über 100 Milliarden Sternsysteme oder Galaxien, wobei man annehmen kann, daß zu jedem Sternsystem wiederum rund 100 Milliarden Sterne gehören.

Das Sternsystem, in dem die Sonne und die Planeten angesiedelt sind und das wir Milchstraßensystem nennen, ist also nur eines unter einer unvorstellbar hohen Zahl älterer und jüngerer, größerer und kleinerer Systeme im Kosmos. Dieses Milchstraßensystem mit der Form eines Diskus mit 100 000 Lj. Äquatordurchmesser und einer „Dicke" von etwa 15 000 Lj. enthält etwa 100 Milliarden Sterne, von denen wir mit bloßem Auge immerhin nahezu 7 000 zählen könnten. Alle diese Sterne nehmen an einer Rotationsbewegung um den galaktischen Kern teil. Unsere Sonne (Bild 1.1) ist, was Alter, Größe und Helligkeit anlangt, kein besonders auffälliges Objekt unter ihnen: Sie befindet sich mit den neun Planeten in Randnähe des Milchstraßensystems, 30 000 Lj. von dessen Zentrum entfernt, und bewegt sich in 220 ... 240 Millionen Jahren einmal um dessen Kern. Daneben rotiert die Sonne in der gleichen Richtung wie die Erde in 25,03 Tagen um die eigene Achse. Man spricht

Bild 1.1
Die Sonne, fotografiert mit einem Filter im Licht der roten Wasserstofflinie. Typisch ist die unregelmäßige körnige Struktur (Granulation), ein sichtbares Zeichen der unterhalb der Photosphäre stattfindenden Wasserstoffkonvektion. Oben rechts ist eine stürmische Region zu erkennen, die eine Fläche von 160 000 km Durchmesser einnimmt. Die dunklen, fadenförmigen Gebilde werden Filamente genannt. Wandert ein solches Filament aufgrund der Rotation der Sonne zum Sonnenrand, so erscheint es gegen den dunklen Himmelsgrund als helleuchtende Protuberanz.

* Die Zahlen in eckigen Klammern beziehen sich auf die Literaturangaben am Ende jedes Kapitels.

Tabelle 1.1 Physikalische Daten der Sonne

Radius:	696 000 km
Radius (Erde = 1):	109
Abplattung:	$\leqslant$ 0,0017
Oberfläche:	$6{,}0936 \cdot 10^{12}$ km^2
Oberfläche (Erde = 1):	11 880
Volumen:	$1{,}412 \cdot 10^{27}$ m^3
Volumen (Erde = 1):	$1{,}303 \cdot 10^{6}$
Masse:	$1{,}991 \cdot 10^{30}$ kg
Masse (Erde = 1):	333 000
mittl. Schwerebeschleunigung an der Oberfläche:	273,7 m/s^2
mittl. Schwerebeschleunigung an der Oberfläche (Erde = 1):	27,91
Rotationsdauer am Äquator:	25,03 Tage
Rotationsgeschwindigkeit am Äquator:	2,058 km/s
Fluchtgeschwindigkeit:	617,23 km/s
mittlere Dichte:	1,409 g/cm^3
Oberflächentemperatur:	ca. 5790 K
Spektraltyp:	G 2
Energieproduktion:	$3{,}9 \cdot 10^{23}$ kW
Solarkonstante für den Atmosphärenrand der Erde:	1,395 kW/m^2
Sonnenstrahlungsleistung auf die gesamte Erdoberfläche:	$1{,}78 \cdot 10^{14}$ kW
Zusammensetzung:	78 % Wasserstoff 20 % Helium 2 % weitere Gase (z. B. Stickstoff, Sauerstoff, Neon)
mittl. Entfernung zur Erde:	149,6 Mio. km (= 1 A. E.)
Neigung des Sonnenäquators gegen die Ekliptik:	7°15′

dabei von einer differentiellen Rotation, weil das Oberflächenmaterial in Abhängigkeit von seiner Tiefenlage und der heliographischen Breite unterschiedlich schnell rotiert.

Die wichtigsten Daten der Sonne sind in Tabelle 1.1 zusammengefaßt.

Druck, Temperatur und Dichte nehmen zum Zentrum der Sonne natürlich stark zu; der Druck steigt auf ca. 10^{11} bar, die Temperatur auf 15 Mio. Grad und die Dichte auf 130 g/cm^3. Bei diesen extremen Zustandsbedingungen werden im Sonneninneren thermonukleare Reaktionen ausgelöst. Die wichtigsten energieliefernden Prozesse sind dabei der Kohlenstoff-Stickstoff-Zyklus (Bethe-Weizsäcker-Zyklus) und der Proton-Proton-Effekt, bei denen jeweils vier Wasserstoffkerne (Protonen) zu einem Heliumkern umgewandelt werden [2, 3]. Bereits bei der Verschmelzung der Atomkerne von nur 1g Wasserstoff zu Heliumkernen wird eine Energie von 630 Mrd. Joule frei. In jeder Sekunde setzt die Sonne 564 Mio. t Wasserstoff zu 560 Mio. t Helium um. Die restlichen 4 Mio. t (Massendefekt) gehen in Strahlung über. Nach dem Durchlaufen zahlreicher verwickelter atomarer Prozesse bis zum Erreichen der Sonnenoberfläche wird sie in Form von sichtbarem Licht, Ultraviolett- und Wärmestrahlung, Radiowellen, Röntgen- und Neutrinostrahlen an den umgebenden Raum emittiert. Bis auf die Neutrinos (Elementarteilchen ohne Ladung und Ruhemasse, die nicht absorbiert werden und die Sonnenoberfläche in weniger als 8 Minuten erreichen) kann dies bei den anderen Strahlungen einige zehntausend Jahre dauern. Die genannten Strahlungsarten erreichen auch die Umgebung der Erde und die anderen Planeten.

Im Zusammenhang mit Sonnenflecken treten, besonders in Zeiten erhöhter Sonnenaktivität, chromosphärische Eruptionen (Flares) auf, in deren Zentren neuerdings Temperaturen bis zu 55 Mio. Grad festgestellt wurden. Die Eruptionen sind intensive, stürmisch verlaufende Lichtausbrüche in der Chromosphäre (solare Atmo-

Bild 1.2
Starke Protuberanz am Sonnenrand, mit einem Spektroheliographen an Bord der früheren amerikanischen Raumstation Skylab im extremen Ultraviolettbereich des Spektrums fotografiert.

sphärenschicht), häufig auch von eruptiven Protuberanzen (hauptsächlich aus Wasserstoff bestehende wolkenförmige Gebilde, die über der Chromosphäre schweben) begleitet (Bild 1.2). Dabei wird Sonnenmaterie mit hoher Geschwindigkeit mitunter 200 000 km hoch in die Korona (äußerste Hülle der Sonnenatmosphäre) hinausgeschleudert, um dann wieder auf die Sonnenoberfläche zurückzustürzen. Solche Flares sind Quellen intensiver Ultraviolett- und Röntgenstrahlung. Sie emittieren auch eine aus geladenen Teilchen (Elektronen, Protonen, Ionen) bestehende Korpuskularstrahlung. Auch diese Strahlungen erreichen die Planeten; im Fall unserer Erde haben sie deutlich spürbare Auswirkungen (magnetische Stürme, Polarlichter). Beispielsweise bewirkt die erwähnte Röntgenstrahlung über eine plötzliche Erhöhung der Ionisierung der Ionosphäre Störungen des Funkverkehrs, was unter der Bezeichnung Mögel-Dellinger-Effekt bekannt ist (Kapitel 2).

Andere solar-planetare Wechselwirkungen entstehen durch einen ständig von der Sonne nach allen Richtungen abströmenden Materiestrom, den Solarwind (Sonnenwind, Solarplasma). Direkt kann er nur mit Hilfe von Raumsonden nachgewiesen werden, mittelbar läßt er sich aber an seiner Wirkung auf Gasschweife von Kometen erkennen, die stets von der Sonne abgewandt sind [4, 5]. Dieser Teilchenstrom setzt sich hauptsächlich aus ionisiertem Wasserstoff, also aus Elektronen und Protonen, und zum geringeren Teil aus Heliumkernen zusammen. In Form von gebündelten Plasmawolken strömt der Sonnenwind von der Korona ab, wobei bei ruhiger Sonne Geschwindigkeiten von 300 ... 700 km/s erreicht werden, bei gesteigerter Sonnenaktivität jedoch bis zu 1 000 km/s. Obwohl der tägliche Massenverlust der Sonne durch den Solarwind etwa 100 Mrd. t ausmacht, wird in Erdnähe bei ruhiger Sonne nur noch eine Teilchenstromdichte von 5 ... 10 Ionen/cm^3 gemessen. Die Teilchen, mit einer Temperatur in Sonnennähe von einheitlich etwa 1 Mio. Grad, kühlen sich auf ihrem Weg unterschiedlich stark ab; in Erdnähe wurde z.B. eine typische Temperatur der Protonen von 50 000 ... 80 000 K registriert, während die Temperatur der Elektronen bei 150 000 ... 200 000 K lag. Ursache des Sonnenwindes nach dem derzeitigen Verständnis und in vereinfachender Darstellung ist eine

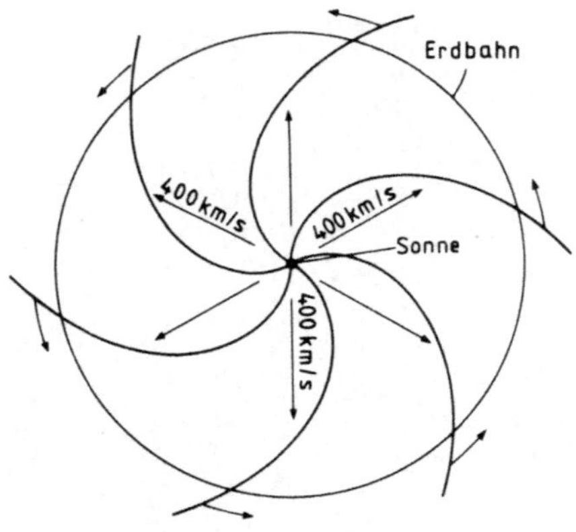

Bild 1.3
Ein mit der Sonne rotierendes schwaches Magnetfeld wird von dem radial nach außen blasenden Sonnenwind (typische Teilchengeschwindigkeit 400 km/s) mitgenommen und zu einer geometrischen Konfiguration analog der Strahlenformation eines rotierenden Rasensprengers ausgezogen.

Druckdifferenz zwischen der mit 1 bis 2 Mio. Grad extrem heißen, die Sonne praktisch kugelförmig umgebenden Korona und dem interstellaren Gas. Infolge dieser Differenz erweitert sich die Korona ständig in die interstellare Materie, wobei der Materieverlust durch Massen ausgeglichen wird, die aus den Tiefen der Sonnenatmosphäre nach außen quellen.

Mit der radialen Auswärtsbewegung des Solarwindes zieht sich ein Magnetfeld in Gestalt einer Archimedischen Spirale in den interplanetaren Raum hinaus (Bilder 1.3 und 1.4). Mit einer Magnetfeldstärke von 5 ... 6 Gamma (5 ... 6 · 10^{-5} Gauß) in Erdbahnnähe ist es allerdings etwa um den Faktor 10 000 schwächer als das irdische Feld.

Die Erde läuft mit acht weiteren Planeten und deren Monden um die Sonne (Bild 1.5). Zum Sonnensystem gehören außerdem eine Vielzahl von Kleinstplaneten (Planetoiden, Asteroiden),

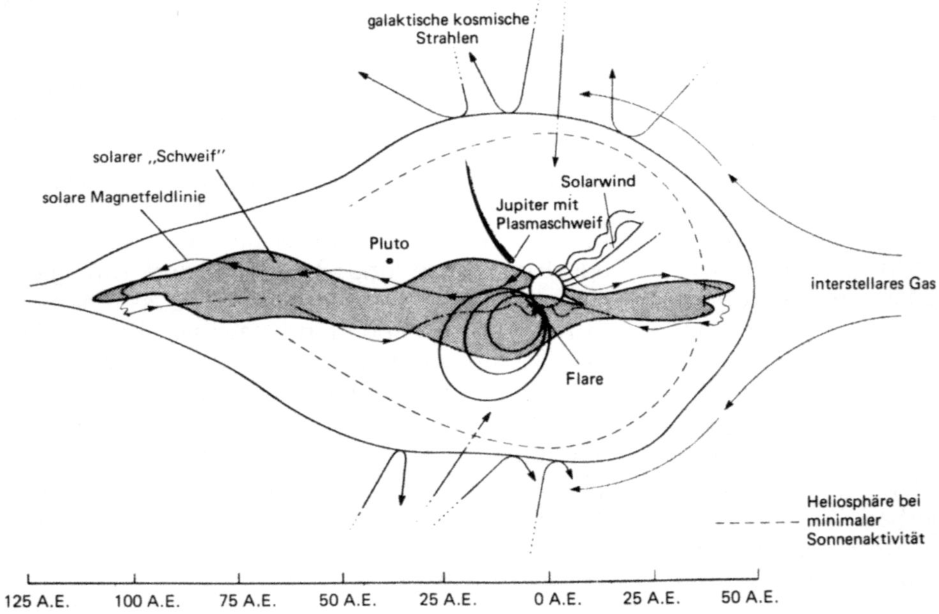

Bild 1.4
Die in ihrer Ausdehnung großen langfristigen Schwankungen unterworfene Heliosphäre ist nach heutiger Vorstellung eine riesige, durch den Sonnenwind gebildete magnetische Blase. Sie erhält ihre tropfenförmige Gestalt durch die Bewegung des Sonnensystems durch das interstellare Gas. Ein vom Sonnenäquator ausgehender und durch solare Flares deformierter dünner „Schweif" trennt die nördliche von der südlichen magnetischen Hemisphäre. Die Heliosphäre blockt den weitaus größten Teil der nieder- und hochenergetischen kosmischen Strahlungspartikel ab, wenn auch mit zunehmender Entfernung von der Sonne mehr und mehr Partikel die Heliosphäre durchdringen. 1 A.E. bedeutet 1 astronomische Einheit = 149,6 Mio. km.

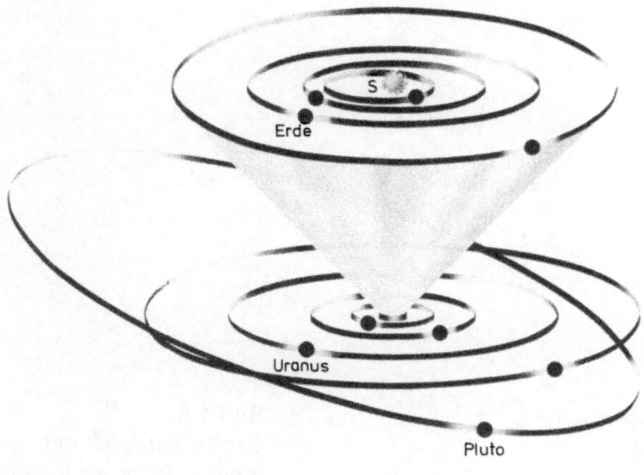

Bild 1.5
Bahnen der Planeten um die Sonne. Die Bahnen der inneren Planeten sind hier gegenüber den äußeren mit zehnfacher Vergrößerung gezeichnet.

die meisten zwischen den Umlaufbahnen um Mars und Jupiter, sowie Kometen, Meteoriten und schließlich die interplanetare Materie (Staub und Gase in sehr großer Verdünnung zwischen den Planeten). Nur Sonne und Kometen emittieren sichtbare Strahlung — alle anderen der erwähnten Himmelskörper in unserem Sonnensystem reflektieren lediglich das Sonnenlicht. Bahn- und Rotationsbewegung der Planeten, deren erstmalige richtige Erklärung im 16. und 17. Jahrhundert wohl zu den größten Leistungen menschlichen Denkens und Beobachtens gezählt werden darf, ist nicht Gegenstand dieses Buches, in dem die Beschreibung der Planeten und ihrer Monde in Text und Bild im Vordergrund steht. Es sei an dieser Stelle lediglich daran erinnert, daß die Jahreszeiten auf den Planeten durch die Neigung der Äquatorebenen zur Bahnebene entstehen; bei der Erde ist dieser Winkel 23°27'

Tabelle 1.2 Die Planeten im Vergleich (Stand: Mai 1983)

	Merkur	Venus	Erde	Mars	Jupiter	Saturn	Uranus	Neptun	Pluto
Mittl. Sonnenabstand, Mio. km	57,91	108,2	149,6	227,9	778,3	1427	2870	4496	5900
Mittl. Sonnenabstand, A.E.	0,387	0,723	1	1,524	5,21	9,55	19,19	30,07	39,46
Äquatordurchmesser, km	4880	12104	12756	6793	143800	120000	52300	49500	2000 ... 2700?
Äquatordurchmesser, Erde = 1	0,383	0,949	1	0,532	11,19	9,41	4,1	3,88	0,157 ... 0,212?
Volumen, Erde = 1	0,06	0,88	1	0,151	1318	755	67	57	0,0038 ... 0,01?
Masse, Erde = 1	0,055	0,813	1	0,108	317,9	95,1	14,6	17,2	0,007 ... 0,0017?
Mittl. Dichte, g/cm^3	5,42	5,25	5,517	3,94	1,314	0,69	1,19	1,66	$\leqslant 1$
Abplattung	0	0	0,0034	0,0052	0,062	0,1	0,06	0,02	?
Siderische Umlaufzeit, d/a	87,9	224,7	365,256	686,98	11,86a	29,46a	84,06a	164,9a	247,8a
Rotationsdauer, d/h/min/s (am Äquator)	58/15	– 243	0/23/56/4,1 (= 1 Tag)	0/24/37/22,7	0/9/50/28	0/10/14/	– 0/ 15/?	0/18/?	6/9,4/
Neigung des Äquators gegen die Bahnebene, °/'	ca. 0	– 2	23/27	23/59	3/05	29	98	28/48	$\geqslant 50$?
Bahnneigung gegen die Ekliptik, °	7	3,4	–	1,85	1,3	2,49	0,77	1,8	17,2
Bahnexzentrizität	0,2056	0,0068	0,0167	0,0934	0,0484	0,0556	0,0471	0,0086	0,25
Mittl. Bahngeschwindigkeit, km/s	47,9	35,0	29,8	24,1	13,1	9,6	6.8	5,4	4,74
Albedo (Näherungswerte)	0,06	0,79	0,4	0,15	0,58	0,57	0,8	0,7	0,25
Drehimpuls, 10^{46} gcm^2/s	0,906	18,5	26,7	3,52	19400	7840	1700	2500	17,9
Zahl der bekannten Monde	0	0	1	2	16	21 ... 23	5	2	1
Ringsystem	–	–	–	–	ja	ja	ja	?	–
Oberflächendruck, bar	10^{-6}	90	1	0,06	–	–	–	–	?

innere (System III) Rotation: Jupiter 9h55min29,7s; Saturn 10h39min24s.

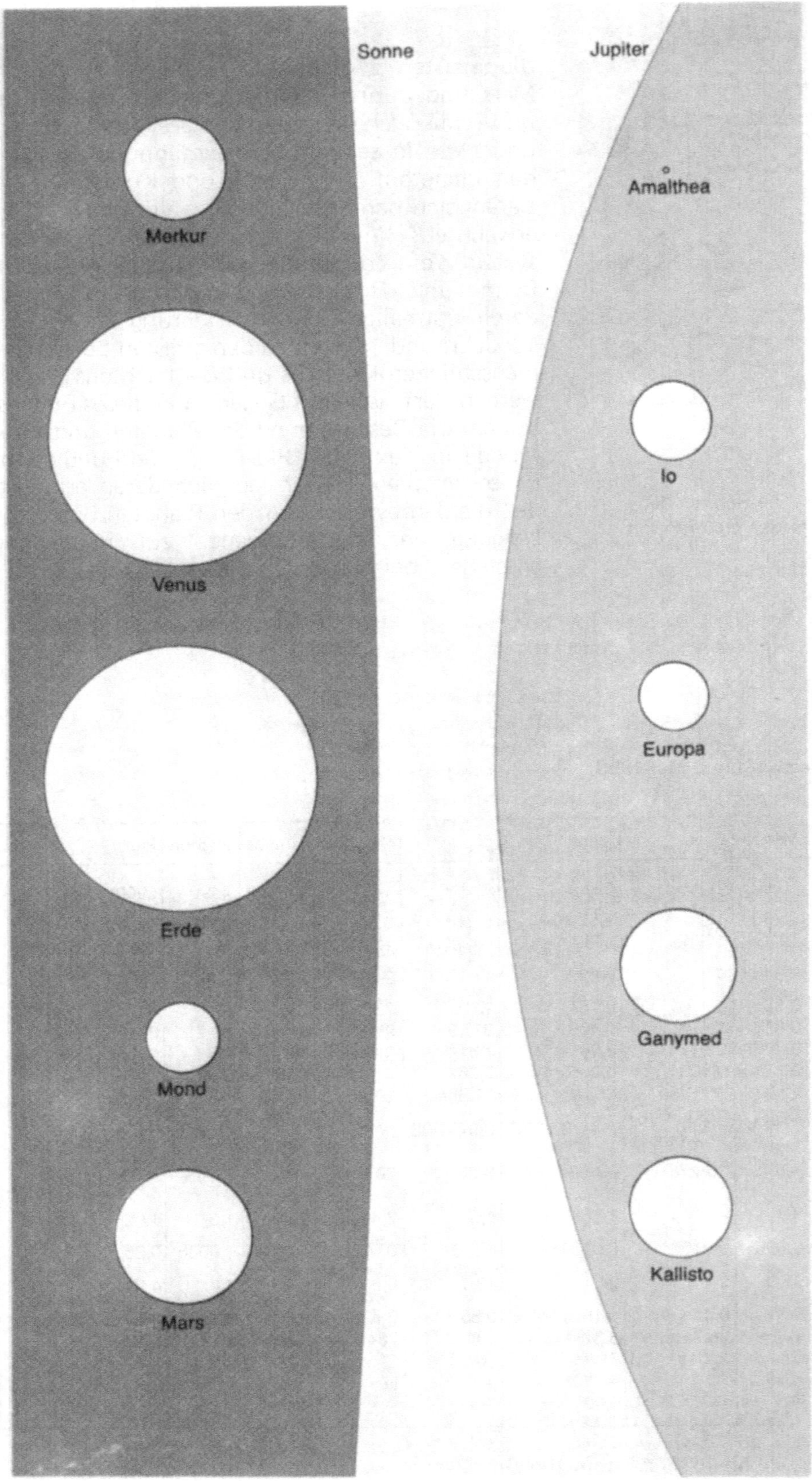

Bild 1.6
Größenvergleich der inneren Planeten in der Reihenfolge ihres Sonnenabstandes mit Jupiter (rechter Ausschnitt), einigen seiner Monde und mit der Sonne (linker Ausschnitt). Die Krümmung der Ränder von Sonne und Jupiter stimmt mit dem Maßstab überein, mit dem die übrigen Himmelskörper gezeichnet sind [nach Soderblom, L. A.: Die Galileischen Monde des Jupiter. Spektrum der Wissenschaft 3/1980].

Bild 1.7
Dichte und mittlere Entfernung der Planeten von der Sonne (ohne Pluto). Es ergibt sich eine deutliche Trennung in innere und äußere Planeten.

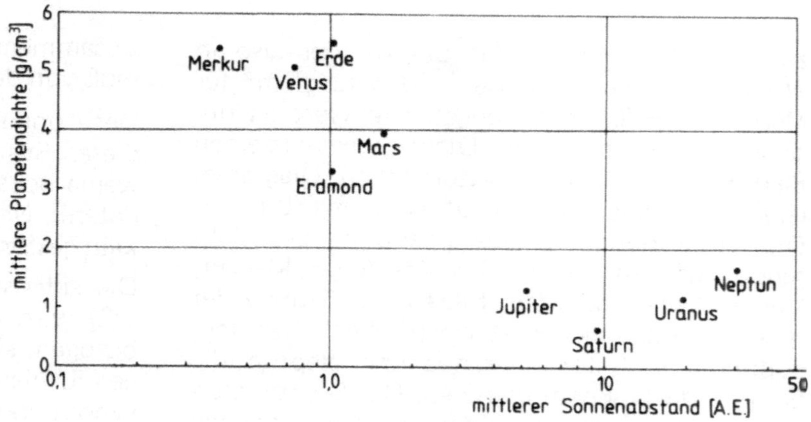

gegen die Erdbahnebene (Ekliptik), d.h. die Rotationsachse steht nicht senkrecht auf der Erdbahnebene, sondern ist um 66°33′ gegen sie geneigt. Auch andere Effekte der Bewegung von Planeten und Monden, wie Sonnen- und Mondfinsternisse als rein geometrisch-optische Phänomene der Astronomie, können hier nicht behandelt werden. Hierzu wird auf die zahlreich vorhandene Literatur hingewiesen [Auswahl 6–9].

Tabelle 1.2 enthält einen Vergleich der wichtigsten physikalischen und bahnmechanischen Daten der neun bekannten Planeten, die nach zunehmendem Sonnenabstand aufgeführt sind. Der mittlere Sonnenabstand wird oft auch in Astronomischen Einheiten (A. E.) angegeben, wobei definitionsgemäß der Abstand zwischen Sonne und Erde (149,6 Mio. km) 1 A. E. ist. Neptun ist also beispielsweise 30 mal weiter von der Sonne entfernt als die Erde [11].

Als Maß für die Größe der Planeten ist der Äquatordurchmesser gewählt. Je nach Abplattung ist der über die Pole gemessene Durchmesser etwas geringer. In erster Linie betrifft dies die rasch rotierenden gasförmigen Großplaneten, während bei den langsam rotierenden festen Planeten Merkur und Venus eine Abplattung kaum meßbar ist. Zu Vergleichszwecken ist mitunter auch der auf den Erddurchmesser bezogene relative Planetendurchmesser von Nutzen, doch sollten hierbei auch die relativen Volumina verglichen werden. Wie aus Tabelle 1.2 hervorgeht, besitzt zwar Jupiter „nur" den 11-fachen Durchmesser, aber das 1318-fache Volumen der Erde! Zur Illustration möge Bild 1.6 dienen, in dem Merkur, Venus, die Erde mit ihrem Mond, Mars und die innersten Jupitermonde im gleichen Maßstab gezeichnet sind. Der innerste Jupitertrabant, der winzige Mond Amalthea, ist allerdings in Wirklichkeit in dieser Größendarstellung nicht größer als ein Punkt.

Ein interessanter Wert ist auch die mittlere Planetendichte, die sich aus dem Quotienten von Masse und Volumen ergibt. Sie schwankt

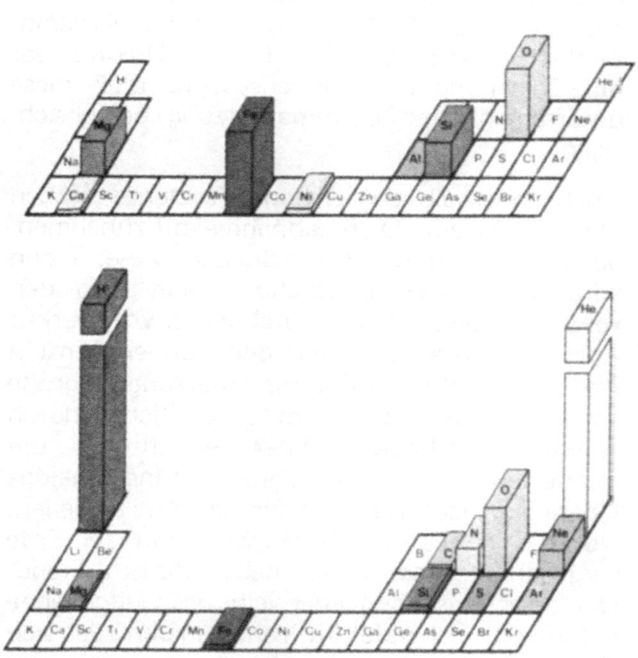

Bild 1.8
Relative Häufigkeit der Elemente in den inneren Planeten (oben) und äußeren Planeten (unten). „Anteilssäulen" für Wasserstoff und Helium konnten nicht im gleichen Maßstab gezeichnet werden: Die Wasserstoffsäule müßte 1000 mal und die Heliumsäule 100 mal höher als die Sauerstoffsäule sein.

zwischen 0,69 g/cm³ für Saturn (der also in Wasser schwimmen würde) und 5,42 g/cm³ für Merkur; der für Pluto angeführte Wert ist unsicher. Trägt man die Dichte der einzelnen Planeten in einem logarithmischen Diagramm über dem Sonnenabstand auf, erhält man Bild 1.7. Die Anordnung in zwei Hauptgruppen fällt schon auf den ersten Blick ins Auge: Merkur, Venus, Erde und Mars bilden die Gruppe der inneren, erdähnlichen (terrestrischen) Planeten, Jupiter und Saturn, Uranus und Neptun die Gruppe der äußeren Planeten. Der Dichteunterschied resultiert aus der unterschiedlichen Zusammensetzung der Vertreter beider Gruppen: wie aus Bild 1.8 hervorgeht, enthalten die inneren Planeten relativ hohe Anteile an schweren Elementen, etwa Eisen oder Silizium (im Universum relativ selten), während die äußeren primär aus den leichten Elementen Wasserstoff und Helium (zugleich auch Hauptkomponenten des Universums) bestehen. Das Sonnensystem ist also keinesfalls eine homogene Mischung der chemischen Elemente, denn nach außen nimmt die Häufigkeit flüchtiger oder leicht verdampfender Bestandteile stark zu. Jede Theorie über die Enstehung des Sonnensystems muß diese unterschiedliche Zusammensetzung berücksichtigen.

Auch innerhalb der Gruppe der terrestrischen Planeten ist eine Dichteabnahme mit zunehmender Sonnenentfernung feststellbar. Dieser Trend wird sogar noch deutlicher, wenn man den vergleichsweise kleinen Durchmesser von Merkur wertet. Würde man für den sonnennächsten Planeten bei gleicher Zusammensetzung Erdgröße annehmen, müßte die mittlere Dichte durch gravitationsbedingte Materieverdichtung um mindestens 20 % zunehmen. Eine analoge Überlegung läßt sich auch für den Mars anstellen. Nur die Venus, im Durchmesser mit der Erde vergleichbar, liegt etwas neben diesem Trend. Die Ursache ist möglicherweise das weitgehende Fehlen von Schwefel im Venusinneren (der sich aber kurioserweise in der planetaren Atmosphäre wiederfindet, Kapitel 5).

Unter den gasförmigen äußeren Planeten sind Uranus und Neptun die „Ausreißer". Rechnet man die Dichte dieser beiden Himmelskörper über die Planetengröße um, wird der Unterschied noch auffälliger. Dies zeigt bereits, daß ihre Zusammensetzung deutlich verschieden sein muß von der Jupiters und Saturns.

Der sonnenfernste Planet, Pluto, läßt sich in dieses System nicht einordnen, da über ihn zu wenig bekannt ist (dies betrifft auch seine Bahndaten). Nach heutigem Wissen ist er jedenfalls kein gasförmiger Körper.

Die siderische Umlaufzeit der Planeten (Tabelle 1.2) wird auf eine feste Richtung im Weltraum bezogen; sie entspricht der Zeit eines vollständigen Umlaufs um die Sonne. Im Gegensatz zur synodischen Umlaufzeit (Zeitraum zwischen zwei aufeinanderfolgenden gleichen Positionen eines Planeten relativ zur Sonne, von der Erde aus gesehen) nimmt sie mit größer werdendem Sonnenabstand zu. Die Planeten Neptun und Pluto haben seit ihrer Entdeckung (1846 durch J. G. Galle bzw. 1930 durch Tombaugh) noch keinen ganzen Sonnenumlauf abgeschlossen; dies ist auch der Grund, warum ihre Bahndaten unsicher sind.

Die Rotationsdauer ist die Zeit für eine Umdrehung eines Planeten um seine eigene Achse. Erstaunlicherweise haben die größten Planeten, Jupiter und Saturn, die kürzeste Rotation. Die längsten Rotationszeiten haben Merkur und Venus. In diesem Zusammenhang ist erwähnenswert, daß die Dauer einer Merkurumdrehung genau zwei Drittel der Umlaufzeit entspricht. Aus der Länge für Sonnenumlauf und Eigendrehung folgt weiterhin die für uns ungewohnte Tatsache, daß ein volles Merkurjahr nur einen halben Merkurtag dauert (Kapitel 4).

Die längste Rotationsdauer hat Venus, die für eine Umdrehung um die eigene Achse 243 Tage benötigt. Wie Uranus rotiert auch sie retrograd – durch das Minuszeichen in Tabelle 1.2 angedeutet –, also in umgekehrter Richtung als sie um die Sonne läuft. Dies führt dazu, daß trotz der langsamen Rotation ein voller Tag- und Nachtzyklus auf ihr nur 116,75 Tage dauert. Ein weiteres Charakteristikum der Venusbewegung ist die sog. erdgebundene Rotation: Wenn immer sie sich der Erde besonders stark annähert, wendet sie ihr die gleiche Seite zu. Dies kann man zwar relativ einfach aus den bahnmechanischen Daten von Erde und Venus nachrechnen, doch verstehen läßt sich die erdgebundene Rotation nur über eine Massenunwucht der Venus, die bei jeder Annäherung an die Erde auf diese ausgerichtet ist. Eine derartige Unwucht könnte über einen Gezeiteneffekt der Erde auf die Venus zu einer Abbremsung der – möglicherweise einst rascheren – Rotation des inneren Erdnachbarplaneten geführt haben. Dies ist freilich nur eine Hypothese, da bisher keine entsprechenden Masseanomalien der Venus nachgewiesen werden konnten.

Interessant ist auch ein Vergleich der Achsenstellungen der neun Planeten bzw. ein Vergleich der Äquatorneigungen der einzelnen Planeten gegen die jeweilige Bahnebene: bei vier Planeten liegt der Achswinkel zwischen 20° und 30°. Bei Uranus liegt die Polachse dagegen nahezu in der Bahnebene; dies bedeutet, daß die Bahnen der Uranusmonde mehr oder weniger senkrecht auf der Ekliptikebene stehen. Da andererseits die Achsrichtung fast konstant ist, ergeben sich für die Pole von Uranus extreme Hell-Dunkelperioden: abwechlungsweise ist es dort 42 Jahre lang Tag und 42 Jahre lang Nacht. Die Regionen im mittleren Breiten erleben eine verwickeltere Kombination von Jahreszeiten mit kompliziert wechselnden Einstrahlungszyklen.

Die Bahnneigung gegen die Ekliptik ist ein Maß dafür, wie stark die Bahnebenen der Planeten im Vergleich zur Erdbahnebene geneigt sind. Mit Ausnahme von Pluto und Merkur beträgt dieser Winkel jeweils weniger als 4 Grad. Pluto hat mit 17,2° nicht nur die größte Bahnneigung zur Ekliptik, sondern auch die größte Exzentrizität aller Planetenbahnen (Bild 1.5). Daraus folgt u.a., daß er im sonnennächsten Punkt seiner Umlaufbahn, im Perihel, der Sonne näher als Neptun steht, während er den sonnenfernsten Punkt, das Aphel, in etwa 7,4 Mrd. km Entfernung von der Sonne durchläuft. Ein Zusammenstoß mit Neptun kann infolge der großen Bahnneigung nie eintreten (einige Astronomen vermuten aufgrund des geringen Durchmessers und der ungewöhnlichen Bahn, daß es sich bei Pluto um einen früheren Neptunmond handelt, der seine Bahn verlassen hat).

Die Umlaufbahnen der übrigen Planeten haben mit Ausnahme von Merkur (und vielleicht noch Mars) nahezu kreisförmige Gestalt.

Über die Sichtbarkeit der Planeten gibt die Albedo (Rückstrahlungsvermögen) Auskunft. Sie ist als Verhältnis der vom Körper diffus reflektierten zur senkrecht eingefallenen Lichtmenge definiert. So bedeutet die Albedo der Erde von 0,4, daß 40 % des auftreffenden Lichtes wieder reflektiert wird (zum Vergleich einige weitere Albedo-Werte: Basalt 0,05, Sand 0,14, Gips 0,29, Bimsstein 0,48, Kreide 0,85, Wolken 0,7 ... 0,9). Verständlicherweise sind unter den Planeten die gasförmigen auch die hellsten Objekte am Himmel. Aber auch die Venus hat infolge ihrer dichten Wolkenbedeckung eine hohe Albedo und kann selbst tagsüber mit bloßem Auge gesehen werden.

Tabelle 1.2 enthält Angaben über das totale Winkeldrehmoment der einzelnen Planeten [10]. Für alle Planeten zusammen ergibt sich ein Summenwert von etwa $31\,500 \cdot 10^{46}$ g · cm²/s. Zum Vergleich dazu der entsprechende Wert für die Sonne: nur $170 \cdot 10^{46}$ g · cm²/s. Obwohl die Sonne über 99 % der Gesamtmasse des Sonnensystems in sich vereinigt, macht also ihr Drehimpuls nur einen sehr geringen Bruchteil (0,5 %) des Gesamtwertes des Sonnensystems aus; eine Folge ist die sehr langsame Sonnenrotation.

Auf die Planetenmonde, die Ringsysteme und die Oberflächenbedingungen wird bei der Beschreibung der einzelnen Planeten in den nächsten Kapiteln detailliert eingegangen.

Literatur (Bücher sind durch ● gekennzeichnet)

[1] Hodge, P. W.: Die Andromedagalaxie. Spektrum der Wissenschaft 3/1981

● [2] Hahn, H.-M.: Erde, Sonne und Planeten. Kiepenheuer & Witsch, 1978

● [3] Kippenhahn, R.: 100 Milliarden Sonnen. Piper, 1980.

[4] Biermann, L.: Die Geschichte des Sonnenwindes. MPG-Spiegel 2/1979

[5] Fahr, H. J.: Überschallwinde von der Sonne. Forschung '71, Fischer

● [6] Schaifers, K./Traving, G.: Meyers Handbuch über das Weltall. Bibliographisches Institut, 1973

● [7] Moore, P.: Weltraumatlas, Hallwag, 1970

● [8] Becker, U./Sauermost, R.: Erforschter Weltraum. Herder, 1975

● [9] Büdeler, W.: Faszinierendes Weltall. Deutsche Verlags-Anstalt, 1980

● [10] Alfven, H.: Evolution of the Solar System. NASA, 1976

● [11] Beatty, J. K. u.a.: The New Solar System. Sky Publishing Corp./Cambridge University Press, 1981

2 Erde

Die vielfältigen Entwicklungen und Verbesserungen in der Raumfahrttechnik haben es in den beiden letzten Jahrzehnten möglich gemacht, die Erde von einer Position im interplanetaren Raum als Himmelskörper zu betrachten. Die amerikanischen Astronauten des Apollo- und des Skylab-Programms waren ohne Ausnahme vom Anblick der weit von ihnen entfernten, bläulich gefärbten Erde gegen den dunklen Hintergrund mit ihrer örtlich und zeitlich unterschiedlich stark ausgebildeten Bewölkung fasziniert (Bild 2.1); immer wenn es ihr intensives Flug- und Arbeitsprogramm zuließ, genossen sie durch Luken und Fenster den Blick auf ihren Heimatplaneten (Bild I, Farbtafelteil).

Hunderte von Forschungssatelliten und -sonden in den verschiedensten Umlaufbahnen, die teilweise jahrelang wissenschaftliche Informationen in großer Zahl zu den Bodenempfangsanlagen übertragen [1], mit Forschungsraketen und Ballonen in große Höhen getragene Meßkapseln, sowie Forschungsmissionen mit Flugzeugen haben in den letzten Jahren dazu beigetragen, das Wissen über die Erde, vor allem über ihre Atmosphäre, Magnetosphäre, die weitere Umgebung und die solar-terrestrischen Wechselbeziehungen zu vertiefen und zu erweitern. Es kann gar nicht erst der Versuch gemacht werden, selbst nur eine Einzeldisziplin der Geowissenschaften in diesem Buch umfassend darzustellen; hierzu sei auf die Speziallitertur [z.B. 2–10] und die zahlreich vorhandenen Fachpublikationen diverser Forschungsinstitutionen verwiesen.

Die folgenden Ausführungen beschränken sich daher auf eine Auswahl der wichtigsten Erkenntnisse über jene Teilgebiete, die einen Vergleich der übrigen Planeten mit der Erde erleichtern.

2.1 Gestalt und Aufbau der Erde

Die Form der Erde ist keine ideale Kugel, und auch die Massenverteilung innerhalb der Erde ist nicht gleichmäßig. Neben der durch die Rotation bedingten Abplattung von 1:298,25 (Tabelle 1.2), die zu einer Ausbauchung am Äquator (Äquatorwulst) führt, entstehen durch die nicht gleich-

Bild 2.1
So sahen die Astronauten des amerikanischen Mondlandeprogramms die Erde: eine Aufnahme aus der Apollo 17-Raumkapsel, die den Bereich vom Mittelmeer bis zur eisbedeckten Polkappe der Antarktis erfaßt. Die arabische Halbinsel, der afrikanische Kontinent und Madagaskar sind klar zu erkennen. Im Süden herrscht starke Bewölkung vor.

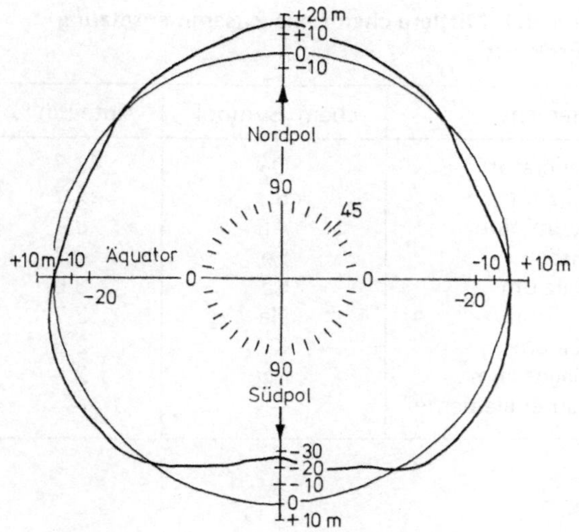

Bild 2.2
Querschnitt durch ein „normales" Geoid (dünne Linie) mit stark überhöhter Andeutung der Abweichungen (dickere Linie).

mäßige Verteilung der Masse (durch Ozeane, Gebirge und Erzlagerstätten bedingt) lokale Verdichtungen, die sich in unregelmäßigen flachen „Beulen" äußern. Satelliten folgen diesen Einbuchtungen auf ihren Bahnen um die Erde sehr genau und erleichtern auf diese Weise die Lokalisierung und Vermessung von Regionen erhöhter Massenkonzentration. Von der Abplattung der Pole abgesehen ist der Nordpol um etwa 20 m weiter vom Äquator entfernt als er sein sollte, der Südpol um etwa 30 m weniger. Wie Bild 2.2 zeigt, ist die Erde auf der Nordhalbkugel in mittleren bis zu niederen Breiten ein wenig zu schlank, in den entsprechenden Breiten der Südhalbkugel dafür etwas zu dick. Am besten wird die Form der Erde durch eine Fläche 14. Ordnung, ein Geoid, dargestellt (ein Geoid ist ein Körper, der so geformt ist, daß ein Lot trotz der Schwereanomalien immer senkrecht steht).

Die Oberfläche der Erde besteht aus Festland und Ozeanen; damit nimmt die Erde eine Sonderrolle unter allen Planeten des Sonnensystems ein. Die Ozeane bedecken rund $3{,}63 \cdot 10^8$ km^2 Fläche, das Festland $1{,}48 \cdot 10^8$ km^2. Dies bedeutet, daß etwa 71 % der Erdoberfläche von Wasser bedeckt sind, das beispielsweise die Bildung der Karbonatgesteine, die Zunahme des Sauerstoffgehalts der irdischen Atmosphäre und letztlich sicherlich auch die Entstehung von Leben ermöglichte. Neben im Mittel 96,5 % Wasser enthalten die Weltmeere u.a. (in Gramm pro Tonne) Chlor (18 980), Natrium (10 560), Sulfat-Ionen (2 650), Magnesium (1 270), Kalzium (400) und Kalium (380).

Meere, Kontinente, Gebirge und Flüsse sind seit jeher einem ständigen Wandel unterworfen, der zum Teil durch die Theorie der Plattentektonik zu erklären ist (Abschnitt 2.2). Was die jetzigen gewaltigen Wasserreservoirs auf der Erdoberfläche betrifft, so war beispielsweise der Atlantik vor 165 Mio. Jahren noch gar nicht vorhanden [11]. Die ihn heute umgebenden Kontinente bildeten früher eine riesige Landmasse, die getrennt wurde, als aus dem Erdinnern geschmolzenes Gestein (Magma) nach oben drängte und die sich so bildenden Kontinente mit einer Geschwindigkeit von einigen Zentimetern jährlich auseinanderschob. Die Meere und Seen im südöstlichen Europa und in Südwestasien sind die Reste der Tethys, eines alten Ozeans, der früher den Atlantischen mit dem Indischen Ozean verband. Das gesamte Mittelmeer war vor etwa 6 Mio. Jahren vollständig ausgetrocknet und über 1 Mio. Jahre lang eine wüstenähnliche Tiefebene, bevor sich das Becken wieder mit Wasser aus dem Atlantik füllte. Sehr wechselhaft ist auch die Geschichte des Schwarzen Meeres: ursprünglich Arm eines großen Ozeans, anschließend ein Binnenmeer, das große Flächen Osteuropas bedeckte, später fast völlig austrocknete, dann durch erneute Wasserzufuhr ein tiefer Süßwassersee und schließlich seit dem Ende der letzten Eiszeit ein in weiten Teilen stehendes Brackwasser wurde [12].

Die Vorstellungen über den inneren Aufbau der Erde und die in ihr ablaufenden Prozesse sind auch heute noch umstritten. Da es noch nicht gelungen ist, die Erdkruste („Erdrinde") zu durchdringen, ist die Forschung hauptsächlich auf gravimetrische und seismologische Messungen angewiesen, die allerdings nur die Untersuchung und Identifizierung relativ großer Gebilde ermöglichen. Die gravimetrischen Untersuchungen werden schon seit vielen Jahren erfolgreich durch Erdsatelliten ergänzt.

Aufgrund der bisherigen Messungen kann von einem schalenförmigen Aufbau der Erde ausgegangen werden. Von außen nach innen gehend

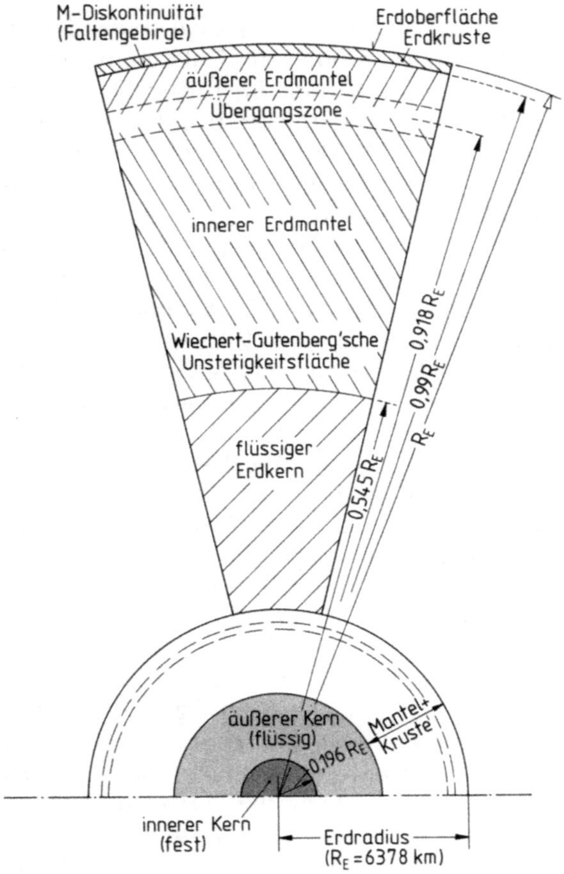

Bild 2.3
Maßstabgerechte, aber vereinfachte Darstellung des Aufbaues der Erde. Für den herausgezeichneten Sektor gilt gegenüber dem Halbschnitt vierfache radiale Vergrößerung. Die Erdkruste ist mit ihrer maximalen Tiefe (65 km) eingezeichnet.

Tabelle 2.1 Mittlere chemische Zusammensetzung der Erdkruste

Element	chem. Symbol	Anteil in %
Sauerstoff	O_2	46,7
Silizium	Si	27,7
Aluminium	Al	8,1
Eisen	Fe	6,7
Kalzium	Ca	3,5
Natrium	Na	2,7
Kalium	K	2,6
Magnesium	Mg	2
Spurenelemente	–	–

unterscheidet man Erdkruste, Erdmantel und Erdkern (Bild 2.3).

Oberste Schicht der Erde ist die Erdkruste, die sich wiederum in die kontinentale und die ozeanische Kruste gliedert. Erstere ist durchschnittlich 30 km, unter geologisch jungen Faltengebirgen aber bis zu 65 km dick. Ihre chemische Zusammensetzung geht aus Tabelle 2.1 hervor. Sie besteht vorwiegend aus Granit-, metamorphem und Mischgestein (Metamorphose = Gesteinsumwandlung); die beiden letzten entstehen durch teilweises Ausschmelzen von kontinentalem Krustengestein bei gebirgsbildenden Prozessen (Abschnitt 2.2). Obwohl die Kontinentmasse der Erde lediglich 0,4 % ihrer Gesamtmasse ausmacht, finden sich hier im Gegensatz zu anderen Erdbereichen relativ hohe Mengen an besonderen Spurenelementen mit z.T. wärmeerzeugenden radioaktiven Isotopen (Isotope von Elementen sind Atome mit den gleichen chemischen Eigenschaften, aber unterschiedlichen Massen). Zu diesen Stoffen zählen Kalium, Kalzium, Rubidium, Strontium, Samarium, Neodym, Thorium, Blei und Uran, die sich durch eine gemeinsame Eigenschaft auszeichnen: ihre Ionen haben einen größeren Radius als die von Silizium, Aluminium, Eisen und Magnesium, die im Erdmantel am häufigsten vertretenen Elemente. Diese Spurenelemente werden offenbar bevorzugt in die relativ lockeren Kristallgitter der Silikate des Erdkrustengesteins eingebaut und erst in zweiter Linie in die dichter gepackten Kristallstrukturen des Erdmantelgesteins. Man spricht daher von diesen Elementen auch von den großen lithophilen Elementen [13, 14]. Für den größten Teil der Wärmeerzeugung innerhalb der Erdkruste sind die radioaktiven Isotope von Kalium, Uran und Thorium verantwortlich.

Das älteste Gestein der Kontinentalkruste liegt in den Schilden und Plattformen, die zusammen die Kratone bilden. Es sind jene stabilen Blöcke, die die Kerne der heutigen Kontinentalmassen darstellen und deren Gestein seit mindestens 1 Mrd. Jahren ungestört geblieben ist, in einigen Bereichen sogar noch länger. Das älteste bekannte Gestein auf der Erde überhaupt ist 3,77 Mrd. Jahre alt und befindet sich in der Isua-Formation auf Grönland (das Alter der Erde wird auf 4,55 Mrd. Jahre geschätzt). Jüngeren Datums sind dagegen die Zonen der Gebirgsbildung (Orogenzonen der Kontinente), ausgedehnte Gebiete, deren Gestein durch tektonische Vorgänge in erdgeschichtlich jüngerer Zeit durchgreifend deformiert wurde.

Die Erdkruste unter den Weltmeeren (ozeanische Kruste) hat nur 7 ... 8 km Dicke und ist erst 0,2 Mrd. Jahre alt. Sie besteht aus einer Schicht relativ lockerer ozeanischer Sedimente und basaltischen Kissenlaven [13–15]. In geringeren Mengen kommt auch vulkanisches Gestein anderer Zusammensetzung als Differentiationsprodukt basaltischer Schmelzen und Gabbros (den Basalten entsprechende Tiefengesteine) und Serpentinite vor.

Seismologische Daten zeigen, daß die Gegensätze zwischen kontinentalen und ozeanischen Strukturen wesentlich tiefer reichen als nur bis zum Beginn des äußeren Erdmantels. Die ältesten Teile der Kontinente haben mehrere Wurzelzonen von einigen Hundert Kilometer Mächtigkeit, die weit bis in das Erdinnere reichen. Auch die Kontinente sind keineswegs so stabil und fest, wie das oft angenommen wird. Bereits in etwa 20 km Tiefe zeigt das Gestein erste Anzeichen eines fließähnlichen (duktilen) Verhaltens; durch den zunehmenden Druck und die steigende Temperatur neigt es zu einer langsam fließenden, plastischen Deformation. Nur die oberste Krustenschicht kann als bruchfähig im eigentlichen Sinn betrachtet werden.

Die in den Erdmantel eintauchenden Kontinente stehen in einem Schwimmgleichgewicht (Konzept der Isostasie): Sie tauchen gerade so tief ein, bis die von ihnen verdrängte fließfähige Masse ihrem Eigengewicht entspricht. Allerdings können tektonische Prozesse die Isostasie zeitweilig stören. Da das Magnetgestein aber in gewissen Grenzen nachgibt, wird sich das Schwimmgleichgewicht im Laufe der Zeit, d.h. im Laufe von Jahrmillionen, immer wieder einstellen.

Dichte und Temperatur der Gesteinsmassen nehmen mit der Tiefe zu, allerdings örtlich verschieden schnell. Der Temperaturgradient ist unter den jungen ozeanischen Gebieten am steilsten, unter den präkambrischen Kontinentalschilden am flachsten. Unter den Schilden schmilzt der Mantel offenbar nicht, was auch mit der Beobachtung übereinstimmt, daß hier die seismische Schicht niedriger Geschwindigkeit fehlt. An der Basis der jungen ozeanischen Kruste (in 8 km Tiefe) wird eine Temperatur von 200 °C angenommen, an der Basis der Kontinentalkruste (30 km) schwankt sie zwischen 600 °C (Orogen-Zone) und 300 °C (Kontinentalschilde). Die mittlere Dichte des Krustengesteins liegt bei 2,8 ... 3,0 g/cm^3, während die Dichte der obersten Erdschicht (bis 10 km) im Mittel um 2,64 g/cm^3 schwankt.

Der Übergang von der Erdkruste zum zweigeteilten Erdmantel ist durch die obere seismische Diskontinuitätsfläche (Mohorovicic- oder M-Diskontinuität) gegeben (Bild 2.3): Erdbebenwellen verraten zweifelsfrei, daß an dieser Grenzfläche die Gesteinsdichte sprunghaft zunimmt. Zwischen 400 km und 650 km Tiefe (in Bild 2.3 gestrichelt) liegt eine ebenfalls seismisch nachgewiesene Übergangszone: sie führte zur Unterteilung in den äußeren und inneren Erdmantel. Der innere Mantel reicht bis zur Wiechert-Gutenbergschen Unstetigkeitsfläche in 2 900 km Tiefe, der Übergangsschicht zum (flüssigen) Kernmantel.

Seit langem nimmt man an, daß der äußere Mantel primär aus dem Mineral Peridotit besteht. Dies ist olivinreiches Gestein, das Pyroxen und Granat enthält (Peridotite werden bei der Metamorphose häufig in Serpentinite umgewandelt). Der Anteil der Eklogite, metamorphes Gestein, das bei höherem Durck aus Gestein basaltischer Zusammensetzung (natriumhaltiges Pyroxen und Granat) entsteht, ist dagegen geringer. Wie schon bei den Spurenelementen der Erdkruste erwähnt, fehlen dem äußeren Erdmantel durch die Bildung der Kontinente die großen lithophilen Elemente: Fast 70 % der Menge an Kalium, Uran und Thorium, die der Erdmantel früher enthielt, finden sich heute in den Kontinenten wieder. Der Erdmantel ist damit natürlich auch an radioaktiven Elementen verarmt; in seinen Tiefen entsteht nur noch relativ wenig Wärme. Die Wärmeerzeugung im Inneren hat schneller abgenommen als auf der Erde insgesamt. Trotzdem bildet der Mantel immer noch ein beträchtliches

Wärmereservoir, teils durch radioaktiven Zerfall von Spurenelementen, die möglicherweise im inneren Mantel noch in ursprünglicher Konzentration vorliegen, teils durch die von der Bildung der Erde übrig gebliebene Restwärme.

In den Tiefen des inneren Mantels findet wahrscheinlich eine Umwandlung von Mineralien und Gestein in andere Formen statt, die den örtlichen Bedingungen besser angepaßt sind. Ein Beispiel ist die experimentell bestätigte Umwandlung des rhombisch kristallisierenden Olivins (enthalten in Kruste und oberen Mantelbereichen) in eine dichter gepackte kubische Modifikation.

Beim Übergang vom äußeren in den inneren Erdmantel, also in maximal 650 km Tiefe, beträgt die Temperatur bereits 1 800 °C. Während die mittlere Dichte im oberen Erdmantel mit etwa 3,3 g/cm^3 angegeben werden kann, ist die mittlere Dichte des unteren Mantels rund 5,7 g/cm^3. In 2 900 km Tiefe schätzt man die Temperatur auf 9 000 ... 10 000 °C; dort springt die örtliche Dichte auf 9,5 g/cm^3 und markiert damit den Übergang zum Erdkern. Der Mantel der Erde ist zwar plastisch, aber nicht flüssig, denn er leitet (im Gegensatz zu Flüssigkeiten) auch die Transversalwellen.

Erdkruste und äußerer Erdmantel zusammen bilden die Lithosphäre. Sie ist die äußere feste „Schale" der Erde und gibt den Krustenplatten (Abschnitt 2.2) ihre Starre. Unterhalb der Lithosphäre liegt die Asthenosphäre, eine plastische Schicht im Erdmantel, in dem schon ein relativ geringer gerichteter Druck das Material zum Fließen bringt. Die Festigkeit gegen Scherspannungen ist hier bereits deutlich vermindert, da die Temperaturen im Bereich des Gesteinsschmelzpunktes liegen. Stellenweise ist das Gestein vermutlich ganz aufgeschmolzen.

Der Erdkern setzt sich aus einer flüssigen Schale zwischen 2 900 und 5 150 km Tiefe und dem eigentlichen festen, inneren Kern zusammen; letzterer hat etwa 2 500 km Durchmesser. Zwischen äußerem und innerem Kern beträgt die Temperatur etwa 12 000 °C, während sich die Dichte fast sprunghaft von 11,5 auf 16,8 g/cm^3 ändert. Im Erdmittelpunkt wird eine Temperatur von nahezu 14 000 °C und eine Dichte von 17 g/cm^3 vermutet, was für die Hauptbestandteile Nickel und Eisen spricht. Der Druck, an der Wiechert-Gutenbergschen Unstetigkeitsstelle etwa bei 1,4 Mio. bar liegend, nimmt bis zum Erdmittelpunkt nahezu linear bis auf etwa 3,5 Mio. bar zu.

2.2 Plattentektonik

Unterwasseraufnahmen vom Meeresboden zeigen mitunter eindrucksvolle, klaffende Dehnungsrisse, die quer durch neugebildete ozeanische Krusten aus Kissenlava verlaufen. Diese Risse gehören zum globalen System der ozeanischen Rücken, den gewaltigsten und längsten Gebirgsketten der Erde (Gesamtlänge fast 72 000 km). Aus diesen Spaltzonen, auch Riffe genannt, strömt ständig flüssiges vulkanisches Gestein aus dem Erdmantel nach oben, das sich zu beiden Seiten streifenweise anlagert. Auf diese Weise entstehen zwei nahezu parallel zueinander verlaufende kammartige Gebirgszüge, die durch Querbrüche unregelmäßig zerschnitten und durch tiefe Spalte in der Mitte getrennt sind [16–18]. Die vulkanischen Atlantikinseln sind nichts anderes als die höchsten Erhebungen dieser Gebirgsschwellen.

Der bekannte nord- und südatlantische Rücken verläuft etwa in der Mitte zwischen dem amerikanischen und euro-afrikanischen Kontinent. Wie Bild 2.4 (gestrichelte Linien) zeigt, setzt sich dieses Riffsystem südlich des Kaps der Guten Hoffnung in den Indischen Ozean in vorwiegend nördlicher Richtung fort, schwenkt dann nach Nordwesten in den Golf von Aden und durchläuft das Rote Meer in voller Länge. Eine Abzweigung des Riffs in Höhe von Madagaskar durchkreuzt in Richtung Osten das Seegebiet zwischen der Antarktis und Australien, um im Pazifik vor der Westküste des amerikanischen Kontinents zu enden. Durch diese Verläufe der unterseeischen Spaltzonen werden Krusten- bzw. Lithosphärenplatten markiert. Es sind gewaltige Schollen, die auf dem plastischen Mantelgestein eine gewisse Beweglichkeit haben. In dem gleichen Maß, wie das aus dem Meeresboden emporströmende Magma aus dem Erdinneren neue ozeanische Kruste bildet und damit eine Ausbreitung des Meeresbodens (Sea Floor Spreading) bewirkt, werden die Krustenplatten zur Seite gedrängt und in Bewegung versetzt (veranschaulicht durch die Pfeile in Bild 2.4). Dieses „Nachgeben" beträgt jährlich zwischen 1 cm und

Bild 2.4
Die wichtigsten Kontinentalplatten (gestrichelt) und Subduktionszonen (Dreieckslinien) der Erde. Die Pfeile geben die Bewegungsrichtung der ozeanischen Krusten an.

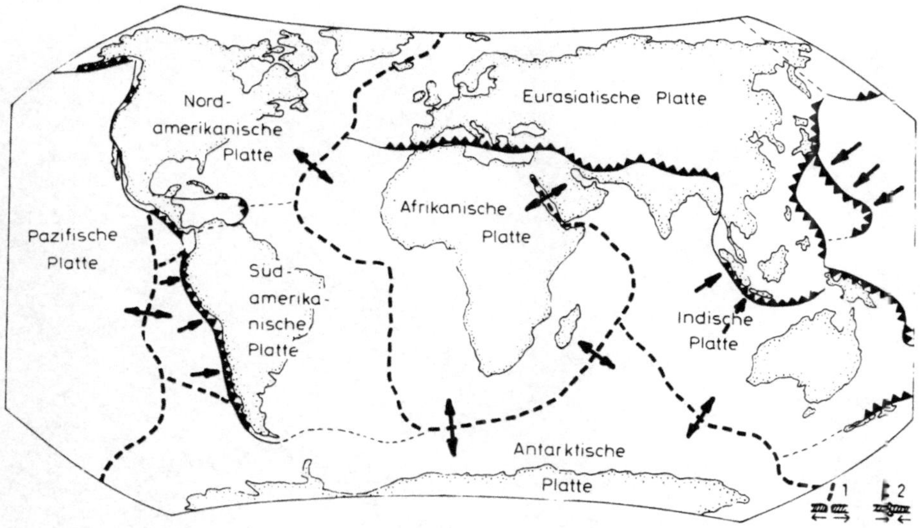

10 cm. Im Gebiet des ostpazifischen Rückens ist die Geschwindigkeit des Auseinanderweichens am größten, am langsamsten dagegen im mittelatlantischen Rücken und im Carlsberg-Rücken im nordwestlichen Teil des Indischen Ozeans.

Unter Magma versteht man im allgemeinen die teilweise oder auch völlig geschmolzenen Silikate mit gelösten Gasen im Erdinneren. Jedes vulkanische Gestein ist erstarrtes Magma. Bricht diese Schmelze als Lava bis zur Erdoberfläche durch, entstehen Ausflußgesteine (Extrusivgestein), z.B. Basalt. Basalt ist das am weitesten verbreitete Ausflußgestein und kommt auf allen Kontinenten vor; es bedeckt auch weite zusammenhängende Flächen wie das Columbia-River-Plateau im Nordwesten der USA oder das Delta-Plateau in Westindien. Kristalliert Magma jedoch vor Erreichen der Erdoberfläche, entstehen Eindringgesteine (Intrusivgesteine), z.B. Granit.

Da ständig neuer Meeresboden gebildet wird, der Erddurchmesser andererseits aber annähernd konstant bleibt, muß es auch Prozesse geben, durch die Krustenmaterial wieder verschwindet. Tatsächlich findet dieser Vorgang auch statt, und zwar in den Tiefseegräben, die den Inselketten und den Küstengebieten rings um den Pazifischen Ozean vorgelagert sind. Die Erdkruste wird von den nachdrängenden neuen Flächen unter die Inseln und Kontinentsockel geschoben und schräg nach unten in den Erdmantel gedrückt (Subduktion). Bei diesem Vorgang bricht der Rand der untergetauchten Platte ab und schmilzt in tieferen Regionen auf: die Folge sind vulkanische Aktivität und Bebentätigkeit entlang allen ozeanischen Rücken und Subduktionszonen (Abschnitt 2.3).

Überall dort, wo Platten miteinander kollidieren, sich aneinander oder an den Kontinenträndern reiben bzw. sich übereinanderschieben, ist die Erdkruste (sichtbar oder unsichtbar) vulkanisch, seismisch und tektonisch aktiv: anschauliche Beispiele sind die Tiefseegräben und die aufgefalteten Gebirgszüge auf den Kontinenten. Dies macht verständlich, warum die tiefsten Stellen der Weltmeere (Marianengraben: 11 022 m Tiefe) nicht in der Ozeanmitte, sondern nahe großer Inselketten oder Festlandküsten liegen.

Eine ausgedehnte Subduktionszone entsteht außerdem durch die vorwiegend nördliche Bewegungsrichtung der afrikanischen und indischen Platten (Indien, früher ein eigener selbständiger Kontinent, ist heute fest mit der eurasiatischen Platte verschweißt). Als Folge dieser Bewegung wurde der Gürtel der Faltengebirge von den Alpen im Westen bis zu den Himalaja-Ausläufern in China verursacht; das Mittelmeer wird dagegen durch den gleichen Prozeß mehr und mehr geschlossen.

Die erst in jüngerer Zeit interdisziplinär akzeptierte Kontinentalverschiebungstheorie von Al-

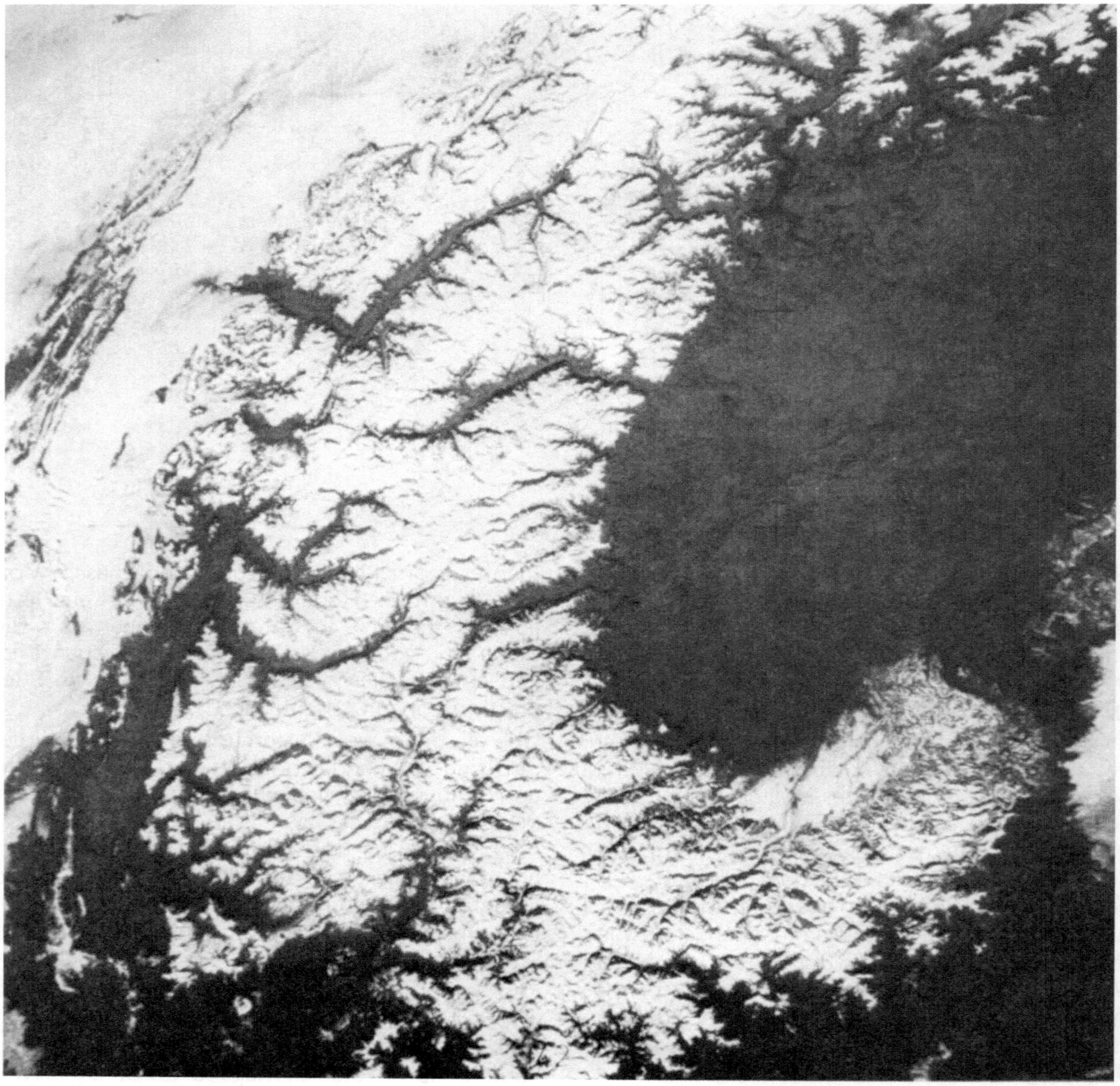

Bild 2.5
Die schneebedeckten Alpen rings um die Poebene in einer Aufnahme aus der amerikanischen Raumstation Skylab (Februar 1974). Rechts oben sind die oberitalienischen Seen zu erkennen. An einigen Stellen dieser Region sind noch heute Gebirgsbildungsprozesse im Gange.

fred Wegener [16–19] entspricht in vielen Punkten den heutigen Vorstellungen von der Plattentektonik, die mittlerweile von den Geowissenschaften weitgehend anerkannt wird. Die Plattentheorie ist wesentlich umfassender; mit ihrer Hilfe lassen sich eine Vielzahl (allerdings nicht alle) geologischer und geophysikalischer Phänomene deuten, z.B. Entstehung und Struktur der Ozeane und Kontinente, Erdbeben und Vulkanismus.

2.3 Gebirge, Vulkane, Impaktstrukturen

Aus dem bisher Gesagten wird deutlich, daß die Erde kein toter Himmelskörper ist – ihre Entwicklung ist keineswegs abgeschlossen. In geologischen Zeiträumen gesehen verändert sind auch das Bild der Oberfläche der Erde; Erosionseffekte, das Pflanzenwachstum und schließlich der Mensch selbst bewirken Landschaftsveränderungen selbst auf kleinsten Flächen. In der Vielfalt dieser Oberflächenformen (Ozeane und Kontinente mit Gebirgszügen, Tälern, Senken, Wüstengebieten, Flußverläufen, Binnenseen, Impaktstrukturen und Vulkanen, fruchtbaren und unfruchtbaren Regionen) ist die Erde im Sonnensystem einzigartig. Da Gebirge, Vulkane und Einschlagkrater auch auf den anderen inneren Planeten und vielen Monden der äußeren Planeten vorkommen, soll auf diese topographische Formen an dieser Stelle etwas näher eingegangen werden.

Wie bereits erläutert, wird die Entstehung der Gebirge durch die Theorie der Plattentektonik erklärt. Sie werden entweder durch Stauchung zweier kollidierender Krustenplatten oder durch Zerrung im Fall eines Auseinanderdriftens gebildet [20]. Durch den erstgenannten Prozeß kommt es zur Entstehung der Gebirge vom Kordilleren- und vom Kollisionstyp. Kordilleren entstehen unter Mitwirkung abtauchender Krustenplatten und sind durch Vulkanismus und starke Bebentätigkeit gekennzeichnet. Die Gebirgsbildungsprozesse sind überwiegend thermischer Natur und vom Untergrund her „gesteuert". Kollisionsgebirge werden beim Aufeinandertreffen zweier kontinentaler Plattenränder im wesentlichen mechanisch aufgefaltet; sie sind die Nahtstellen zweier zusammengeschweißter Platten; Vulkanismus und Bebentätigkeit spielen nur eine sekundäre Rolle. Typische Kordillerengebirge befinden sich in Japan, auf den Aleuten, in Nordamerika (Rocky Mountains), Südamerika (Anden) und in Mittelamerika (mittelamerikanisches Küstengebirge), während Kollisionsgebirge in Europa (Skandinavien, deutsche Mittelgebirge, Alpen (Bild 2.5), Ural), in Asien (Himalaja) und in Afrika (Atlas, Westafrika) zu sehen sind. Alle durch Stauchung entstandenen Gebirge sind an der Erdoberfläche sichtbar.

Die durch Zerrung gebildeten Gebirgsmassive, bei deren Entstehung im wesentlichen magmatisch-vulkanische Vorgänge beteiligt sind, sind die unterseeischen ozeanischen Rücken. Mit einer Ausnahme (Island) erscheinen sie nicht an der Erdoberfläche.

Vulkane entstehen auf der Erde durch das Aufsteigen von Magma aus dem Erdinneren. Das Magma kann in dünnflüssiger Form ausfließen, ist es aber genügend viskos, so kann es auch den Krater des Vulkans verschließen, so daß sich ein hoher Druck aufbaut und schließlich eine Explosion erfolgt. Entsprechend gibt es zwei Vulkanhauptarten: die Lavavulkane und die Explosivvulkane. Oft treten auch Mischformen auf. Der im Mai 1980 und im März 1982 erneut ausgebrochene Mt. St. Helens (2948 m Höhe) im amerikanischen Bundesstaat Washington (Bild 2.6 und 2.7) war primär ein Staub- und Gesteinsvulkan: über 2,7 Kubikkilometer Lava (davon 0,5 km^3 glutflüssiges Magma), Schlackensteine, Staub, Asche, Eis und Felsbrocken wurden bis in 20 km Höhe emporgeschleudert, und Blitze schossen durch diesen Auswurf. Dagegen zählt Stromboli vor Italien zu den reinen Lavavulkanen. Europas größter bekannter tätiger Vulkan ist der 3280 m hohe Ätna auf Sizilien.

Man zählt auf der Erdoberfläche über 500 aktive Vulkane; dazu kommt eine große Zahl ruhiger bzw. erloschener Vulkane. Die aktivsten Vulkanzonen finden sich – wie erwähnt – im Bereich der ozeanischen Rücken und der Subduktionszonen. Finden Vulkanausbrüche unter der Meeresoberfläche statt, werden Flutwellen erzeugt, die sogar das Ufer erreichen und großen Schaden anrichten können. Aktiver Vulkanismus kann jedoch auch außerhalb der genannten aktiven Regionen auftreten: ein typisches Beispiel bildet die Gruppe der Hawaii-Inseln im Pazifik. Hier befindet sich auch der mächtigste Vulkan der Erde: Mauna Kea ragt mehr als 4200 m über den

Bild 2.6
Blick in den Kraterkessel (Caldera) des Mount St. Helens, der am 18. Mai 1980 seine 400 m hohe Gipfelkuppe in einer Eruption absprengte. Im Vordergrund ist ein Teil der ausgeschleuderten gewaltigen Eis- und Gesteinsmasse zu erkennen. Das Foto entstand am 19. Juni 1980 aus 18 km Höhe.

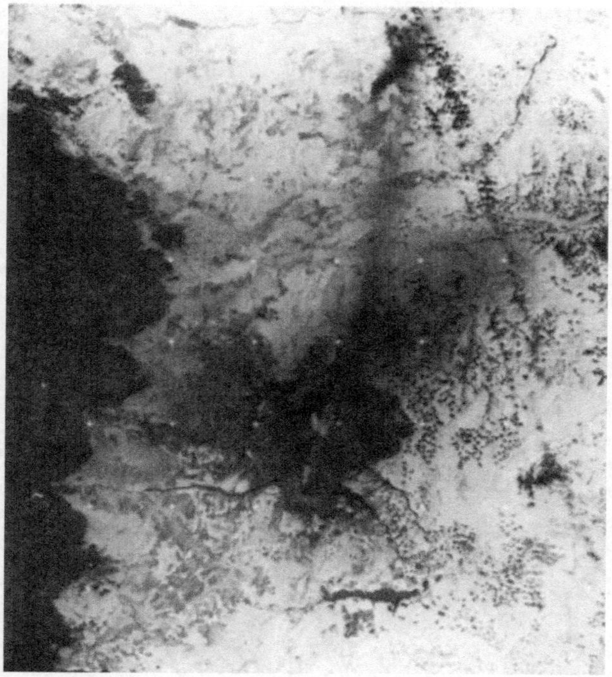

Bild 2.7
Satellitenaufnahme des Vulkans Mount St. Helens vom 22. Juli 1980, nur wenige Stunden vor seinem erneuten Ausbruch. Von der Krateröffnung (unten Mitte) ziehen Rauch- und Dampfschwaden in Richtung Norden und verdecken teilweise den Spirit Lake. Zwei kleinere Flüsse, der nördlichere völlig mit Asche bedeckt, verlaufen vom Fuß des Vulkans in Richtung links, zwei weitere, ebenfalls aschebedeckt, nach rechts unten.

Meeresspiegel empor; seine Basis liegt in 5 200 m Tiefe. Mit einer Gesamthöhe von 9 400 m ist dieser Vulkan zugleich auch die höchste Erhebung der Erde. Nur wenig kleiner ist Mauna Loa, ebenfalls auf Hawaii; er erhebt sich 4 km über den Meeresspiegel und fast 9 km über den ihn umgebenden Meeresgrund, wo ein Basisdurchmesser von 150 km festgestellt wurde. Man schätzt, daß Mauna Loa in einer Million Jahren etwa 40 000 Kubikkilometer Lava aufgeschichtet hat; dies würde ausreichen, die gesamte Fläche der Bundesrepublik mit einer 170 m hohen Schicht zu bedecken.

Ein sehr interessantes Forschungsgebiet stellt auch die Untersuchung der erstarrenden Lavaseen dar [21]. So hinterlassen die Ausbrüche des Vulkans Kilauea (Hawaii) Seen aus geschmolzenem Basalt, eine einzigartige Chance der Untersuchung von Magma, das sich sonst in den Tiefen des Erdmantels befindet. Je nach Zufluß und Tiefe der Lavaseen dauert es beim Kilauea zwischen 11 Monaten (flachster See im Alae-Krater) und 25 Jahren (tiefster See im Iki-Krater), bis sie sich abgekühlt und verfestigt haben.

Im Unterschied zu den Vulkankratern entstehen die Einschlagkrater (Impaktstrukturen) durch den Aufschlag von Meteoriten. Pro Tag fällt auch heute noch etwa 26 000 Tonnen Meteoritenmasse auf die Erde. Nur der geringste Teil davon durchdringt allerdings die dichteren Atmosphärenschichten ohne zu verglühen und verursacht beim Aufschlag seismische Erschütterungen. Der Fall größerer Meteoriten ist äußerst selten. Das klassische Beispiel eines Meteoritenkraters ist der etwa 40 000 Jahre alte Canon Diablo in Arizona (1,3 km Durchmesser); er war der erste Krater, dessen meteoritische Herkunft sicher erkannt wurde. Ein noch jüngeres Objekt (ca. 10 000 Jahre) ist der Köfelskrater in den Ötztaler Alpen. Weitere Krater mit Durchmessern von wenigen hundert Metern bis zu 50 km und mehr wurden in Kanada, Chile, Argentinien, Afrika, Australien, Schweden und Polen entdeckt und als Einschläge gedeutet. Seit 1970 befaßt sich die Sternwarte Pulsnitz (DDR) intensiv mit der Registrierung und Beschreibung von Meteoritenkratern [22, 23] sowie mit ihrer Abgrenzung gegen Strukturen, die irrtümlich als meteoritisch angesehen werden.

Der aussagekräftigste Einschlagkrater ist das Nördlinger Ries, ein etwa 20 ... 24 km großes Becken, das mehr als 100 m tief in das von Jura-Ablagerungen gebildete Hügelland der Schwäbisch-Fränkischen Alb eingesenkt ist [24]. Das Becken ist vor etwa 14,7 Mio. Jahren durch den Einschlag eines 500 ... 900 m großen Meteoriten entstanden. Nimmt man an, daß es sich um einen Steinmeteoriten gehandelt hat, der mit kosmischer Geschwindigkeit (27 km/s) aufschlug, so wurde im Moment des Auftreffens ein Druck von 10^7 bar, eine Temperatur von etwa 30 000 K und eine Energie von 10^{20} Joule erzeugt. Dadurch wurden Meteorit und Gestein komprimiert, teilweise verdampft und ausgeworfen, wobei zunächst ein 2 ... 2,5 km tiefes und 4 ... 6 km weites Loch entstanden ist, das dann aber schon nach wenigen Sekunden durch seitliche Ausgleichsbewegungen und Rückfederung

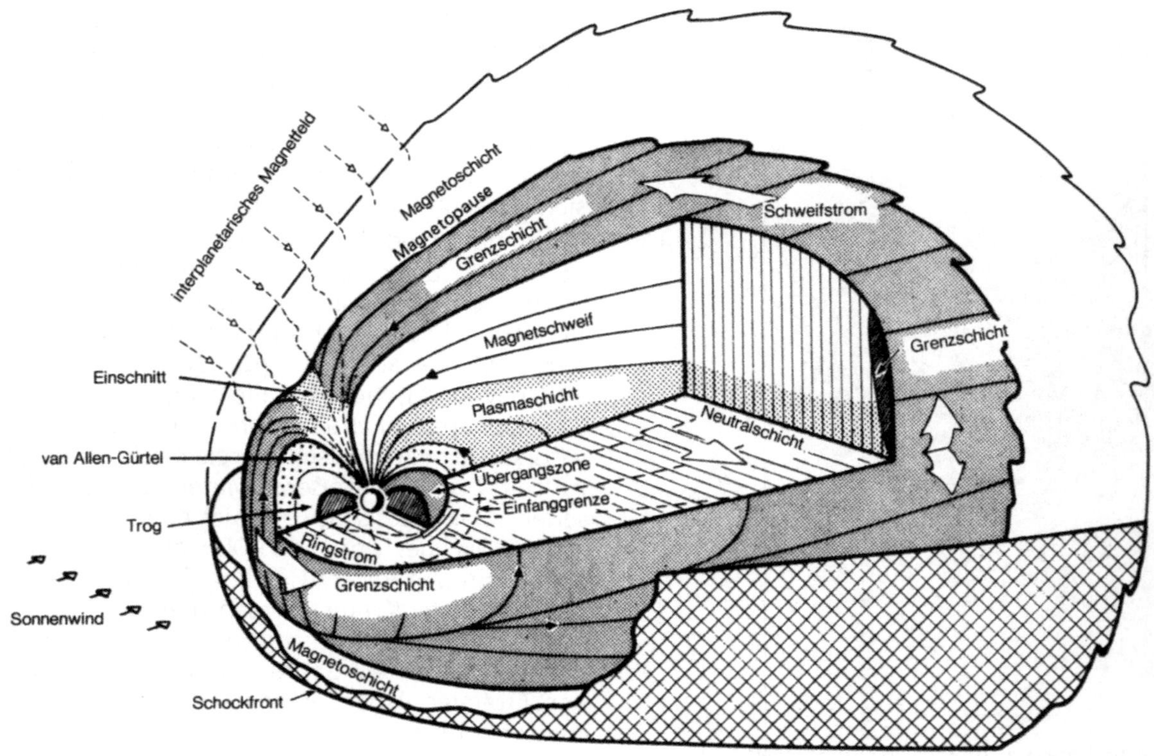

Bild 2.8
Schematische Darstellung des Erdmagnetfeldes nach [25]. Der von der Sonne kommende Plasmastrom ist vom Magnetosphäreninneren durch die Magnetopause (Grenzschicht) getrennt. In dieser Vorstellung einer offenen Magnetosphäre können die interplanetaren Feldlinien die Grenze der Magnetosphäre überqueren und sich direkt mit den geomagnetischen Feldlinien verbinden.

seine endgültige flache Form mit zunächst 700 ... 800 m Tiefe annahm. Wenig später prasselte der bis in die Stratosphäre hochgeschleuderte Auswurf in den Krater und auf sein Umfeld zurück. Das Ries hat sich dann allmählich mit Wasser und mit Ablagerungen gefüllt, die vom äußeren Rand her eingeschwemmt wurden.

Im Vergleich zu den anderen inneren Planeten, zum Erdmond und zu den Monden der äußeren Planeten besitzt die Erde nur eine relativ geringe Zahl von Impaktstrukturen. Dafür gibt es eine Reihe von Erklärungen: zum einen liegt wahrscheinlich eine große Zahl von unsichtbaren Einschlagkratern auf dem Meeresgrund, zum anderen trug die dichte irdische Lufthülle zu einem vorzeitigen Verglühen eines großen Teils der Meteoriten bei. Ältere Meteoritenkrater sind ferner zum größten Teil wieder durch erosive Abtragung und Eindeckung mit jüngeren Ablagerungen zerstört oder ausgelöscht worden oder durch Pflanzenbewuchs und menschliche Aktivitäten nicht mehr als Impaktstruktur auszumachen.

2.4 Magnetfeld der Erde

Im 17. Jahrhundert wurde entdeckt, daß sich die Erde wie ein Magnet verhält, also ein eigenes Magnetfeld besitzt. Die maximale Feldstärke tritt an den beiden Polen auf; sie beträgt dort etwa 0,3 Gauß (30 000 Gamma[1)]). In unmittelbarer Erdumgebung entspricht das Magnetfeld der Feldkonfiguration eines magnetischen Dipols. Doch schon in einigen Erdradien (1 R_E = 6 378 km) Abstand weicht der Feldverlauf völlig von einem Dipol ab: auf der sonnenzugewandten Seite ist das Feld stark zusammengestaucht und

1) 1 Gamma = 10^{-5} Gauß = 10^{-9} Tesla (T)

reicht im Mittel nur etwa 65 000 km in den Weltraum hinaus; vom Erdmittelpunkt aus gerechnet entspricht dies etwa 11,2 Erdradien (11,2 R_E). Auf der sonnenabgewandten Seite dagegen ist es zu einem langen magnetischen Schweif ausgezogen, der von Raumflugsonden noch in 1 000 R_E Abstand registriert wurde, aber wahrscheinlich noch wesentlich länger ist. Jenseits der Mondbahn ist dieser Schweif noch weitgehend unerforscht.

Die Deformation wird durch den Sonnenwind verursacht, der mit einer Energie von etwa 10^{13} W auf das Magnetfeld prallt. Die Sonnenwindteilchen, die sich bis Erdnähe in dem mitgeführten „eingefrorenen" Eigenmagnetfeld wohlgeordnet in radialer Richtung mit Überschallgeschwindigkeit fortbewegen, werden durch das erheblich stärkere Erdmagnetfeld abgelenkt und um die Erde herumgeführt. Durch diese Ablenkung entsteht ein hoher Druck auf das Feld. Es wird dadurch so weit zusammengepreßt, bis der Magnetfelddruck der Erde dem des Solarwindes gleich ist. Könnte man den Sonnenwind „abschalten", würde das gesamte Erdfeld wieder Dipolgestalt annehmen. Erhöht sich die Plasmaintensität, z.B. als Folge solarer Aktivität, so verstärkt sich die Stauchung; verringert sie sich, so dehnt sich das Feld nach außen aus. Solche Schwingungen haben Amplituden bis zu 2 R_E und Geschwindigkeiten bis 200 km/s.

Beim Auftreffen des Solarplasmas auf das Erdmagnetfeld wird eine Stoßwelle (Schockfront, engl. bow shock) erzeugt, die erstmals 1963 von dem Satelliten IMP-1 registriert wurde und über die Grenze der Magnetosphäre [26], der sog. Magnetopause, liegt (Bild 2.8). Zwischen Stoßwelle und Magnetopause ist der Bereich der Magnetoschicht, einer turbulenten Übergangszone, in der der größte Teil des Sonnenwindes um die Magnetosphäre herumfließt. Ein Teil des energiereichen Sonnenplasmas, zwischen 1 % und 10 %, vermag die Magnetopause vor allem am Einschnitt zu durchdringen und bis in die Atmosphäre zu gelangen: Temperaturerhöhungen der hohen Atmosphäre, Ionisationseffekte sowie damit verbundene Nordlichter und Auroraerscheinungen in polaren Breiten sind die Folge.

In Bild 2.8 ist auch die Einfanggrenze angegeben. Man versteht darunter jenes Gebiet, in dem elektrisch geladene Teilchen aufgrund ihrer elektrischen Ladung vom Erdmagnetfeld eingefangen werden können. Diese Teilchen bewegen sich in engen Spiralen um die von Pol zu Pol reichenden Feldlinien. In diesem Bereich, nach seinem Entdecker auch Van Allen-Strahlungsgürtel genannt, liegt ein innerer Protonengürtel mit einem Intensitätsmaximum bei 1,7 ... 1,8 R_E und ein äußerer Gürtel mit primär hochenergetischen Elektronen mit einem Intensitätsmaximum bei 3,5 R_E. Ein weiteres, wenn auch nicht so deutlich ausgeprägtes Gebiet relativ hoher Strahlungsdichte liegt bei etwa 5,6 ... 6 R_E. Während magnetischer Störungen bildet sich ferner ein Strom geladener Teilchen, der sog. Ringstrom. Der Trog stellt ein Gebiet verdünnten Plasmas und die Neutralschicht eine Zone mit geringer Feldstärke und entgegengesetzten Feldlinien dar.

Die Magnetosphäre übt für das irdische Leben eine schützende Funktion aus, da sie die gefährliche Strahlung des interplanetaren Raums abblockt.

Die Achse des magnetischen Dipols ist derzeit um etwa 11 Grad zur Rotationsachse der Erde geneigt; sie verläuft nicht durch den Erdmittelpunkt, sondern ist 342 km von ihm entfernt und auf einen Punkt mit den Koordinaten 6,5° n.Br. und 161,8° ö.L. gerichtet. Die Dipolachse schneidet die Erdoberfläche in den Punkten 76,3° s.Br./121,2° ö.L. und 80,1° n.Br./82,7° w.L.

Ebenso wenig wie die Lage der Magnetachse langfristig konstant ist (gegenwärtig entfernt sie sich vom Erdzentrum), ist auch die Feldstärke konstant. Sie hat in den letzten Jahrhunderten stetig langsam abgenommen. Hält diese Abnahme weiterhin im gleichen Maße an, wäre das Feld spätestens in etwa 3 000 Jahren erloschen. Man geht heute davon aus, daß es im Mittel einmal in 1 Mio. Jahren seine Richtung wechselt. Das Magnetfeld selbst existiert schon seit mindestens 2,7 Mrd. Jahren, was eine beträchtliche Zeitspanne darstellt.

Die Entstehung des Magnetfeldes kann nicht durch eine etwaige permanente Mineralien-Magnetisierung erklärt werden. Einmal verschieben sich Mineralien nicht so leicht, um die Feldänderungen in Stärke, Richtung und örtlicher Verteilung erklären zu können, andererseits würden Mineralien ihre Magnetisierung bei den hohen Temperaturen des Erdinneren sofort

Tabelle 2.2 Mögliche Geschichte der Erdatmosphäre

Stufe	Vorgang
1	Kurz nach der Bildung der Erde starke Wechselwirkung der Uratmosphäre mit dem präsolaren Nebel; deshalb anfänglich vermutlich ähnliche Zusammensetzung wie der Urnebel: (primäre Bestandteile: Wasserdampf, Kohlendioxid, Stickstoff);
2	Starker Sonnenwind bläst große Teile der Uratmosphäre fort;
3	Als Folge von Aufheizvorgängen innerhalb der Erde (durch freiwerdende Gravitationsenergie, Zerfall radioaktiver Elemente sowie der Urnebel (primäre Bestandteile: Differentiation) werden große Mengen an adsorbierten Edelgasen, anderen Gasen und Wasser freigesetzt;
4	Weiterleitung dieser Gase zur Erdoberfläche – es entstehen einfache Verbindungen von Wasserstoff, Stickstoff, Sauerstoff und Kohlenstoff (z. B. Wasserdampf, Ammoniak, Methan, Kohlendioxid);
5	Entstehung von Wasser und Eis, Zersetzung des atmosphärischen Wasserdampfes durch solare UV-Strahlung; aus der Exosphäre entweichen Wasserstoff und Helium; der Sonnenwind befördert neues Gas in die Atmosphäre;
6	Entstehung von Leben im Meer und auf dem Festland; Produktion von Sauerstoff in der Atmosphäre; Abschirmung von solarer UV-Strahlung und Aufbau einer Ozonschicht; langsamer Übergang in eine Stickstoff-Sauerstoffatmosphäre durch biologischen Stoffwechsel.

verlieren. Man vermutet vielmehr, daß das Magnetfeld durch Strömungen im flüssigen Erdkern (ca. 1 mm/s) erzeugt wird („Geodynamo"), wenn auch wichtige Aspekte dieses Prozesses nach wie vor ungeklärt sind. Möglicherweise kommt die Strömung dadurch zustande, daß schwerere Materie zum Erdzentrum hin absinkt und gleichzeitig leichtere Stoffe nach außen getrieben werden [27]. Lange Zeit ging man davon aus, daß gemäß dem Dynamomechanismus [28] nennenswerte Magnetfelder nur bei Vorhandensein genügend großer flüssiger Planetenkerne und hoher Rotationsgeschwindigkeiten erzeugt werden können. Heute wird allgemein anerkannt, daß fast alle Geschwindigkeitsfelder einen Dynamoeffekt aufweisen, solange nur bestimmte Bedingungen (wie genügend große magnetische Reynoldszahl) erfüllt sind: der unerwartete Nachweis eines Magnetfeldes beim nur sehr langsam rotierenden Merkur (Kapitel 4) ist ein instruktives Beispiel dafür, wie das Studium anderer Planeten das Wissen um die Erde berichtigen und erweitern kann.

2.5 Atmosphäre und Ionosphäre

Schon während der Bildung der Erde vor etwa 4,55 Mrd. Jahren existierte eine Uratmosphäre, die zunächst mit der Zusammensetzung des präsolaren Nebels identisch, im Verlauf der Evolution der Erde durch verschiedene Prozesse aber grundlegenden Änderungen unterworfen war (Tabelle 2.2). Wichtige Abschnitte in der Entwicklung der Atmosphäre waren:

- Erreichen eines bestimmten Dichtegrenzwertes: Nun konnte die Atmosphäre so viel Wärme speichern, daß die Temperatur über den Gefrierpunkt anstieg und das vorhandene Wasser in flüssiger Form existieren konnte;
- erste Photosyntheseprozesse vor 3,5 Mrd. Jahren: Blaualgen (Cyanobakterien) verbanden Kohlendioxid mit Wasser unter Abspaltung eines Sauerstoffmoleküls. Als Folge stieg der Sauerstoffgehalt der frühen Erdatmosphäre – bis dahin nur Spurengas bzw. anfangs überhaupt fehlend – langsam an (z. B. auf etwa 0,2 % vor 2 Mrd. Jahren), während der Kohlendioxidanteil stetig zurückging;
- nachhaltige Sauerstoffvermehrung durch das Auftreten von Leben: Noch vor ca. 1 Mrd. Jahren betrug der Sauerstoffanteil erst 2 %, mit der Existenz höheren Lebens etwa 18 % und heute 21 %.

Erwähnenswert ist die Tatsache, daß der atmosphärische Sauerstoff nur einen geringen Teil der heutigen Gesamtmenge an freiem und gebundenem Sauerstoff biologischen Ursprungs (insgesamt etwa $3{,}2 \cdot 10^{22}$ Gramm) ausmacht: auf freien Stauerstoff in Atmosphäre und Ozean

Tabelle 2.3 Zusammensetzung der Erdatmosphäre in Oberflächennähe [29]

Bestandteil	chemisches Symbol	Anteil in Vol.-%	Molmasse
Stickstoff	N_2	78,084	28,016
Sauerstoff	O_2	20,946	32,000
Argon-40	Ar	0,934	39,944
Kohlendioxid	CO_2	0,033	44,010
Neon	Ne	$1{,}818 \cdot 10^{-5}$	20,183
Helium	He	$5{,}24 \cdot 10^{-6}$	4,003
Krypton	Kr	$1{,}14 \cdot 10^{-6}$	83,700
Methan	CH_4	$1{,}52 \cdot 10^{-6}$	16,05
Ozon	O_3	$4 \cdot 10^{-7}$	48,00
Wasserstoff	H_2	$5 \ldots 10^{-7}$	2,016
Stickstoffoxydul	N_2O	$5 \ldots 10^{-7}$	44,02
Kohlenmonoxid	CO	10^{-7}	28,01
Xenon	Xe	$8{,}7 \cdot 10^{-8}$	131,3
Wasserdampf	H_2O	$10^{-2} \ldots 1{,}0$	18,02
Argon-36	Ar	31 ppm*	39,944

* 1 ppm = 1 parts per million = 1 Tausendstel Promille (10^{-6})

zusammen entfallen nämlich nur $1{,}2 \cdot 10^{21}$ Gramm, also nicht ganz 4 % [31]. Fast der gesamte Rest steckt in der Erdkruste: in Form des Eisenoxids Fe_2O_3 (etwa 57 %) und in Form verschiedener Sulfate (etwa 38 %).

Ein Indiz für das Fehlen des Sauerstoffs in der Uratmosphäre ist neben den geologischen Befunden das Leben selbst, denn für seine Entstehung war zunächst eine sauerstoffreie Gashülle erforderlich. Gasförmiger Sauerstoff hätte nämlich verhindert, daß sich aus einfachen Molekülen die als Aminosäuren bezeichneten Bausteine der Eiweißstoffe (Proteine) bilden konnten. Die allmähliche Sauerstoffanreicherung in der frühen Atmosphäre war sicherlich eine „Krise" für die damaligen Lebensformen. Sie wurde jedoch überwunden und führte in der Folge sogar zu einer explosiven Entwicklung des Lebens, insbesondere gegen Ende des Proterozoikums [32].

Die heutige Zusammensetzung der bodennahen Atmosphäre geht aus Tabelle 2.3 hervor, die Abnahme der Teilchendichte der einzelnen Gase mit der Höhe aus Bild 2.9. In Bodennähe beträgt die Atmosphärendichte rund $27 \cdot 10^{18}$ Moleküle/cm^3. Die Gesamtmasse der Atmosphäre wird auf rund $5 \cdot 10^{15}$ Tonnen geschätzt. Fast 75 % davon entfallen auf die ersten neun Kilometer über dem Erdboden.

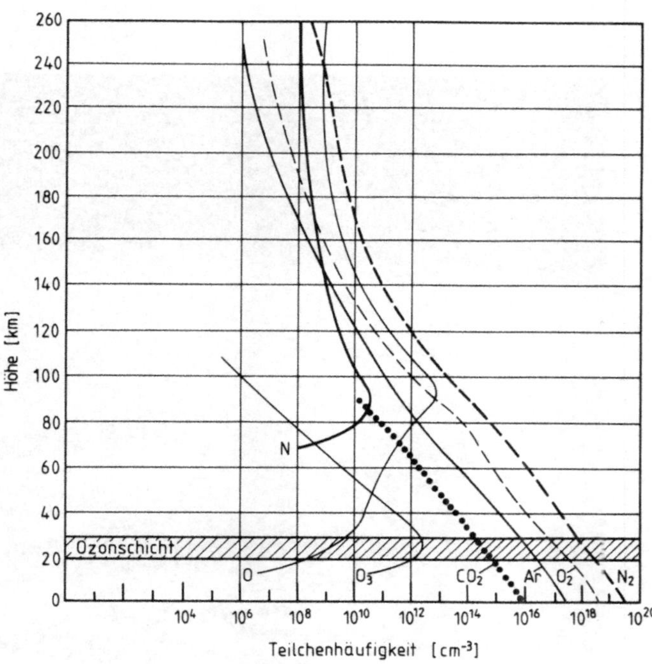

Bild 2.9
Änderung der Teilchenhäufigkeit der in der Erdatmosphäre enthaltenen Gase (nach [30]). Bis in etwa 20 km Höhe kommen ausschließlich Moleküle vor, darüber atomarer Sauerstoff, Ozon und atomarer Stickstoff (ab 70 km). Ab 100 km ist der Anteil des atomaren Sauerstoffs größer als der des molekularen Sauerstoffs.

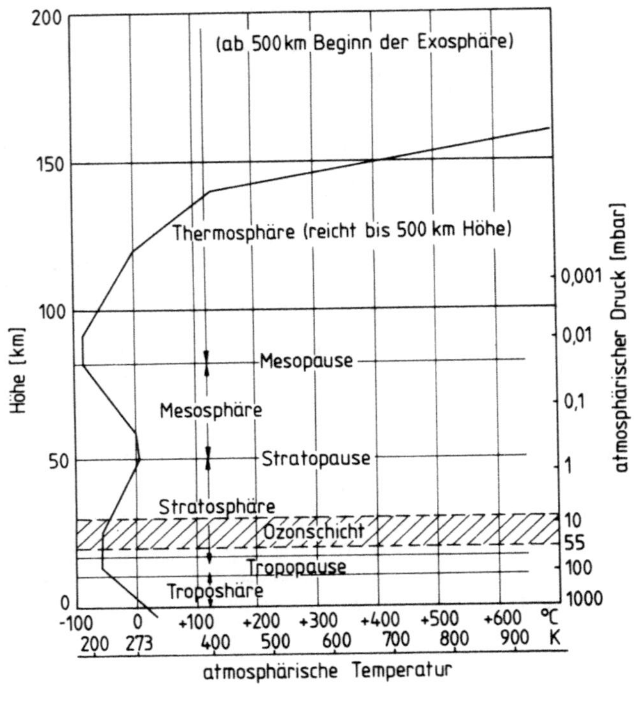

Bild 2.10
Vereinfacht dargestellter Druck- und Temperaturverlauf in der Erdatmosphäre. Die Temperaturkurve bestimmt den Vierschichtenaufbau (Beschreibung siehe Text).

Bild 2.11
Wolkenstimmung über dem Pazifik, etwa 2000 km nördlich von Hawaii. Die Wolkenanordnung mit den vielen Kumuli und Altokumuli ist typisch für ein meteorologisches Tief.

Den Verlauf des atmosphärischen Drucks und der atmosphärischen Temperatur in der Gashülle der Erde zeigt Bild 2.10. An der Erdoberfläche beträgt die jahreszeitlich gemittelte Temperatur 10 ... 12 °C. Die Differenzen zwischen Tag und Nacht liegen in der Größenordnung von einigen Graden, zwischen Äquatorregion und Polgebieten bestehen Differenzen von etwa 40 °C.

Schon um die Jahrhundertwende wurde der geschichtete Aufbau der Lufthülle entdeckt. Wie Bild 2.10 zeigt, ist die unterste Schicht, die Troposphäre, durch einen gleichmäßigen Abfall der Temperatur von etwa 6,5 °C/km gekennzeichnet. Am Äquator endet die Troposphäre in etwa 17 km, in Breiten von 60° bis 90° in 11 km Höhe und über den Polen in etwa 8 km. Innerhalb der Troposphäre, deren chemische Zusammensetzung vollständig homogen ist, treten starke vertikale Turbulenzen auf; die entscheidenden Vorgänge von Klima und Meteorologie spielen sich hier ab (Bild 2.11 und 2.12). Die Grenze der Troposphäre wird Tropopause genannt.

An die Tropopause schließt sich die Stratosphäre an, deren oberes Ende, die Stratopause, bei rund 50 km Höhe liegt. Im unteren Teil ist der Temperaturverlauf konstant, es herrscht ein lokales Gleichgewicht zwischen absorbierter Sonnenstrahlung und emittierter thermischer Strahlung. Der obere Stratosphärenbereich ist durch eine Temperaturzunahme gekennzeichnet (Erklärung siehe unten).

Die nächste Schicht, die Mesosphäre, dehnt sich bis 85 km Höhe aus und ist durch eine deutliche Temperaturabnahme mit zunehmender Höhe charakterisiert. Im Bereich der oberen Grenze dieser Schicht, der Mesopause, beginnen Ionisationsprozesse und photochemische Prozesse unter dem Einfluß solarer UV-Strahlung.

Darüber ist die Thermosphäre, in der durch die Absorption extrem kurzwelliger UV-Strahlung im Wellenlängenbereich von 10 nm bis 100 nm eine starke Aufheizung der hohen Atmosphäre erfolgt. So werden z.B. in 250 km Höhe etwa 700 °C gemessen.

Ab etwa 500 km Höhe ist mit der Exosphäre die Übergangszone zum Weltraum erreicht. In diesen Höhen nimmt die Temperatur kaum noch zu. Während der Bereich zwischen 1 000 km und 2 000 km Höhe noch zu gleichen Teilen mit Helium und Wasserstoff erfüllt ist – allerdings bei einer sehr geringen Gasdichte, bei der die Zusammenstöße zwischen den einzelnen Teilchen immer seltener werden –, dominiert ab 2 500 km Wasserstoff. Ein kleiner Teil dieses Gases, weniger als 100 kg/s, wandert in den Weltraum ab (Dissipation in den Raum).

Der hier skizzierte Temperaturverlauf ist u.a. dadurch festgelegt, daß sich in der Stratosphäre das Spurengas Ozon bildet, welches selbst sehr stark das Sonnenlicht absorbiert. Das atmosphärische Ozon, das als Schutzfilter vor UV-Strahlung die Entstehung von Leben erst ermöglichte, entsteht durch Dissoziierung des Sauerstoffs durch die ultravioletten Sonnenstrahlen in Atome, die sich mit den Sauerstoffmolekülen zu dreiwertigem Sauerstoff verbinden. Diese Vorgänge sind zwischen 20 km und 40 km Höhe, in der sog. Ozonschicht, besonders häufig (Bild 2.13), treten jedoch auch noch in 80 km Höhe auf. Zwischen 40 km und 80 km wird die Menge und Verteilung des Ozons durch die Intensität und Verteilung der solaren UV-Strahlung, durch die Häufigkeit und Verteilung atmosphärischer Spurenelemente (wie Halogene, Halogen- und Stickstoff-Sauerstoffverbindungen, Wasserdampf) und durch die Temperaturstruktur der Atmosphäre bestimmt. Die Ozonschicht bewirkt als Wärmequelle einen Temperaturanstieg im Anschluß an den unteren Stratosphärenbereich. Ohne Ozonschicht wäre die atmosphärische Temperatur in der gesamten Stratosphäre konstant und das mesosphärische Temperaturprofil weniger stark ausgeprägt.

Die Ionosphäre mit ihrer D-, E-, F_1- und F_2-Schichtung ist jener Teil der Atmosphäre, in dem durch den Einfluß solarer UV-Strahlung elektrisch geladene Moleküle und Atome existieren. Diese Schicht ist elektrisch leitend (und reflektiert Radiowellen), aber nicht geladen, weil den positiv geladenen Ionen eine gleich große Zahl negativer Elektronen zugemischt ist. Die untere Grenze der Ionosphäre (ca. 70 km) ist durch die Höhe festgelegt, bis zu der die ionisierende Strahlung die Atmosphäre durchdringen kann. Vor direktem Einfluß des Sonnenwindes wird sie durch die Magnetosphäre geschützt. Trotzdem ist ihre Struktur – entsprechend abgeschwächt – von den Ereignissen auf der Sonne abhängig und ändert sich ständig mit dem Tag-Nacht-Rhythmus; es bestehen auch jahreszeitliche Schwankungen. Die größte Elektronen-

Bild 2.12
Wolkenaufnahme eines Wettersatelliten der amerikanischen GOES-Reihe vom 8. August 1980. Das Bild zeigt gleich zwei Wirbelsturmgebiete: den Hurrikan „Allen", der nahezu den gesamten Golf von Mexico ausfüllt, und den Hurrikan „Isis" vor der amerikanischen Westküste. Nordamerika (die Staatengrenzen sind eingezeichnet) und große Teile von Südamerika sind weitgehend wolkenfrei.

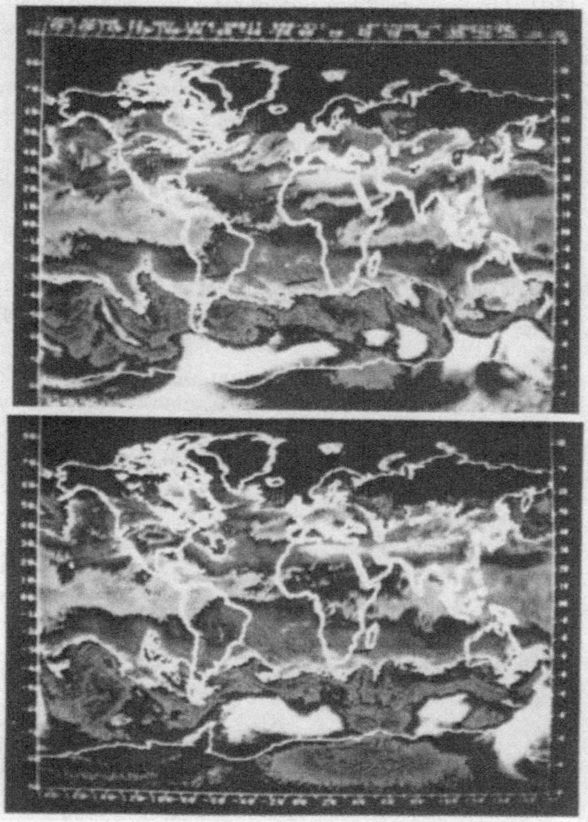

Bild 2.13
Beispiel einer globalen Ozonverteilungsermittlung mittels Satelliten vom 22. November 1978 (oben) und 24. November 1978 (unten). Der relative örtliche Ozongehalt steigt von schwarz (Minimum) bis weiß (Maximum). Zur Orientierung sind die Kontinentumrisse in Weiß eingezeichnet. Die Aufnahmen zeigen, wie sich der Ozongehalt über einer bestimmten Region mit der Zeit ändern kann. Der geringe Ozongehalt in tropischen Breiten ist dagegen hier relativ konstant.

dichte hat die F_2-Schicht: Tagsüber werden in ihr $2 \cdot 10^6$ Elektronen pro cm^3 gezählt, nachts etwas weniger als die Hälfte. Am Tag liegt die F_2-Schicht durchschnittlich in 250 km, in der Nacht in 350 km Höhe.

Elektronen und Ionen haben Eigentemperaturen, wobei am Tag die Elektronentemperatur erheblich höher zu sein pflegt (in großen Höhen 2000 ... 4000 K). Das liegt daran, daß den Elektronen bei der Paarbildung durch Lichtquanten erhebliche Energie mitgegeben werden, während die Ionen nur indirekt als Folge von Zusammenstößen mit den Elektronen erwärmt werden. Da wegen der geringen Gasdichte in der Ionosphäre diese Zusammenstöße relativ selten sind, liegt die Ionentemperatur meist zwischen der hohen Elektronentemperatur und der erheblich niedrigeren des neutralen Gases.

Die Atmosphäre stellt einen wesentlichen Bestandteil der Erde dar. Sie förderte die Entstehung von Leben, schützt Leben vor zu intensiver und gefährlicher Sonnenstrahlung, abrupten Temperaturwechseln zwischen Tag und Nacht bzw. umgekehrt, ermöglicht einen fließenden Tag-Nacht-Wechsel und reduziert den Temperaturgradienten der Oberfläche zwischen Tag- und Nachtseite.

Literatur

- [1] Köhler, H. W.: 100 mal Raumfahrt. Bibliographisches Institut, 1977
- [2] Bates, D. R.: The Planet Earth. Pergamon Press, 1964
- [3] Faust, H. : Der Aufbau der Erdatmosphäre. Vieweg 1967
- [4] Israel, H./Israel, G. W.: Spurenstoffe in der Atmosphäre. Wissenschaftliche Verlagsgesellschaft, 1979
- [5] Heck, H. D./Schick, R.: Erdbebengebiet Deutschland. Deutsche Verlags-Anstalt, 1980
- [6] Fairbridge, R. W.: The Encyclopedia of Atmospheric Sciences and Astrogeology. Reinhold Book Corp., 1967
- [7] Dyer, E. R.: Solar-Terrestrial Physics. D. Reidel Publishing, 1972
- [8] Emming, J. G.: Electromagnetic Radiation in Space. D. Reidel Publishing, 1967
- [9] McCormac, B. M.: Aurora and Airglow. Reinhold Book Corp., 1967
- [10] McCormac, B. M.: Earth's Particles and Fields. Reinhold Book Corp., 1968

[11] Sclater, J. G./Tapscott, C.: Die Geschichte des Atlantik. Spektrum der Wissenschaft 8/1979

[12] Hsü, K. J.: Als das Schwarze Meer austrocknete. Spektrum der Wissenschaft 5/1979

[13] Jordan, T. H.: The Deep Structure of the Continents. Scientific American 1/1979

[14] O'Nions, R. K./Hamilton, P. J./Evensen, N. M.: Die chemische Entwicklung des Erdmantels. Spektrum der Wissenschaft 7/1980

[15] Wieseneder, H.: Vulkanismus und Gesteinsbildung im Licht neuer geowissenschaftlicher Hypothesen. Naturwissenschaftliche Rundschau 1/1981

[16] Kertz, W.: Alfred Wegener – Reformator der Geowissenschaften. Physikalische Blätter 12/1980

• [16a] Wegener, A.: Die Entstehung der Kontinente und Ozeane. Nachdruck der 1. und der 4. Auflage. Vieweg, 1980

[17] Strobach, K./Heck, H. B.: Von Wegeners Kontinentalverschiebung zur modernen Plattentektonik. Bild der Wissenschaft 11/1980

• [18] Schwarzbach, M.: Alfred Wegener und die Drift der Kontinente. Wissenschaftliche Verlagsgesellschaft, 1980

[19] Closs, H./Giese, P./Jacobshagen, V.: Alfred Wegeners Kontinentalverschiebung aus heutiger Sicht. Spektrum der Wissenschaft 10/1980

[20] Vetter, U.: Entstehung der Gebirge auf der Erde. Umschau 10/1975

[21] Peck, D. L./Wright, T. L./Decker, R. W.: Die Lavaseen des Kilauea. Spektrum der Wissenschaft 12/1979

[22] Classen, J.: Katalog von 230 Meteoritenkratern und 78 irrtümlichen Objekten. Veröffentlichungen der Sternwarte Pulnitz, Nr. 12/1979

[23] Classen, J.: Meteoritenkrater in Streuellipsen auf Erde, Mond und Planeten. Veröffentlichungen der Sternwarte Pulnitz, Nr. 16/1979

[24] Lemcke, K.: Das Nördlinger Ries: Spur einer kosmischen Katastrophe. Spektrum der Wissenschaft 1/1981

[25] N. N.: Erweitertes Modell der Magnetosphäre. Umschau 1/1974

[26] Russell, C. T.: The Magnetosphere. IAF-Paper 76-068, 1976

[27] Carrigan, C. R./Gubbins, D.: Wie entsteht das Magnetfeld der Erde? Spektrum der Wissenschaft 4/1979

[28] Busse, F.: Die Erzeugung des Erdmagnetfeldes, Dynamotheorie und Geodynamo. Physikalische Blätter 10–11/1976

• [29] Stanek, B.: Planeten-Lexikon, Hallwag, 1979

• [30] Becker, U./Sauermost, R.: Erforschter Weltraum. Herder, 1975

[31] Schidlowski, M.: Die Geschichte der Erdatmosphäre. Spektrum der Wissenschaft 4/1981

• [32] Ryan, P./Pesek, L.: Das Sonnensystem. List, 1981

[33] Decker, R./Decker, B.: Die Ausbrüche des Mount St. Helens. Spektrum der Wissenschaft 5/1981

3 Der Erdmond

Bild 3.1
Imposante Vollmondaufnahme vom 16. Februar 1981 des Amateurastronomen P. Aniol von der Volkssternwarte Diedorf bei Augsburg. Typisch sind die weitflächigen dunklen Mare-Gebiete und die beiden großen Strahlenkrater Copernicus (Mitte links) und Tycho (unten). Zur Identifizierung weiterer Oberflächenformen siehe Bild 3.3.

Tabelle 3.1 Physikalische Daten des Erdmondes

Äquatordurchmesser	km	3476
Poldurchmesser	km	3474
Abplattung	–	1/1700
mittlere Dichte	g/cm^3	3,342
Masse	kg	$7{,}354 \cdot 10^{22}$
Masse (Erde = 1)	–	0,0123
Oberfläche (Erde = 1)	–	0,074
Volumen (Erde = 1)	–	0,020
Albedo (Mittelwert)	–	0,07
mittlerer Abstand zur Erde	km	384 403
Bahnexzentrizität	–	0,0549
Bahnneigung gegen Ekliptik	Grad	5,12
Äquatorneigung gegen Ekliptik	Grad	1,533
siderische Umlaufzeit	d	27,3217
Rotationsdauer	d	27,3217
Rotationsgeschwindigkeit am Äquator	m/s	4,6
mittlere Oberflächengravitation (Äquator)	m/s^2	1,62
Fluchtgeschwindigkeit (Äquator)	m/s	2374

Bild 3.2
Terrain- und Gesteinsuntersuchung vor Ort auf der Mondoberfläche: Apollo 15-Astronaut Irwin am Mondfahrzeug mit Hügeln des Hadley-Massivs im Hintergrund.

Der Mond, der Erde am nächsten gelegener Himmelskörper, erregt seit jeher das besondere Interesse der Menschheit (Bild 3.1); seine physikalischen und bahnmechanischen Daten gelten schon längere Zeit als gesichert (Tabelle 3.1). Ein großer Sprung vorwärts in seiner Erforschung erfolgte ab 1959 mit sowjetischen und amerikanischen Mondsonden und dem bemannten Apollo-Mondlandeprogramm der NASA (1969–1972). Der im Oktober 1959 gestarteten sowjetischen Sonde Luna 3 gelangen die ersten Aufnahmen von der Mondrückseite, mit Luna 9 glückte im Februar 1966 die erste weiche (unbemannte) Mondlandung, Luna 10 wurde im März 1966 zum ersten künstlichen Mondsatelliten, im September 1967 führte Surveyor 5 (USA) am Landeplatz die erste chemische Vor-Ort-Gesteinsanalyse durch, im Juli 1969 fand mit Apollo 11 die erste von sechs bemannten Mondlandungen statt, und im September 1970 führte die Sowjetunion mit Luna 16 erstmals eine Mond-Rückkehrmission und zwei Monate später erstmals das Absetzen eines kleinen unbemannten Mondfahrzeuges (Lunochod) durch. Über 50 Raumflugkörper der UdSSR und USA sind bisher am Mond vorbeigeflogen, auf seiner Oberfläche aufgeprallt oder weich auf ihm gelandet. Von den 24 amerikanischen Astronauten die zum Mond flogen, betraten zwölf die

Oberfläche und brachten insgesamt über 300 Stunden auf ihr zu, legten zu Fuß, mit einem Handwagen und mit einem motorbetriebenen Mondfahrzeug (Lunar Rover, Bild 3.2) insgesamt 95 km zurück, führten etwa 60 wissenschaftliche Experimente durch (30 weitere vom Mondorbit aus) und brachten über 2000 verschiedene Bodenproben von 382 kg Gesamtmasse zur Erde zurück. Auch die drei sowjetischen Rückkehrsonden Luna 16, Luna 20 und Luna 24 transportierten zwar kleine, aber wissenschaftlich wertvolle Probenmengen zur Erde, so daß heute Material von neun verschiedenen Landeplätzen zur Verfügung steht [1], (Bild II, Farbtafelteil).

3.1 Gestalt und innerer Aufbau

Der Mond ist weder von seiner inneren Struktur her ein homogener Körper, noch ist er seinen geometrischen Abmessungen nach exakt eine Kugel. Genaue Lasermessungen ergaben eine leicht elliptische Form, wobei der größere Durchmesser, um etwa 2 km größer als der kleinere, stets auf die Erde weist. Auch die Massenverteilung ist ungleichmäßig: gegenüber dem geometrischen Mittelpunkt ist der Massenschwerpunkt ebenfalls um ungefähr 2 km verschoben, und zwar wiederum in Erdrichtung. Um diese Höhe ragt die erdabgewandte Mondseite (Rückseite) im Vergleich zur idealen Kugel auf. Die Anomalien in der Mondform entstanden wahrscheinlich durch starke Gezeitenkräfte in der Frühphase der Mondentwicklung, als der Mond der Erde näher stand als heute und seine gerade abkühlende Kruste relativ leicht deformiert werden konnte. Man nimmt an, daß die Kruste vor etwa 4,4 Mrd. Jahren durch fraktionierte Kristallisation einer anfänglich schmelzflüssigen, mehrere 100 km dicken äußeren Schale entstand, und daß dann, vor etwa 4 Mrd. Jahren, das Mondinnere stark aufgeheizt wurde. Die Folge waren intensive basaltische Lavaergüsse auf der Oberfläche (Abschnitt 3.6). Vermutlich ist die Erdschwere nur aufgrund der Ausbauchung in der Lage, den Mond so zu halten, daß er der Erde immer die gleiche Seite (Vorderseite) zukehrt.

Die Ungleichmäßigkeiten im Mondinneren lassen darauf schließen, daß die Kruste der Rückseite dicker als die der Vorderseite ist. Die mächtigere Kruste auf der Mondrückseite (100 km gegenüber 60 km auf der Vorderseite) macht auch verständlich, warum dort im Vergleich zur Vorderseite lavaüberflutete Regionen relativ selten sind; einerseits enthält eine dickere Kruste weniger radioaktive Elemente (Kapitel 2), was das Erreichen des Gesteinsschmelzpunktes erschwert, zum anderen setzt eine dickere Schicht den zur Oberfläche dringenden Schmelzen einen höheren Widerstand als eine dünnere Kruste entgegen. In der Tat sind Vorder- und Rückseite topographisch deutlich unterschiedlich (Bild 3.3 und 3.4). Die Vorderseite ist zu etwa einem Drittel mit tiefen und dunkel erscheinenden, lavagefüllten Mare-Gebieten bedeckt, vgl. Bild 3.1 (die großen dunklen Flächen wurden von den ersten Beobachtern fälschlicherweise Meere — Mare, Plural Maria — genannt), die für uns unsichtbare Mondseite dagegen nur zu höchstens 10 %. Der Rest fällt jeweils auf die rauhen, hellen Terra-Gebiete (Hochregionen), die sich durch hohe Kraterdichten auszeichnen.

Aus Analysen der Bahnanomalien der um den Mond kreisenden Raumflugkörper konnte auf die Existenz örtlicher Massekonzentrationen (Mascons) auf der Mondvorderseite geschlossen werden. Obwohl die dabei registrierten Geschwindigkeitsabweichungen nur 0,1 % der mittleren Bahngeschwindigkeit betrugen, konnte ein klarer Zusammenhang mit den Maria nachgewiesen werden. Direkt unter den Mare-Oberflächen muß sich daher dichter gepacktes und schwereres Material als in der Umgebung dieser Gebiete befinden. Es gibt hierfür zwei alternative Erklärungen: Entweder befindet sich unter der Mare-Decke das Restgestein eines großen Asteroiden, der beim Aufschlag auf den Mond die großen Becken gebildet hat, oder diese Becken füllten sich unmittelbar nach ihrer Entstehung — begünstigt durch Ausgleich- und Rückfederungsbewegungen des vom Aufschlag betroffenen Gebietes — mit einer 5 ... 10 km hohen Basaltschicht.

Auf der Mondvorderseite wurden etwa ein Dutzend Mascons gefunden. Dagegen ist der Nachweis von Mascons auf der Mondrückseite über Bewegungsanomalien von Sonden nur schwer möglich, da in diesem Bahnabschnitt natürlich kein Funkkontakt mit Raumflugkörpern zur Feststellung etwaiger Geschwindigkeitsabweichungen möglich ist.

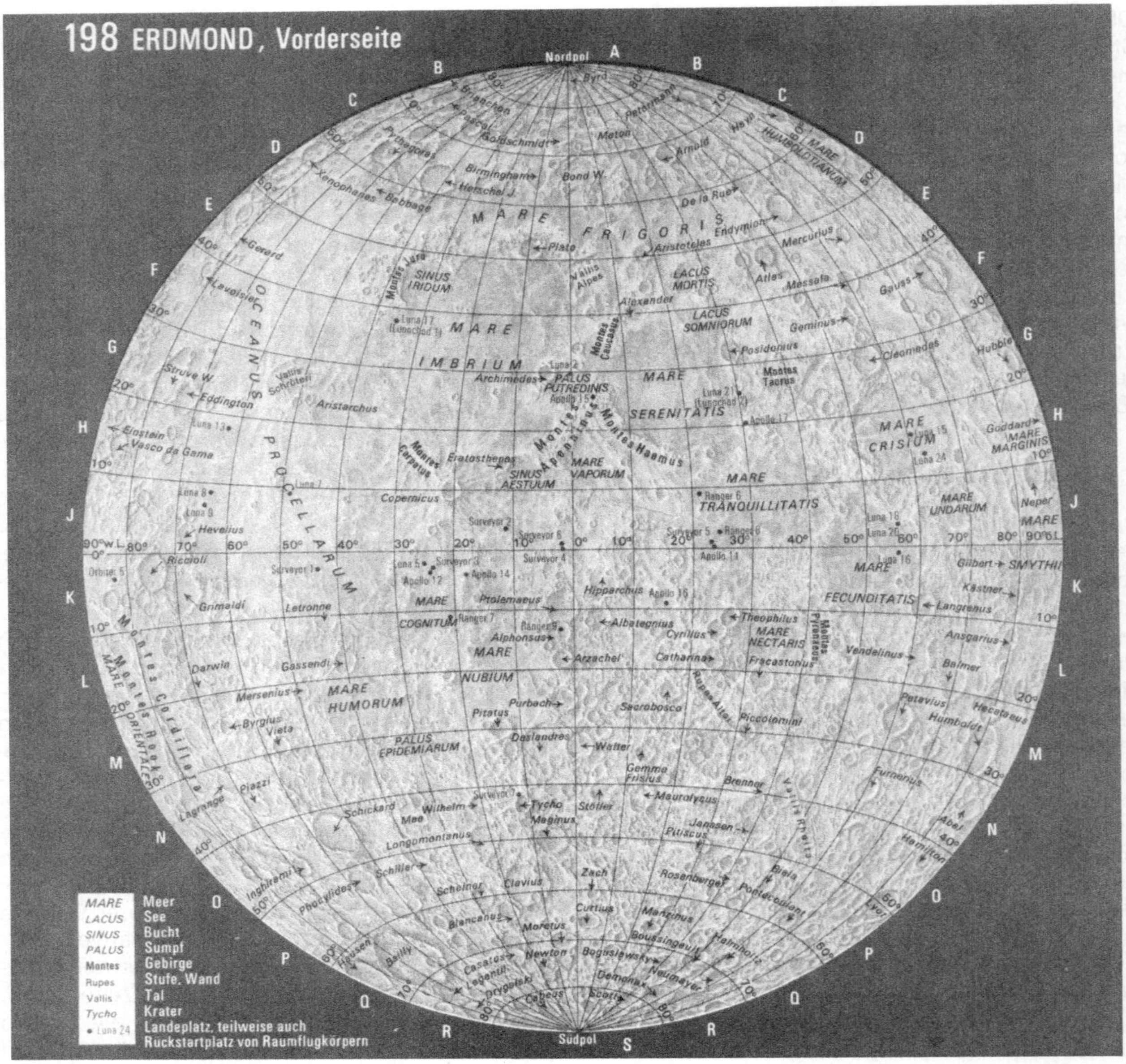

Bild 3.3
Vorderseite des Erdmondes mit den Bezeichnungen der wichtigsten Oberflächenformen. Markiert sind Aufschlag- und Landeplätze der Ranger-, Lunar Orbiter-, Surveyor- und Luna-Sonden sowie die Apollo-Landeplätze.

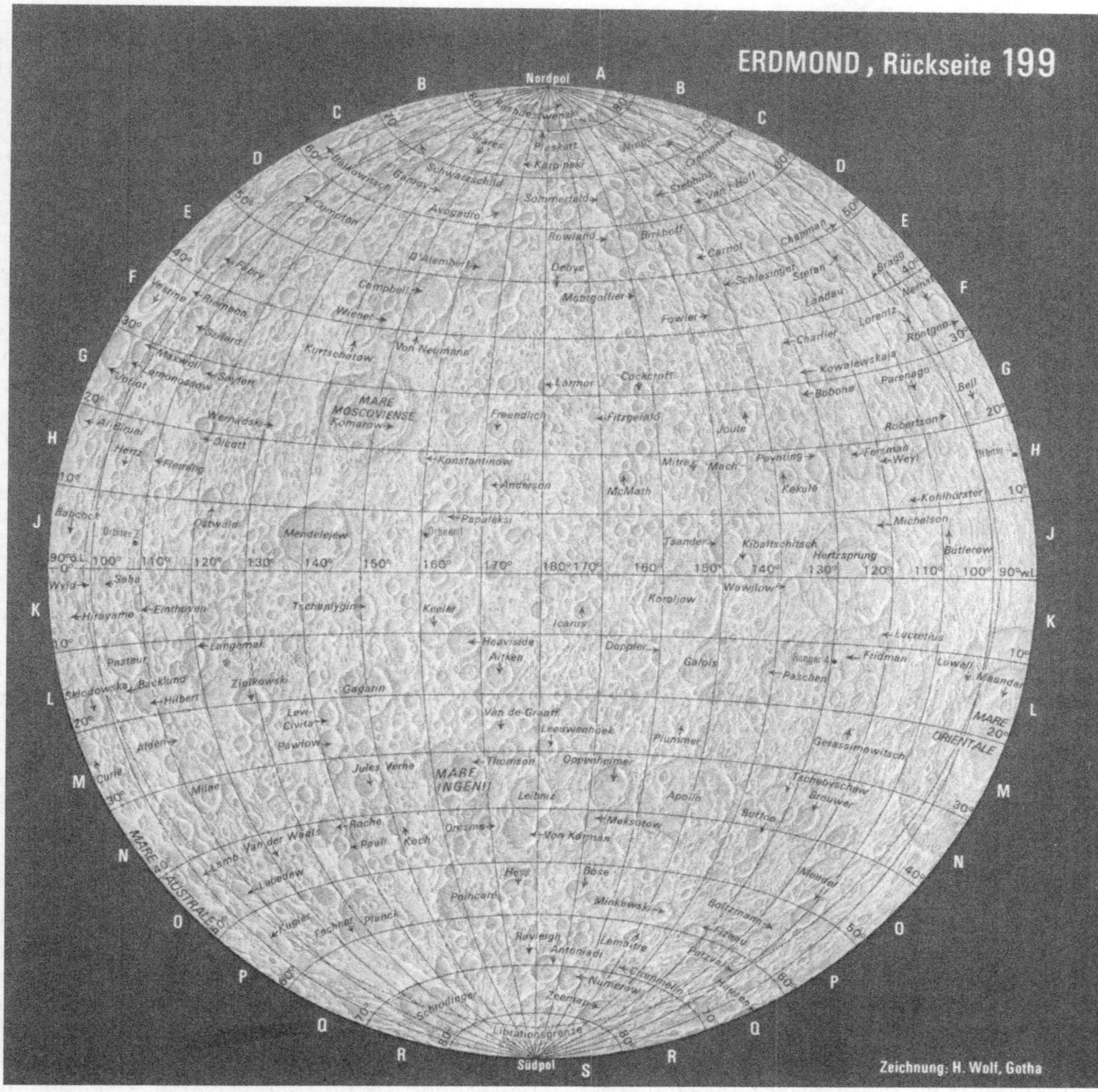

Bild 3.4
Rückseite des Erdmondes (Erläuterungen siehe Bild 3.3).

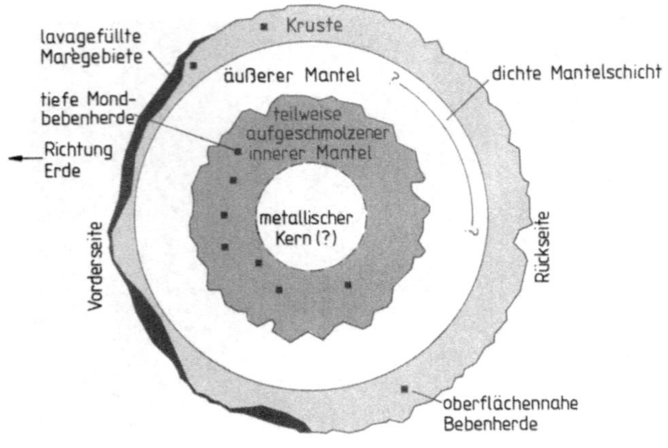

Bild 3.5
Vereinfachter, nicht maßstabsgerechter Schnitt durch den Mond. Die unterschiedlichen Krustendicken von Vorder- und Rückseite sind vergrößert dargestellt, ebenso die Oberflächenrauhigkeit der Mondrückseite.

Informationen über das Innere des Erdmondes sind u.a. über die Registrierung und Auswertung seismischer Ergebnisse möglich. Durchschnittlich treten jedes Jahr rund 3000 Mondbeben auf, die meisten in einer Tiefe von etwa 600 ... 800 km unterhalb der Oberfläche. Allerdings haben diese Beben nur eine Stärke von höchstens 2, so daß die freiwerdende Mondbebenenergie nur ein Zehnmilliardstel der Bebenenergie der Erde ausmacht (Beben dieser Stärke treten auf der Erde in einer Zahl von 800 000 pro Jahr auf). Interessant an diesen kleinen Mondbeben ist nicht nur ihre Ursprungstiefe (die meisten irdischen Beben haben ihren Ausgang in weniger als 200 km Tiefe), sondern auch die Tatsache, daß eine Vielzahl von ihnen immer wieder am gleichen Ort auftritt. Knapp 50 derartiger bebenintensiver lunarer Regionen sind bisher lokalisiert, die keineswegs etwa willkürlich über die Oberfläche verteilt, sondern mit nur wenigen Ausnahmen zwei 100 ... 300 km breiten und 2000 km langen Bebengürteln zugeordnet werden können [2], vgl. auch Bild 3.5. Möglicherweise laufen in diesen Bereichen tief unter dem Mondboden bevorzugt Deformationsprozesse ab.

Charakteristisch ist ferner das Timing der Beben, denn sie treten – im Gegensatz zur Erde – mehr oder weniger in gleichen Abständen von etwa 14 Tagen auf, was etwa der halben Umlaufzeit des Mondes um die Erde entspricht. Ein Zusammenhang der Auslösung der Mondbeben mit den innerhalb des Erdmondes durch die Schwerkraft erzeugten Gezeitenkräften liegt deshalb nahe.

Durch die Rückführung der nicht mehr benötigten S-IVB-Raketenoberstufen der Saturn V-Trägerraketen des Apolloprogramms und der Aufstiegsstufen der Mondlandeeinheiten wurden starke künstliche Erschütterungen erzeugt, die noch in über 1000 km Entfernung von den Seismometern des Apollo-Gerätesatzes auf dem Mondboden registriert wurden. Die 14 Tonnen schwere Raketenstufe prallte mit einer Geschwindigkeit von 2,5 km/s (Energieumsetzung beim Aufschlag entsprechend 45 Tonnen TNT), die 2,3 Tonnen schwere Lunar Module-Stufe mit 1,7 km/s (3 Tonnen TNT) auf dem Mond auf. Kleinere Erschütterungen wurden ferner durch die von den Astronauten aufgestellten „Mondmörser" ausgelöst. Die Apollo-Seismometer erfaßten aber auch natürliche Einschläge kleiner Meteoriten mit Massen um 10 kg; etwa 100 dieser Größenordnung wurden jedes Jahr registriert.

Bei diesen Bebenaufzeichnungen fiel ein grundsätzlicher Unterschied zu den seismischen Messungen auf der Erde auf. Während die Amplitude irdischer Seismogramme bereits nach mehreren Sekunden, spätestens aber nach wenigen Minuten auf Null abklingt, vibriert die Mondoberfläche nach einem heftigen Aufprall noch eine Stunde und länger, was nicht nur auf eine zerbrochene und zerrüttete, sondern auch auf eine völlig trockene oberflächennahe Schicht in den ersten Kilometern unter dem Boden schließen läßt.

Die Registrierung natürlicher und künstlicher Impakte und lunarer Beben über mehrere Jahre hinweg führte zu folgendem Schema der inneren Mondstruktur (Bild 3.5 und 3.6): Wie die Erde, so besteht auch das Innere des Mondes aus mehreren Schichten, wobei der Schichtenaufbau für den Bereich der Region Oceanus Procellarum aufgrund der Seismometer-Messungen von Apollo 12, 14, 15 und 16 am sichersten angegeben werden kann. Mit einer durchschnittlichen Dicke von, wie oben erwähnt, etwa 60 km auf der Vorderseite (und etwa 100 km auf der Rückseite) ist die Mondkruste deutlich mächtiger als die Kruste der Erde (Bild 2.3). Doch selbst die lunare Kruste ist differenziert; unter einer dünnen Oberflächenstaubschicht folgt eine etwa

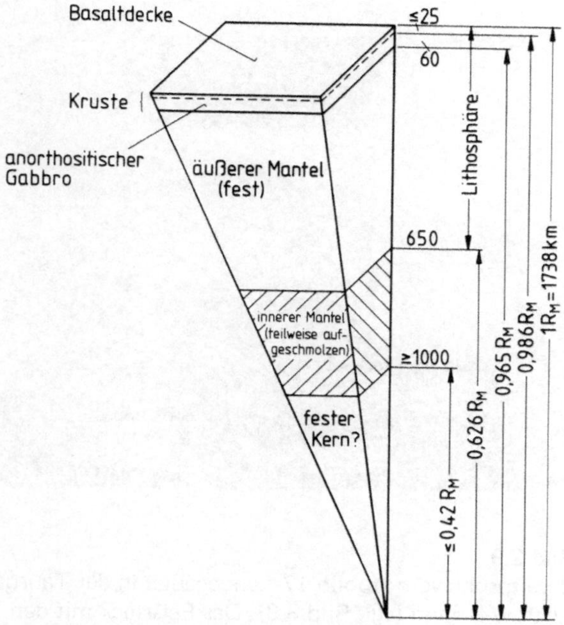

Bild 3.6
Innere Struktur des Mondes nach dem heutigen Kenntnisstand. Die Zahlenangaben sind von der Mondoberfläche aus gerechnete Tiefen in Kilometer.

1 000 m tiefe Schicht aus losem Geröll und Gestein, wahrscheinlich ein Produkt des früheren intensiven Meteoritenbeschusses. Eine weitere Krusten-Zwischenschichtgrenze findet sich zwischen 20 und 25 km Tiefe. Das Material ist in diesem Bereich relativ fest und weist ähnliche Eigenschaften auf wie die Basaltproben von Oceanus Procellarum, so daß zu vermuten ist, daß es sich bei dieser Schicht um die Basaltfüllung der Mare-Becken handelt. Bis zu einer deutlich feststellbaren 60 km-Diskontinuitätsgrenze verhält sich das Gestein ähnlich wie feldspatreicher Gabbro und Anorthositgestein.

Der Bereich zwischen 60 km und 1 000 km Tiefe wird dem Mantel zugeordnet. Sein äußerer Teil mit rund 600 km Dicke besteht hauptsächlich aus Mineralien wie Olivin und Pyroxen. Der innere Mantel, Sitz der Mondbebenzentren, liegt möglicherweise mit Temperaturen bis zu 1 875 K teilweise im schmelzflüssigen Zustand vor. Der zufällige Aufschlag eines eine Tonne schweren Meteoriten auf der Mondrückseite im Juli 1972 stützt diese Hypothese: Schwingungen, die dabei ausgelöst wurden, liefen auf ihrem Weg zu den auf der Vorderseite aufgestellten Seismographen durch den Bereich des inneren Mantels und wurden dabei ähnlich verändert, als ob sie teilweise aufgeschmolzenes irdisches Gestein passieren würden.

Nach wie vor ist unklar, ob der Mond einen Kern besitzt und wie dieser beschaffen ist. Obwohl auch neueste Daten keine gesicherten Hinweise dazu geben, könnte ein kleiner, fester metallischer Kern von 1 000 bis 1 400 km Durchmesser (je nach Eisenanteil) durchaus existieren. Im Vergleich zum Erdkern (Bild 2.3) wäre er freilich wesentlich kleiner: er nimmt weniger als 7,5 % des gesamten Mondvolumens ein.

3.2 Das Mondgestein

Der Mond ist aus Gesteinen aufgebaut, die den irdischen sehr ähnlich sehen. Alle auf der Erde untersuchten Mondproben sind Eruptivgesteine, d. h. sie sind bei der Abkühlung und Verfestigung geschmolzener Lava entstanden. Keine einzige Probe kann zu den Sedimentprodukten, wie z. B. Schiefer oder Kalkstein, gezählt werden. Das Fehlen von im Wasser abgelagerten Sedimenten führt zu einer wichtigen Erkenntnis: Es kann auf dem Mond weder ein größeres Wasservorkommen, noch eine dichte Atmosphäre gegeben haben. Die in den Proben enthaltenen chemischen Elemente und ihre Mineralzusammensetzungen sind — wenn auch in abweichender Häufigkeit — von irdischen Gesteinsanalysen her bekannt; einige Mineralien müssen freilich auf der Erde künstlich hergestellt werden. Charakteristisch ist ferner, daß bisher noch kein lunares Gebiet einheitlicher Zusammensetzung gefunden wurde. Stets liegt ein Nebeneinander von verschiedenen Mineralien vor, was auf eine gründliche Durchmischung des Mondoberflächenmaterials durch Aufschmelzen und Meteoritenaufprall bis in den Mikrostrukturbereich hinweist. Keine einzige der bisher analysierten Mondproben stammt von sog. anstehendem Gestein. Das lunare Material wurde entweder von kleineren und größeren Felsblöcken entnommen (Bild 3.7), oder von dem losen Regolith, der komplexen Oberflächenbedeckung des Mondes aus Gesteinsbruchstücken, Glas und Staub (Bild 3.8).

Bild 3.7
Apollo 14-Astronaut Shepard neben einem größeren Felsbrocken auf dem Mond. Das Landefahrzeug von Apollo 14 setzte im Fra Mauro-Gebiet bei 3°40′ s. Br./ 17°28′ w. L. auf.

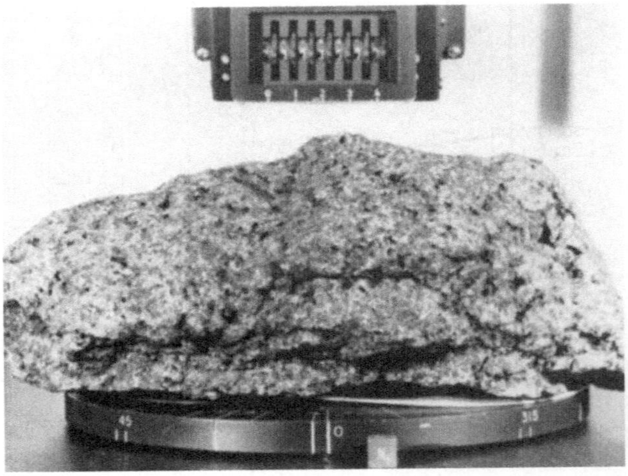

Bild 3.9
Basaltprobe vom Apollo 17-Landegebiet in der Taurus-Littrow-Region (vgl. Bild 3.3). Das Felsstück mit der Registriernummer 70035 hat bei einer Größe von 17 X 12 X 7 cm eine Masse von 5765 g und wurde von einem größeren, unter der Oberfläche liegenden Gesteinsbrocken abgeschlagen.

Bild 3.8
Mittelgroßes Felsstück im Apollo 16-Landegebiet (26°6′ n. Br./3°39′ ö. L.) im Bereich der Hadley-Apenninen. Die Regolith genannte dicke Staub- und Schuttschicht entstand durch den ständigen Beschuß durch Asteroiden und Meteoriten und enthält gelegentlich auch winzige Glasperlen. Die Fußabdrücke ermöglichen den Größenvergleich.

Nach Größe und Form können die Proben der Mondoberfläche in folgende Gruppen eingeteilt werden:

- Mondmaterie mit Teilchengrößen unter 10 mm;
- Brekzien, die aus Bruchstücken verschiedenen Gesteins bestehen und mit feinstem Mondstaub zusammengeschweißt sind, sowie
- fein- bis mittelkörnige magmatische Gesteins- und Felsbrocken.

Nahezu alle zur Erde gebrachten Oberflächenproben lassen sich folgenden Gesteinstypen zuordnen:

- Basalte der Mondmaria, die den irdischen Basalten verwandt sind und vulkanisches Gestein darstellen,
- den selteneren KREEP-Noriten, wobei der Name KREEP vom Gehalt an Kalium (**K**), seltenen Erden (**R**are **E**arth **E**lements) und Phosphor (**P**) abgeleitet ist, sowie dem häufigeren
- anorthositischen Gestein, das bei der ersten Abkühlung des Mondes durch Kristallfraktionierung entstanden ist (schwere Metalle hohen Schmelzpunktes sinken in einer Schmelze nach unten).

Bild 3.10
Vorsprung an einem Ausläufer des lunaren Apenninen-Gebirges in der Nähe des Apollo 15-Landeplatzes. Derartige Schichtungen wurden nicht nur an tafelförmigen Massiven, sondern auch in glatten Berghängen beobachtet.

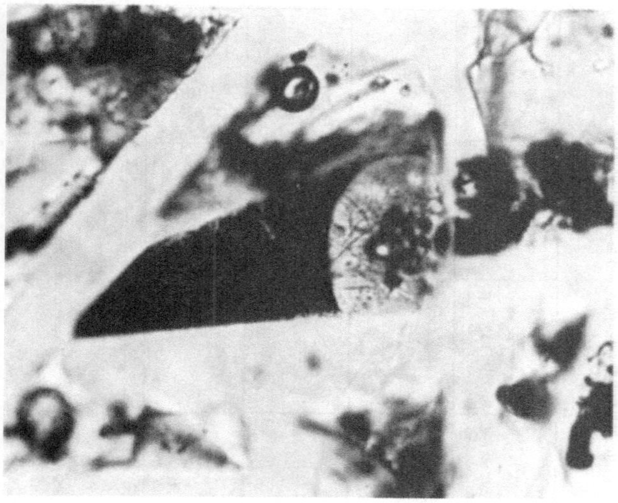

Bild 3.11
Mikrostruktur der Apollo 14-Mondprobe Nr. 14310. Die Trennung zwischen hellen und dunklen Glaskristallen ist deutlich zu erkennen.

In Tabelle 3.2 sind Dichten und Mineralzusammensetzungen dieser Gesteinsarten aufgeführt. Marebasalt (Bild 3.9) kommt primär von den weiten, dunklen Mondbecken, die beiden anderen Typen kommen vorwiegend von den helleren und rauhen Hochlandregionen (Terra-Gebiete).

Die Maria und weite Teile der Mondvorderseite bestehen aus mehreren übereinanderliegenden Schichten von jeweils nur wenigen Metern Dicke (Bild 3.10), die bei den zahlreichen aufeinanderfolgenden Eruptionen entstanden sind und im Laufe der Zeit eine Decke von mehreren Kilometern Dicke auftürmten. Nach seismischen Geschwindigkeitsmessungen haben die Maria in ihrer Mitte eine Dicke von 20 ... 50 km [4].

Bild 3.11 zeigt den Dünnschliff einer typischen Mare-Basaltprobe. Die meisten dieser untersuchten lunaren Basalte enthalten beträchtliche Mengen, mindestens 50 %, Pyroxen (Kalzium-Magnesium-Eisen-Silikat). Dieses häufigste Mineral im Mondbasalt bildet gelblich-braune, einige Millimeter bis wenige Zentimeter große Kristalle. Etwas weniger häufig, in mancher Probe auch gar nicht, kommt Olivin (Magnesium-Eisen-Silikat) vor. Ferner wird Plagioklas gefunden (Kalzium-Aluminium-Silikat, Feldspat), das weiße längliche Kristalle bildet, in Dünnschliffen jedoch farblos und transparent wirkt. Ilmenit, eine Eisen-Titanoxidverbindung, ist in den Mondproben in Form schwarzer Kristalle vertreten, die sogar noch in Dünnschliffen un-

Tabelle 3.2
Dichte und Bestandteile der drei wichtigsten lunaren Gesteinstypen in Prozent [3]

	Dichte [g/cm^3]	Pyroxen/Olivin	Feldspat	Ilmenit
Mare Basalt	3,3	50 ... 60	30	10 ... 20
KREEP-Norit	2,98	35	65	0
Anorthosit	2,81	10	90	0

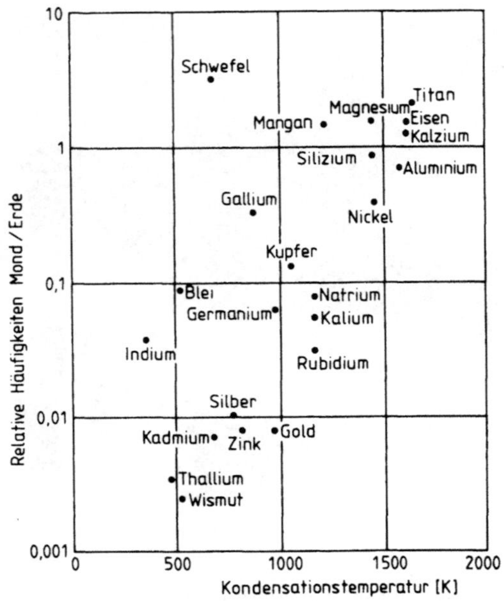

Bild 3.12
Vergleich der chemischen Zusammensetzung von Basalten vom Mond und von der Erde [5]. Über der für Weltraumbedingungen geltenden Kondensationstemperatur (= Siedetemperatur) ist das Verhältnis des Anteils einzelner Elemente im Mondgestein zu denen im Erdmantel aufgetragen. Bei einer relativen Häufigkeit von 1 wäre der Anteil eines Elements im lunaren und irdischen Basalt gleich groß.

durchsichtig sind. Auch das Mineral Spinel (Magnesium-Eisen-Chrom-Aluminiumoxid) wurde in geringen Mengen in Form kleiner schwarzer Kristalle nachgewiesen.

Zu den auf der Erde unbekannten lunaren Mineralien zählen Armalcolit, Pyroxferroit und Tranquilityit. Teilweise wurden diese Bezeichnungen willkürlich gewählt: Armalcolit leitet sich aus dem Namen der drei Apollo 11-Astronauten (**Arm**strong, **Al**drin, **Co**llins) ab, während Tranquilityit nach dem Mare Tranquillitatis (Landeplatz von Apollo 11) benannt ist.

Ersteres ist ein neuartiges magnesiumreiches Oxid $[Fe^{2+}Mg)Ti_2O_5]$, das dem irdischen Mineral Pseudobrookit $(Fe^{3+}{}_2TiO_5)$ verwandt ist. Auf dem Mond formierte es sich wahrscheinlich (anstelle von Pseudobrookit) aufgrund des Fehlens von Fe^{3+}-Ionen im hochreduzierten Kristallisationszustand der lunaren Gesteinsschmelze. Pyroxferroit $[(Fe^{2+}Ca)_2\ Si_2O_6]$ gilt als eisenreiches Analog des seltenen irdischen Minerals Pyroxmangit $(MnSiO_3)$ und dürfte durch rasche, ungleichmäßige Kristallisation von Fe^{2+}-reichen Silikatschmelzen entstanden sein. Das außerordentlich seltene Mineral Tranquilityit, das als winzige (5 μm) leistenförmige Kristalle auftritt, ist offenbar eines der zuletzt auskristallisierten Minerale im Mondgestein. Seine chemische Bezeichnung ist $[Fe^{2+}{}_8(Zr + Y)_2\ Ti_3Si_3O_{24}]$; es enthält neben den daraus ersichtlichen Elementen geringe Beimengen von Ca, Al, Mn, Cr, Nb, seltenen Erden, Hf, U und Th.

Lunare Basalte sind aus den gleichen chemischen Elementen wie irdische Basalte aufgebaut, allerdings bestehen, wie Bild 3.12 zeigt, große Unterschiede in der relativen Häufigkeit. Sie sind reicher an Elementen mit hohem Schmelzpunkt (wie Kalzium, Eisen, Titan oder den selteneren Hochtemperatur-Elementen Hafnium und Zirkon), dafür relativ ärmer an Elementen mit niederem Schmelzpunkt (wie Blei, Silber, Kadmium, Wismut). Dies deutet darauf hin, daß das Material, aus dem der heutige Mond besteht, früher einmal einer wesentlich höheren Temperatur (z.B. über 2300 K) als der Erdmantel ausgesetzt war.

Auf zwei bedeutsame Unterschiede sei besonders hingewiesen: Mondgestein enthält kein Wasser, während im irdischen Gestein stets mit einem Wasseranteil von 1 ... 2 % gerechnet werden kann. Aus diesem Grunde konnte auch niemals eine Reaktion mit Wasser stattfinden und damit auch nicht tonhaltige Mineralien oder Rost entstehen. Dies ist die Erklärung, warum ein 3,5 Mrd. Jahre alter Mondstein frischer aussieht als junge irdische, wasserhaltige Lava. Zum anderen enthält die Mondmaterie nach Bild 3.12 etwa doppelt so viel Eisen wie vergleichbares irdisches Gestein. Ein großer Anteil davon ist nicht oxidiert (oder liegt nur in Form von FeO anstelle von Fe_2O_3 vor) und findet sich im Mondgestein in Form winziger, einiger Tausendstel Millimeter großer Kristalle metallischen Eisens. Daraus folgt, daß das lunare Gestein zu einem Zeitpunkt entstand, als es noch keine nennenswerten Mengen freien Sauerstoffes gab.

Wie der Anteil der diversen Minerale, so ist auch die chemische Zusammensetzung regional unterschiedlich: Apollo 12-Proben enthalten beispielsweise 3 ... 5 % TiO_2, die Apollo 11-Proben teilweise jedoch über 10 % (Erde: 1 ... 3 %).

Die untersuchten Mare-Lavaproben decken einen Zeitraum zwischen 3,8 und 3,3 Mrd. Jahren ab, d.h. sie geben keinen Aufschluß über Ereignisse in der lunaren Evolutionsgeschichte, die länger als 3,8 Mrd. Jahre zurückliegen. Bemerkenswert ist die relativ kurze Zeitspanne magmatischer lunarer Aktivität.

Die Terra-Gebiete sind älter; sie lassen den Beginn der Konsolidierung der Mondkruste erkennen. Die dort gewonnenen Proben weisen ein scharfes Häufigkeitsmaximum zwischen 3,9 und 4,1 Mrd. Jahren auf, einige der analysierten Brekzien sind bis zu 4,2 Mrd. Jahre alt. Diese kurze Periode charakterisiert den äußerst intensiven und heftigen Meteoritenbeschuß der Oberfläche. Den Mare-Proben gemeinsam haben die Hochlandsteine das Fehlen von Wasser und die auffällige Verarmung an leicht flüchtigen Elementen, wie z.B. Natrium und Kalium. Sie enthalten aber nahezu doppelt so viel Kalzium und Aluminium wie die Mare-Proben und dafür entsprechend weniger an Titan, Magnesium und Eisen. Dies ist eine Erklärung für das hellere Aussehen der Hochlandregionen.

Unterschiedlich ist auch die Mineralzusammensetzung: Terra-Proben bestehen überwiegend (zu über 50 %) aus Plagioklas/Feldspat mit unterschiedlichen Mengen an Pyroxen, Olivin und Spinel. Steigt der Plagioklasanteil auf 90 % und mehr, liegt Anorthosit ($CaAl_2Si_2O_8$) vor, aus dem der größte Teil der Mondkruste besteht. Im allgemeinen bestehen die Terra-Proben aus größeren und gleichmäßiger ausgeprägten Kristallen, ein Zeichen für einen langsameren Abkühlungsprozeß und eine wesentlich längere Abkühlzeit.

KREEP-Gestein findet sich hauptsächlich um das Mare Imbrium sowie an noch ein oder zwei anderen Stellen auf dem Mond. Dieses aluminiumreiche gabbroide Gestein wurde erstmals unter den Apollo 12-Proben und — zahlreicher — unter den Apollo 14-Proben gefunden: es enthält relativ hohe Mengen an radioaktiven Elementen (Rubidium, Uran, Thorium, Kalium), so daß es keinen nennenswerten Teil des Mondinneren bilden kann, ohne gewaltige Aufschmelzzonen zu verursachen. Man nimmt heute an, daß KREEP hauptsächlich in 25 ... 100 km Tiefe unter dem Mare Imbrium vorkommt. Als Folge von Materieauswurf durch den Aufprall des Meteoriten, der das Imbrium-Becken bildete, gelangte KREPP dann auch in die weitere Umgebung.

3.3 Morphologische Hauptelemente der Oberfläche

Die Mondoberfläche ist geprägt durch Vulkanismus, tektonische Massenbewegungen, seismische Aktivitäten, Meteoritenbeaufschlagung und Erosion durch starke Temperaturwechsel. Wie schon auf der — allerdings nicht immer exakt zutreffenden — Nomenklatur der Oberflächenformen (Bild 3.3 und 3.4) hervorgeht, wird das morphologische Bild der lunaren Oberfläche von einer Reihe verschiedener Formen geprägt [6—10]:

Mare-Gebiete (Bild 3.13 und 3.14)
Wie schon erwähnt, bedecken die Maria weite Bereiche der Mondvorderseite (Bilder 3.1 und 3.3). Einige von ihnen sind kreisförmig, andere eher unregelmäßig geformt. Die meisten Planetologen gehen davon aus, daß sie durch Aufschläge großer Meteoriten oder Asteroiden entstanden sind, und zwar in der relativ kurzen Zeitspanne vor etwa 4,05 bis etwa 3,85 Mrd. Jahren. Das Mare Serenitatis (Meer der Heiterkeit) ist mit hoher Wahrscheinlichkeit das älteste, das 900 km große Mare Orientale (Östliches Meer) das jüngste Mare-Gebiet. Durch diese „Verletzungen" der Oberfläche wurde die bereits erkaltete Mondkruste so geschwächt, daß geschmolzenes Material nach außen gelangen konnte und die Becken auffüllte. Die Überflutungen wiederholten sich mehrfach; so stellt man z.B. im Mare Tranquillitatis (Meer der Ruhe) drei deutlich trennbare Lavaschichten fest, die 3,9, 3,7 und 3,5 Mrd. Jahre alt sind. Die Erstarrungsalter der übrigen Maria liegen zwischen 3,1 und 3,8 Mrd. Jahren.

Ein großer Teil der regelmäßig geformten Maria sind von Gebirgszügen begrenzt und untereinander verbunden. Lediglich das Mare Crisium (Meer der Krisen) ist von den anderen gänzlich getrennt.

In den recht ebenen Flächen der dunklen Maria finden sich häufig kleinere Krater jüngeren Datums und typische Fließstrukturen (Bild 3.13), wie lange Rücken, Wellen oder Wülste, deren

Bild 3.13
Weitwinkelschrägaufnahme des Lunar Orbiter vom Nordteil des Mare Procellarum (Meer der Stürme) im Hintergrund und der Cavalerius-Berge im Vordergrund. Der größere der beiden Krater im Hintergrund ist Galilei (Durchmesser ca. 16 km, Tiefe ca. 1,6 km). Das Bild entstand aus etwa 60 km Höhe; sein Mittelpunkt liegt bei 64°34′ w. L. und 7° n. Br. Norden ist links oben.

Bild 3.14
Teil des Mare Tranquillitatis in einer Senkrechtaufnahme von Apollo 10. Links die Hypatia-Rille, links oben in der Rille der Krater Möltke. Der größere Krater rechts von der Rille liegt bei 24,2° ö. L. und 0,6° n. Br. Die nähere Umgebung war Aufschlagort von Ranger 5 und Landeplatz von Surveyor 5 und Apollo 11.

Formen an verrutschte Tapeten erinnern und die meist als Zeugen jüngerer Magmenaufstiege gedeutet werden. Diese Basaltrücken sind meist nur wenige 10 ... 100 m hoch, erreichen aber bis 300 km Länge. An anderen Stellen (z.B. im Mare Imbrium) liegt ein Teil des sonst völlig ebenen Marebodens um einen geringen Betrag tiefer als die Umgebung.

Krater

Die hellen Flächen auf dem Mond zerfallen in eine Formenvielfalt, unter denen die Krater als charakteristischste Form auf der Mondoberfläche vorherrschen. Allein auf der erdzugewandten Seite zählt man etwa 300 000 Krater mit mehr als 1 km Durchmesser. Die größten haben über 300 km Durchmesser, die kleinsten von der Erde noch sichtbaren sind 500 m groß. Bei der Untersuchung des Mondgesteins wurden unter dem Mikroskop schließlich die kleinsten Mondkrater mit einigen Mikrometer Durchmesser festgestellt. Praktisch ist die gesamte Mondoberfläche mit Kratern der unterschiedlichsten Größen bedeckt (Bild 3.15). Als Ergebnis der Kraterauszählungen entstanden Kraterhäufigkeitskurven, aus denen nicht nur die Größenverteilung hervorgeht (Bild 3.16), sondern die auch Rückschlüsse auf das Alter der betreffenden Mondgegend zulassen [11, 12].

Der Begriff Krater ist sehr weitgespannt und wird für alle nur denkbaren kreisförmigen Gebilde unterschiedlicher Größe, Herkunft und Form verwendet. Man unterscheidet:

– Krater mit Durchmessern bis zu 60 km, mit einfachem Ringwall mit relativ scharfem Rand, ohne Terrassen auf dem Innenwall und ohne Zentralberg mit einem Tiefen-Durchmesserverhältnis um 1 : 5;
– Ringgebirge (wie Copernicus, Theophilus, Tycho), die schönsten und formenreichsten Krater, mit Durchmessern zwischen 20 km und 150 km, mit relativ scharfem Kamm des kreisförmigen Walls, mit terrassenförmigen Innen-

Bild 3.15
Südhälfte der Mondrückseite, von Lunar Orbiter aus etwa 1 400 km Höhe aufgenommen. Der Äquator verläuft etwa längs der oberen Bildkante. Das NO-Eck des Fotos liegt bei 173° ö. L. und 5° n. Br., das NW-Eck bei 138° ö. L. und 1° n. Br. Rechts unten, im Süden, eines der wenigen Mare-Gebiete der Rückseite: das dunkelgefärbte Mare Ingenii mit seinem Innenkrater Thomson. Rechts oben und direkt anschließend der ellipsenförmige Krater Van de Graaf.

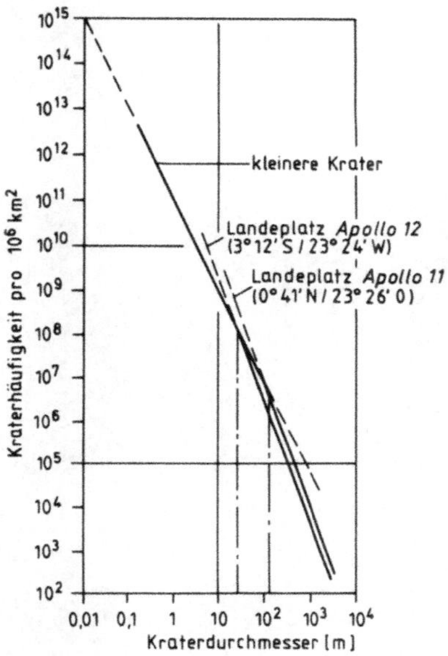

Bild 3.16
Kraterhäufigkeitsverteilung für den Erdmond. Die Häufigkeit kleinerer Krater ist in allen Mondgegenden gleich, während die Gerade zu größeren Kratern hin leicht nach unten abknickt. Dieser Knick ist charakteristisch für bestimmte Gebiete und ermöglicht über Altersbestimmungen des Mondgesteins die Ermittlung des Alters der betreffenden Gegend.

wänden mit 20 ... 30° Neigung, häufig auch mit einer Zentralerhebung, mehreren Anhöhen oder kleineren Sekundärkratern und Rillen und weniger steilen Außenwänden (5 ... 10° Neigung). Es handelt sich bei den Ringgebirgen um sehr flache Formen, wobei die umschlossene Innenfläche tiefer als das den Wall umgebende Gelände liegt. Der Wallauswurf entspricht etwa dem Inhalt der Kratervertiefung;

– Wallebenen (z.B. Clavius, Ptolemäus, Schikkard), worunter Großkrater zwischen 60 km und 300 km Durchmesser mit relativ flachen, von einem runden Wall umgebenen Ebenen verstanden werden. Der nicht immer glatte und gerade Boden ist häufig von kleinen Sekundärkratern, Hügeln, Rillen u.ä. bedeckt und liegt nur etwas tiefer als die Umgebung. Das Tiefen-Durchmesserverhältnis dieser Art Impaktstruktur erreicht Werte bis zu 1 : 70, d.h. ein Beobachter in einer Wallebene, der einige Dutzend Kilometer vom Wall entfernt stünde, hätte gar nicht das Gefühl, in einem Krater zu sein, da er infolge der Mondoberflächenkrümmung den Wallkamm nicht sehen könnte.

Die Bilder 3.17 bis 3.21 zeigen einen kleinen Querschnitt durch die Vielfalt der existierenden lunaren Kraterformen. Weit über 90 % aller Mondkrater – einige von ihnen sind lavagefüllt,

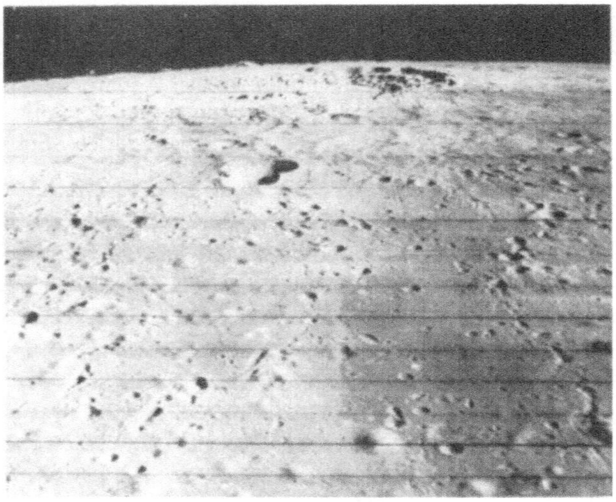

Bild 3.17
Schrägaufnahme auf den Krater Copernicus am Mondhorizont, gewonnen von Lunar Orbiter, dessen terrassenförmig abgetreppte Innenflächen und Rutschstreifen auf radiale Massenbewegungen hinweisen. In Bildmitte der „Schlüsselloch"-Doppelkrater Fauth und Fauth A, der etwa 60 km südlich von Copernicus liegt. Fauth hat einen Durchmesser von 12,1 km und 1,96 km Tiefe, Fauth A 9,6 km bzw. 1,54 km.

Bild 3.18
Copernicus, eine der bekanntesten und typischsten Mondformationen in einer Amateuraufnahme (Volkssternwarte Diedorf, aufgenommen am 14. Februar 1981 von P. Aniol). Es handelt sich um ein Ringgebirge von 93 km Durchmesser und maximal 3,76 km Tiefe. Die Höhe der Wallkämme über der Ebene beträgt 900 m. Die Zentralberge im Kraterinneren erreichen bis zu 1200 m Höhe.

Bild 3.19
Krater Keeler auf der Mondrückseite bei 162° ö. L. und 10° s. Br. Auch diese Impaktstruktur mit 185 km Durchmesser weist terrassenförmige Wallinnenwände und Zentralberge auf. Letztere sind das Ergebnis von Rückprallvorgängen nach dem Aufschlag des Meteoriten.

andere zeigen spektakuläre helle Ejekta-Strahlenmuster — sind durch die Einwirkung exogener Kräfte entstanden. Daß die meisten von ihnen kreisförmige Gestalt haben, spricht keineswegs für die früher favorisierte Vulkanentstehungstheorie der Mondkrater. Bei der hohen Auftreffgeschwindigkeit der Meteoriten auf der Mondoberfläche war die Energiedichte so hoch, daß sich die entstehende Druckwelle unabhängig vom Einschlagwinkel in jede Richtung gleichförmig ausbreiten konnte, ellipsenförmige Krater also höchst selten sind.

Mit Hilfe der Kraterzählung kann auch das Alter der Mondkrater relativ genau abgeschätzt werden [12]. Der durch Asteroideneinschlag südlich des Mare Imbrium entstandene Krater Copernicus ist beispielsweise etwa 900 Mio. Jahre alt, Krater Kepler etwa 800 Mio. Jahre, Aristarch etwa 150 Mio. Jahre, während Tycho als einer der jüngsten Mondkrater erst 100 Mio. Jahre alt ist.

Gebirge

Die Gebirge auf dem Mond tragen zwar irdische Bezeichnungen (Alpen, Kaukasus, Karpaten), doch fehlt ihnen das für die Erdgebirge typische Tälernetz, das durch Wassererosion hervorgerufen wurde. Die Mondgebirge sind fast durchweg mit den Rändern der riesigen Einschlagkrater identisch. Sie entstanden also wie auf der Erde

Bild 3.20
Kleiner Doppelringkrater von 150 m Durchmesser im Oceanus Procellarum, dessen Westwälle von der Sonne beschienen werden. Die Doppelringstruktur entstand durch fortgesetzte radiale Materialbewegung kurz nach der Entstehung dieser Struktur. Das Auswurfmaterial mit einer Durchschnittsgröße von etwa 1 m bildet ein symmetrisches Muster in Kreuzform.

Bild 3.21
Krater Schmidt am Westrand des Mare Tranquillitatis bei 18° ö. L. und 1° n. Br. Der Krater hat 11,4 km Durchmesser und 2,3 km Tiefe. Der Kraterboden ist von loser Materie bedeckt. Der Ostteil des Kraterwalls liegt im Schatten.

Bild 3.22
Die Furchen Rupes Cauchy mit dem dazwischen liegenden Krater Cauchy (12,4 km Durchmesser, 2610 m Tiefe). Eine ist ein nach Süden abgestufter Treppenbruch, die andere ein Zerrungsgraben.

durch den Zusammenprall von Gesteinsmassen, nur daß die Entstehungsphase nur Minuten, vielleicht maximal eine Stunde dauerte! Oft finden sich auch Gebirgsketten, die sich über Hunderte von Kilometern erstrecken. So ist beispielsweise die Apenninen-Kette 950 km lang. Bei den Mondgebirgen fällt auf, daß die weichen Formen vorherrschend sind (Bild 3.2); es fehlen nadelförmige Spitzen, Steilhänge, scharfe Kanten und spitze Gipfel. Die Abhänge sind langgestreckt (Neigung 15 ... 35°) und die Bergrücken rund.

Die Bergspitzen selbst sind relativ (also auf den Monddurchmesser bezogen) höher als auf der Erde. Die höchsten Mondgebirge türmen sich über 6 000 m über die Umgebung empor, die maximale Höhe beträgt fast 8 000 m (die Höhen auf dem Mond werden in Bezug auf ein mittleres Oberflächenniveau angegeben).

Höhenrücken, Furchen, Rillen und Täler

Wulstförmige Höhenrücken, die unregelmäßig oder auch bogenförmig verlaufen, treten häufig in Mare-Gebieten auf; sie erinnern an hervortretende Adern. Vermutlich entstanden sie durch das Auffalten der Oberflächenkruste, als die darunter liegenden Lavamassen erkalteten und sich zusammenzogen und die Bewegung der Schmelze die Erstarrungshaut noch deformieren konnte. Furchen werden in der Mond-Nomenklatur mit Rupes bezeichnet (Bild 3.22), Rillen mit Rima. Manche geradlinig oder sinus- und mäanderförmig verlaufende Frakturen, also Brüche, durchschneiden ältere Strukturen, z.B. auch Einschlagkrater. Zu den bekanntesten „Spalten"-Rillen (zum Unterschied zu den mitunter ebenfalls als Rille bezeichneten Kraterketten) zählen die Sirsalis-Rille und die 135 km lange Hadley-Rille (1 200 m breit und 370 m tief). Von oben ähneln diese Rillen ausgetrockneten Flußbetten, haben aber früher Lava mit sich geführt. Bei vielen dieser Frakturen ist die Bauform des Zerrungsgrabens unverkennbar. Andere wieder zeigen eher den Habitus eingebrochener Lavatunnel oder sind auf ähnliche Weise wie die Mondwülste entstanden. Die genauen Vorgänge sind allerdings noch nicht geklärt. Eine weitere morphologische Form sind die Mondtäler (Vallis), die ebenfalls wie gewundene Flußläufe aussehen und meist in einem kleineren Krater enden oder von ihm ausgehen. Ein typischer Vertreter dieser Oberflächenform ist das 200 km lange Vallis Schröteri (Schröter-Tal) im Oceanus Procellarum. Sein Talboden ist eben, und in ihm windet sich eine weitere – von der Erde aus nicht sichtbare – sinusförmige Rille. Charakteristisch ist das unvermittelte Einsetzen und Aufhören dieser Täler, was gegen jegliche evtl. frühere Wassertätigkeit spricht. Man vermutet, daß ihre Entstehung mit vulkanischer Aktivität in Verbindung steht. An dem in der Nähe des Schröter-Tales gelegenen Krater Aristarchus wurden wiederholt verschieden gefärbte Gaswolken beobachtet. Die zahlreichen grabenartigen Strukturen sprechen für eine Dehnung der Mondkruste von globalem Ausmaß infolge innerer Erwärmung vor 3 ... 4 Mrd. Jahren.

Vulkandome

Meist handelt es sich bei ihnen um buckelförmige bis unregelmäßig ovale Aufwölbungen endogenen Ursprungs – wohl in der Regel vulkanisch entstandene Bergkegel oder Dome. Sie treten vereinzelt, aber auch in Komplexen auf. Typische Dome finden sich beispielsweise beim

Krater Hortensius im Oceanus Procellarum. Sie erreichen bis zu 1 km Höhe bei einem Durchmesser von maximal 20 ... 30 km. Ihre Hangneigungen überschreiten nur selten 3 Grad, so daß sie nur in Terminatornähe zu sehen sind. Neben den linearen Lavawülsten sind die domartigen flachen Kegel wohl die einzigen sicheren vulkanischen Formen. Beispiele explosiven Vulkanismus fehlen auf dem Mond mit Ausnahme einiger weniger, freilich fraglicher Zeugen, fast ganz.

Alle morphologischen Formen auf dem Mond als einem hydro- und atmosphärelosen Himmelskörper konnten und können nur durch kosmische Verwitterung (Korpuskularstrahlung, Abschreckungswirkung des Temperatursprunges zwischen täglicher Sonnenbestrahlung und nächtlicher Abstrahlung), durch jüngere Impaktereignisse oder durch Ertränken unter flutbasaltartigen Magmaergüssen verändert oder zerstört werden. Letzteres führte zu der heute noch nahezu jugendfrisch erhaltenen Zweiteilung der Mondlandschaft in junge Mare-Gebiete und alte, kraterübersäte Hochgebiete.

Im Gegensatz zur Erde treten folgende Formen auf dem Mond nicht auf:

- Faltenstrukturen jeder Art, also Einengungsstrukturen, die auf bewegliche Krustenschollen schließen lassen;
- alle an Schichtung gebundene Reliefformen, weil Sedimente auf dem Mond völlig fehlen;
- vom Fließwasser hervorgerufene Erosions- oder Abrasionsformen, wie Flußsysteme oder Uferlinien.

Damit fehlen (im Gegensatz zur Erde) fast alle Hinweise auf exogene Dynamik: Leitmerkmal der lunaren Oberfläche ist allein die viel stärker ausgeprägte Erstarrung der Kruste und die Erhaltungsfähigkeit der verschiedenen Formen aus der Frühphase der Mondentstehung.

3.4 Magnetismus auf dem Mond

Schon lange wird davon ausgegangen, daß der Mond kein eigenes Magnetfeld besitzt. Umso überraschender war dann die Entdeckung relativ hoher Magnetisierungswerte der Basalte und Brekzien während des Apollo-Programms. Die Tatsache, daß die Astronauten auf der Mondoberfläche beträchtliche Felder messen konnten zeigte, daß dieser Magnetismus kein durch den Sonnenwind induzierter Vorgang, sondern ein globales Phänomen darstellt. Dies bewies auch ein Experiment mit einem Apollo 12-Basaltbrocken; er wurde auf der Erde völlig entmagnetisiert und mit Apollo 16 zum Mond zurückgebracht, um anschließend erneut auf der Erde untersucht zu werden: die dabei festgestellten Magnetisierungswerte waren viel zu gering, um eine Magnetisierung durch Solarwind bestätigen zu können.

Tabelle 3.3 zeigt die auf dem Mond direkt gemessenen Feldstärken. Die niedrigen Werte treten offensichtlich eher in den Maria, die höheren in Gebirgsgegenden auf.

Mit diesen Daten und den Magnetfeldmessungen der Apollo 15- und Apollo 16-Subsatelliten sowie des NASA-Satelliten Explorer 35 wurde eine Magnetfeldkarte des Mondes erstellt, die weite Gebiete starken und unterschiedlich orientierten Magnetismus zeigt. Demnach scheint die Oberfläche aus verschieden stark magnetisierten Blöken zu bestehen – es gibt keinen einheitlichen Nord- und Südpol. Die Ergebnisse deuten daraufhin, daß vor etwa 3,2 ... 4,2 Mrd. Jahren ein sehr starkes lunares Feld existiert haben muß. Entsprechende Rückrechnungen lassen auf eine frühere Feldstärke zwischen 1 000 Gamma und 120 000 Gamma schließen; zum Vergleich: das Erdfeld hat heute etwa 30 000 Gamma (Abschnitt 2.4). Diese hohen Werte des alten Mond-

Tabelle 3.3
Lokale Magnetfeldstärken auf dem Mond

Mission	Landegebiet	Feldstärke [Gamma]
Apollo 12	Oceanus Procellarum	38 ± 2
Apollo 14	Fra Mauro	43 ... 102
Apollo 15	Hadley-Rille	6 ± 4
Apollo 16	Descartes	121
Apollo 16	Descartes, North Ray-Krater	313

feldes sprechen zwar für seine Entstehung im Innern des Mondes, doch gibt es eine Reihe von Beobachtungen, die mit dieser These nicht in Einklang stehen [2, 4, 13]. Eine der logischsten Vorstellungen geht davon aus, daß der Mond einen metallischen Kern besitzt, dieser ein Magnetfeld erzeugte, welches dann in den letzten 3 Mrd. Jahren mit der Abkühlung der Kruste „eingefroren" ist. Das „Wie" und „Warum" sind heute noch offene Fragen.

3.5 Mondatmosphäre und Oberflächentemperaturen

Wie fast alle kleineren Himmelskörper in unserem Sonnensystem hält auch der Mond keine nennenswerte eigene Atmosphäre. Er besitzt jedoch eine äußerst dünne Gashülle, die lunare Pseudoatmosphäre, die insofern einzigartig ist, weil die Exosphäre unmittelbar am Mondboden beginnt, Gasteilchen also sofort in den umgebenden Raum dringen.

Die Teilchen dieser Gashülle, im wesentlichen Wasserstoff und Edelgasmoleküle, werden entweder in ionisierter Form vom Sonnenwind eingestrahlt (Wasserstoff, Helium, Neon, Argon-36) oder stammen, wie Argon-40, aus dem radioaktiven Zerfall von Kalium-40-Atomen im Gestein. Die Zusammensetzung der lunaren Gashülle schwankt stark mit der Tageszeit; mittags beträgt die Oberflächentemperatur nahezu 400 K (+ 127 °C), so daß die mit der Temperatur steigende thermische Geschwindigkeit der Gasteilchen die kritische Geschwindigkeit (2,38 km/s) und die Kreisbahngeschwindigkeit für den Mond (1,68 km/s) teilweise überschreitet, ihre Gasdichte also abnimmt. Tabelle 3.4 zeigt die Komponenten der Pseudoatmosphäre, ihre relative Häufigkeit tagsüber und nachts (während der die Temperatur bis auf 100 K = – 173 °C abfallen kann) und ihre mittlere thermische Geschwindigkeit bei den beiden Extremtemperaturen [14]. Aus dieser Aufstellung ist ersichtlich, daß die Ionen von Neon-20 ein dominierender Bestandteil der Mondatmosphäre sind. Die Gesamtdichte aller Komponenten kann bei Nacht $2 \cdot 10^5\ cm^{-3}$ und am Tag weniger als $10^4\ cm^{-3}$ betragen. Bei einer so geringen Dichte ist zu erwarten, daß die gesamte Mondatmosphäre ionisiert ist. Direkte Messungen der Ionenkonzentration ergaben in 300 km Höhe Teilchendichten von $10^2 \ldots 10^3\ cm^{-3}$.

Infolge der geringen Gasdichte erreichen auch kleinste Mikrometeoriten die Mondoberfläche und bewirken eine starke Mikro-Erosion. Für Meteoritenmassen $> 10^{-3}$ g und für mittlere Auftreffgeschwindigkeiten um 25 km/s wurde eine Mikrometeoritendichte von $2 \cdot 10^{-8}\ cm^{-2}s^{-1}$ registriert. Die Folge ist eine eigenartige Aerosolkomponente in Bodennähe, die sich u.U. in den charakteristischen Leuchterscheinungen am Horizont kurz nach Sonnenuntergang bestätigt (Abschnitt 3.6).

Wichtigste Folge des Fehlens einer nennenswerten Atmosphäre ist eine totale Stille auf der Mondoberfläche. Eine Verständigung ohne Sprechfunk über Radiowellen wäre für die Astronauten unmöglich (Bild 3.23).

3.6 Mondbeben und Leuchterscheinungen

Schon Sir W. Herschel hatte 1783 und 1787 ein helles rotes Glühen auf der unbeleuchteten Mondoberfläche beobachtet und das Ereignis als aktive Vulkane auf dem Mond gedeutet. Seitdem sind über 1400 dieser Erscheinungen (auch TLP

Tabelle 3.4 Die Pseudoatmosphäre des Mondes

Gas	H	H_2	^4He	^{20}Ne	^{36}Ar	^{40}Ar
Dichte [cm^{-3}]						
bei 400 K	$< 10^1$	$6 \cdot 10^3$	$\approx 2 \cdot 10^3$	$4 \cdot 10^3$	$< 10^1$	10^2
bei 100 K	$\ll$	$3{,}5 \cdot 10^4$	$4 \cdot 10^4$	$8 \cdot 10^4$	$\approx 10^3$	$< 4 \cdot 10^4$
mittlere thermische Geschwindigkeit [km/s]						
bei 400 K	2,76	1,95	1,38	0,62	0,46	0,44
bei 100 K	1,38	0,98	0,69	0,31	0,23	0,22

Bild 3.23
Apollo 16-Astronaut Duke bei Felduntersuchungen im Descartes-Landegebiet. Links ist der Rand des Plum-Kraters zu sehen, der mit 40 m Durchmesser und 10 m Tiefe zu den Kleinkratern zählt. Nur sehr laute Schallwellen, wie Bohrgeräusche, wurden in Form leichter Erschütterungen über Schuhe und Skelett von den Astronauten wahrgenommen.

= Transient Lunar Phenomena = vorübergehende lunare Leuchterscheinung genannt) registriert worden. TLPs treten gehäuft nahe dem Perigäum der Mondbahn sowohl auf der beleuchteten wie unbeleuchteten Mondseite auf, haben eine Ausdehnung von durchschnittlich 16 km, dauern etwa 20 min an und hinterlassen keine wahrnehmbaren Veränderungen der Mondoberfläche. Die Farbe wird als „schwach rot oder bläulich" bezeichnet. Die für TLPs möglichen Mechanismen sind:

– Lumineszenz des Mondmaterials durch Anregung mit Hilfe des Sonnenwindes (scheidet wegen des zu geringen Energieinhaltes des Windes aber aus);
– Thermolumineszenz, die Anregung durch hohe Temperaturen und anschließend verzögernd stattfindende Abstrahlung von Licht (muß ebenfalls wegen der zu erwartenden, viel zu geringen Intensität verworfen werden);
– Modifikation der Reflektivität der Oberfläche (kann unter Umständen einen Teil der Erscheinungen erklären. Dabei nimmt man an, daß Gase, die durch Mondbeben freigesetzt werden, die obersten Schichten des Bodens durchdringen und dabei Staubteilchen umlagern können. Danach sollte die Oberfläche anders beschaffen sein und im allgemeinen eine höhere Albedo besitzen. – Dieser Prozeß ruft allerdings eine irreversible, jedoch keine vorübergehende Veränderung auf der beleuchteten Seite hervor);
– Streuung von Sonnenlicht in einer lokalen Staubwolke (je nach Teilchengröße ist dieser Mechanismus unterschiedlich effektiv. Rechnungen zeigen, daß Flächendichten des Staubes von nur 1 ... 20 kg/km^2 ausreichen um das Phänomen zu erklären, jedoch wiederum nur auf der beleuchteten Seite);
– Triboelektrische Aufladung: Gase, die durch Mondbeben freigesetzt werden, tragen eine Staubwolke mit nach oben. Durch Reibung der Teilchen aneinander werden Ladungen getrennt. Wird das Produkt aus Druck und mittlerem Teilchenabstand etwa 1 mbar · cm (was in einigen Metern Höhe erreicht ist), kann es zu Entladungen kommen. Die oft beobachtete rötliche Farbe deutet auf Wasserstoff hin. Triboelektrische Entladungen stellen somit die naheliegendste Erklärung der selbstleuchtenden TLPs dar. Für Phänomene auf der beleuchteten Mondseite kommt die Streuung von Sonnenlicht an temporären Mondstaubwolken hinzu.

3.7 Herkunft des Mondes

Hierfür gibt es seit der Jahrhundertwende drei verschiedene Hypothesen:

– Entstehung in der Nähe der Erde, jedoch als eigener Himmelskörper;
– Ausschleuderungsprodukt der Erde („Abspaltungstheorie");
– der Mond könnte in der Urzeit als unabhängiger Planet oder als meteoritischer Körper seine Bahn um die Sonne gezogen haben und zu einem späteren Zeitpunkt von der Erde eingefangen worden sein („Einfangtheorie").

Obwohl die einzelnen Theorien von ihren jeweiligen Verfechtern teilweise heftig verteidigt werden [5, 15–19], muß bei objektiver Wertung der Argumente und Gegenargumente festgestellt werden, daß keine der drei klassischen Entstehungsvorstellungen endgültig wiederlegt und damit ausgeschlossen werden kann. Lediglich die Spaltungsthese (1898 von George Darwin vorgeschlagen) wird heute als etwas weniger wahrscheinlich angesehen, da zu deutliche chemische Unterschiede zwischen Mond und Erde existieren (z. B. das Fehlen von Wasser auf dem Mond) und auch dynamische Argumente gegen die Abspaltung des Mondes aus der Ur-Erde sprechen (das Drehmoment des Urkörpers Erde + Mond ist nicht mit den jetzigen Drehmomenten beider Himmelskörper in Übereinstimmung zu bringen). Aber auch die beiden verbleibenden Hypothesen haben ihre großen Schwächen. Wie läßt sich mit ihnen das Fehlen eines starken lunaren Metallkerns befriedigend begründen? Wenn Erde und Mond in der gleichen Region des Sonnensystems entstanden sein sollen, wie erklärt sich dann die unterschiedliche Dichte beider Körper? Warum entstanden überhaupt zwei Körper, und nicht nur einer? Falls die Einfangthese zutrifft, wäre zwar die unterschiedliche Zusammensetzung von Mond und Erde verständlich, aber ein Einfangprozeß ist ein derart unwahrscheinliches Ereignis, daß man sich fragen muß, warum ein mondgroßer Körper nicht viel eher auf die Erde aufgeprallt oder an ihr vorbeigeflogen ist? Falls das Einfangen tatsächlich geglückt sein sollte, müßten enorme Kräfte zur Abbremsung und Umlenkung geführt haben und in Form von geologischen Veränderungen auf den Oberflächen beider Himmelskörper sichtbar sein. Hinweise auf solche Vorgänge wurden auf der Erde nicht gefunden, und es ist auch schwerlich vorstellbar, woher die benötigte Energie stammen sollte.

Auch nach Abschluß des Apollo-Programms und in fortgeschrittener Phase der Untersuchung der Mondproben bleibt die Herkunft des Mondes weiterhin eine offene Frage, da sich für alle drei Theorien Argumente pro und kontra finden lassen. Eine Beweisführung zugunsten einer der drei Hypothesen basiert stets auf unsicheren mechanischen und dynamischen Daten, nicht schlüssig beweisbaren Annahmen, vereinfachenden mathematischen Berechnungen und großzügigen Rückbetrachtungen über Milliarden von Jahren hinweg, und das alles bei nur wenigen Jahrhunderten Beobachtungen und nur wenigen Jahrzehnten aktiver Erforschung des Mondes. Kenntnisse über die Größe, chemische Zusammensetzung und Dichte des Mondkerns wären wohl ein Schlüssel zur Klärung der Mondentstehung, aber die Aussichten auf derartige gesicherte Informationen sind gering. Es werden weitere Daten und Analysen – vielleicht sogar neue, überzeugendere Entstehungstheorien – benötigt, um zu einer in allem einleuchtenden Hypothese von der Herkunft des Mondes zu gelangen.

Nach der Entstehung des Erdmondes lief die weitere Evolution in mehreren Stufen ab:

- langsame Abkühlung und Erstarrung der anfangs bis auf mehrere 100 km Tiefe völlig geschmolzenen äußeren Bereiche mit allmählicher Separierung der Kruste in verschiedene Gesteinsarten;
- frühe Vulkanismus-Epoche;
- Meteoriten- und Asteroidenbeschuß der bereits festen Mondkruste, der vor etwa 4 Mrd. Jahren abgeschlossen war;
- zu etwa gleicher Zeit Aufschmelzen des Mondinneren etwa 200 km unter der Oberfläche durch die beim Zerfall tiefliegender radioaktiver Elemente freiwerdende Energie;
- vor 3,8 ... 3,1 Mrd. Jahren vulkanische Hauptepoche, während der austretendes Magma die Mare-Gebiete auffüllte und tieferliegende Landschaften überschwemmte;
- in den letzten 3 Mrd. Jahren allmählicher Rückgang der aktiven Prozesse bis zum heutigen Stand.

Literatur

- [1] Köhler, H. W.: 100 mal Raumfahrt. Bibliographisches Institut, 1977
- [2] French, B. M.: The Moon Book. Penguin Books, 1977
- [3] Stanek, B.: Planeten-Lexikon. Hallwag, 1979

[4] Meißner, R.: Stand der Mondforschung nach Apollo. Umschau 3/1974

[5] Wood, J. A.: The Moon. Scientific American 9/1975

- [6] Moore, P.: Weltraum-Atlas. Hallwag, 1970

[7] Richter-Bernburg, G.: Großstrukturen von Erde und Mond – ein geologischer Vergleich. Erdöl und Kohle-Erdgas-Petrochemie 5/1972

- [8] (Autorenkollektiv): Forschungsfeld Weltraum: Weltraum und Erde. Transpress VEB Verlag f. Verkehrswesen, 1977

[9] Gentner, W.: Die Narben im Antlitz der Himmelskörper. Sterne und Weltraum 4/1975

[10] Rükl, A.: Mond, Mars, Venus. Artia (Prag), 1977

[11] Neukum, G.: Lunar Cratering. Phil. Trans. R.Sc. London, 1977 (S. 267–272)

[12] Fechtig, H./Knapp, W.: Mondkrater unterm Mikroskop – Altersbestimmung durch Fotos. Bild der Wissenschaft 9/1979

[13] Mundt, W./Rother, K.: Zum gegenwärtigen Stand der Erforschung von Struktur und Ursachen des magnetischen Feldes des Mondes. Die Sterne 1/1978

[14] Petri, W.: Die Mondatmosphäre. Naturwissenschaftliche Rundschau 6/1979 (nach einem sowjetischen Originalartikel von V. V. Schertschenko in Vestnik Ak. Nauk SSSR 7/ 1978)

- [16] Hahn, H.-M.: Erde, Sonne und Planeten. Kiepenheuer & Witsch, 1978

[17] Hahn, H.-M.: Fazit der Mondforschung: Mond und Erde sind von derselben Mutter. Bild der Wissenschaft 9/1979

[18] Breuer, R.: Der Mond: Gegen seine Interpreten verteidigt. Bild der Wissenschaft 11/1979

[19] Binder, A.: Der Mond: Die Verteidigung gegen die Verteidiger. Bild der Wissenschaft 4/1980

4 Merkur

Merkur als der sonnennächste Planet ist von der Erde aus nur schwer zu beobachten. Auch die besten Teleskopaufnahmen zeigen lediglich verwischte und undeutliche Oberflächenformen (Bild 4.1). So sind einige dunkle Gebiete insbesondere in der Nähe des Terminators zu erkennen, was auf Höhenunterschiede und Unregelmäßigkeiten der Oberfläche weist. Ein Grund für die schlechte Beobachtbarkeit ist die ständige Sonnennähe des Planeten und seine mit 4 880 km Äquatordurchmesser geringe Größe: Merkur entfernt sich zwar von der Sonne maximal 69,7 Mio. km (Minimum 45,9 Mio. km), doch von der Erde aus betrachtet entspricht dies einem Winkel von nur 27 ... 28 Grad. Merkur steht also meist nahe am hellen Sonnenhintergrund und ist nur für kurze Zeiten jeweils vor Sonnenaufgang oder nach Sonnenuntergang sichtbar. Ist er mit bloßem Auge zu sehen, steht er so tief am Horizont, daß sich die Luftunruhe der Erde bei dem nur noch streifend einfallenden Licht sehr störend auswirkt. Ein anderes Beobachtungsproblem entsteht dadurch, daß Merkur bei größter Erdnähe zwischen Sonne und Erde steht, der Erde also seine unbeleuchtete Seite zuwendet; der Planet ist „neu" und damit nicht zu sehen.

Durch die amerikanische Mariner 10-Mission konnte Merkur jedoch genauer erforscht werden. Dieser NASA-Raumflugkörper, im November 1973 gestartet, im Februar 1974 in 5 780 km Abstand am Nachbarplaneten Venus vorbeigezogen, überflog anschließend die Merkuroberfläche gleich dreimal [1]: im März 1974 in 703 km Abstand, im September des gleichen Jahres in 49 000 km und weitere sechs Monate später, im März 1975, in nur 327 km Abstand. Tausende detaillierter Nahaufnahmen mit Auflösungen bis maximal 100 m waren die wesentlichste Ausbeute der Sonde (Bild 4.2 und 4.3); auf ihre Ergebnisse stützt sich primär unser heutiges Wissen, da bisher weder weitere Raumflugkörper zum Merkur gestartet wurden, noch aussichtsreichere Pläne für Nachfolgemissionen existieren.

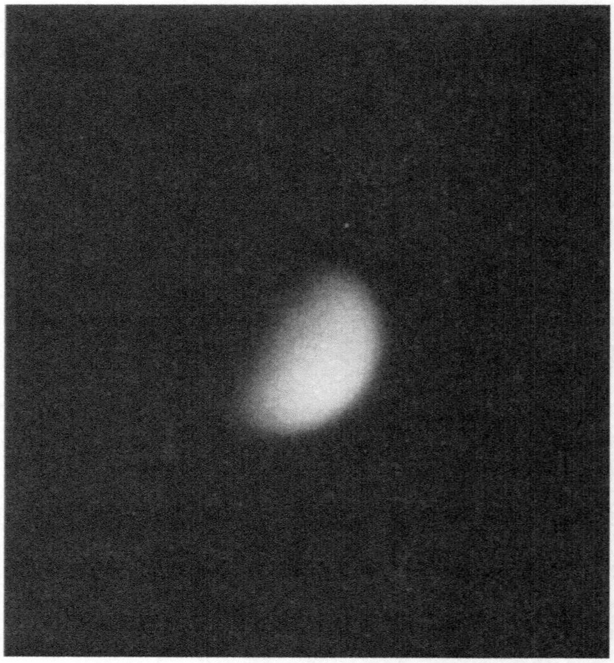

Bild 4.1
Merkur, mit dem 1,55 m-Teleskop des Catalina Observatoriums fotografiert. Zum Zeitpunkt der Aufnahme hatte der Planet von der Erde aus gesehen den weitest möglichen Sonnenabstand erreicht.

4.1 Allgemeines

In Kapitel 1 wurde bereits darauf hingewiesen, daß sich Merkur einmal in etwa 58 Erdtagen um seine eigene Achse dreht (bis 1962 wurde von einer an die Sonne gebundenen Rotationsperiode von 88 Tagen ausgegangen; vgl. Tabelle 4.1) und für einen Umlauf um die Sonne nicht ganz 88 Erdtage benötigt. Umdrehungsperiode und Umlaufzeit stehen also im Verhältnis 2 : 3. Wahrscheinlich ist diese interessante Resonanz

Tabelle 4.1 Rotationsperiode von Merkur (Werte seit 1962)

Jahr	Periode (Tage)	Bestimmung über
1962	88	–
1965	59 ± 5	Radarsondierung
1965	58,6462	Bahnberechnungen
1968	58,663 ± 0,021	Teleskopaufnahmen
1972	58,644 ± 0,009	Teleskopaufnahmen und Bahnberechnungen
1975	58,661 ± 0,017	Schattenvergleich auf Mariner 10-Nahaufnahmen

eine Folge der Wechselwirkung zwischen den Massekonzentrationen in der Planetenkruste (möglicherweise die Region Caloris Planitia als Merkur-Mascon) und der Sonne. Dadurch ergeben sich eigenartige Verhältnisse für die Jahreszeiten [2, 3], zumal die Merkurachse (im Gegensatz zur Erdachse) lotrecht zur Bahnebene steht; die Jahreszeiten verändern sich nicht mit den Breiten-, sondern mit den Längengraden. Mit 175,92 Erdtagen ist ein Merkurtag von Sonnenaufgang bis Sonnenaufgang dreimal so lang wie eine Rotationsperiode und doppelt so lang wie ein Merkurjahr. Eine weitere Besonderheit von Merkur ist die ungleichmäßige Bewegung der Sonne am Merkurhimmel als Folge der großen Bahnexzentrizität.

Mit einer Albedo von etwa 6 % reflektiert der Planet Merkur ungefähr die gleiche Menge des einfallenden Sonnenlichts wie der Mond; wie aus Tabelle 1.2 ersichtlich ist, ist Merkur nach Venus der zweithellste der inneren Planeten. Es gibt freilich starke regionale Unterschiede, was die Bilder 4.2 und 4.3 anschaulich belegen. Der hellste Krater (Kuiper) reflektiert beispielsweise nahezu 25 % (etwas mehr als der hellste Mondkrater, Aristarchus). Kuiper ist auf Bild 4.2 als kleiner heller Krater auf dem Kraterrand einer wesentlich größeren Impaktstruktur, etwas nördlich vom Mittelpunkt der abgebildeten Hälfte, zu finden. Die Hochländer auf Merkur haben ähnliche Albedo-Werte wie die Terra-Regionen des Erdmondes, aber die ebenen Gebiete („Kontinente") sind merklich dunkler als die lunaren Maria. Der Albedo-Kontrast zwischen Kontinental- und Maria-Gebieten ist also bei Merkur größer als beim Mond; es bestehen allerdings noch gewisse Abgrenzungsschwierigkeiten zwischen beiden Gebietstypen.

Die Auswertung von Radiosignalen von Mariner 10 ergab, daß Merkur die Form einer idealen Kugel hat; eine Abplattung ist nicht feststellbar.

Merkur besitzt keinen Mond. Als Fehlinterpretation der Daten des Mariner 10 UV-Spektrometers erwies sich die sensationell anmutende vermeintliche Entdeckung eines 25 km großen „Planetenmondes" [4]; bei dem gefundenen Objekt handelte es sich in Wirklichkeit um einen weit entfernten Stern 5. Größe, von dem zunächst irrtümlich angenommen worden war, er bewege sich in Merkurnähe.

4.2 Aufbau von Merkur

Die extrem niedere Temperatur auf der Dunkelseite des Planeten (Abschnitt 4.5) spricht für eine ähnliche Oberflächenschicht wie die des Erdmondes: eine mehrere Meter mächtige, regolithähnliche und wärmeisolierende Staubdecke, die durch den frühen Meteoritenbeschuß und die krassen Temperaturdifferenzen (Abschnitt 4.5) entstanden ist. Dieses Material muß sehr leicht und porös sein (Dichte 1 ... 1,5 g/cm^3) und in Aussehen und Konsistenz dem Mondstaub entsprechen. Die Kennziffer für die sog. inverse thermische Trägheit für das Oberflächenmaterial, die umgekehrt proportional der Wurzel aus thermischer Leitfähigkeit und der Dichte ist, beträgt für Merkur 600 $K \cdot s^{1/2} \cdot cm^2 \cdot cal^{-1}$ (Vergleichswerte: Mondstaub 800, Marsstaub 150). Der darunter befindliche, schalenförmige Mantel besteht primär aus eisenhaltigem Silikatgestein mit einer Dichte um 3 g/cm^3, das durch eine intensive und globale Überflutung des frühen Merkur und chemische Differenzierung ent-

Bild 4.2
Dieses Mosaikbild der westlichen Hemisphäre von Merkur zeigt zu etwa 2/3 südliche Regionen; es erfaßt ein Gebiet zwischen dem 45. nördlichen Breitengrad (oben) und dem Südpol (unten) sowie etwa dem 10. und 50. Längengrad. Der größte abgebildete Krater hat 200 km Durchmesser. Die 18 Einzelaufnahmen dieses Mosaiks entstanden am 29. März 1974 aus 200 000 km Abstand in Intervallen von 42 Sekunden. Der Sonneneinfall erfolgt von links.

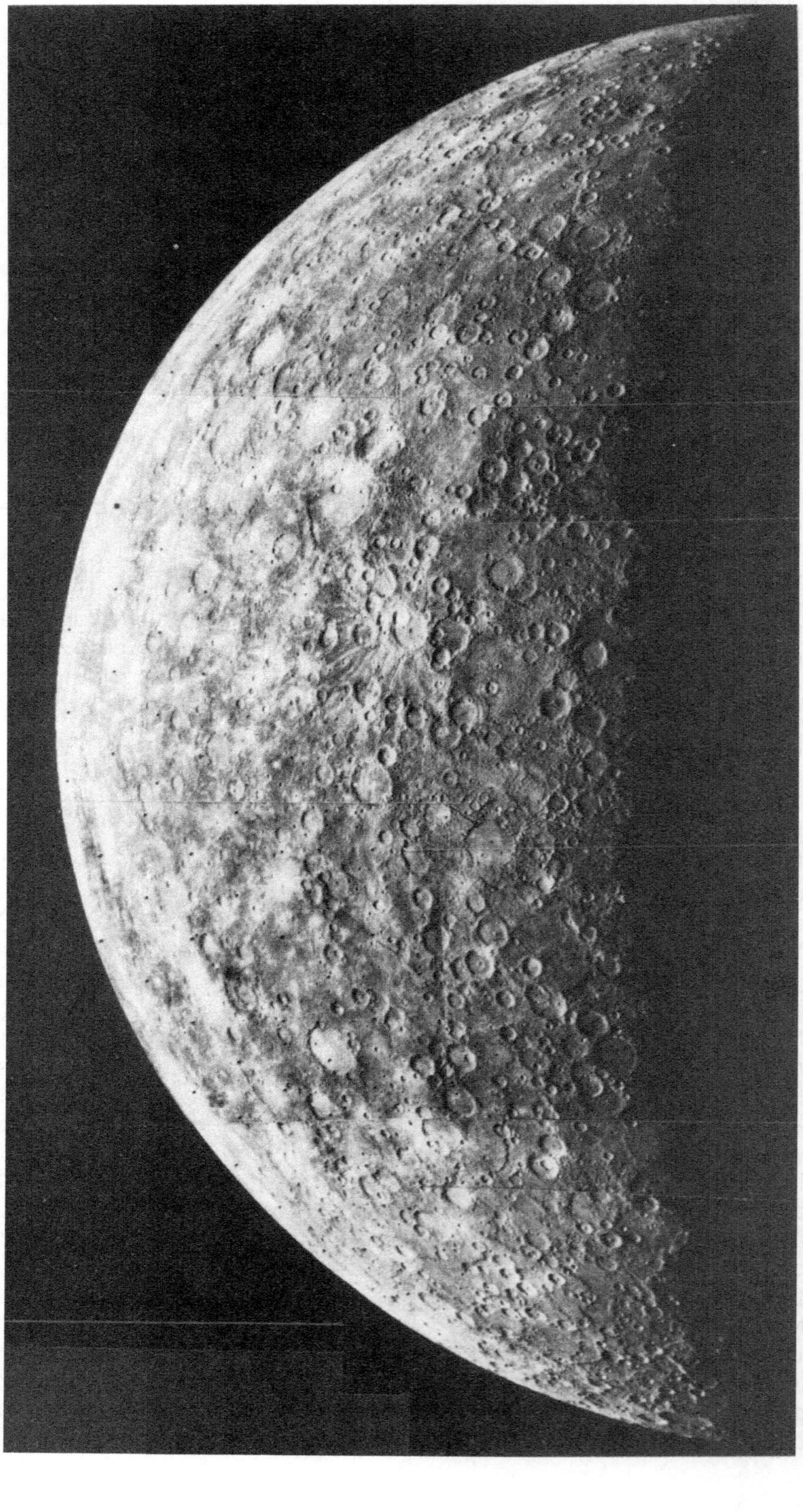

Bild 4.3
Während Bild 4.2 beim ersten Anflug von Mariner 10 an Merkur entstand, stammt dieses Mosaik vom Weiterflug der Sonde am gleichen Tag und aus etwa der gleichen Entfernung. Erfaßt ist primär der Nordteil der westlichen Hemisphäre mit dem Nordpol oben unmittelbar neben dem Terminator (Beleuchtungsgrenze) bis zum 45. südlichen Breitengrad (unten) und vom 190. Längengrad (links) bis zum 125. Die Bilder 4.2 und 4.3 zeigen zahlreiche morphologische Oberflächenformen des sonnennächsten Planeten.

Bild 4.3

Bild 4.4
Relativ hügeliges Gelände von 290 X 220 km Größe mit hoher Kraterdichte, aus 35 000 km Entfernung aufgenommen. Der große flache Krater rechts unten von der Bildmitte hat 80 km Durchmesser. Das von ihm ausgehende, nach rechts unten verlaufende Tal ist 7 km breit und mehr als 100 km lang.

standen sein könnte. Es deutet manches darauf hin, daß die äußere Schale des Merkur eine kräftigere Aufschmelzung erfahren hat als der Mantel des Mondes. So ist beispielsweise nicht auszuschließen, daß das nur noch schwach erkennbare geringe Relief vieler alter Merkur-Großkrater auf das Nachlassen der Standfestigkeit der Merkurkruste infolge einer inneren Aufheizung durch radioaktive Elemente zurückzuführen ist. Da die mittlere Merkurdichte mit 5,42 g/cm^3 hoch ist, muß der Planetenkern nicht nur groß sein, sondern auch aus schweren Elementen bestehen. Die heutigen Vorstellungen gehen davon aus, daß der Planet einen Eisenkern von 3600 km Durchmesser (also größer als der Erdmonddurchmesser) besitzt, auf den 80 % der Gesamtmasse entfallen. Für den siliziumhaltigen Mantel verbleiben dann die obersten 640 km. Der Radius des Kerns beträgt damit fast 75 % vom Planetenradius.

Bild 4.5
Auf diesem Mariner 10-Foto vom südwestlichen Quadranten (Aufnahmeentfernung 198 000 km) sind eine Reihe von Regionen hoher Kraterdichte zu erkennen.

4.3 Die Oberfläche

Wie der Mond der Erde, so besitzt auch Merkur zwei unterschiedliche Seiten: eine Seite mit einer sehr hohen Kraterdichte (entsprechend den Terra-Gebieten auf dem Mond) und eine andere mit deutlich geringerer Kraterdichte und Anzeichen ausgedehnter Lavaüberflutungen. So sind beispielsweise auf Bild 4.3 deutlich mehr kraterarme und relativ glatte Gebiete zu erkennen als auf Bild 4.2. Es ist äußerst schwer, die Oberfläche des Merkur auf den ersten Blick von der Mondoberfläche zu unterscheiden. Sie wird im wesentlichen durch folgende Formen bestimmt [5]:

- Leicht hügeliges Gelände zwischen und um die Krater mit einer sehr hohen Dichte kleinerer Sekundärkrater von 5 ... 10 km Durchmesser (Bild 4.4). Diese Oberflächenform zählt zu den ältesten auf Merkur.
- Von Kratern ab 30 km Durchmesser sehr stark zerfurchte Regionen (Bild 4.5). Die Krater überlappen sich oder stehen isoliert. Auffällig ist das Fehlen individueller Ejekta-Umfelder und nenneswerter Mengen an Sekundärkratern. Das Innere vieler dieser Impaktstrukturen ist mit feinem, losen Material gefüllt, das weit weniger Kleinkrater als die Kraterumgebung aufweist und damit jüngeren Datums ist.
- Alte Krater und Becken, die zum großen Teil schon zerfallen sind, aber noch erkennbare Ejektamuster oder Sekundärkraterfelder aufweisen (Bild 4.6). Im Gegensatz zu den jüngeren Kratern und Kraterbecken zeigen die Wälle der alten Formen kaum noch topographische Details, häufig aber eine höhere Dichte an kleinen und kleinsten Sekundärkratern.
- Hügelgebiete, charakterisiert durch niedrige, abgerundete und eng benachbarte Erhebungen von 100 ... 200 m Höhe mit relativ wenig überlagerten Kratern. Solche Hügel treten vorwiegend konzentrisch um das große Caloris-Becken (Abschnitt 4.3.1) auf und haben typische Basisdurchmesser zwischen 1 km und 3 km (Bild 4.7).
- Terrain mit linearen Formen; es handelt sich um teilweise parallele Hügelketten und Täler bis zu 300 km Länge, bei denen vielfach kein Zusammenhang mit nahen Kratern feststellbar ist; einige dieser Täler sind bis zu 10 km breit (Bild 4.4).
- Caloris-Berge (Caloris Monte): in der Regel sanfte, 1 ... 2 km hohe Gipfel ringförmig um das 1 300 km große Becken Caloris mit dazwischen verstreuten sehr alten, ebenen Gebieten (Bild 4.7). Diese Region bildete sich wahrscheinlich in der letzten Phase der Entstehung dieses Großbeckens.
- Rauhe Ebenen, die ihre Existenz ebenfalls der Entstehung des Caloris-Beckens verdanken und noch in 800 km Abstand von den Caloris-Bergen zu finden sind. Kennzeichen dieser Oberflächenart sind eng benachbarte, aber auch einzeln stehende kleinere Hügel von 300 ... 1 000 m Basisdurchmesser und Höhen von einigen Zehn bis zu einigen Hundert Metern. Einige dieser Hügel verlaufen konzentrisch zum Kraterrand von Caloris.
- Glatte Ebenen (Planitia), die sich vorwiegend in der nördlichen Region der westlichen He-

Bild 4.6
Alter, teilweise schon zerfallener Doppelringkrater (Bildmitte) von 230 km Durchmesser im Süden des Planeten bei 75° s. Br. und 120° w. L. Das Bild entstand am 21. September 1974 aus 55 000 km Abstand, nur 40 Minuten vor Erreichen des engsten (zweiten) Vorbeiflugs von Mariner 10. Norden ist in Richtung links oben.

misphäre von Merkur in größerer Ausdehnung finden. Typisch ist die relativ geringe Kraterdichte. Oft sind die Planitia auch von Höhenrücken und eigenartigen, bis zu 3 km hohen und über einige 100 km Länge häufig bogenförmig verlaufenden Steilwänden (Rupes) geprägt (Bild 4.8). Dies sind vom Mond her unbekannte „flexurartige" Geländestufen, die oft Kraterwände durchsetzen. Sie werden als Anzeichen von Einengungsformen an der Oberfläche eines sich allmählich wieder abkühlenden Merkur nach der Flutbasaltphase verstanden. Diese Kompressionserscheinungen lassen auf eine globale Krustenverkürzung des Planeten von 1 ... 2 km schließen; man vermutet, daß die Ebenen vulkanischen Ursprungs und damit den lunaren Maria „verwandt" sind.

— Chaotisches Gebiet, eine recht zerklüftete Region direkt gegenüber dem großen Caloris-Becken auf der anderen Planetenseite mit rauhen Bergen und eingestürzten Kratern. Wahr-

Bild 4.7
Östlicher Bereich des großen Caloris-Beckens (links am Terminator) mit seinem Ringgebirge. Der flache Beckenboden weist Gebirgsketten und Bruchspalten auf. Zum rechten Rand des Bildmosaiks geht das rauhe Terrain in weitflächige Ebenen über. Die Primärkraterdichte ist relativ gering.

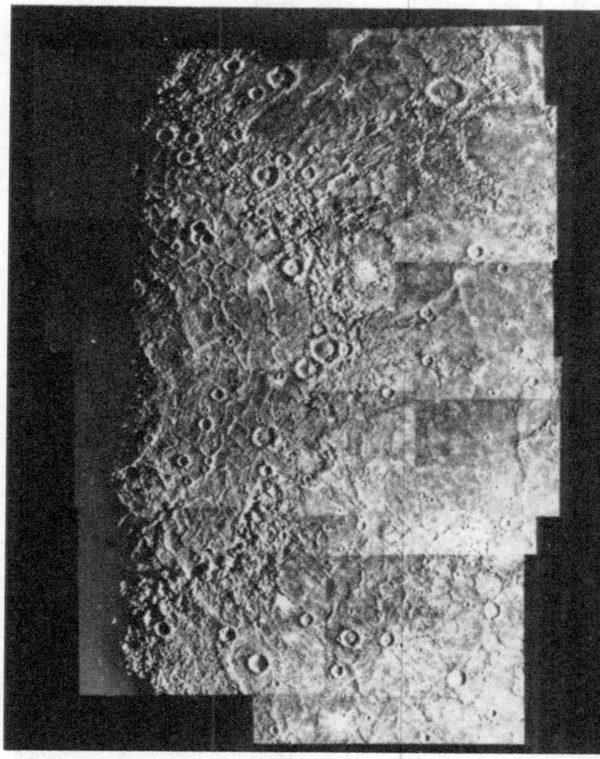

scheinlich entstand es als Folge des Caloris-Einschlags beim Zusammentreffen der sich rasch durch die Planetenmitte fortpflanzenden Kompressionswellen mit den langsameren, im Mantel verlaufenden Oberflächenwellen.

- Junge Krater und Becken (Bild 4.9). Im Gegensatz zu den alten Formen handelt es sich bei ihnen um gut erhaltene Strukturen mit ausgeprägten Ejektamustern und umgebenden Sekundärkratergebieten, aber ohne helle Kraterstrahlen oder dunkle Halo-Gebiete.
- Strahlenkrater, Impaktstrukturen mit gut sichtbaren, radial verlaufenden hellen „Ausläufern", von denen etliche mit dunklen Halo-Gebieten umgeben sind. Da sowohl die Strahlen, als auch die dunkle Umgebung alle übrigen Oberflächenformen bedecken, handelt es sich bei diesen Impaktstrukturen wohl um die jüngsten topographischen Oberflächenformen auf Merkur (Bild 4.10).

Zusammenfassend können gegenüber dem Erdmond folgende Abweichungen der Oberflächenmorphologie festgestellt werden:

- Albedokontraste zwischen den Planitia- und den Kontinentalgebieten;
- Felder zwischen den Großkratern;
- im gewissen Maße Dimension und Art der Planitia-Verbreitung;
- geringere Zahl von geraden Rissen und Gräben;
- die flachen Rupes-Geländestufen und
- charakteristische Unterschiede in der Kraterhäufigkeit und Kraterausbildung.

Auf letzteres wird im nächsten Abschnitt eingegangen. Es stellt sich hier zwangsläufig die Frage, warum beispielsweise auf dem Mond ähnliche Erscheinungen einer nachträglichen Abkühlungskontraktion fehlen. Eine mögliche Erklärung

Bild 4.8
Hero Rupes, eine über 300 km lange Steilwand, verläuft hier von oben links diagonal nach rechts unten und durchschneidet in ihrem Verlauf mehrere Einschlagkrater. Das Gebiet um diesen Abbruch befindet sich bei 45° s. Br. und 145° w. L. Die weitere Umgebung ist in Bild 4.5, ganz unten, ersichtlich. Links von Hero Rupes ist eine Kraterkette zu erkennen (Mariner 10-Bild vom 21. September 1974 aus 64 500 km Höhe).

Bild 4.9
Eine Reihe relativ junger Krater mit Durchmessern zwischen 30 km und 50 km, beim dritten Vorbeiflug von Mariner 10 am 16. März 1975 aus 65 000 km Entfernung aufgenommen. Die größeren der jungen Impaktstrukturen zeigen Zentralerhebungen, flache Kraterböden und terrassenförmig abgestufte Wälle. Auf diesem Bildstreifen ist Norden oben.

Bild 4.10
Ein stark von Kratern übersätes Gebiet in der südlichen Hemisphäre. Rechts oben und links je ein junger Krater (ca. 70 km Durchmesser) mit ausgeprägtem Strahlenkranz; der linke liegt bei 32° s. Br. und 172° w. L. Der Südpol befindet sich jenseits des Terminators rechts im Bild. Die in Bild 4.8 gezeigten Oberflächendetails finden sich hier in der rechten Bildhälfte wieder (Aufnahmetag 21. September 1974, Aufnahmeabstand 65 000 km).

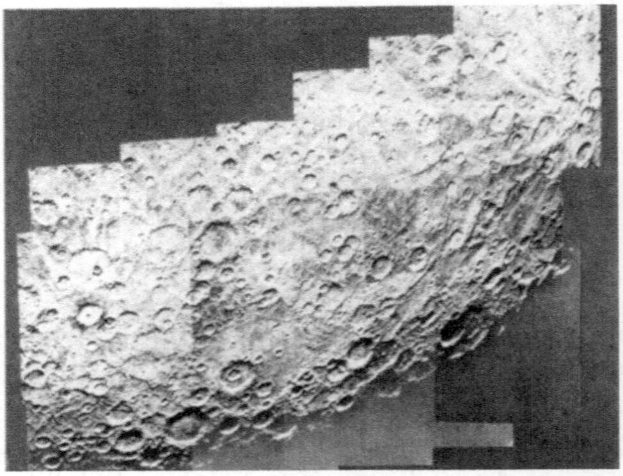

wäre, daß erhebliche Unterschiede in der primären Elementenhäufigkeit dazu beigetragen haben, daß die thermische Evolution im Erdmond nicht zu einer vergleichbaren magmatischen Differenzierung und Ausbildung des Kerns geführt hat.

Wie auf dem Mond, so fehlen auch auf Merkur offenbar jegliche Anzeichen von Orogenen und Sedimenten, sowie Auswirkungen von früher vorhandenem flüssigen Wasser. Es wurde auch vergeblich nach vulkanischen Großbauten gesucht, wie sie beispielsweise für den Mars (Kapitel 6) typisch sind.

4.3.1 Die Krater

Die Einschlagkrater sind auch auf Merkur die dominierende Landform, wie die Bilder und Ausführungen der letzten Seiten zeigen. Da sie von geologischen Prozessen wie Vulkanismus, Tektonik und Erosion verändert wurden, geben sie Hinweise auf diese Vorgänge und sind damit ein Schlüssel zum Verständnis der Oberflächenevolution eines jeden Himmelskörpers. Kennt man außerdem die Geschwindigkeit, mit der die Krater entstanden sind, so erlaubt eine Kraterauszählung Rückschlüsse auf das Alter der betreffenden Oberflächenregion. Nimmt man an, daß Größenverteilung, zeitliche Häufigkeit und Fluggeschwindigkeit von Meteoriten und asteroidenähnlichen Körpern, die die Einschlagkrater auf dem Mond hervorgerufen haben, gleichermaßen auch für die inneren Planeten unseres Sonnensystems zutreffen, so kann man über das bekannte Alter verschiedener Regionen auf dem Erdmond bei vorliegenden Kraterhäufigkeitsverteilung für einen anderen Himmelskörper sogar das absolute Alter der Oberfläche abschätzen, ohne jemals eine direkte Altersbestimmung an einer Gesteinsprobe vorgenommen zu haben [6]. Bild 4.11 ist eine derartige Kurve für einige typische ausgewählte Merkurlandschaften. Man erkennt daraus, daß große Teile der Merkuroberfläche mit mindestens 4 Mrd. Jahren sehr alt sind; die „kontinentalen" Hochländer sind sogar noch älter. Aber selbst in Gegenden mit sehr hoher Kraterdichte ist der Zustand der Kratersättigung nicht erreicht (im Gegensatz zu den lunaren Hochländern), d.h. der Merkurboden ist nicht völlig von Impaktstrukturen bedeckt. Außerdem fehlen auf den

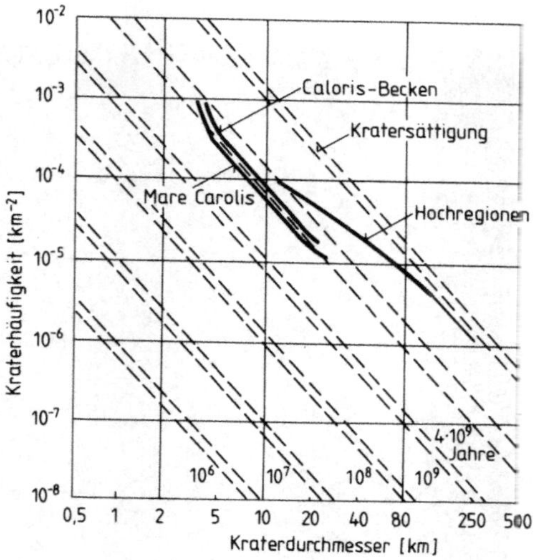

Bild 4.11
Kraterhäufigkeitsverteilung für einige Merkur-Landschaften, aus der sich Zahl und Größe der Einschlagkrater für diese Gebiete ergeben. Die diagonal verlaufenden gestrichelten Linien sind „Altersbalken" und gelten unter der Annahme, daß für die Meteoritenbeaufschlagung von Merkur die gleichen Randbedingungen wie für den Erdmond gelten.

Hochregionen von Merkur die kleineren Krater mit weniger als 10 km Durchmesser, was möglicherweise bedeutet, daß die Merkuroberfläche während der Hauptphase der Meteoritenbeaufschlagung noch plastisch war und daher nur größere Einschlagkrater „überleben" konnten.

Das Größenspektrum der Merkurkrater ist breit: es reicht von der maximalen Auflösung der Mariner 10-Nahaufnahmen (< 1 km) bis zu einigen 100 km Durchmesser. Mindestens 18 Kraterbecken haben über 200 km Durchmesser, viele von ihnen sind ganz oder teilweise lavagefüllt. Das größte Becken ist Caloris mit 1 300 km Durchmesser (Bild 4.7); bis zu 1 000 km vom Zentrum ist es von Bergen und Bruchringen bzw. -spalten umgeben (Bild 4.12). Der Mittelpunkt des kreisförmigen Beckens liegt etwa bei 30° n.Br./190° L. In seiner Größe ist es mit dem Mare Imbrium auf dem Erdmond vergleichbar. Es entstand durch den Einschlag eines Himmelskörpers von Asteroidengröße.

Bekannte Einschlagkrater sind ferner der bereits erwähnte Kuiper-Krater mit 41 km Durchmesser bei 12° s.Br./35° L., der infolge seiner Hel-

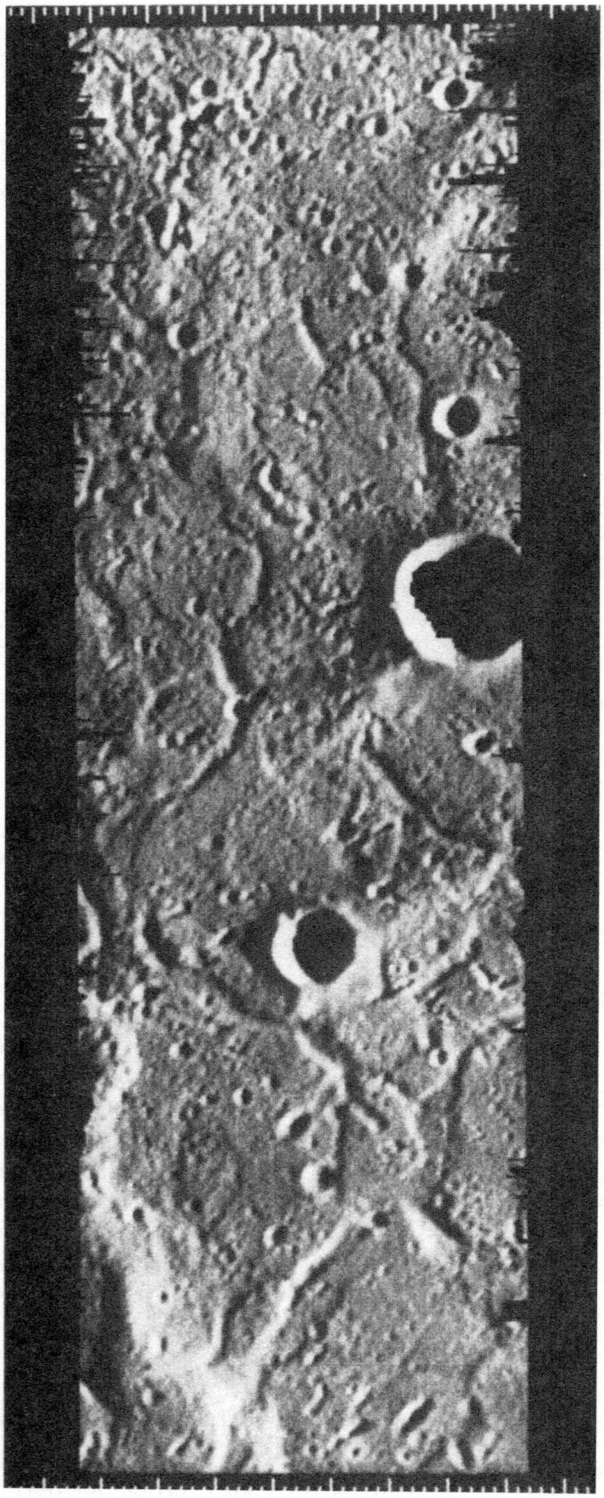

Bild 4.12
Von Rissen und Rücken spinnwebartig überzogener Boden des Caloris-Beckens, ein Geländeausschnitt bei 31° n. Br. und 183° w. L. Dieses Bild entstand am 16. März 1975 auf 19 000 km Abstand, nur 34 Minuten nach dem niederen, dritten und letzten Überflug von Mariner 10.

ligkeit als erste Impaktstruktur auf den noch in großem Abstand von Merkur gewonnenen Planetenfotos von Mariner 10 auffiel, sowie der nur 1,5 km große Krater Hun Kal (bedeutet die Zahl 20 in der Maya-Sprache), der an der Basis des Walles eines benachbarten größeren Kraters und genau auf dem 20. Meridian liegt (bei 0,58° s. Br.).

Die kleinen Merkurkrater zeichnen sich durch ein tassenförmiges Profil aus. Das Verhältnis von Kratertiefe zu Kraterdurchmesser ist durchmesserabhängig und entspricht bis zu Durchmessern um 9 km etwa den Verhältnissen auf dem Mond. Größere Krater sind dagegen flacher als vergleichbare lunare Impaktstrukturen, was sich mit der größeren Schwerebeschleunigung und dementsprechend der größeren Füllung der Krater mit ausgeworfenem Material erklären läßt. Ein Beispiel: ein junger 50 km Primär-Krater auf Merkur hat eine typische Kratertiefe von 2,5 km (Mond: 3,2 km). Weitere Unterschiede zum Mond lassen sich bei den terrassenförmigen Kraterwallabtreppungen und den Zentralerhebungen auf dem Kraterboden finden. Diese Formen sind auf Merkur nämlich bereits bei kleineren Kratern als auf dem Mond erkennbar. So haben auf Merkur 80 % aller 10 ... 20 km großen Krater Terrassen (Mond: 12 %), und praktisch alle über 20 km großen Impaktstrukturen (Mond: 40 km Durchmesser). Ferner haben 80 % aller 10 ... 20 km großen Merkurkrater Zentralberge (Mond: 26 %) und nur 7 % der Krater über 20 km Größe weisen keine Zentralberge auf (beim Mond haben gewöhnlich alle Krater ab 30 ... 40 km Durchmesser Zentralberge).

Bei den Zentralerhebungen innerhalb der Krater unterscheidet man Einfachgipfel, Mehrfachgipfel und zum Kraterwall konzentrisch liegende, ringförmige Erhebungen (Doppelringkrater). Gewöhnlich haben Merkurkrater unter 100 km Durchmesser entweder Einfach- oder Mehrfachgipfel, zwischen 130 km und 180 km Größe kommen zunehmend konzentrische Innenwälle hinzu, und ab 180 km Durchmesser findet man praktisch nur noch Doppelringe (Bild 4.6). Auf dem Mond liegen die Verhältnisse so, daß bei Kratern zwischen 150 km und 300 km Durchmesser entweder Zentralberge oder Doppelringe auftreten können, daß aber ab 300 km alle Impaktstrukturen Doppelringkrater sind.

Unterschiedlich sind auch die Sekundärfelder. Wegen der größeren Merkurmasse und der damit gegenüber dem Mond etwa doppelt so starken Gravitation sind die Merkur-Sekundärkrater des Auswurfsmaterials zwangsläufig auf eine um das Sechsfache kleinere Fläche konzentriert (Bild 4.13). Zweiteinschläge und Strahlenejekta liegen also näher am Haupteinschlag; das Material fiel infolge der speziellen Bedingungen früher zu Boden. Häufig sind die Merkur-Sekundärkrater weniger kreisförmig als die Hauptkrater (Bild 4.14). Es wurde beobachtet, daß die großen Achsen dieser ovalen Nebenkrater radial zum Hauptkrater zeigen.

Die häufig publizierte Annahme, daß die Auftreffgeschwindigkeit der Meteoriten und Asteroiden beim sonnennahen Merkur größer als in Erdnähe gewesen sein müßte, läßt sich aus der allgemeinen Kraterform nicht stützen.

Aussagen zur relativen Kraterhäufigkeit müssen sich bei Merkur wegen der Auflösungsgrenze der Mariner 10-Fotos vorerst auf größere Impaktstrukturen beschränken. Generell sind größere Krater, insbesondere im Bereich zwischen 10 km und 60 km Durchmesser, auf Merkur weniger häufig als auf dem Mond. Endgültige Aussagen sind freilich nicht möglich, da die gesamte Merkuroberfläche noch nicht ganz erfaßt ist.

4.4 Das Magnetfeld von Merkur

Wegen seiner langsamen Rotation und dem Fehlen von Radioemissionen hatte man noch bis zum Vorbeiflug von Mariner 10 angenommen,

Bild 4.13
Junger Einschlagkrater (Durchmesser 120 km), bei dem man das für die Merkur-Impaktstrukturen typische begrenzte Auswurf-Umfeld besonders gut erkennt. (Bild vom 29. März 1974, Aufnahmeentfernung etwa 34 000 km).

daß Merkur kein, höchstens aber ein äußerst schwaches Magnetfeld besitzen würde. Umso größer war dann die Überraschung, als der NASA-Raumflugkörper ein ausgeprägtes Dipolfeld in Richtung der Rotationsachse von gleicher Polarität wie das der Erde feststellte. Mit einer Oberflächen-Feldstärke von 350 Gamma am Äquator und 700 Gamma an den beiden Polen ist das Magnetfeld zwar deutlich schwächer als das der Erde, aber doch so kräftig, daß es sich nicht — wie zunächst vermutet wurde — lediglich um eine durch Merkur ausgelöste Störung des interplanetaren Feldes handelt. Es ist immerhin so stark, daß es den Sonnenwind zur Umströmung des Planeten zwingt; die Folge ist eine gut ausgebildete Schockfront und eine Stauchung des Feldes auf der sonnenzugewandten Seite (Bild 4.15). Der Übergangsbereich zwischen Schockfront und Magnetopause ist mit heißem Plasma gefüllt. Inwieweit diese Partikel auch die Magnetopause durchdringen, längs der Magnetfeldlinien in oberflächennahe Bereiche wandern und dabei die Bestandteile der äußerst dünnen Atmosphäre (Abschnitt 4.5) durch Herausschlagen von Elektronen aus dem Atom-

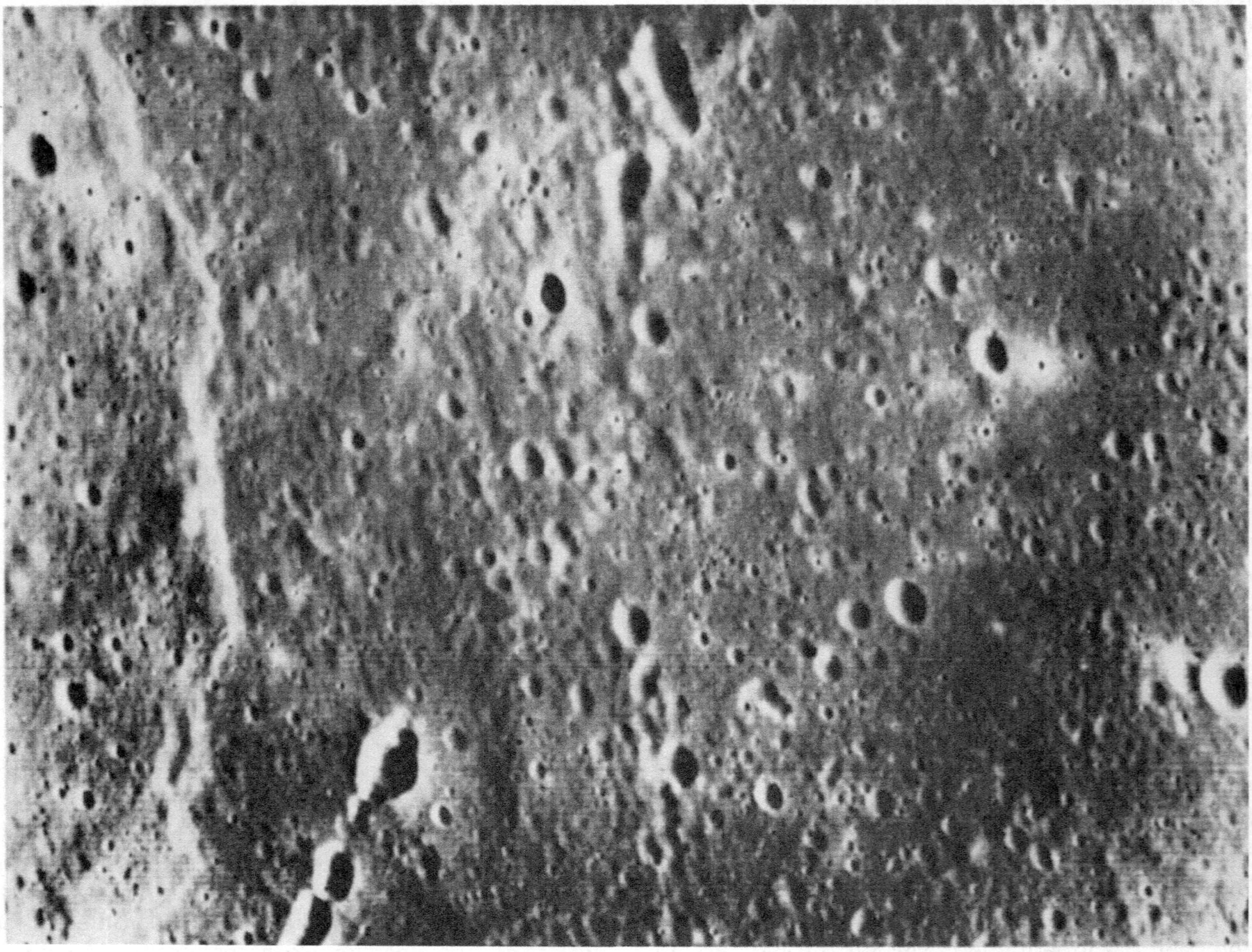

Bild 4.14
Diese Aufnahme entstand aus 6 000 km Abstand, nur wenige Minuten nach dem ersten Vorbeiflug von Mariner 10 am 29. März 1974. Sie zeigt ein 50 X 40 km großes Areal bei 25° n. Br. und 161° w. L. Details bis zu 150 m Größe sind noch ohne Schwierigkeiten zu identifizieren. Es handelt sich um ein relativ ebenes Gelände mit Primär- und Sekundärkratern. Die Sekundärkrater sind häufig weniger kreisförmig und treten meist in Gruppen und/oder in Form von Kraterketten auf. Der größte hier abgebildete Krater hat 2000 m Durchmesser.

verbund ionisieren, konnte bisher nicht zweifelsfrei geklärt werden. Auf der sonnenabgewandten Planetenseite ist das Feld tropfenförmig verlängert, wobei es jedoch nicht zur Ausbildung eines besonders langen geomagnetischen Schweifs kommt. Wie Bild 4.15 zeigt, verläuft die Schockfront in knapp zwei Planetenradien Abstand vom Merkurzentrum, liegt also relativ nahe an der Planetenoberfläche (zum Vergleich die Erde: Abstand ca. 15 R_E). Die magnetische Dipolachse ist um etwa 7 Grad zur Rotationsachse geneigt.

Zunächst wurden auch externe Mechanismen zur Induzierung eines derartigen Magnetfeldes diskutiert. Dazu müssen aber ziemlich unwahrscheinliche elektrische Eigenschaften der oberflächennahen Planetenschicht angenommen werden, so daß diese Entstehungsmöglichkeit sehr fraglich ist. Das Magnetfeld ist also inneren Ursprungs, wobei die Entstehung durch einen aktiven Dynamo-Mechanismus in einem flüssigen, eisenhaltigen Kern wahrscheinlicher ist als durch permanent magnetisiertes Gestein. Es ist durch-

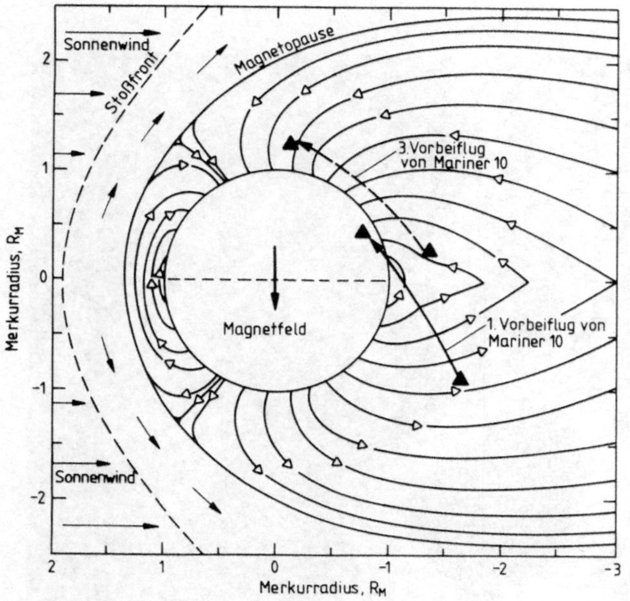

Bild 4.15
Äquatorialschnitt durch das Magnetfeld von Merkur mit Magnetopause und Schockfront. Eingezeichnet sind ferner Teile der Flugbahnen von Mariner 10 beim ersten und dritten Fly-by.

aus möglich, daß die Dynamowirkung im Falle von Merkur durch das besondere Verhältnis zwischen Rotations- und Umlaufperiode verstärkt wird [8].

4.5 Atmosphäre, Temperaturen

Im Gegensatz zu den anderen, näher bekannten Planeten besitzt Merkur keine nennenswerte Atmosphäre. Dies dürfte auch für die frühe Phase der Planetenevolution gelten, da die Merkurkrater kaum Anzeichen von Verwitterungsprozessen aufweisen. Allerdings wurde eine extrem dünne Gashülle nachgewiesen, die sich primär aus Heliumatomen sowie geringeren Anteilen an Argon-, Neon- und Xenonatomen zusammensetzt. Die Heliumkonzentration ist bedeutend höher als in der Gashülle des Mondes. Ein großer Teil des Heliumvorkommens dürfte aus dem Alphastrahlenzerfall von Uran und Thorium im Oberflächengestein kommen. Wahrscheinlich ist das Magnetfeld in der Lage, Heliumkerne aus dem Sonnenwind einzufangen. Diese Quellen wirken auch heute noch, denn durch die Sonnenbestrahlung werden die Heliumatome innerhalb etwa eines Tages so stark aufgeheizt, daß ihre thermische Geschwindigkeit gleich der Entweichgeschwindigkeit des Planeten (4,173 ± 0,070 km/s) wird und sie damit in den umgebenden Raum übergehen. Berechnungen haben gezeigt, daß dieser Verlust etwa 10^7 Atome/$cm^2 \cdot s$ ausmacht.

Der atmosphärische Druck auf der Merkuroberfläche liegt im Bereich von 10^{-11} bar. Es läßt sich zeigen, daß die Gesamtmasse des atmosphärischen Heliums von Merkur maximal nur 10 Tonnen beträgt. Bei irdischen Normbedingungen (0 °C, 1 bar) würde diese Gasmenge lediglich einen Würfel von etwa 40 m Kantenlänge füllen.

Der Grenzwert der Dichte der Merkur-Gashülle liegt bei 10^{-7} g/cm^3, was etwa der Dichte der Erdatmosphäre in 800 km Höhe über dem Erdboden entspricht.

Merkur ist der Planet mit den extremsten Temperaturdifferenzen in unserem Sonnensystem. Steht er in Sonnennähe, so erhält er beispielsweise zehnmal mehr Wärme als der Mond, und seine maximale Oberflächentemperatur auf der sonnenbeschienenen Seite (mittags, Äquator) steigt bis auf 700 K (427 °C) an. Die nächtliche Abstrahlung erzeugt andererseits Tiefstwerte um 75 K (− 198 °C), was einer maximalen Temperaturdifferenz von 625 Grad zwischen Tag und Nacht entspricht. Die poröse und sehr schlecht wärmeleitende Oberflächenschicht von Merkur verdankt ihre Existenz diesen extremen Temperaturunterschieden.

Biologisches Leben auf Merkur ist unter den genannten Bedingungen unmöglich; neben den Temperaturextremen sind das Fehlen von Wasser und einer lebensbegünstigenden Atmosphäre weitere Gründe hierfür.

4.6 Mögliche Evolution von Merkur

Anschließend an die Entstehung des Planeten vor rund 4,5 Mrd. Jahren lief die weitere Evolution in mehreren Phasen ab. Wegen des Fehlens nennenswerter vulkanisch, tektonisch oder atmosphärisch bedingter Veränderungen der alten Großkrater muß Merkur schon lange vor der Kraterbildung einen tiefgreifenden Schmelz- und Differentiationsvorgang durchgemacht haben,

Bild 4.16
Ausschnitt aus einer stark von Kratern zerfurchten Merkurlandschaft, am 29. März 1974 aus 18 200 km Abstand aufgenommen. Der 61 km große Krater unten links zeigt quer über den Boden die stark ausgeprägte Front einer Lavaströmung, die mehr als die Hälfte der Impaktstruktur aufgefüllt hat. Der kleinere und jüngere Krater rechts davon hat 25 km Durchmesser.

bei dem der große eisenreiche Kern und der Mantel aus aluminium- und kaliumreichen Silikaten entstand. Die für diesen Differentiationsprozeß benötigte Wärme stammte aus dem Zerfall der radioaktiven Elemente Uran, Kalium und Thorium, die allerdings nicht in den großen Mengen wie bei der chemischen Fraktionierung der Erde in Oberflächennähe transportiert wurden. Einem kleineren Planeten wie Merkur steht nicht nur weniger radioaktives Material zur Verfügung als einem großen, sondern infolge der durch Ausstrahlung rasch erkaltenden und erstarrenden Kruste konnte das radioaktive Material auch nicht ohne weiteres in die obersten Schichten dringen. Die Folge war, daß die Merkuroberfläche schon relativ bald teigig-plastisch war und daß es vermutlich überhaupt nur ein einziges Mal zu einer globalen Aufschmelzung kam. Falls eine frühe planetare Atmosphäre überhaupt existiert hatte, muß sie ebenfalls schon sehr bald wieder abgebaut worden sein.

Die zweite Phase, der Meteoritenbeschuß der Oberfläche, begann wahrscheinlich zu einem Zeitpunkt, an dem die Kruste noch nicht ganz starr und eine mögliche Atmosphäre schon wieder verschwunden war. So hinterließen kleinere Meteoriten kaum Spuren in der leicht plastisch wirkenden Kruste; lediglich größere Impaktstrukturen überlebten das vollständige Erstarren der Oberfläche. Danach fiel der Meteoritenregen auf eine vergleichsweise ebene Oberfläche, aber die Meteoritenphase war im wesent-

Bild 4.17
Insbesonders oberhalb und links vom Bildzentrum befindet sich mareähnliches Gebiet, das eine tiefere, rauhere und ältere Region hoher Kraterdichte (wie sie links und rechts oben sichtbar wird) bedeckt. Der Krater mit Zentralerhebung in Bildmitte hat 30 km Durchmesser; er liegt am Rand des extrem hellen Umgebungsfeldes eines 10 km großen benachbarten Kraters. Die Sonne fällt von rechts ein (Aufnahmeabstand 36 800 km).

lichen schon abgeschlossen, bevor die Oberfläche den Zustand der Kratersättigung erreichte. Am Ende dieser Phase entstand dann das Caloris-Becken mit seiner hügeligen Umgebung und seinem typischen Umfeld, sowie das zerrüttete chaotische Terrain auf der Gegenseite. Auch die jungen Strahlenkrater stammen aus dieser Epoche.

Die dritte Phase führte zu einer gewissen Veränderung, z.T. sogar Auslöschung kleinerer Krater. Ein maßgeblicher Vorgang war dabei die weitere intensive Abkühlung des Planeten, die zu einem Schrumpfen der Kruste führte; die Folge war das Entstehen der für Merkur charakteristischen Kompressionsfalten. Außerdem führte schwacher Rest-Vulkanismus und Lavabildung aus Partialschmelzen in der Tiefe zur Auffüllung einer Reihe von Kratern und zur Entstehung ebener Flächen, die mit den Mond-Maria verwandt sind (Bild 4.16 und 4.17). Daß die Albedo-Unterschiede zwischen altem Bergland und den Planitia auf Merkur geringer als auf dem Mond sind, könnte darauf hinweisen, daß das Oberflächengestein von Merkur etwas weniger Eisen und Titan als das auf dem Mond enthält. Tektonische Vorgänge haben auf Merkur nie eine dominierende Rolle gespielt: jegliche Anzeichen dafür, wie z.B. tiefe und ausgedehnte Kluftsysteme, fehlen.

In der vierten und letzten Phase, die bis zur Jetztzeit reicht, traten kaum noch Oberflächenveränderungen auf. Gelegentliche Meteoritentreffer und eine fortgesetzte Erosion des Oberflächenmaterials durch die starken Temperaturkontraste Tag/Nacht waren wohl die wichtigsten Vorgänge in der längsten Phase der Evolution des Planeten Merkur.

Es ist jedoch möglich, daß Merkur einem anderen Evolutionsverlauf folgte. Die Informationen, die über diesen Himmelskörper vorliegen, reichen nicht aus, um eine bestimmte Hypothese gänzlich auszuschließen oder zu bestätigen.

Literatur

- [1] Köhler, H. W.: 100 mal Raumfahrt. Bibliographisches Institut, 1977
- [2] Moore, P.: Weltraumatlas. Hallwag, 1970
- [3] Ryan, P./Pesek, L.: Das Sonnensystem. List, 1981

[4] Köhler, H. W.: Erste Ergebnisse von Mariner 10 über Venus und Merkur. Naturwissenschaftliche Rundschau 10/1974

[5] – The Planet Mercury: Mariner 10 Mission. Journal of Geophysical Research 17/1975

[6] Hartmann, W. K.: Cratering in the Solar System. Scientific American 1/1977

[7] Murray, B. C.: Mercury. Scientific American 9/1975

[8] Wittbrodt, H. u.a.: Weltraum und Erde: Band 3 – Planetenforschung mit Raumsonden. Transpress VEB, 1982

5 Venus

Bild 5.1
Dieses Radarbild der Venus wurde 1975 vom Arecibo-Observatorium in Puerto Rico gewonnen. Ein Teil der dunklen, birnenförmigen Fläche ist die Hochebene Ishtar Terra knapp über dem 60. Breitengrad, die von (hier hell erscheinenden) Gebirgsketten begrenzt ist. Östlich, also recht davon, ein heller Bereich: die gebirgige Formation Maxwell.

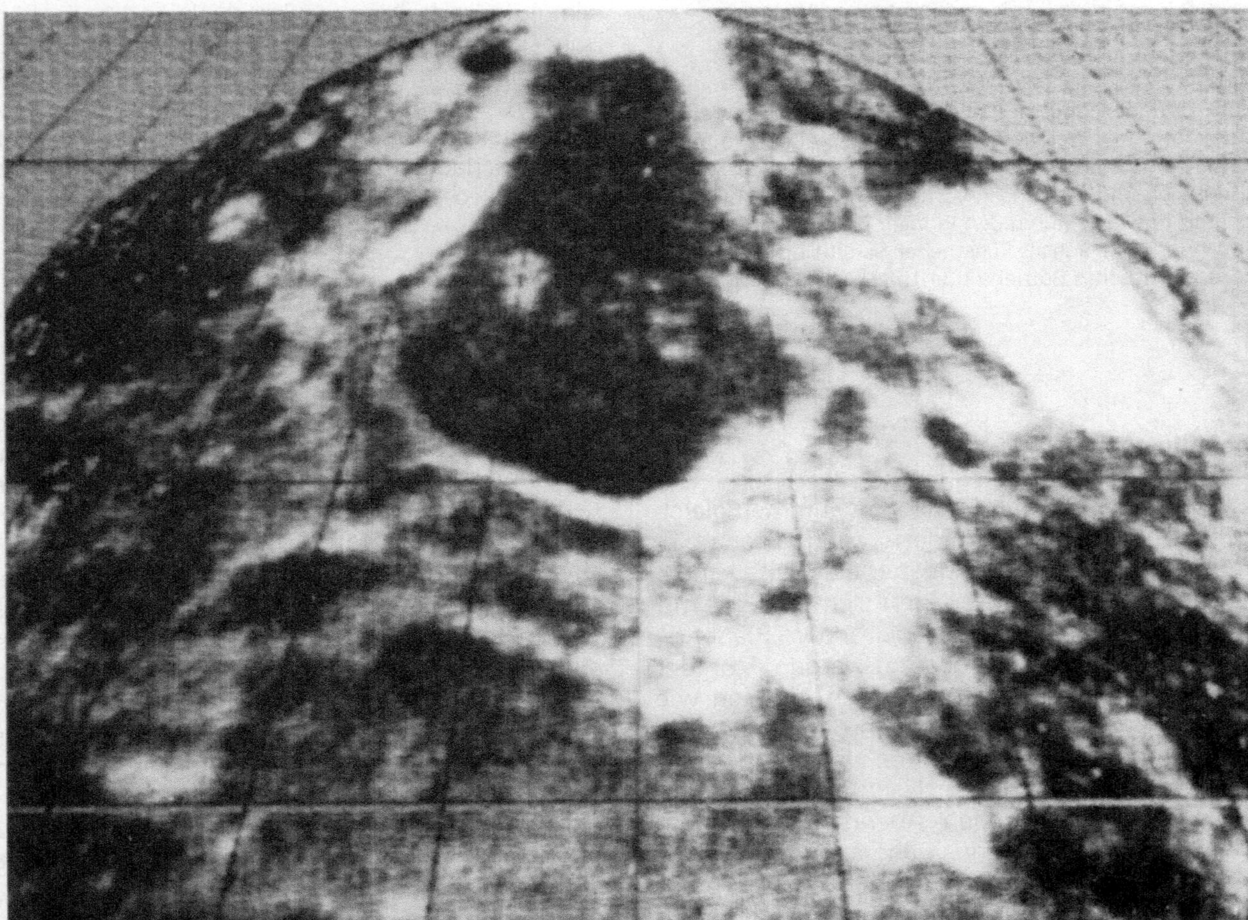

Bild 5.2
Multi-Eintauchsonde des amerikanischen Pioneer-Venus-Programms mit drei kleinen und einem großen Eintauchkörper, die im Dezember 1978 in die Gashülle der Venus eindrangen und Messungen vornahmen. Das Planeten-Programm wurde durch den Pioneer-Orbiter ergänzt, der die Venus jahrelang als künstlicher Satellit umkreiste (voraussichtliches Betriebsende 1985).

5.1 Allgemeines

Obwohl der Planet Venus am Himmel gleich nach Sonne und Mond eine führende Stelle einnimmt — nach dem Mond ist er der weitaus hellste Himmelskörper und nähert sich der Erde mit etwa 42 Mio. km mehr als jeder andere Planet —, kann er nur schwer beobachtet werden. Von der Erde aus gesehen entfernt er sich nämlich wie Merkur (Kapitel 4) nie weit von der Sonne. Die günstigsten Beobachtungszeiten wären daher entweder während des Tages (Nachteil: heller Himmel) oder in den frühen Abend- und Morgenstunden, wenn die Venus nahe am Horizont erscheint (Nachteil: infolge des flachen Einfallwinkels muß das Licht der Venus eine große Strecke durch die irdische Lufthülle zurücklegen). Außerdem ist die Venusoberfläche ständig unter einer dichten Wolkenhülle verborgen, die im sichtbaren Licht ohne jegliche Strukturierung ist und den Durchblick zum Boden verwehrt. Aus diesen Gründen konzentrierte sich die Erforschung der Venus in den letzten Jahren vorwiegend auf die erdgebundene Radarabtastung ihrer Oberfläche (Bild 5.1), auf die Wolkenfotografie im Ultraviolett-Wellenlängenbereich und letztlich vor allem auf nahe Vorbeiflüge, Eintauchmissionen und weiche Landungen amerikanischer und sowjetischer planetarer Raumsonden (Bild 5.2) [1].

Tabelle 1.2 zeigt die Ähnlichkeit von Venus und Erde in Größe, Masse, Dichte und Oberflächenschwere. Allerdings sind damit die Gemeinsamkeiten beider Himmelskörper beinahe schon vollständig erfaßt. Nur ein Beispiel: Wegen ihres kürzeren Sonnenabstandes erhält die Venus etwa die doppelte Wärmeenergie von der Sonne. Da sie aufgrund ihrer wolkenreichen Atmosphäre mehr Sonnenstrahlung als die Erde reflektiert (was in den Albedo-Werten zum Ausdruck kommt), könnte man annehmen, daß wegen der etwa gleich großen Solarenergieabsorption auch die Oberflächentemperaturen ähnlich sind. Tatsächlich ist die Oberflächentemperatur der Venus mit etwa 730 ... 770 K aber wesentlich höher (Abschnitt 5.6.1).

5.2 Planetenbewegung

Eine wichtige Besonderheit ist die langsame und retrograde Venusrotation von — 243,09 Erdtagen. Für einen Beobachter auf der Venusoberfläche geht also die Sonne im Westen auf und im Osten unter. Da die Rotation um die Achse und die Bahnbewegung um die Sonne entgegensetzt gerichtet sind, dauert ein Sonnentag auf der Venus 117 Erdtage: Es ist auf der Venus 58,5 Erdtage lang „Tag" und 58,5 Erdtage „Nacht". Charakteristisch ist ferner die mit 2 Grad im Vergleich zur Erde geringe Neigung der Venusachse. Dies bewirkt, daß die ausgeprägten jahreszeitlichen Schwankungen der Erde bei der Venus kaum auftreten.

Eine Reihe von Wissenschaftlern nimmt an, daß ein enger Zusammenhang zwischen Venus-Rotationsperiode und der Bahnbewegung von Erde und Venus um die Sonne existiert. Jedesmal wenn sich Erde und Venus nahe stehen, ist von der Erde aus die gleiche Halbkugel der Venus sichtbar. Dies geschieht immer dann, wenn die Venus zwischen Sonne und Erde durchläuft. Zwischen zwei größten Erdnähen hat der Planet genau vier Umdrehungen um die eigene Achse ausgeführt. Es ist möglich, daß diese Synchronisation von Gezeitenkräften bestimmt wird, ähnlich wie beim Erd-Mondsystem. Allerdings können diese gegenseitig wirkenden Kräfte wegen des relativ großen Abstandes Venus-Erde selbst bei engster Annäherung nicht sehr groß sein. Wird die Venus-Rotation aber trotzdem durch sie beeinflußt, müßte die Planetenmasse asymmetrisch verteilt sein; der Äquator muß dann mindestens 0,1 % von der idealen Kugelform abweichen, was bisher nicht bestätigt werden konnte.

Beim Vergleich der Rotationszeiten der einzelnen Planeten stellt sich sofort die Frage nach der Ursache für die langsame Venusrotation. Drei mögliche Erklärungen, von denen freilich keine beweisbar ist, lassen sich finden:

- Solare Gezeitenkräfte auf die dichte Planetengashülle haben die Rotation zunächst verlangsamt, später dann sogar deren Richtung geändert;
- Der Planet entstand aus einzelnen großen Blöcken, deren gemeinsame Wirkung keine raschere Rotation ermöglichte;
- Ein Asteroid oder ein großer Meteorit hat die Venus tangential getroffen und dadurch ihre Rotation abgebremst und umgedreht.

5.3 Innerer Aufbau

Nach den jüngsten Ergebnissen der Venus-Radarmessungen kommt die Planetenform einer Kugel sehr nahe. Der Venus-Äquator ist praktisch ein perfekter Kreis; die Zirkularität des Poldurchmessers kann jedoch nicht exakt festgestellt werden.

Das offensichtliche Fehlen von Formabweichungen einerseits und das Fehlen eines Mondes andererseits machen es nahezu unmöglich, die innere Dichteverteilung der Venus festzustellen. Trotz bestehender Unsicherheiten und Diskrepanzen möchte man aus kosmologischen Gründen natürlich den gleichen inneren Aufbau wie für die Erde annehmen. Dafür spricht folgendes Argument: Wenn die beiden Planten, Erde und Venus, aus dem gleichen Bereich des primitiven solaren Urnebels auskondensierten, müßte auch ihre prinzipielle elementare Zusammensetzung ähnlich sein. Da ferner Größe und Dichte etwa übereinstimmen, könnte die Venus ähnlich wie die Erde aus einem flüssigen Kern, einem Mantel und einer felsigen Kruste bestehen. Gestützt wurde diese Annahme bereits im Juli 1972 durch ein überraschendes Meßergebnis des sowjetischen Venera 8-Landers. Der damals schon festgestellte hohe Anteil der untersuchten Materie an den drei natürlichen radioaktiven Elementen Uran, Thorium und Kalium (Tabelle 5.1) läßt auf eine tiefe planetochemische Differenzierung der Venuskruste schließen: die Venus hat demzufolge vermutlich eine ähnliche chemische Entwicklung durchgemacht wie die Erde. Wie Tabelle 5.1 weiter zeigt, haben spätere Sonden an anderen Landeplätzen geringere Werte registriert. Das von Venera 8 untersuchte Gestein ähnelt nach seinem U/Th/K-Gehalt am ehesten dem irdischen sauren Magmagestein (welches auf der Erde den Festlandteil der Kruste charakterisiert), während die von Venera 9 und 10 untersuchten Proben mehr an Eruptivgestein erinnern. Es kann davon ausgegangen werden, daß die Temperaturen im Venusinneren höher sind als beispielsweise in der Erde — eine Auswirkung der hohen Oberflächentemperaturen, die die Abstrahlung von Wärme einschränken —, so daß der Mantel nur begrenzt tragfähig und die Kruste relativ dünn ist. Der Schmelzpunkt von sialischem und basaltischem Material dürfte daher in rund 30 ... 40 km Tiefe erreicht sein [2]. Eine Folgerung aus einem derartig heißen und wenig tragfähigen Untergrund ist beispielsweise, daß kaum hohe Einzelberge entstehen, da sie unter ihrem Eigengewicht rasch einsinken würden.

Tabelle 5.1 Gehalt an Kalium, Uran und Thorium im Venusgestein [16]

Gesteine am Landeort von	Gehalt (Masse-%)		
	Kalium	Uran (10^{-4})	Thorium (10^{-4})
Venera 8	4,0 ± 1,2	2,2 ± 0,7	6,5 ± 0,2
Venera 9	0,47 ± 0,08	0,60 ± 0,16	3,65 ± 0,42
Venera 10	0,30 ± 0,16	0,46 ± 0,26	0,70 ± 0,34

Es muß allerdings betont werden, daß dies vorerst nur Hypothesen sind, denn der Durchmesser des Kerns ist ebenso unbekannt (auch wenn es Anzeichen dafür gibt, daß er kleiner als der Erdkern ist) wie die genaue Mächtigkeit von Kruste und Mantel. Einige Wissenschaftler gehen von einer Dicke der festen Lithosphäre von etwa 100 km aus. Wahrscheinlich ist die Kruste im Mittel dicker als die irdische und aus zwei Schichten aufgebaut: eine untere Schicht aus schwerem, basaltähnlichen Gestein und eine obere aus leichterem, granitähnlichen Kontinentalgestein. Durch die dicke Kruste mit dem darunter befindlichen, vermutlich teilweise aufgeschmolzenen oberen Mantel (der untere Mantel dürfte fest sein) waren und sind intensive plattentektonische Prozesse wie auf der Erde ausgeschlossen: Die Venus ist ein „Einplatten-Planet".

Wahrscheinlich kam es im oberen Mantel zu intensiver Konvektion, die früher bei einer vergleichsweisen schwachen Tektonik beweglicher Lithosphärenplatten eine Rolle gespielt hat.

Höhere Temperaturen in der Frühphase einer Planetenentwicklung bedeuten immer eine entsprechend stärkere Differenzierung. Vielleicht war dieser Prozeß, verbunden mit entsprechend tiefgreifenden Prozessen wie Konvektion und Vulkanismus, bei der Venus von allen erdähnlichen Planeten am intensivsten. Jedenfalls muß eine gründlichere Differenzierung auch zum Aufschwimmen größerer Mengen leichten Materials geführt haben, während gleichzeitig die hohe Außentemperatur die Tiefe für die Umformung von Basalt in seine schwerere, sinkbare Form verringerte. Dies erschwerte die Subduktion und das Aufschmelzen des Krustengesteins, was letztlich eine schnellere Ausbildung der Kruste begünstigte. Außerdem entwich Wasser aus der Kruste, was deren Schmelzpunkt und die Steifigkeit erhöhte, so daß Subduktionsvorgänge noch weiter unterdrückt wurden.

5.4 Magnetfeld

Detaillierte Informationen über planetare Magnetfelder lassen nicht nur Rückschlüsse auf den inneren Aufbau der betreffenden Himmelskörper zu, sondern auch auf die Brauchbarkeit der Dynamotheorie, gegen die in letzter Zeit ernste theoretische Bedenken geäußert wurden. Nach der Vorstellung von Konvektionsströmungen im Kern ist ein Venus-Magnetfeld äußerst unwahrscheinlich. Die beinahe kreisförmige Umlaufbahn und das Fehlen eines Mondes sprechen ebenfalls gegen ein Magnetfeld.

Tatsächlich haben die bisherigen sowjetischen und amerikanischen Venus-Sonden kein meßbares Magnetfeld und keine Strahlungsgürtel nachweisen können. Messungen durch Venera 4 ergaben zum Beispiel, daß ein Feld, wenn es überhaupt existiert, um den Faktor 10^4 schwächer sein müßte als das terrestrische Magnetfeld. Hierfür gibt es zwei mögliche Erklärungen: Die wahrscheinlichere ist, daß die charakteristischen magnetischen Werte (magnetische Reynold-Zahl) trotz der Planetenrotation und eines elektrisch leitenden Kerns für die Erzeugung einer Dynamo-Wirkung zu niedrig sind. Dies bedeutet, daß die konvektiven Bewegungen im Venusinneren für die Erzeugung eines Magnetfeldes nicht ausreichen. Dies wiederum könnte an den Besonderheiten des derzeitigen thermischen Evolutionsstandes der Venus oder an inneren chemischen und physikalischen Unterschieden zur Erde liegen. Denkbar, wenn auch weniger wahrscheinlich ist andererseits auch die Vorstellung, daß sich die Venus zur Zeit gerade in der Nähe des Minimums einer Umpolphase befindet.

Die vor allem von Pioneer-Venus seit Ende 1978 festgestellten relativ starken lokalen „Pseudo-Felder" in den oberen Regionen der Ionosphäre zwischen 20 und etwa 40 Gamma* sind sicherlich nicht die Folge eines internen Dynamoeffektes, da die Feldlinien vorzugsweise horizontal verlaufen und die Feldstärke selbst von einer Umlaufbahn der Sonde zur anderen variiert. Vielmehr werden sie als Effekt einer direkten Wechselwirkung des solaren Windes mit den äußersten Ausläufern der Venusionosphäre gedeutet (Abschnitt 5.6.2). Venus ist der einzige Planet, bei dem der Sonnenwind nicht mit dem Magnetfeld, sondern direkt mit der Ionosphäre in Wechselwirkung steht.

* 1 Gamma = 1 nT = 10^{-5} Gauß

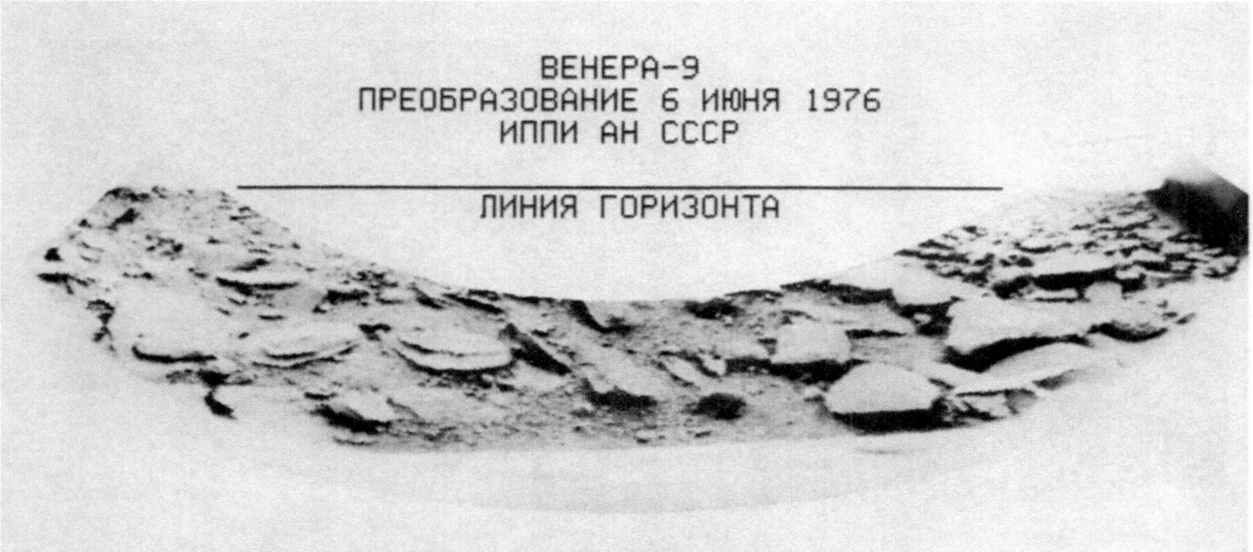

Bild 5.3
Computerverbessertes und entzerrtes Panoramabild des Landeplatzes von Venera 9. Das Trümmer- und Geröllfeld widerspricht der bisherigen Vorstellung einer Planetenoberfläche aus porösem, lockerem und sandähnlichem Grund.

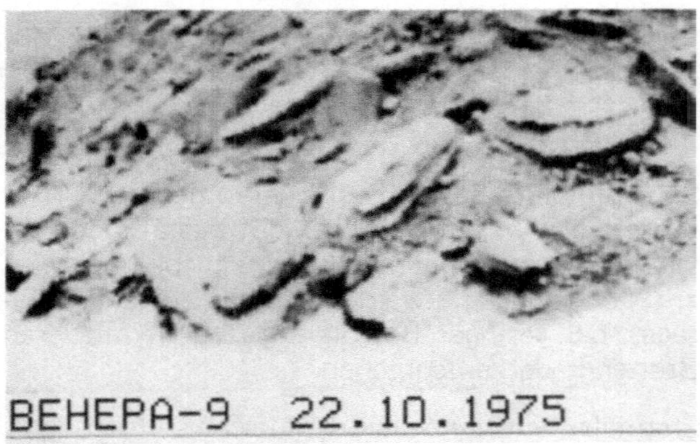

Bild 5.4
Vergrößerter Ausschnitt des linken Teils von Bild 5.3. Deutlich sind hier die scharfen Kanten einiger Felssplitter zu sehen. Venera 9 setzte bei 33° n. Br. und 293° ö. L. auf.

5.5 Die Planetenoberfläche

5.5.1 Venusboden und seine Untersuchung

Die dichte Wolkenhülle der Venus erlaubt keine direkte Beobachtung der Planetenoberfläche. Aus diesem Grund sind die Kenntnisse darüber auch heute noch sehr lückenhaft. Beispielsweise ist es noch nicht möglich, das Alter der Venuskrater richtig einzuschätzen; diskutiert wird sowohl ein „konservatives" Venusmodell, nach dem sich bis in die Gegenwart hinein die Strukturzüge einer jahrmilliarden alten Kraterlandschaft erhalten haben, als auch ein wesentlich jüngerer Landschaftstyp, der unter Umständen seine Prägung durch katastrophale Ereignisse (wie Mondauflösung durch Gezeitenkräfte) erhalten hat [3, 4].

Direktaufnahmen vom Venusboden (Bilder 5.3 bis 5.6) lieferten im Oktober 1975 die beiden weich aufgesetzten Landeeinheiten der sowjetischen Raumflugkörper Venera 9 und Venera 10 sowie die Landesonden von Venera 13 und 14 im März 1982, jeweils nur kurz bevor die heiße und korrosive Venusatmosphäre sie außer Funktion setzte. Auf den Fotos überraschte zunächst das relativ helle Tageslicht, das deutliche Licht-Schattenkontraste hervorrief. Die früher geäußerten Vermutungen bezüglich einer Beleuchtung wie an einem dämmrigen Regen- oder Nebelabend auf der Erde, durch die intensive

Schwefelsäure-Bewölkung hervorgerufen (Abschnitt 5.6.1), hatten sich nicht bestätigt. Es ist vielmehr anzunehmen, daß die Sichtbedingungen am Venusmittag etwa denen eines irdischen Julitages bei geringer Bewölkung und in mittleren Breitengraden entsprechen.

Erstmals lieferten die sowjetischen Fotos den Beweis, daß auf dem inneren Nachbarplaneten der Erde Gesteinstrümmer von Staubkorn- bis Blockgröße vorhanden sind. Der Venera 9-Landeplatz (Bilder 5.3 und 5.4), der am Osthang der sog. Beta-Region (Abschnitt 5.5.3) liegt, ist mit bis zu 70 cm langen und 20 cm hohen losen Steinen übersät, darunter relativ jungen mit scharfen Kanten und flachen Facetten, aber auch älteren mit glatten Kanten. Der Landeplatz selbst liegt auf einem geröllbedeckten Abhang mit einer Neigung von fast 30 Grad. Die Steine sind in einzelnen Haufen angeordnet, die sich bis zum Horizont hin auftürmen. Die scharfkantigen Felsbrocken waren nicht erwartet worden, weil bei der aggressiven Atmosphäre und den speziellen Umgebungsbedingungen (Druck, Temperatur, Winde) eher mit abgerundeten und glatten Formen gerechnet wurde.

Venera 10 ist offenbar auf einer waagerecht liegenden, erhöhten und hellen Felsplatte gelandet (ebenfalls im Beta-Bereich), die von dunklerem Material umgeben ist (Bild 5.5). Einzelne Steine sind hier nicht zu erkennen. Die Felsen scheinen gespalten, doch die Teile nicht versetzt. Senken sind mit feinem Schotter aufgefüllt.

Venera 13 hatte in einer Ebene unweit östlich der Region Phoebe aufgesetzt; Phoebe wiederum ist nicht sehr weit von der massiven Doppelschildvulkan-Region Beta entfernt. Die Landeeinheit sitzt etwa 8 Grad gegen den Horizont geneigt, und zwar etwa 2000 m über der (theoretischen) Nullhöhe des Planeten. Nach den Venera-Farbfotos (insgesamt acht) zu urteilen ist das Landegebiet mit einem wüstenartigen Vorgebirge auf der Erde zu vergleichen. Man erkennt mehrere kleinere, braune und graugrüne flache Steine, die teilweise mit Asche bedeckt sind. Feineres Material liegt vorwiegend in Form von Körnern und Klumpen vor. Die chemische Analyse zeigte, daß die Landegegend von Venera 13 hauptsächlich aus Leuzit-Basalten mit hohem Kalium- und Magnesiumgehalt besteht. Der Natriumanteil betrug 1,5 %.

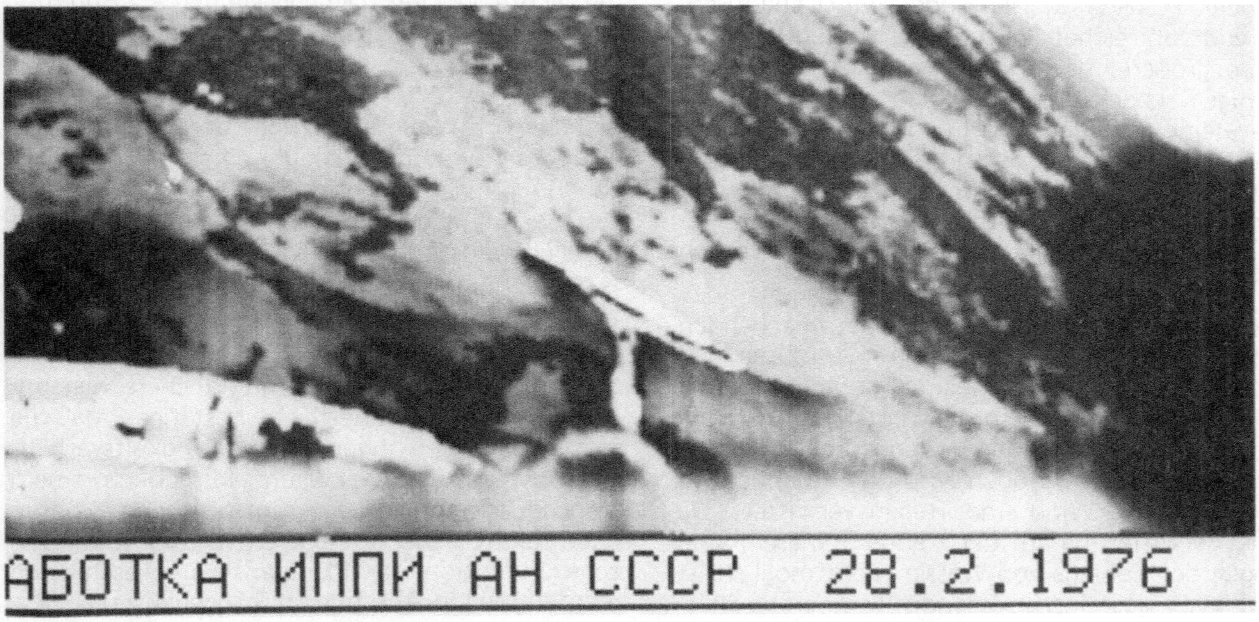

Bild 5.5 (Seite 72 und 73)
Panoramafoto vom Venera 10-Landeplatz bei 15° n.Br. und 295° L., rund 2200 km vom Standort von Venera 9 entfernt. Die Sonde (helles Gebilde im Vordergrund) scheint auf einem abgerundeten Felsbuckel zu stehen, von denen einige weitere in der näheren Umgebung (links und rechts) verstreut sind.

Damit war der von den Geologen ursprünglich gewünschte Landeort mit vorwiegend altem, granitähnlichen Hochland-Krustengestein verfehlt worden. Venera 8 hatte zwar im Juli 1972 schon auf einem derartigen Granitgrund aufgesetzt; diese Sonde war aber noch nicht mit einer Kamera ausgestattet.

Venera 14 setzte vier Tage nach Venera 13 auf, und zwar ebenfalls auf der Tagseite des Planeten etwa 1000 km von Venera 13 entfernt auf einer 500 m hohen Anhöhe. Diese Gegend gleicht dem Landefoto (Bild 5.6) zufolge einem eingeebne-

Bild 5.6
Venusoberfläche, am 5. März 1982 von Venera 14 im Landegebiet bei 13°15′ s.Br./310°9′ L. fotografiert. Links der ausgeklappte Meßarm mit den Geräten zur Ermittlung physikalisch-mechanischer Eigenschaften, rechts eine Farbskala für Vergleichszwecke, und im Vordergrund ein Teil des Landeringes der Sonde (vgl. hierzu auch Bild IV im Farbtafelanhang).

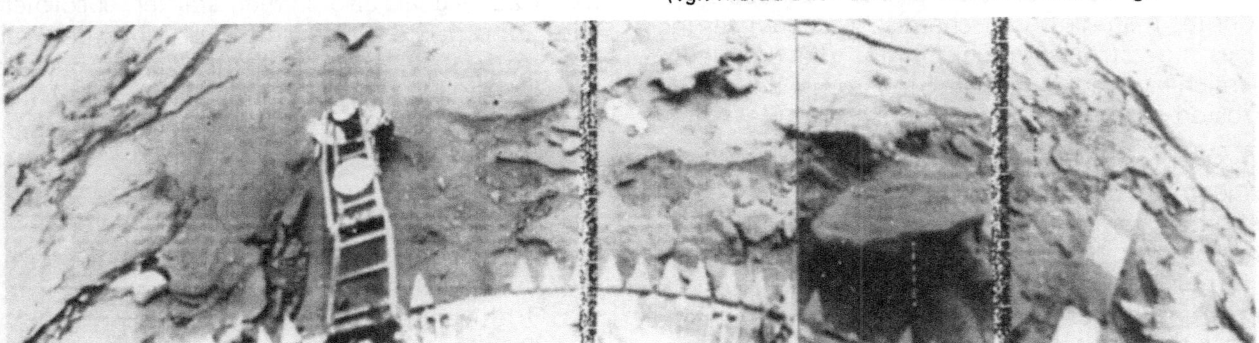

ten Gebirgsvorland: Der Boden wirkt chaotisch, ist von zahlreichen Rissen durchzogen; nur einzelne größere, flache Steine sind zu sehen, die weniger scharfe Seitenflächen und Kanten als die Steine am Venera 13-Landepunkt aufweisen. Der Boden ist fuchsrot und erinnert an erstarrte Lavamassen. Die Zusammensetzung entspricht tholeitischen Basalten, das dem irdischen Ozeanboden ähnelt. Die Kruste ist hier offensichtlich jünger als am Venera 13-Landeort.

Die auf den Venera 9-Bildern auszumachenden jungen und scharfen Steine lassen vermuten, daß die Venus im gewissen Ausmaß geologisch aktiv ist. Ähnliche Gesteinsformen entstehen nämlich auf der Erde, wenn der Boden durch unterirdische Vorgänge angehoben wird und anschließend durch Wasser, Wind und Regen verwittert. Da eine Verwitterung auf der Venus in diesem Sinn wegen des Fehlens von Wasser nicht möglich ist und auch gesteinszersetzende Temperaturdifferenzen (weder jahreszeitlich, noch täglich) infolge der geringen Achsneigung zur Umlaufbahn und der langsamen Rotation nicht vorkommen, kommen als Ursache nur chemisch aggressive Stoffe der Venus-Gashülle und die hohen Bodentemperaturen infrage. Es ist andererseits aber auch möglich, die scharfkantigen Steine nicht als eine Form von Verwitterungsschutt aufzufassen, sondern in ihnen einen milliardenjahre alten morphologischen Formenschatz zu sehen, der sich infolge der extrem passiven Rotationsdynamik bis heute gehalten hat. Für die Entstehung des Gesteins am Landeplatz von Venera 9 kommt aktive tektonische Tätigkeit ebenso infrage wie der Ausbruch eines Vulkans oder der Einschlag eines Meteors.

Für die Hypothese von Vulkanen auf der Venus spricht auch das Venera 10-Foto (Bild 5.5). Die glattere Beschaffenheit dieses Landeplatzes könnte man auf die chemische Verwitterung eines Lavastroms zurückführen; die dunkleren Bereiche wären dann die Stellen, an denen die Erosion schon weiter fortgeschritten ist.

Verstärkt wird die Vulkanismus-These durch die Ergebnisse der Gamma-Spektroskopie der sowjetischen Landesonden. Schon Venera 8 stellte im Sommer 1972 durch die Ermittlung der relativen Häufigkeit von Kalium, Uran und Thorium im Venusboden eine Ähnlichkeit mit basaltischem Material fest (Abschnitt 5.3), was durch die Dichte des Oberflächengesteins (ca. 2,8 g/cm^3) weiter bestätigt wird. Die unterschiedliche Gesteinsart an den beiden Landepunkten von Venera 9 und Venera 10 äußert sich auch in der örtlichen Zusammensetzung der radioaktiven Elemente: Venera 10 stellte einen um den Faktor 5 geringeren Thoriumgehalt als Venera 9 fest, während die Anteile an Kalium und Uran etwa übereinstimmten [16].

Heute ist man der Ansicht, daß die Beta-Region und der östliche Teil von Aphrodite Terra (Abschnitt 5.5.3) Vulkanzentren sind.

Sollte sich durch weitere gründlichere Messungen auf der Venusoberfläche bestätigen, daß die jetzt bekannten (wenigen) Häufigkeitsverhältnisse Kalium/Uran/Thorium tatsächlich einem Venusdurchschnittswert entsprechen, könnte auch relativ sicher auf eine erdverwandte thermische Evolution der Planetenkruste geschlossen werden (wie in Abschnitt 5.3 angedeutet).

5.5.2 Impaktstrukturen

Die Erforschung der Venusoberfläche steht erst an einem Anfang. In den letzten Jahren konnte durch erdgebundene Radarabtastung eine Reihe größerer morphologischer Formen wie Hochplateaus, Bergzüge und Krater bis zu 320 km Durchmesser mit größtenteils deutlich ausgeprägten Zentralerhebungen entdeckt werden (Bild 5.1) [4–7]. Allerdings läßt sich durch die bodengebundene Radarforschung bestenfalls nur eine Hälfte des Planeten anpeilen, da die andere zum Zeitpunkt der größten Erdnähe von der Erde abgewandt ist. Das erfaßbare Gebiet wird ferner dadurch eingeschränkt, daß bei der Strahlbeaufschlagung polnaher Regionen eine zunehmend längere Atmosphärenschicht zu durchqueren ist, das Radarsignal also immer stärker absorbiert wird, und daß die Intensität des Echos bei kleinen Auftreffwinkeln zusätzlich abnimmt. So gaben die bisherigen Radarbeobachtungen relativ wenig Aufschluß über das globale Oberflächenrelief. Immerhin war bis 1978 etwa 1 % der Venusoberfläche durch das erdgebundene Radarverfahren mehr oder weniger bekannt.

Weit mehr Aufschluß verdankt die Fachwelt seit 1979 einem kleinen Radar-Höhenmesser an Bord des Orbiters des amerikanischen Raumflugkörpers Pioneer-Venus, der im Dezember 1978 in eine Venus-Umlaufbahn gelenkt wurde und den Planeten jahrelang auf einer stark exzentrischen Bahn zwischen etwa 150 km und 66 000 km umkreiste. Zwar ließen sich die Messungen nur bei Entfernungen von weniger als 4 700 km Höhe durchführen, und das Höhenmeßgerät im Orbiter selbst besaß eine schlechtere Auflösung als die besten erdgebundenen Anlagen, trotzdem hatte es bis Ende 1982 über 95 % der Venusoberfläche kartiert [8].

Die bisherigen Kraterauszählungen gestatten noch keine repräsentative Aussage über die gesamte Planetenoberfläche. Es zeigte sich jedoch, daß größere Strukturen (über 150 km Durchmesser) fast so häufig sind wie in den älteren Regionen des Planeten Mars (Kapitel 6), aber doch seltener als in den Hochregionen des Erdmondes. Die relative Häufigkeit von Kratern unter 80 ... 100 km Durchmesser nimmt im Vergleich zu den anderen terrestrischen Planeten deutlich ab. Sieht man darin nicht allein die Problematik, Krater dieser Größe auf den Radarkarten noch sicher identifizieren zu können, würde dies auf starke Erosionserscheinungen hinweisen. Diese Hypothese wird dadurch gestützt, daß die Venuskrater auffällig flach und in zahlreichen Fällen zum Teil mit Staub aufgefüllt sind. Es wurden noch weitere Unterscheidungsmerkmale gegenüber den Impaktstrukturen auf anderen Himmelskörpern festgestellt. So zeigen die Venus-Kraterränder Details, wie man sie vom Einschlag von Körpern auf eine heiße, plastisch verformbare Oberfläche kennt; viele Ränder weichen überhaupt von der Kreisform ab, und das Umfeld der Krater ist weiter ausgedehnt als bei Einschlagkratern auf anderen Himmelskörpern. Auf kleine Krater mit Durchmessern unter 30 km gibt es auf den Radaraufnahmen kaum Hinweise; neben der Schwierigkeit, sie zu erkennen, ist der Hauptgrund, daß die für sie verantwortlichen Meteoriten klein sind und ein Verglühen in der dichten Venusatmosphäre vor Erreichen der Oberfläche wahrscheinlich ist.

Man kann sagen, daß die Oberfläche der Venus weder so alt wie die Oberfläche des Mondes, noch geologisch so aktiv wie die der Erde ist.

5.5.3 Topographie

Nach der weiträumigen Radarkartierung der Planetenoberfläche durch Pioneer-Venus seit 1979, über deren Ergebnisse in den folgenden Abschnitten berichtet wird, stand das Problem der Namensgebung an. Die entsprechenden Vorschläge stammen von den wissenschaftlichen Experimentatoren des sog. Radar Mapping Teams von Pioneer-Venus, die diese dann der Arbeitsgruppe „Planeten-Nomenklatur" der IAU (Internationale Astronomische Union) unterbreiteten. Diese Gruppe beschloß, daß die wichtigsten topographischen Oberflächenformen Namen mythischer Göttinnen der verschiedenen Kulturen erhalten sollen. Kleinere Formen wurden nach anderen mythischen weiblichen Figuren benannt und noch kleinere (vorwiegend die mit kreisförmiger Gestalt) nach bedeutenden Frauen früherer Zeiten. Die einzigen Ausnahmen sind die Region Maxwell (Bild 5.1) und zwei Gegenden, deren Namensgebung schon etliche Jahre zurückliegt. Zur Nomenklaturgruppe zählen Mitglieder aus den USA, der Sowjetunion und aus Kanada.

Spricht man von Tiefebenen oder Erhebungen auf der Venusoberfläche, so muß zunächst wegen des Fehlens von Ozeanen und Meeren eine mittlere Höhe definiert werden. Dieses mittlere Höhenniveau („Nullhöhe") entspricht vereinbarungsgemäß einem Planetenradius von 6051,4 km.

Nach den Ergebnissen von Pioneer-Venus sind etwa 60 % der bisher bekannten Oberfläche (Bild 5.7) bemerkenswert flach: Die Höhen-Tiefendifferenzen betragen im allgemeinen weniger als 1 000 m. Rund 16 % der Oberfläche liegen unterhalb der „Nullhöhe". Diese Niederungen entsprechen den irdischen Ozeanbecken, die bei uns allerdings nahezu 2/3 der Erdoberfläche bedecken.

Im Jahr 1982 wurde bekannt, daß auf der Venus entgegen früherer Vermutungen durchaus große Ozeane existiert haben könnten. Das Verhältnis Deuterium (schwerer Wasserstoff) zu Wasserstoff beträgt nämlich ca. $1{,}6 \cdot 10^{-2}$, könnte aber – wie ursprünglich auf der Erde – $1{,}5 \cdot 10^{-4}$ gewesen sein. Die Ur-Meere der Venus verdampften allerdings rasch. Der entstehende Wasserdampf wurde durch die solare UV-Strahlung in seine Bestandteile zerlegt, wobei der Wasserstoff in

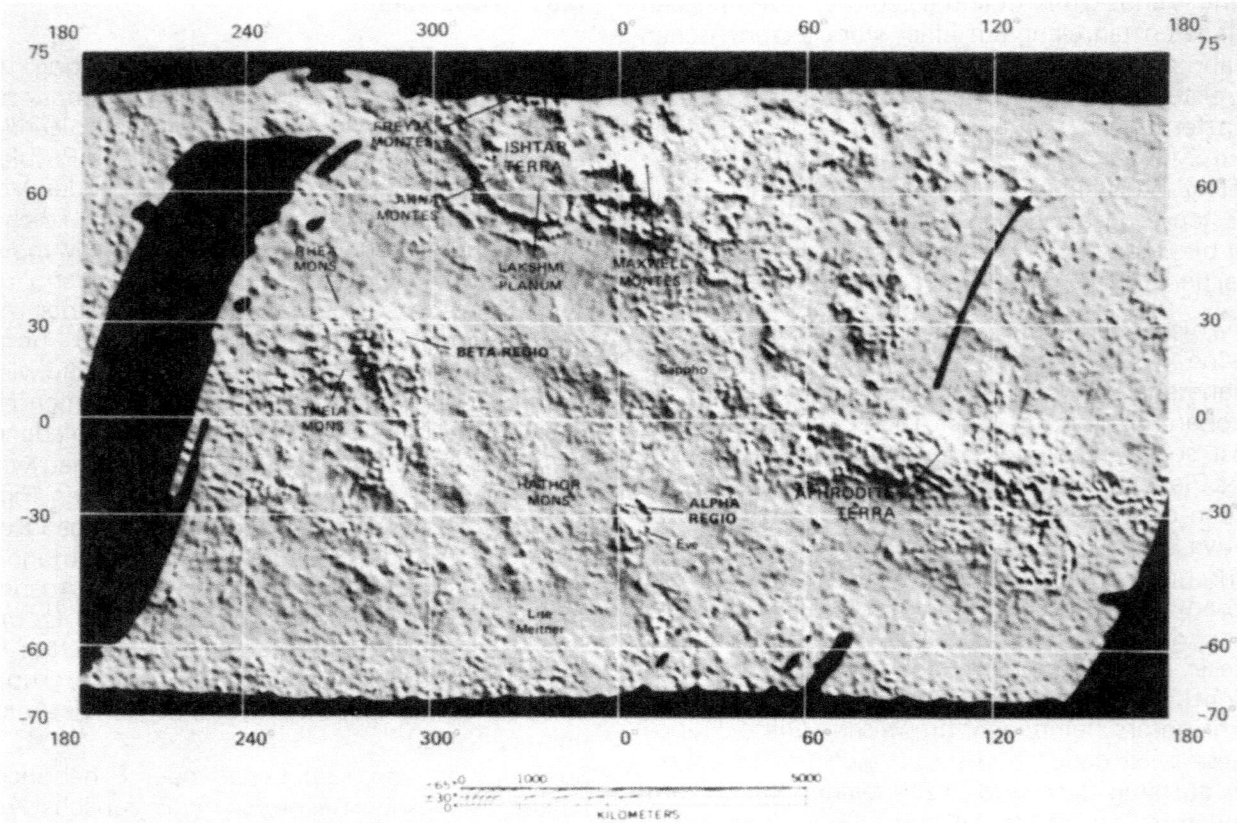

Bild 5.7
Konturenkarte der Venus in Mercator-Projektion, gewonnen aus den Radarmessungen von Pioneer-Orbiter, mit den wichtigsten Bezeichnungen. Ishtar Terra und Aphrodite Terra sind kontinentähnliche „Sockel", der erste so groß wie Australien, der zweite halb so groß wie Afrika. Der Gipfel von Maxwell Montes ist höher als der Mt. Everest. In der Beta-Region liegen Schildvulkane, die diejenigen von Hawaii an Höhe übertreffen.

das Weltall entwich. Der heutige hohe Deuterium-Anteil ist in diesem Modell Indiz für frühere Venusozeane. Es ist durchaus vorstellbar, daß diese ein Volumen von maximal 30 % der irdischen Ozeane hatten [17, 19].

Der größte Teil der verbleibenden 24 % der Venusoberfläche sind Erhebungen über das mittlere Höhenniveau hinaus, aber nur 8 % dieser Regionen können als ausgesprochene Hochländer bezeichnet werden; sie ragen maximal 10,8 km über die hügeligen Ebenen empor. Zwischen den tiefsten Stellen und dem höchsten Berg liegt eine vertikale Höhen-Tiefendifferenz von 13,7 km; dies entspricht etwa 2/3 der größten Höhenunterschiede auf der Erde.

Der größte Teil der Venusoberfläche ist offenbar altes Terrain. Man nimmt an, daß atmosphärische Aufheizprozesse, der Verlust des flüssigen Wassers und die Ausbildung der Venuskruste in die ersten ein bis zwei Milliarden Jahre der Evolutionsgeschichte der Venus fielen. Dafür sprechen auch die zahlreichen von Pioneer-Venus nachgewiesenen Krater, die weit über 75 km Durchmesser haben.

Nach Bild 5.7 besitzt die Venus zwei zusammenhängende Hochländer, Ishtar Terra im Norden (benannt nach der babylonischen Liebesgöttin) und das in der Nähe des Äquators gelegene, flächenmäßig größere Aphrodite Terra, benannt nach Ishtars griechischer Kollegin. Beide Regionen, in ihrer Ausdehnung durchaus irdischen Kontinenten vergleichbar, könnten Überbleibsel letzter plattentektonischer Prozesse darstellen, die mit der Bildung der Planetenkruste schlagartig beendet wurden (Abschnitt 5.3; eine alternative Theorie beschreibt ihre Entstehung als Folge lokaler Auffaltvorgänge, wie sie zum Beispiel zur Bildung des Sierra Nevada-Gebietes in Kalifornien führten). Ein drittes, allerdings wesentlich kleineres Hochland ist die annähernd kreisförmige Region Beta. Beta besteht aus zwei etwa 5 km hohen Schildvulkanen, Theia Mons und Rhea Mons (Bild 5.8), die größer sind als die gesamte Vulkankette zwischen Hawaii und den Midway-Inseln. Durch das Zentrum von Rhea Mons verläuft eine große Furche, deren Interpretation aber noch schwierig ist. Beta liegt etwa bei 25° Nord und auf dem 283. Längengrad.

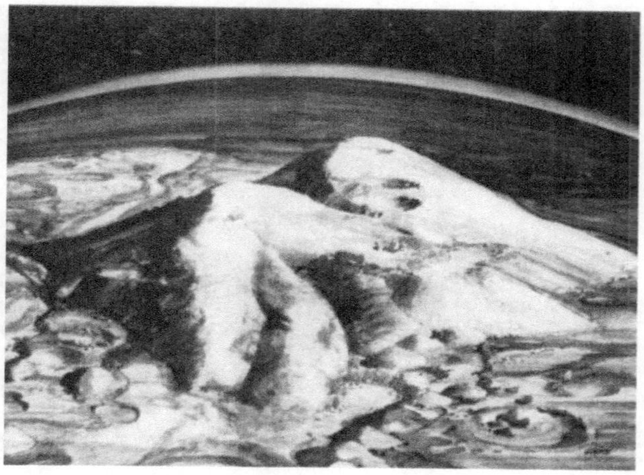

Bild 5.8
Die beiden Schildvulkankegel Rhea Mons und Theia Mons machen den Hauptteil der Region Beta aus. Sie liegen entlang einer von Norden nach Süden verlaufenden Verwerfungszone, die einige weitere Erhebungen südlich von Beta miteinander verbindet. Es gibt Anzeichen dafür, daß diese Formen vulkanischen Ursprungs sind.
Die Bilder 5.8 bis 5.13 sind künstlerische Umsetzungen der Radarmessungen von Pioneer-Venus.

Der westliche Teil von Ishtar Terra (Bild 5.9) ist ein auf den Radarkarten dunkel erscheinendes und daher relativ ebenes Plateau (s. auch Bild 5.1), das sich bis etwa 3300 m über die Normalhöhe der Venus erhebt; es trägt den Namen Lakshmi Planum (nach einer Hindu-Göttin). Im Westen und Norden ist dieses Plateau von Bergen eingegrenzt, die 2300 ... 3300 m über der Plateau-Ebene emporragen, d.h. bezogen auf die Normalhöhe immerhin 5700 ... 7000 m hoch sind. Die westlichen Berge tragen den Namen Akna Montes, die nördlichen Freyja Montes. Ishtar ist in der Höhe mit dem tibetanischen Hochland vergleichbar, aber flächenmäßig etwa zweimal so groß. Auch der zentrale Bereich dieses Hochplateaus erscheint auf den Radarbildern relativ eben; möglicherweise ist er mit einer Schicht junger Lavamassen bedeckt.

Bild 5.9
Das Venushochland Ishtar Terra weist etliche Gebirgszüge auf. Während der westliche Teil des Hochplateaus relativ eben ist, erhebt sich zum Ostende hin das gewaltige Massiv von Maxwell Montes (rechts).

Das gesamte Ostende von Ishtar Terra ist ein sehr stark zerfurchtes Gebiet mit der höchsten Erhebung der Venus, Maxwell Montes (benannt nach dem Physiker James Clerk Maxwell). Der Übergang vom benachbarten ebenen Gelände erfolgt überraschend abrupt. Der Gipfel von Maxwell liegt 10,8 km über der Normalhöhe und 9 km über der angrenzenden Ebene Lakshmi. Die-

Bild 5.10
Der Gipfel von Maxwell Montes, die mit 10,8 km (ab Nullhöhe gerechnet) größte Erhebung auf der Venus. Das Gebirgsmassiv liegt bei etwa 63° n.Br. auf dem 10. Längengrad.

Bild 5.11
Der Venus-Kontinent Aphrodite, ein ausgedehnter Felssockel von etwa 9700 km Länge und 3200 km Breite. Das kreisförmige Gebilde rechts unten, dessen Herkunft unbekannt ist, mißt etwa 2900 km im Durchmesser. Für eine vulkanische Caldera ist dies zu groß.

ses Gebirgsmassiv ist, wie Radarbeobachtungen von der Erde und von Pioneer-Orbiter übereinstimmend ergeben haben, die topographisch rauheste Region auf dem gesamten Planeten (Bild 5.10). Selbst steilste Bergflanken scheinen mit einer Unzahl von Gesteinsbrocken von 10 cm Größe aufwärts übersät zu sein. Die Ostflanke von Maxwell weist einen kreisförmigen dunklen „Eindruck" von etwa 100 km Durchmesser und 1 km Tiefe auf. Möglicherweise handelt es sich um einen Vulkankrater. Östlich von Maxwell erstreckt sich über 100 Längengrade ein topographisch sehr komplexes Gebiet mit Mulden, Rillen, Rücken und Becken.

Wie schon erwähnt, ist die Region Aphrodite (Bild 5.11) das flächenmäßig größte Hochland auf der Venus. Mit 9 600 km Ost-Westerstrekkung ist es immerhin so ausgedehnt wie die gesamte Nordhälfte Afrikas. Im Gegensatz zum plateauähnlichen Ishtar Terra ragt Aphrodite unterschiedlich hoch auf. Die markantesten Oberflächenmerkmale von Aphrodite sind zwei gebirgige Regionen im Westen und Osten, die durch ein tiefer liegendes Gebiet voneinander getrennt sind. Die höchsten Gipfel im Westen erheben sich 8 000 m über ihre Umgebung (d.h. 9 000 m über der mittleren Höhe), die im Osten sind mit 3 300 m (4 300 m) deutlich niedriger. Ähnlich wie im Ishtar-Gebiet sind auch die Aphrodite-Berge stark zerklüftet. Da bisher weder größere regionale Hebungen noch Vulkanmassive sicher nachgewiesen werden konnten, ist Aphrodite Terra vermutlich älter und schon etwas zerfallener als Ishtar Terra.

Die vierte nennenswerte Hochebene auf der Venus mit Höhen um 1 800 m (über den großen Ebenen) ist die Region Alpha, die etwa 25° südlich des Äquators auf dem Null-Meridian und 6 400 km westlich von Aphrodite liegt (Bild 5.7). Auch hier handelt es sich um ein rauhes Gebiet, das von langgestreckten, parallel verlaufenden Kluften und Spalten überzogen ist. Vermutlich treten alte und neue geologische Formen nebeneinander auf; es scheint eine gewisse Ähnlichkeit mit den Grabenbrüchen und Gebirgszügen im großen Becken von Nevada im Südwesten der USA zu bestehen. Eine markante Formation innerhalb der Alpha-Region ist ein ringförmiges Gebilde von 200 km Durchmesser, wahrscheinlich ein sehr alter Einschlagkrater.

Weitflächige und weitgehend ebene Regionen machen rund 60 % der bisher untersuchten Venusoberfläche aus. Hier sind viele größere Krater bis etwa 600 km Durchmesser zu finden, die allerdings nur 200 ... 700 m Tiefe aufweisen. Die auf den Radarbildern sichtbaren hellen Flecken in den Kratermitten können als Zentralgipfel gedeutet werden. Da solche Aufschüttungen nur bei Einschlagkratern beobachtet werden, handelt es sich um Impaktstrukturen und nicht um Krater vulkanischen Ursprungs.

Die größte zusammenhängende Niederung ist westlich von Ishtar bei etwa 70° Nord. Sie liegt etwa 3 000 m unter dem Niveau der großen Venusebenen, ist so groß wie das irdische Nordatlantik-Becken, relativ eben und weist nur eine geringe Dichte an größeren Kratern auf. Topographisch besteht eine gewisse Ähnlichkeit mit den Meeresbecken der Erde: Es ist zu vermuten, daß diese Region geologisch noch relativ jung und von basaltischen Lavamassen bedeckt ist.

Der absolut tiefste Punkt der Venusoberfläche liegt in dem kontinentalen Kluftsystem östlich von Aphrodite, und zwar nahezu 3 km unter Normalhöhe. Die Tiefe dieser verzweigten Kluft (Bilder 5.12 und 5.13), nahezu 5 000 m, ist mit Valles Marineris auf dem Mars (Kapitel 6) vergleichbar. Dieser gewaltige Aufbruch der obersten Venus-Krustenschicht dürfte durch frühere tektonische Bewegungen entstanden sein.

Zusammenfassend kann man sagen, daß die eigentlichen Venus-„Kontinente", Gebiete die sich mindestens zwei Kilometer und mehr über das mittlere Höhenniveau erheben, nur einen kleinen Teil der Oberfläche ausmachen (auf der Erde werden dagegen etwa 35 % der Oberfläche dem Kontinentalsockel zugerechnet). Im allgemeinen sind auf der Venus die höchsten Regionen zugleich auch die am wenigsten ebenen. Die einzige Ausnahme bildet das Lakshmi-Plateau westlich von Maxwell, eine der glattesten und ausgedehntesten Regionen des Planeten.

5.6 Atmosphäre der Venus

Die dichte Gashülle der Venus wird in eine untere und eine obere Atmosphäre eingeteilt, wobei die Grenzschicht (Turbopause) in etwa 145 km Höhe liegt (Erde: ca. 100 km). Darüber,

Bild 5.12
Die größte Bergschlucht auf der Venusoberfläche ist dieses Tal, in dem die tiefsten Punkte des Planeten zu finden sind. Es ist bis zu 280 km breit und 2250 km lang. Die Flanken des Berges am linken Rand fallen mit 93 Grad Neigung bis zum Boden der Schlucht ab.

Bild 5.13
Ausschnitt der großen Venuskluft von Bild 5.12. Die zahlreichen, senkrecht zum Hauptgraben verlaufenden Seitentäler lassen vermuten, daß diese Kluft durch gewaltige Kräfte im Planeteninneren erzeugt wurde.

in der hohen Atmosphäre, ordnen sich die Gase nach ihrer Dichte geschichtet an: die leichteren oben, die schwereren unten. Die Hochatmosphäre enthält die Ionosphäre, die sowohl auf der Tag- als auch der Nachtseite nachgewiesen wurde; auf sie wird in Abschnitt 5.6.2.2 gesondert eingegangen. Im Mittel hat sie bei 400 km Höhe eine gut definierte Grenze, doch sind je nach Intensität des Sonnenwindes Schwankungen zwischen 200 km und über 1 500 km möglich. Der Bereich der größten Elektronendichte liegt 150 ... 180 km über der Oberfläche (Erde: ca. 300 km). Schon ab 180 km Höhe beginnt die Exosphäre der Venus (Erde: ca. 550 km), jener Bereich, aus dem leichte Gasmoleküle in den freien Raum entweichen können. Dies bedeutet, daß sich die drei markanten Grenzschichten Turbopause, Ionenmaximum und Exobasis auf der Venus innerhalb eines relativ schmalen Atmosphärengürtels von weniger als 40 km Höhe finden, also nahezu zusammenfallen.

Unterhalb der Turbopause, in der unteren Atmosphäre, sind die einzelnen Gasmoleküle und -atome unabhängig von ihrer Molmasse durch den Einfluß starker Windströmungen innig miteinander vermischt. Die Struktur dieses Atmosphärenbereichs, die Gaszusammensetzung und das vertikale Druck- und Temperaturprofil werden lediglich durch die Wolkenschichten zwischen 30 km und 70 km Höhe gestört.

5.6.1 Untere Atmosphäre

5.6.1.1 Zusammensetzung

In der unteren Atmosphäre sind bisher neben Kohlendioxid (CO_2) als Hauptbestandteil folgende weitere Gase nachgewiesen: molekularer Stickstoff (N_2), Wasserdampf (H_2O), sowie als Spurenelemente molekularer Sauerstoff (O_2), Argon (Ar), Neon (Ne), Krypton (Kr) und Schwefeldioxid (SO_2). Die Häufigkeit dieser Stoffe ist höhenabhängig: So kommt beispielsweise Kohlendioxid in oberflächennahen Bereichen weit häufiger vor als in größeren Abständen vom Venusboden, während Stickstoff und die Edelgase in den oberen Bereichen relativ häufiger sind. In Bodennähe besteht die Atmosphäre fast ausschließlich aus Kohlendioxid. Tabelle 5.2 gibt die Zusammensetzung für 24 km

Tabelle 5.2 Zusammensetzung der Venus-Atmosphäre in 24 km Höhe (atmosphärischer Druck 17,7 ± 0,18 bar)

Gas	chemisches Symbol	Konzentration
Kohlendioxid	CO_2	96,4 %
Stickstoff	N_2	3,41 %
Wasserdampf	H_2O	0,135 %
Sauerstoff	O_2	69,3 ± 1,3 ppm*
Argon	^{40}Ar	50 ± 35 ppm
Argon	^{36}Ar	40 ± 30 ppm
Neon	^{20}Ne	< 10 ppm
Krypton	^{84}Kr	< 1 ppm
Schwefeldioxid	SO_2	186^{+350}_{-155} ppm

* 1 ppm = parts per million (10^{-6}) = Tausendstel Promille

Höhe (also für einen Bereich deutlich unter der Wolkengrenze) an, wie sie im Dezember 1978 gaschromatographisch von einer der Eintauchsonden von Pioneer-Venus durch direkte Messungen ermittelt wurde [9]. Weitere Gase, wie freier Wasserstoff, Kohlenmonoxid, Methan, Stickstoffoxide, Schwefelwasserstoff und andere konnten zwar wegen ihrer vermutlich sehr geringen Konzentrationen von diesem Instrument nicht nachgewiesen werden, ihre Existenz ist aber nicht ausgeschlossen; die Konzentrationsobergrenze für H_2 und N_2O dürfte demnach bei 10 ppm liegen, die der übrigen Verbindungen bei 2 ppm.

Die Zusammensetzung der Gashülle der Venus ist durchaus „erdähnlicher", als es auf den ersten Blick den Anschein hat [10]. Auf der Erde konnte das ursprüngliche atmosphärische Kohlendioxid durch das Vorhandensein reichlicher Wasservorräte mit den Mineralien der Oberfläche reagieren und wurde so aus der irdischen Gashülle entfernt. Ein vergleichbarer Vorgang war auf der infolge des kürzeren Sonnenabstandes heißeren Venus nicht möglich. Könnte man allen karbonatischen und organischen Kohlenstoff auf der Erde vollständig in gasförmiges Kohlendioxid zurückverwandeln, so würde man mit etwa $2 \cdot 10^{23}$ g CO_2 (das Hunderttausendfache der CO_2-Menge, die die irdische Atmosphäre derzeit enthält, nämlich $2{,}6 \cdot 10^{18}$ g) annähernd auf jene $5{,}3 \cdot 10^{23}$ g CO_2 kommen, die insgesamt in der Gashülle der Venus anzutreffen sind [11]. Wegen des hohen Gasdruckes an der Venusoberfläche ist auch die absolute Stickstoffmenge nicht etwa kleiner, sondern eher größer als der irdische Vergleichswert. Der ursprüngliche Wasser- bzw. Wasserdampfvorrat der Venus verschwand (bis auf geringe Wasserdampfreste) primär durch Dissoziation in Wasserstoff und Sauerstoff: Während der Sauerstoff anschließend größtenteils vom Oberflächengestein der Venuskruste absorbiert wurde (eine Sauerstoffnachproduktion durch Leben- und Pflanzenwachstum kann im Gegensatz zur Erde nicht stattfinden), entwich der freie Wasserstoff in den freien Raum, wobei dieses Übergehen zusätzlich noch durch die Spülwirkung des bis in die Tiefe der Venusatmosphäre vordringenden Solarwindes begünstigt wurde. Es ist aber durchaus vorstellbar, daß es auf der nahe der Sonne entstandenen Venus von Anfang an kein oder nur ein geringes Wasservorkommen gab, so daß ähnlich tiefe Weltmeere wie auf der Erde nie entstehen konnten. Die weiter oben angedeutete Vorstellung früherer Venusozeane ist ja ebenfalls nur eine Hypothese (Abschnitt 5.5.3).

Infolge des heutigen geringen atmosphärischen Sauerstoffanteils konnte sich auch keine stabile und wirksame Ozonschicht aufbauen, so daß gefährliche kurzwellige, lebensfeindliche Strahlungen praktisch ungehindert auf die Planetenoberfläche auftreffen.

Wie die Tabelle 5.2 zeigt, tritt Wasserdampf nur in Spuren auf, in tieferen atmosphärischen Schichten aber doch etwas häufiger als zunächst erwartet. Die Venera 13- und 14-Landekörper maßen einen Wasserdampfgehalt von 0,1 % am Venusboden. Würde der gesamte Wassergehalt der Venus-Gashülle ausregnen, wäre die Venus von einer 30 ... 50 cm hohen Wasserschicht bedeckt (Erde: die Ozeane reichen aus, eine eingeebnete Oberfläche 3500 m hoch zu überschwemmen).

Bemerkenswert ist auch der relativ hohe Anteil des Spurengases SO_2. Das Vorkommen von SO_2 und H_2O in der unteren Planetenatmosphäre erklärt endgültig die hohe Oberflächentemperatur der Venus. Der hohe CO_2-Gehalt allein hätte nämlich den sog. Glaushaus-Effekt nicht begründen können, zumal die geschlossene Wolkendecke der Venus das Sonnenlicht so stark reflektiert, daß weniger Sonnenenergie absorbiert wird als auf der Erde; so verhindern aber Wasserdampf und Schwefeldioxid zusätzlich das Entweichen der infraroten Wärmestrahlung der Planetenoberfläche. Die Hauptabsorber in der Venusatmosphäre sind also Kohlendioxid (55 % der gesamten Wärmeenergie), Wasserdampf (25 % Wolken und Dunstschichten (15 %) sowie Schwefeldioxid (5 %).

Interessante, wenn auch nicht unumstrittene und bei den verschiedenen Experimenten nicht völlig übereinstimmende Ergebnisse lieferte das Pioneer-Venus-Meßprogramm über die chemisch beständigen Edelgase, deren Konzentrationen aussagekräftige Schlüsse über die frühe Evolution eines Himmelskörpers ermöglichen. Zwar liegt das Mengenverhältnis der beiden Argon-Isotope $^{36}Ar/^{38}Ar$ mit ungefähr 5,0 im Bereich des entsprechenden Quotienten für die übrigen inneren Planeten (das Venus-Isotopenverhältnis $^{36}Ar/^{40}Ar$ beträgt 0,80 ± 0,1), doch ist die relativ hohe ^{36}Ar-Konzentration überraschend. Sie führt dazu, daß die Gesamtmenge von ^{36}Ar in der Atmosphäre der Venus um den Faktor 75 größer ist als in der irdischen Lufthülle [12, 13]. Die absolute Menge von ^{40}Ar ist in der Venus- und Erdatmosphäre etwa gleich (^{36}Ar stammt als sog. Uredelgas aus dem Prozeß, bei dem sich die Elemente im Sonneninneren durch Kernverschmelzung aus Wasserstoff bilden, liegt also auf einem Planeten immer in unveränderter Menge vor, während beispielsweise ^{40}Ar als Endprodukt des radioaktiven Zerfalls von Kalium-40 in kaliumreiche Mineralien ständig zunimmt). Nach den bisherigen Erkenntnissen findet sich in der Venusatmosphäre aber nur dreimal so viel Krypton und Xenon wie in der Erdatmosphäre, was ein $^{36}Ar/Kr$-Verhältnis von rund 700 ergibt (Sonne: 2 000; Erde und Mars: ca. 30).

Da auf Venus die Edelgase Argon, Krypton, Neon und Xenon in weit größerer Menge als auf der Erde vertreten sind und die Verhältnisse untereinander eher denen auf der Sonne als in der irdischen Lufthülle entsprechen, sind diese Gase mit großer Wahrscheinlichkeit solaren Ursprungs. Nicht wenige Wissenschaftler akzeptieren mittlerweile die Vorstellung, daß die Sonne auf die Venusatmosphäre einen wesentlich stärkeren Effekt ausgeübt hat als auf die Lufthülle der Erde [14].

5.6.1.2 Druck- und Temperaturprofile

Eine der umfangreichsten und wohl auch genauesten Messungen von Druck und Temperatur in der unteren Venusatmosphäre stammen von den vier Eintauchkapseln von Pioneer-Venus. Sie durchflogen die Gashülle der Venus am 9.12.1978 an verschiedenen Stellen (Tag- und Nachtseite, Norden und Süden), zu verschiedenen Zeiten und bei unterschiedlichen Sonnenzenitwinkeln, um schließlich auf der Oberfläche aufzuschlagen. Tabelle 5.3 enthält Angaben über den Aufschlagort dieser vier Instrumententräger, den Zeitpunkt des Aufschlags, den damaligen Sonnenzenitwinkel, die gemessene Temperatur und den gemessenen Druck am Boden sowie die relative Höhe des Aufschlagpunktes zur Auftreffstelle der Hauptsonde „Sounder". Die „Night"- und „North"-Sonden prallten auf der Nachtseite (Süd- bzw. Nordhälfte), die beiden anderen auf der Tagseite auf. Wesentlich ist, daß unabhängig vom Aufschlagplatz ähnliche Umgebungsbedingungen registriert wurden.

Wie die Bilder 5.14 und 5.15 zeigen, fallen praktisch auch die von den vier Sonden aufgezeich-

Tabelle 5.3 **Lande-Koordinaten und Meßdaten der vier Pioneer-Eintauchkörper**

Name der Sonde	Breiten/ Längengrad	örtliche Venuszeit	Sonnenabstand [Grad]	Oberflächen-temperatur [K]	Oberflächen-druck [bar]	relative Höhe [km]
Sounder	4,4°N/304	7,38	65,7	731	90,3	0,0
North	59,3°N/4,8	3,35	108,0	721	86,2	0,73
Day	31,3°S/317	6,46	79,9	729	91,5	– 0,21
Night	28,7°S/56,7	0,07	150,7	732	94,5	– 0,72

Bild 5.14
Am 9. Dezember 1978 gemessene Temperaturprofile in der unteren Venusatmosphäre. Die Werte unterhalb von 65 km Höhe stammen aus direkten Messungen, die darüber sind aus Verzögerungsdaten der vier Eintauchsonden ermittelt.

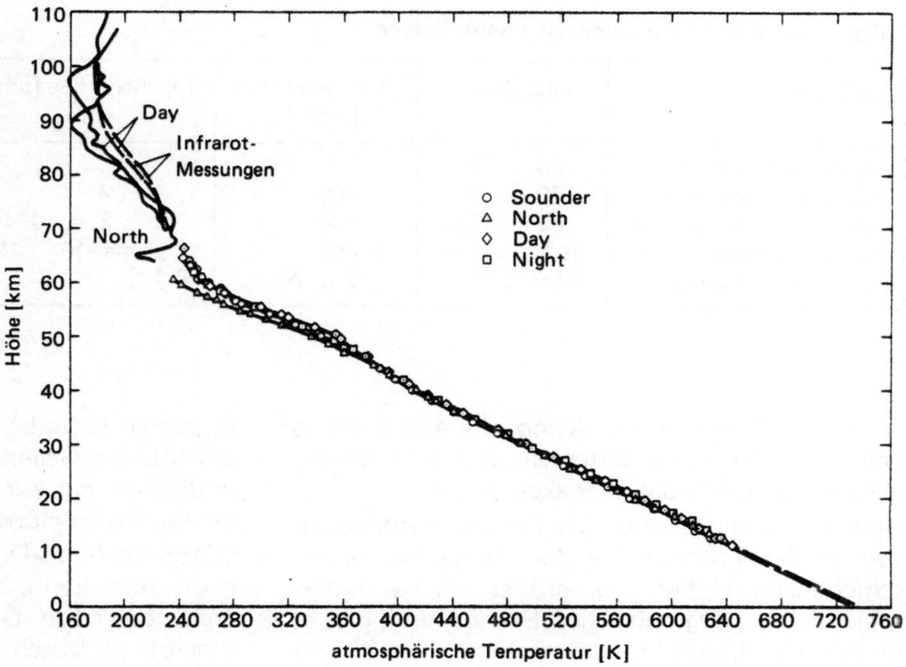

Bild 5.15
Diese Kurven der vier Eintauchkörper (vom 9. Dezember 1978) beweisen die Gleichheit des Gasdruckes als Funktion der Höhe in der Venusatmosphäre; während bis 35 km Höhe nur geringe Abweichungen auftreten, fallen die Druckverläufe darunter unabhängig von Sonnenbestrahlung, Lage und Ortszeit praktisch zusammen.

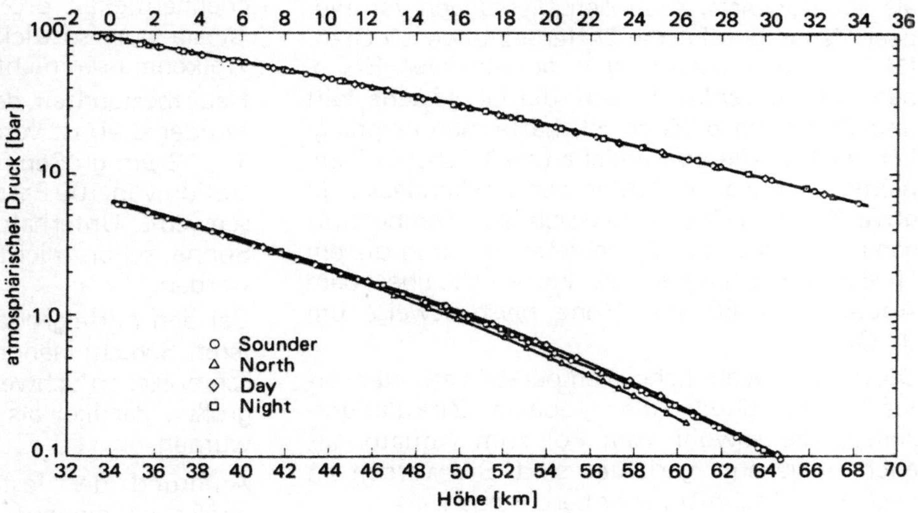

neten Druck- und Temperaturkurven der unteren Atmosphäre zusammen, was für deren große thermische Trägheit spricht; sie vermag hohe Wärmemengen zu speichern, so daß größere Temperaturschwankungen nicht entstehen können. Während an der Oberfläche Temperaturen um 735 K herrschen (frühere sowjetische Venera-Landegeräte registrierten noch etwas darüber liegende Werte), tritt — nach stetigem Temperaturabfall mit zunehmender Oberflächenentfernung — an der Tropopause, zwischen 90 km und 100 km Höhe, mit etwa 175 K ein Minimum auf. Weiter darüber ist die Temperatur zunächst konstant und nimmt dann wieder zu. In 160 km Höhe werden beispielsweise 415 K und in 200 km etwa 575 K erreicht (Erde: 160 km ca. 795 K; 200 km ca. 975 K). Der wichtigste Unterschied zwischen den Atmosphären von Venus und Erde

Tabelle 5.4: Höhenschichtung der Venus-Wolken

Schicht	Höhe [km]	Teilchendichte [cm^{-3}]	Teilchengröße [μm]	mittlere Temperatur [°C]
obere Dunstschicht	100 ... 70		$\leqslant$ 1	
obere Wolkenschicht	70 ... 56	300	1 ... 2	≈ 13
mittlere Wolkenschicht	56 ... 49,5	100	1 ... 2; 4; 10 ... 15	≈ 20
untere Wolkenschicht	49,5 ... 47,5	400	primär 10 ... 15	≈ 202
untere Dunstschicht	47,5 ... 30	2 ... 20	$\leqslant$ 1	

ist also, daß die untere Atmosphäre der Venus heiß und die obere kälter ist, während für die irdische Lufthülle das Umgekehrte gilt.

Obwohl im allgemeinen die Temperaturdifferenzen in der Troposphäre der Venus bei unterschiedlichen Höhen viel größer als bei unterschiedlichen geographischen Breiten sind, gibt es in Höhe der oberen Wolkenschichten (70...90 km) eine markante Ausnahme: Hier, in der Stratosphäre, ist die Temperatur über dem Pol höher als äquatorwärts; nach den Messungen von Pioneer-Venus beträgt die Differenz etwa 10 Grad. Da die Sonnenstrahlung in äquatorialen Regionen nahezu senkrecht auf die Oberfläche fällt und damit am größten ist, hatte man ursprünglich auch in diesen Bereichen die höchsten Temperaturen erwartet. Unter der Wolkendecke, in etwa 60 km Höhe, kehrt sich der Temperaturgang um; über den Polgebieten ist es in diesem Niveau erwartungsgemäß kälter als über dem Äquator, in 60 km Höhe beispielsweise um 30 Grad.

Dieses ungewöhnliche Temperaturverhalten erklärt sich durch die globalen Zirkulationszellen, die sowohl vom Pol zum Äquator als auch umgekehrt gerichtet sind. Sie werden im nächsten Abschnitt näher beschrieben.

5.6.1.3 Wolken, Winde und Gewitter

Die Wolkenschichten in der unteren Venus-Atmosphäre, die rund 75 % des einfallenden Sonnenlichts reflektieren, sind von globaler Ausdehnung. Die Wolken selbst sind durchweg dünn, aber sie treten bis in große Höhen auf. Wie Tabelle 5.4 zeigt, werden drei Hauptschichten unterschieden; über der obersten und unter der untersten befindet sich noch jeweils eine Dunstschicht. Im Gegensatz dazu ist die Erde durchschnittlich nur zur Hälfte von Wolken eingehüllt, die nur bis zu Höhen um 12 km auftreten.

Die obere Venus-Dunstschicht, die maximal 30 km hoch sein kann, zeitweise aber auch so dünn wird, daß ihre Dicke nicht mehr meßbar ist, umgibt praktisch die gesamte obere Wolkendecke. An beiden Polen weist sie im Vergleich zu äquatorialen Gebieten die dreifache Teilchenhäufigkeit pro Volumeneinheit auf. Örtlich ist sie dort so dick, daß die darunterliegenden Wolkenmassen nicht mehr zu erkennen sind.

Hauptbestandteil der oberen Schicht, der größten der drei, ist verdünnte Schwefelsäure, die in 1 ... 2 μm großen Tröpfchen mit einer Konzentration von 100 Partikeln/cm^3 in der Atmosphäre schwebt. Unterhalb dieser Schicht könnte die Sonne schon nicht mehr als Scheibe erkannt werden.

Bei den mittelgroßen Teilchen (4 μm) der mittleren Schicht handelt es sich vermutlich um geschmolzenen Schwefel, während die 10 ... 15 μm großen Partikel als fester Schwefel identifiziert wurden.

Aufgrund der festgestellten Teilchenzahl und -größe ist die nur 2 km dicke untere Wolkenschicht die dichteste von allen. Man nimmt an, daß die größeren Wolkenteilchen aus großer Höhe langsam in die Tiefe absinken („Schwefelschnee"), und schließlich verdunsten oder schmelzen. Die dabei entstehenden Verbindungen (wie Wasserdampf, Schwefeldioxid und andere schwefelhaltige Substanzen, molekularer Sauerstoff) werden anschließend wieder nach oben zurücktransportiert. Durch gleichzeitige Phasenumwandlungen und chemische Reaktionen entsteht in der Höhe unter Mitwirkung solarer UV-Strahlung wieder Schwefelsäure und elementarer Schwefel.

Oberhalb von etwa 56 km Höhe wurde in der Venusatmosphäre bisher kein fester Schwefel nachgewiesen. Die durch die höheren Wolkenbereiche dringenden UV-Strahlen werden vermutlich von Schwefel in großem Ausmaß absorbiert; die deutlich sichtbaren dunklen Markierungen auf den UV-Bildern von Mariner 10 und Pioneer-Venus (Bilder 5.16 bis 5.18) deuten auf einen solchen Prozeß hin.

Die Bilder 5.17 und 5.18 zeigen, daß sich das Aussehen der Wolkendecke der Venus im UV-Bereich innerhalb nur eines Tages wesentlich ändern kann. Die jahrelangen Beobachtungen von Pioneer-Venus haben außerdem Hinweise auf einen bisher unbekannten überlagerten Langzeit-Windzyklus ergeben.

Schon seit den Messungen von Mariner 10 (1974) ist bekannt, daß die Atmosphäre an der Wolkenoberdecke in 65 km Höhe mit einer maximalen Geschwindigkeit von 100 ... 110 m/s (am Äquator) von Ost nach West, also gleichsinnig mit der Venusrotation, zirkuliert. Für einen Umlauf benötigen diese Wolkenoberschichten etwa vier Erdtage. Sie bewegen sich mehr als 60 mal so schnell wie die Venus selbst (Überrotation), während beispielsweise die Erdatmosphäre synchron mit der Erde von West nach Ost rotiert. Im Bereich des 70. Breitengrades beträgt die Wolkengeschwindigkeit in der genannten Höhe noch etwa 45 m/s. Die Windgeschwindigkeit nimmt nicht nur zu den Polen, sondern auch zur Planetenoberfläche hin ab: in 50 km Höhe wurden noch maximal 55 m/s, in 20 km immer noch bis zu 22 m/s gemessen (Bild 5.19). Neben dieser Ost-Westrotation wurden auch polwärts gerichtete Windströmungen beobachtet, die allerdings nur selten Werte über 10 m/s überschreiten.

Man stellt sich das ausgeprägte globale Zirkulationssystem der Venusatmosphäre im Prinzip vereinfacht wie folgt vor (Bild 5.20): Die unteren Gasschichten erhitzen sich, vorzugsweise in Äquatornähe, und steigen in höhere Bereiche empor, so daß kältere Massen von Süden und Norden nachrücken können. Auf diese Weise entsteht eine Konvektionsströmung; in größeren Höhen, etwa in 60 km, ziehen die aufgestiegenen Atmosphärenpakete vom Äquator zu beiden Polen und transportieren dabei überschüssige Wärme. Kühlen sie ab, sinken sie nach unten in Richtung Venusoberfläche, um dann in tieferen Schichten zum Äquator zurückzuströmen.

Bild 5.16
UV-Aufnahme der Venus-Wolkenhülle aus 720 000 km Abstand, am 6. Februar 1974 vom amerikanischen Raumflugkörper Mariner 10 aufgezeichnet. Die dunklen Wolkenmarkierungen werden offenbar von einem UV-Absorber in den Wolkenschichten erzeugt, wahrscheinlich von Schwefel oder einer seiner Verbindungen Sie sind wärmer als die helleren Wolken und repräsentieren ein niedrigeres Niveau der Atmosphäre.

Diese Nord-Südzirkulation wird Hadley-Zelle genannt. Auf der Venus liegen diese Zellen (im Gegensatz zur Erde, wo sie sich in Oberflächennähe finden) in Höhe der Wolken, da dort am meisten Sonnenenergie absorbiert wird. Sie erstrecken sich, ebenfalls im Gegensatz zur Erde, bis zu den beiden Polen. Noch nicht bestätigt, aber vermutet ist die Existenz einer weiteren, bodennahen Hadley-Zelle, die die Oberflächenwärme vom Äquator zu den Polen führt. Dann müßte es allerdings auch noch eine dritte, mittlere Nord-Südzirkulation mit entgegengesetztem Drehsinn geben. Sollte sich diese Vermutung

Bild 5.17
Eine Auswahl von vier UV-Venusfotos von Pioneer-Venus, die die Vielfalt der Wolkenformen erkennen läßt. Die Bilder entstanden Anfang Mai 1980 innerhalb von 38 Stunden aus 46 500 ... 65 000 km Abstand. Die globale Organisation in der Venusatmosphäre scheint nach den UV-Bildern der klassischen Hadley-Zirkulation zu entsprechen.

Bild 5.18 →
Bildserie, aufgenommen zwischen dem 11. und 20. Februar 1979. Sie zeigt die Entwicklung einer auffälligen, dunklen, horizontal liegenden Y-Wolkenformation. Zwischen den Y-Armen scheint die Bewölkung „gesprenkelt" bis „aufgelöst". Anzeichen zahlreicher zellartiger Wolkenstrukturen deuten auf konvektive atmosphärische Aktivitäten hin. Die Y-Form kann aber auch ein C annehmen oder ganz verschwinden, wie Bild 5.17 beweist.

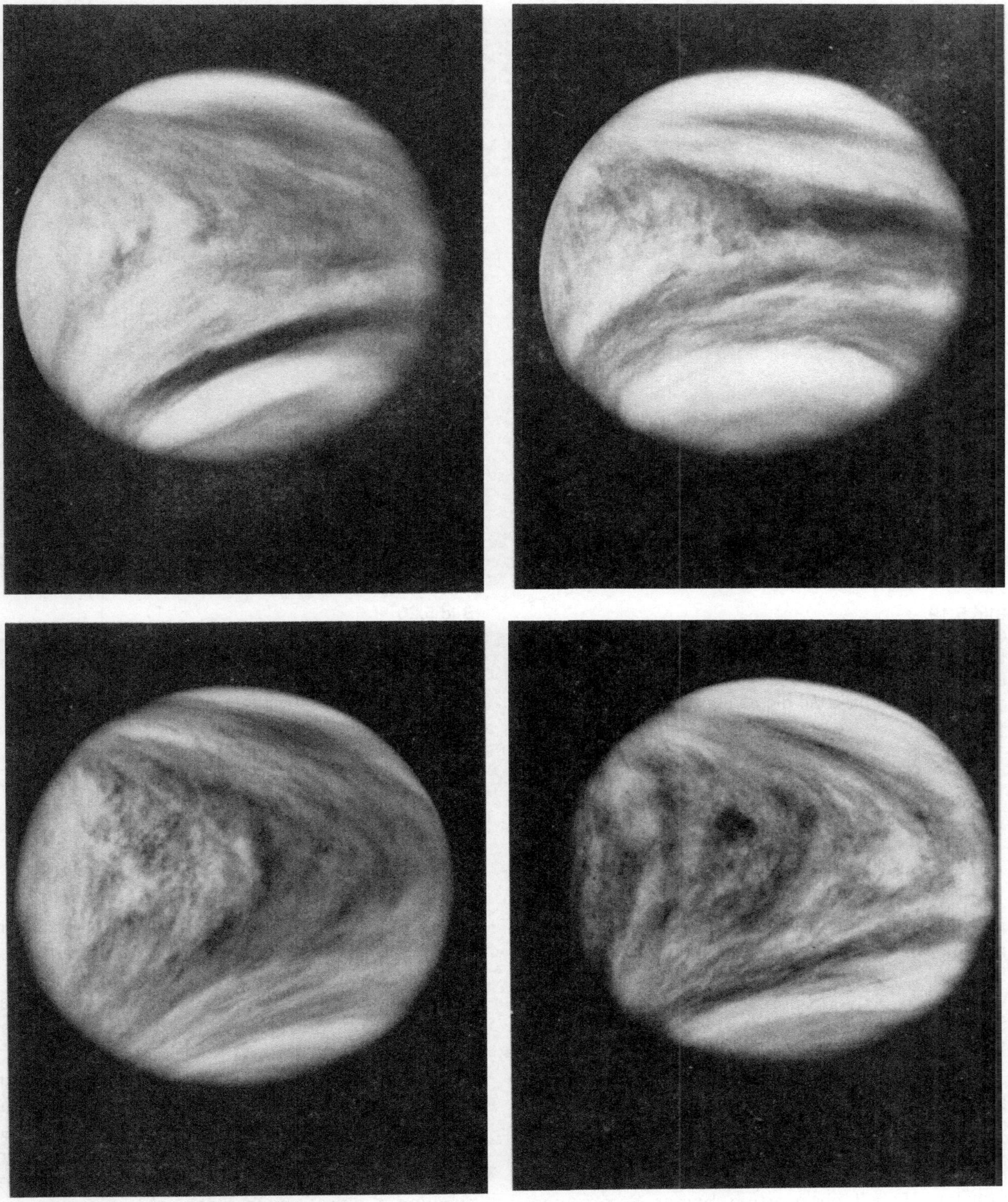

Bild 5.18 (Bildtext s. S. 86)

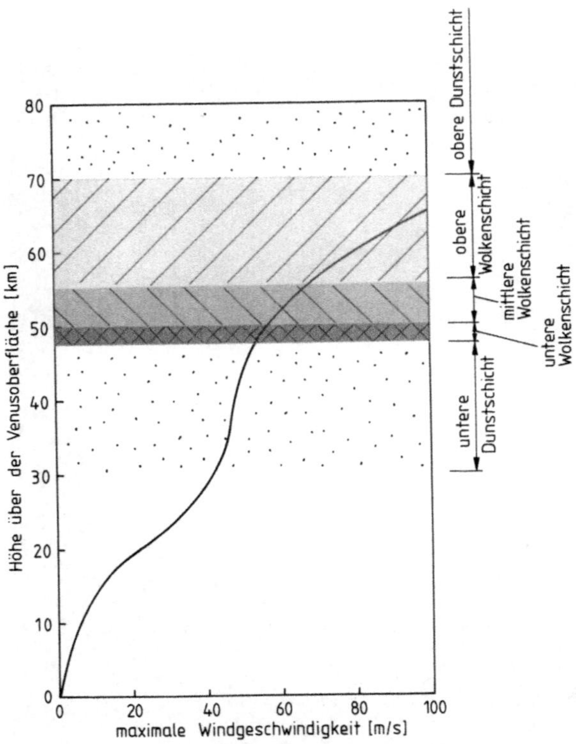

Bild 5.19
Grob angenähertes Windgeschwindigkeitsprofil der tiefen Venusatmosphäre in äquatorialen Gebieten. Eine deutliche Änderung des Geschwindigkeitsgradienten tritt nahe der dichten unteren Wolkenzone auf, wo starke Scherzonen vermutet werden.

Bild 5.20
Zirkulationsmodell der Venusatmosphäre mit den polwärts orientierten Strömungszellen. Daneben treten noch starke Winde parallel zum Äquator auf. Insgesamt sind an diesen Strömungsvorgängen 25 % der gesamten Atmosphärenmassen der Venus beteiligt.

nicht bestätigen, müßte die absorbierte Sonnenenergie in den bodennahen Regionen durch ein System von Wirbeln zu den Polen transportiert werden. Wie oben bereits erwähnt, betragen die Strömungsgeschwindigkeiten in den Hadley-Zellen nur einige Meter je Sekunde.

Zu der schwachen Nord-Südzirkulation kommt auf der Venus die starke und alles beherrschende Ost-Weströmung zwischen 10 km und 100 km Höhe hinzu. Diese Superrotation war bereits in den sechziger Jahren von der Erde aus entdeckt worden. Die Überlagerung beider Strömungen führt u.a. auch zur Ausbildung eines Wirbels um die Pole.

Wie es letztlich zur Entstehung dieser nach Westen gerichteten Windströmung kommt, ist nicht geklärt. Es kann aber angenommen werden, daß die Ursache in der langsamen Planetenrotation und den Umweltbedingungen an der Oberfläche zu suchen ist [18].

Trotz der hohen Windgeschwindigkeit über den Wolken befindet sich mehr als die Hälfte der Atmosphäre annähernd in Ruhe, und zwar primär in bodennahen Bereichen: Von der Oberfläche bis 10 km Höhe betragen die Windgeschwindigkeiten nach den Messungen von Pioneer-Venus lediglich 0,8 ... 5 m/s. Am Landeplatz von Venera 9 und Venera 10 (Oktober

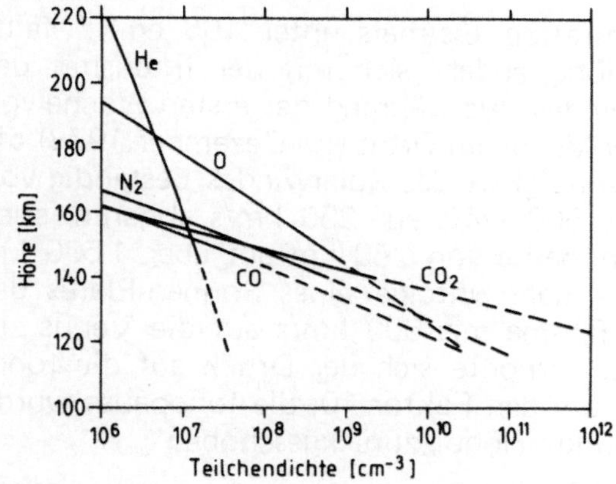

Bild 5.21
Zusammensetzung der oberen Venusatmosphäre für einen Solarzenitwinkel von 180 Grad. Die gestrichelten Linien sind extrapolierte Verlängerungen der Meßkurven.

1975) wurden Werte zwischen 0,3 und 0,7 m/s bzw. zwischen 0,8 und 1,3 m/s registriert. Aber nur auf den ersten Blick erscheinen diese Werte gering. Bei einer vergleichbaren Dichte der Erdatmosphäre würden sie nämlich irdischen Windgeschwindigkeiten um 10 m/s entsprechen! Dennoch reicht der Venus-Oberflächenwind nicht aus, um größere Staubmassen vom Boden abzuheben. An der Oberfläche anstehendes Gestein ist somit auch keiner allzu großen Winderosion ausgesetzt.

Gewitterähnliche Erscheinungen in der Venusatmosphäre wurden erstmals beim Eintauchen der beiden sowjetischen Sonden Venera 11 und Venera 12 (Dezember 1978) in die Planetenatmosphäre festgestellt. Beginnend in etwa 32 km Höhe registrierte vor allem Venera 12 Impulse, die ähnliche Eigenschaften wie die elektromagnetische Strahlung irdischer Blitze hatten. Zeitweise registrierte das Meßgerät bis zu 25 Blitze pro Sekunde, wobei die Stärke der Signale umgekehrt mit der Frequenz abnahm. Bei zunehmender Oberflächenannäherung gingen Zahl und Intensität der Impulse zurück, vor allem unter 2 km Höhe. 32 Minuten nach dem Aufsetzen übertrug einer der beiden Landekörper ein lautes Geräusch (ca. 82 dB), vermutlich einen kräftigen Donnerschlag.

Auch die Beobachtungen des Orbiters von Pioneer-Venus weisen auf heftige Entladungen hin. Wegen der großen Höhe der Venus-Wolken sind Entladungen von Wolke zu Wolke wahrscheinlicher als von den Wolken zur Venusoberfläche, da letzteres enorme Potentiale voraussetzt.

Starke Gewitter scheinen jedenfalls eine typische Erscheinung für solche Planeten zu sein, deren Atmosphäre und Wolken dicht genug sind, um große elektrische Ladungsmengen zu akkumulieren. Möglicherweise sind die Venus-Blitze auch die Erklärung für das gelegentlich von der Erde aus zu sehende aschgraue Licht auf der Venus-Nachtseite (Es könnte aber auch der molekulare Sauerstoff in der außerordentlich trockenen Atmosphäre sein, der das Leuchten der Venusatmosphäre hervorruft.)

5.6.2 Obere Atmosphäre

5.6.2.1 Neutrale Hochatmosphäre

Im Gegensatz zur unteren Atmosphäre ist die obere Atmosphäre äußerst dynamisch; die Gastemperatur und die Zusammensetzung der wichtigsten atmosphärischen Gase ist nicht nur ortsabhängig (entscheidend ist hier der Solarzenitwinkel), sondern auch starken zeitlichen Schwankungen unterworfen, so daß konkrete Zahlenwerte nur unter Vorbehalt genannt werden können. Bild 5.21 gibt die Teilchendichte der neutralen Gase bis 220 km Höhe an, wie sie sich aus den Meßwerten von 60 ausgewählten Umkreisungen von Pioneer-Venus für den Anti-Solarzenitpunkt ableiten [9]. Oberhalb von 145 km überwiegt in der Atmosphäre der atomare Sauerstoff, ab etwa 185 km Helium. In großen Höhen nimmt die Häufigkeit dieses Edelgases stark zu; so stellte das deutsche Massenspektrometer an Bord von Pioneer-Venus in 700 km Höhe praktisch nur Helium fest, und zwar ungefähr 3000 Atome je cm^3.

Geht man vom „Gegen"-Solarzenitpunkt (180°) auf der Dunkelseite in Richtung zur sonnenbeschienenen Venusseite, also in Richtung kleinerer Solarzenitwinkel, so nehmen die Konzentrationen der schwereren Gase (CO_2, N_2, CO) zu, die Konzentration des atomaren Sauerstoffs bleibt annähernd konstant, während der Helium-

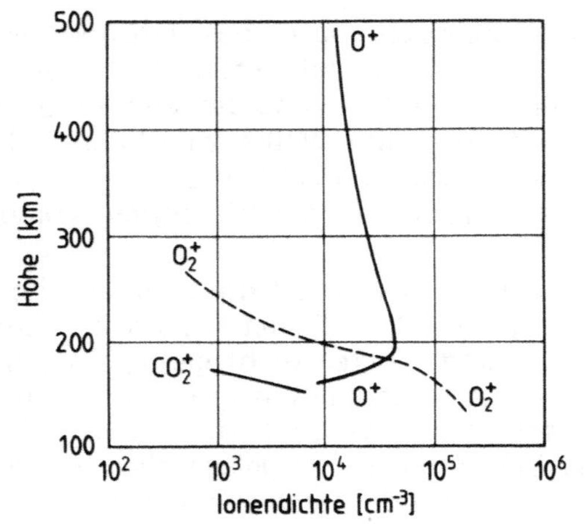

Bild 5.22
Dieses Diagramm zeigt die Dichte der wichtigsten Ionen in der Venus-Hochatmosphäre. Es handelt sich um Mittelwerte aus Beobachtungen, die Pioneer-Venus in den ersten Wochen nach der Ankunft gemacht hat [12].

anteil stark abnimmt. Die Änderungen sind freilich auch höhenabhängig.

Die in der hohen Atmosphäre herrschenden Temperaturen sind durchweg tiefer, als man noch vor wenigen Jahren annahm. Auf der Tagseite beträgt die exosphärische Temperatur bei beispielsweise 80° Solarzenitwinkel nur 300 K. Zur Nachtseite nimmt sie aber sehr stark ab und beträgt am „Gegen"-Solarzenitpunkt nur noch etwa 110 K, was unter den Temperaturen in der Troposphäre liegt.

Auch in diesem Punkt unterscheiden sich Erde und Venus: Während nämlich auf der Erde die rasche Rotation die tagsüber aufgewärmte Hälfte der oberen Atmosphärenschichten (Thermosphäre) auf die Nachtseite „mitnimmt", verschwindet die Thermosphäre auf der Nachtseite der Venus, obwohl die oberen Atmosphärenschichten schnell genug rotieren, um ebenfalls große Wärmemengen auf die Venus-Nachtseite zu bringen. Eine zufriedenstellende Erklärung steht bisher noch aus.

5.6.2.2 Ionosphäre

Die Grenze der Ionosphäre, die Ionopause, wird als Höhenniveau definiert, bei dem die Ionenkonzentration erstmals unter 100 cm^{-3} fällt. Ihre Höhe ändert sich mit der Intensität des Solarwindes. Als während der ersten Woche von Pioneer-Venus im Orbit (im Dezember 1978) die Geschwindigkeit des Solarwindes beständig von anfangs 500 km/s auf 250 km/s abnahm, stieg die Ionopause von 250 km auf über 1 500 km an. Als dann infolge eines Sonnen-Flares das solare Plasma mit 600 km/s auf die Venus zuströmte, erhöhte sich der Druck auf die Ionosphäre um den Faktor 10; die Ionopause wurde auf 250 km Höhe „zurückgeschoben".

Bild 5.22 zeigt die vom deutsch-amerikanischen Plasma-Experiment an Bord des Orbiters ermittelte Ionendichteverteilung als Funktion der Höhe. Bis etwa 180 km über der Venusoberfläche ist molekularer Sauerstoff das dominierende Ion. Die CO_2-Ionen spielen nur eine untergeordnete Rolle, obgleich das neutrale CO_2 Hauptbestandteil der Atmosphäre ist. Dies läßt den Schluß zu, daß über 150 km das CO_2 durch die UV-Sonnenstrahlung rasch zersetzt wird.

Die maximale Ionendichte liegt bei etwa 145 ... 150 km Höhe. Über 180 ... 200 km ist primär nur noch das Ion des atomaren Sauerstoffs vorherrschend, dessen Dichte mit der Höhe nur sehr langsam abnimmt. Die langsame Abnahme, zusammen mit dem raschen Abbau von molekularen Sauerstoffionen, könnte bedeuten, daß (wie auf der Erde) molekulare Ionen beim Abbau der Ionisierung eine wichtige Katalysator-Rolle spielen.

Neben den schon erwähnten Ionenarten wurden außerdem geringere Anteile der Ionen von Kohlenmonoxid, atomarem Stickstoff, Kohlenwasserstoff, Helium, Eisen und Magnesium gefunden. Der Nachweis der extrem langlebigen Metallionen, die meteoritischen Ursprungs sein dürften, könnte die Existenz der Ionosphäre auf der sonnenabgewandten Seite der Venus erklären.

Im Gegensatz zur Venus liegt die maximale irdische Ionendichte bei 300 km Höhe, obwohl der Druck am Erdboden nur etwa 1 % des Drucks auf der Venusoberfläche ausmacht. Die Erklärung für diese scheinbare Diskrepanz könnte sein, daß der Dichteabfall in der Venusatmosphäre wegen der höheren Molmasse von CO_2 (im Vergleich zu Stickstoff) wesentlich rascher erfolgt; oberhalb von 100 km Höhe

Tabelle 5.5 Gemessene Ionen- und Elektronentemperaturen (Mitte Dezember 1978) in Abhängigkeit der Höhe

Höhe [km]	Ionentemperatur [K]	Elektronentemperatur [K]
200	660	2460
300	1360	3440
400	1820	3950
500	1830	4460

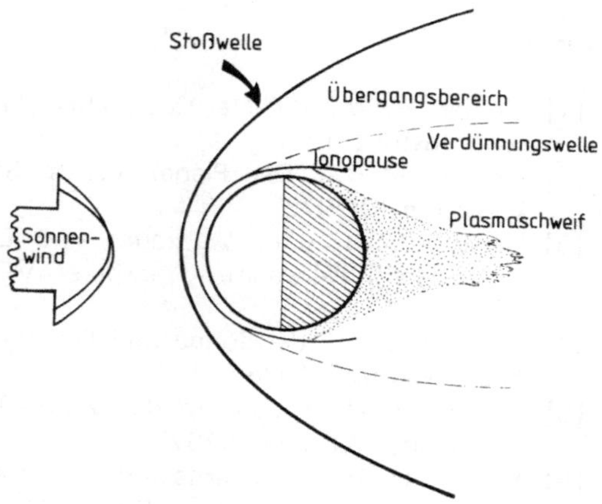

Bild 5.23
Wechselwirkung des Sonnenwindes beim Aufprall auf Atmosphäre und Ionosphäre der Venus.

dürfte dieser Einfluß daher ausschlaggebend sein. Auf der Erde liegt also die stärkste Ionisierung im oberen Höhenbereich, und zwar dort, wo der atomare Sauerstoff überwiegt, während sie bei der Venus in dem Bereich auftritt, wo noch die Moleküle die entscheidende Rolle spielen.

Auch auf der Venus sind die Elektronentemperaturen viel höher als die Temperaturen der Ionen (um etwa den Faktor 2). Die Begründung: die Elektronen werden auf der Tagseite durch Photoionisationsprozesse laufend stark aufgeheizt, während die Ionen erst durch Wärmeübergang erhitzt werden können. Beide Temperaturen sind jedoch deutlich höher als auf der Erde, und auch ihre Zunahme mit der Höhe (Tabelle 5.5) ist weit stärker als in der irdischen Ionosphäre. Die Elektronentemperatur beträgt schon in 400 km Höhe etwa 4000 K (Erdionosphäre: ca. 2000 K). Die Ursache liegt im fehlenden bzw. verschwindend geringen Magnetfeld der Venus: Der aus geladenen Teilchen bestehende Sonnenwind heizt die Ionosphäre der Venus durch direkten Kontakt sehr viel stärker auf als auf der Erde, wo er von der irdischen Atmosphäre durch das starke terrestrische Magnetfeld (ca. 30000 Nano-Tesla) weitgehend abgeschirmt bzw. abgelenkt wird. Eine andere Erklärung wäre eine Art Isolierung der oberen Ionosphärenbereiche vom unteren Teil durch allerdings noch unbekannte Reaktionen.

5.6.2.3 Wechselwirkung Solarwind-Ionosphäre

Es ist erstaunlich, wie unerwartet stark der Widerstand ist, den die Ionosphäre der Venus dem Solarwind entgegensetzt. Dieser Widerstand ist immerhin so stark, daß sich eine klar definierte Bugstoßwelle ausbildet, deren „Nase" in allerdings nur 1,23 Venusradien Abstand vom Planetenmittelpunkt liegt (Bild 5.23) (Erde: ca. 14 R_E). Auf der sonnenabgewandten Seite bildet sich – wie bei der Erde – ein angesichts der fehlenden Magnetosphäre ungewöhnlich langer Plasmaschweif aus. Der Übergangsbereich zwischen Stoßwelle und Ionopause zeigt sich auf der Venus als ein äußerst turbulentes Gebiet. Es werden starke Plasmawellen- und Magnetfeldschwankungen beobachtet; die Temperaturen liegen hier bei 10^6 K, sind also wesentlich höher als in der irdischen Übergangszone.

Als Ursache des Widerstandes der hohen Venusatmosphäre gegenüber dem Sonnenwindplasma kommen Pseudomagnetfelder in Betracht, die durch den bewegten Sonnenwind in der Ionosphäre induziert werden. Die dabei wirkenden Feldstärken sind allerdings oft gering ($\leqslant$ 10 Gamma), erreichen aber vorübergehend auch $\leqslant$ 100 Gamma.

Literatur

- ● [1] Köhler, H. W.: 100 mal Raumfahrt. Bibliographisches Institut, 1977
- ● [2] Köhler, H. W.: Der Planet Venus. Sterne und Weltraum 10/1978
- ● [3] Wittbrodt, H. u.a.: Weltraum und Erde: Forschungsfeld Weltraum. Transpress VEB Berlin, 1978
- ● [4] Hahn, H.-M.: Erde, Sonne und Planeten. Kiepenheuer & Witsch, 1978
- [5] Köhler, H. W.: Krater auf der Venus-Oberfläche. Sterne und Weltraum 9/1977
- [6] Köhler, H. W.: Radarabtastung der Venus-Oberfläche von der Erde und von Pioneer-Venus. Sterne und Weltraum 9/1979
- [7] Pettengill, G. H. u.a.: Die Oberfläche der Venus. Spektrum der Wissenschaft 10/1980
- [8] Köhler, H. W.: Die Venus-Oberfläche. Sterne und Weltraum 3/1981
- [9] Science, Vol. 203, 23. Februar 1979 und Vol. 205, 6. Juli 1979
- [10] Köhler, H. W.: Wie ähnlich ist der Planet Venus der Erde? Umschau 3/1975
- [11] Schidlowski, M.: Die Geschichte der Erdatmosphäre. Spektrum der Wissenschaft 4/1981
- [12] Köhler, H. W.: Programm Pioneer-Venus erfolgreich. Sterne und Weltraum 4/1970
- [13] Köhler, H. W.: Fortschritte in der Venus-Forschung. Physikalische Blätter 7/1979
- [14] NASA-Press Release Nr. 81–26 vom 9.2.1981
- [15] Young, A./Young, L.: Venus. Scientific American 9/1975
- [16] Wittbrodt, H. u.a.: Weltraum und Erde: Band 3 – Planetenforschung mit Raumsonden. Transpress VEB, 1982
- [17] NASA-Press Release Nr. 82–77 vom 12.5.1982
- [18] Schubert, G./Lovey, C.: Die Atmosphäre der Venus. Spektrum der Wissenschaft 9/1981
- [19] Hodges, R. R.: Oceans on Venus? The Planetary Report 6/1982

6 Mars

Der Planet Mars, äußerer Nachbar der Erde, kann dank seiner dünnen transparenten Atmosphäre und seiner geringen Wolkenbedeckung von der Erde aus gut beobachtet werden. Noch bessere Möglichkeiten bietet die Raumfahrt: Der erste erfolgreich zu diesem Planeten entsandte Raumflugkörper war Mariner 4 (USA). Diese Sonde flog im Juli 1965 in 9 844 km Entfernung an ihrem Ziel vorbei und übertrug dabei 21 Oberflächen-Nahaufnahmen zur Erde, die erstmals den direkten Beweis für Krater auf dem Mars lieferten. Nach Mariner 4 folgten bis Ende 1982 noch elf weitere Raumflugkörper der USA und UdSSR, die den Planeten teils passierten, teils in eine Umlaufbahn um ihn einschwenkten und Instrumententräger (Landekapseln) „weich" auf der Oberfläche absetzten. Die erste Marslandung gelang der Sonde Mars 3 (UdSSR) im Dezember 1971, doch brach der Funkkontakt zur Erde vier Minuten nach dem Aufsetzen ab. Vor allem dem Mars-Satelliten Mariner 9 (USA), der zwischen Mitte November 1971 und Ende Oktober 1972 auf seiner elliptischen Umlaufbahn über 7 300 Aufnahmen zur Erde übertrug und den Mars nahezu vollständig kartierte, und den äußerst erfolgreichen vier Viking-Sonden (zwei von ihnen setzten im Juli bzw. September 1976 auf der Marsoberfläche auf) ist zu verdanken, daß Mars, neben der Erde, als der derzeit besterforschte Planet in unserem Sonnensystem gilt. Obwohl die sog. aktive Phase des amerikanischen Viking-Programmes bereits im August 1980 abgeschlossen wurde, lieferte der in der Chryse-Ebene auf der Nordhalbkugel stehende Viking Lander 1 bis Ende November 1982 wöchentlich abgerufene meteorologische Meßdaten; etwas überraschend verstummte das Gerät dann von einem Tag auf den anderen.

Die NASA sieht in den nächsten Jahren keine reelle Möglichkeit für die Durchführung einer Viking-Nachfolgemission. Von der UdSSR sind konkrete Absichten unbekannt (der Start der letzten sowjetischen Marssonde, Mars 7, datiert vom August 1973; das vorgesehene Absetzen eines Landeteils auf der Planetenoberfläche mißlang jedoch im März 1974).

6.1 Form, innerer Aufbau, Magnetfeld

Tabelle 1.2 zeigt, daß der Mars an den Polen stärker abgeplattet ist als die Erde. Die Planetenform läßt sich am besten durch ein dreiaxiales Ellipsoid wiedergeben, wobei die drei Radien 3 399,2 km, 3 394,1 km und 3 376,1 km betragen. Der mittlere Äquatorradius ist 3 396,6 km, der Gesamtradius für eine massengleiche ideale Kugel errechnet sich zu 3 391 km.

Die globale Form des Mars ist jedoch wesentlich komplizierter, als es solche vereinfachte geometrische Figuren zum Ausdruck bringen können. Ein weites Gebiet der vulkanisch-tektonischen Tharsis-Region auf dem Äquator etwa bei 110° westlicher Länge (w. L.) überragt die Nullhöhe des Planeten (definiert als Höhenniveau, bei dem der atmosphärische Druck genau 6,1 mbar beträgt) um 7 ... 10 km, während andererseits das 1 800 km große Einschlagbecken im Süden bei 295° w. L. fast 6 km tief liegt. Einzelne Schildvulkane ragen in noch größere Höhen empor. So erhebt sich der größte Marsvulkan, Olympus Mons bei 18° n. Br. und 133° w. L., fast 30 km über seine Umgebung; sein Basisdurchmesser ist nahezu 600 km. Unter Berücksichtigung des Größenunterschiedes Mars/Erde müßte ein ähnlicher Vulkankegel auf der Erde 50 km Höhe haben! Über diesem Massiv wurde auch die größte Gravitationsanomalie auf dem Mars festgestellt; es scheint, als ob Olympus Mons mehr oder weniger seinem Untergrund aufsitzt, die Kruste also das isostatische Gleichgewicht nicht herstellen konnte. Krustenteile unterschiedlicher Dichte konnten (oder können) sich auf einem offenbar wenig plastischen Inneren halten; außerdem hat der Boden während der Aufschichtung der massereichen Vulkankegel wohl nur wenig nachgegeben.

Der innere Aufbau des Planeten Mars gliedert sich analog zu den übrigen erdähnlichen Planeten in Kern, Mantel und Kruste, wobei allerdings genaue Angaben über Zusammensetzung und Schichtdicken bzw. Durchmesser nur vermutet werden können. Angesichts von Durchmesser und Masse des Planeten ist ein hochverdichteter Kern aus Nickel und Eisen ebenso unwahrscheinlich wie (wegen des Fehlens eines bedeutenden Magnetfeldes) ein weitgehend flüssiger Kern. Die Existenz eines größeren flüssigen Kerns oder Kernbereichs würde infolge der dann im Marsinneren auftretenden Phasenänderung von festem zu dichterem flüssigen Material eine langsame, aber ständige Kernausdehnung nach sich ziehen. Die Folge wären aufgefaltete und schuberzeugte Gebirgsmassive an der Oberfläche. Solche topographische Formen sind auf dem Mars aber nur vereinzelt aufgefunden worden.

Einige Wissenschaftler vermuten die Zusammensetzung des Kerns zwischen Nickel (Dichte 8,9 g/cm^3) und dem Eisenoxid Fe_3O_4 (5,2 g/cm^3), was viele Möglichkeiten für die Zusammensetzung des Mantels übrig läßt. Es ist jedoch plausibler (und auch wahrscheinlicher), den Kernbereich auf die Schwefeleisen-Verbindungen FeS bis $Fe_{85}S_{15}$ einzuengen, was Manteldichten zwischen 3,47 und 3,58 g/cm^3 bedeutet. Schon bei einem Vergleich der mittleren Planetendichte (3,94 g/cm^3) mit der durchschnittlichen Dichte der Kruste (3,3 g/cm^3) läßt sich leicht folgern, daß für die Kerndichte keine allzu hohen Werte erwartet werden dürfen. Je nach angenommener Zusammensetzung wird der Kernradius auf 1 500 ... 2 000 km geschätzt. Der Mantel ist primär aus ferromagnetischen Silikaten aufgebaut; im Vergleich zum Erdmantel ist er dichter und mit Eisenoxid angereichert. Die Schätzungen für die Dicke der aus Silizium, Aluminium und sauerstoffreichen Eisenverbindungen bestehenden Kruste variieren zwischen 50 km und 150 km (1,5 ... 4,5 % vom mittleren Radius). Sowohl relativ (auf den Radius bezogen), als auch absolut betrachtet ist die Marskruste damit dicker als die der Erde. Dies kommt daher, weil sie wegen des kleineren Planetendurchmessers und des größeren Sonnenabstandes rascher abkühlen konnte als die Erdkruste, zumal der Mars bei seiner Entstehung von Anfang an ein kleineres Wärmereservoir als die Erde hatte.

Die relativ große Dicke der Lithosphäre verhindert jegliche stärkere seismische Aktivität.

Ähnlich wie Venus besitzt auch Mars kein nennenswertes Magnetfeld. Am Äquator beträgt die Feldstärke maximal nur 60 Gamma (500 mal weniger als auf der Erde), an den Polen etwa das Doppelte; die obere Grenze für ein magnetisches Dipolmoment wurde schon aus den Meßergebnissen der sowjetischen Sonden Mars 3 (1971) und Mars 5 (1974) auf $2 \cdot 10^{21}$ bis $2{,}5 \cdot 10^{22}$ G · cm^3 festgesetzt (Erde: $8{,}2 \cdot 10^{25}$ G · cm^3). Ein solches Feld ist viel zu schwach, um, ähnlich wie bei der Erde oder bei Jupiter, alle geladenen Teilchen des Sonnenwindes wirksam ablenken zu können. Da darüber hinaus auch die „Pufferkraft" der relativ schwachen Marsionosphäre für eine Umlenkung des gesamten Partikelstroms nicht ausreicht, ist die Marsoberfläche diesem solaren Teilchenstrom weitgehend ungeschützt ausgesetzt. Der Punkt der Marsmagnetosphäre, an dem der Sonnenwind gestoppt wird, liegt nur in einer Entfernung von 0,4 Marsradien von der Planetenoberfläche.

6.2 Die Planetenoberfläche

Die Oberfläche des Mars (Bild 6.1) zeigt erdähnliche, mondähnliche, aber auch charakteristische eigene Merkmale [1–9]. Schon auf den ersten Blick fällt eine gewisse topographische Asymmetrie auf. Die tieferliegende nördliche Halbkugel hat als weite, lavaüberflutete und relativ kraterarme Fläche eine starke Ähnlichkeit mit den Lavaebenen auf dem Erdmond, doch befinden sich hier auch die großen Vulkane, für die es auf der Erde und dem Mond kein vergleichbares Gegenstück gibt. Dagegen sind große Teile der 1 ... 3 km über der Nullhöhe liegenden südlichen Hemisphäre durch hohe Kraterdichten gekennzeichnet; sie erinnern an die lunaren Hochländer. Viele dieser Krater sind bereits zerfallen oder weisen mehr oder weniger starke Degradationserscheinungen auf; sie sind älter als die meist frisch aussehenden Krater im Norden. Den Übergang bildet auf der Osthälfte ein tieferliegendes ausgehöhltes Hügelgebiet, das von einzelnen steil abfallenden, tafelbergähnlichen Hochebenen (wie Nilosyrtis Mensae oder Protolinus Mensae) unterbrochen ist.

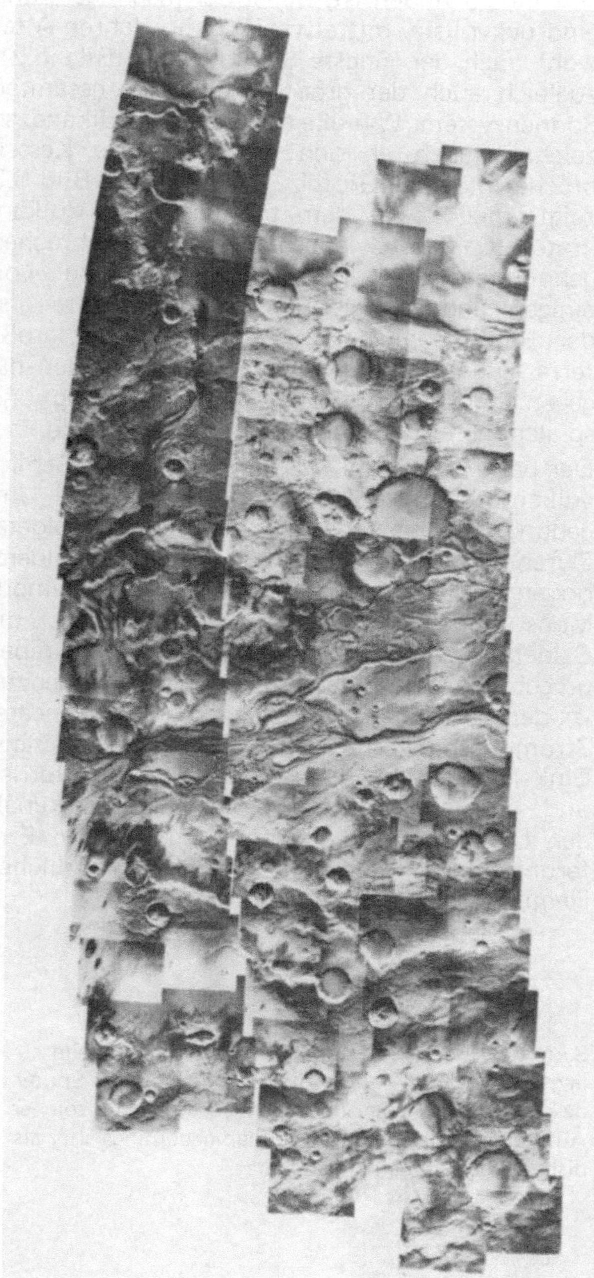

Bild 6.1
Dieses Bildmosaik der Region Mangala Vallis bei 8° s. Br. und 150° w. L. zeigt eine Oberfläche, die durch eine Vielzahl geologischer Prozesse geprägt wurde: oben lavaüberflutete Ebenen, die mit windverfrachteten Staubmassen bedeckt sind, im mittleren Bereich ein System von Flußtälern sowie deutliche Anzeichen von Oberflächenerosion, unten ein repräsentatives Gebiet der Südhemisphäre mit hoher Kraterdichte auf altem Terrain. Die Viking 2-Einzelaufnahmen entstanden zwischen dem 19. und 21. Juni 1980 in 1600 km Höhe.

Die Südhälfte des Mars trägt zwei besonders markante Kennzeichen: eine sehr alte Kruste, die nahezu mit Großkratern gesättigt und häufig durch Risse und Spalten sowie ausgetrocknete kleine Flußtäler unterbrochen ist, und etwas jüngere, nur wenig veränderte Ebenen zwischen den Kratern. Dagegen ist die Nordhemisphäre von topographisch unterschiedlichen Ebenen mit mäßiger Kraterdichte bedeckt.

6.2.1 Vulkane

Eine der markantesten Form auf der Marsoberfläche ist die bereits erwähnte Region Tharsis auf der Westhälfte mit ihren Vulkankegeln. Tharsis liegt in der Nähe des Zentrums einer 7 ... 10 km hohen Ausbuchtung der Marskruste, ein Areal von nahezu 6 000 km Durchmesser, dessen Zentrum bei 14° s. Br. und 101° w. L. liegt. Diese Region stellt eine der jüngsten, von vulkanischen Förderprodukten und Flutbasalten bedeckte „Mare-Flächen" des Mars dar. Ein grundsätzlicher Unterschied besteht jedoch zu den lunaren Maria: Auf dem Mond sind die Mare-Gebiete magmatisch aufgefüllte Großsenken, die nur ausnahmsweise mittleres Oberflächenniveau erreichen. Demgegenüber hat in Tharsis die Marstektonik in Verbindung mit subkrustalem Materialzustrom eine Aufbeulung der Kruste bis zu der genannten Höhe erreicht. Auf ihr ragen einige Vulkankegel noch 20 km weiter empor.

Neben zahlreichen kleineren Vulkanen finden sich auf dieser an Impaktstrukturen auffällig verarmten Hochfläche vier gewaltige Vulkankegel: Ascraeus Mons, Pavonis Mons und Arsia Mons liegen auf einer von Nordosten nach Südwesten verlaufenden Linie, während der vierte, Olympus Mons, 1 500 km nordwestlich

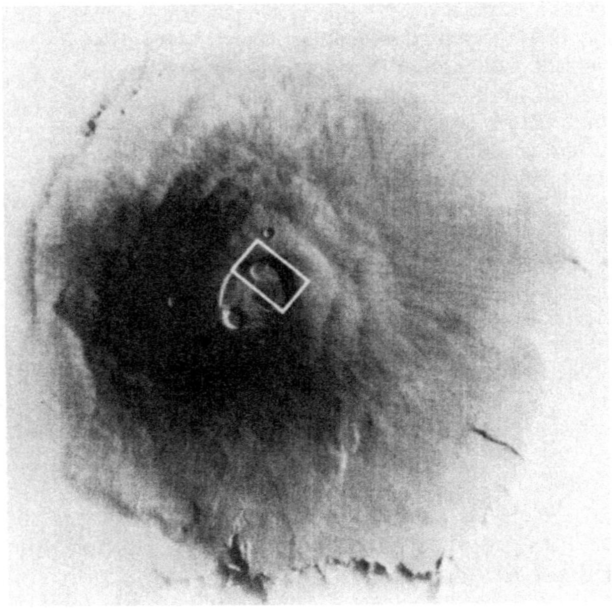

Bild 6.2
Mariner 9-Aufnahme vom Januar 1972 aus einer Position senkrecht über Olympus Mons, der mit etwa 600 km Basisdurchmesser und 27 km Höhe (über mittlerem Höhenniveau) der höchste Marsvulkan ist. Auf den abfallenden Kegelflanken sind nur vereinzelt Einschlagkrater zu erkennen. Der eingerahmte Ausschnitt markiert etwa das in Bild 6.3 wiedergegebene Gebiet der Caldera.

von ihr zu finden ist. Er ist der mächtigste und eindruckvollste, mit etwa 100 Mio. Jahren Alter wohl auch der jüngste Schildvulkan (Bild 6.2), zugleich auch der größte Vulkan im gesamten Sonnensystem. Wie alle anderen Marsvulkane, so zeichnet auch er sich durch kräftige Kesselbrüche in seiner Gipfelregion aus. Wie Bild 6.3 zeigt, muß es in dem trichterartigen Vulkankrater (Caldera) wiederholt zu Großeinbrüchen gekommen sein; die Verschachtelung von einigen endogen erzeugten Ringstrukturen ist der Beweis dafür. Parasitäre Kegel, für große terrestrische Zentralvulkane typisch, fehlen dagegen bei den Marsvulkanen fast völlig und spielen damit nur eine untergeordnete Rolle.

Der bei 9° s. Br. und 120° w. L. gelegene Schildvulkan Arsia Mons (Bild 6.4), der seine Umgebung 19 km überragt, hat einen Caldera-Durchmesser von etwa 130 km. Der Calderaboden ist im Gegensatz zu dem von Olympus Mons ohne wesentliche Strukturierung, die Caldera selbst von konzentrischen Gräben umgeben. Vorzugsweise im Osten (im Bild rechts) ist der Lavaabgang in Gestalt schmaler, linearer Strömungsmuster zu sehen. Die unregelmäßigen Einkerbungen in den Vulkankegel im Norden und Süden sind breite Wiederzuflußkanäle der Lavamassen, die noch in 1 500 km Entfernung altes, kraterreiches Terrain der südlichen Hemisphäre überflutet haben.

Bild 6.3
Blick in die Caldera von Olympus Mons, aufgenommen von Viking Orbiter 1 am 13. Juli 1980. Der linke Teilkrater, 25 km groß, ist gefüllt mit kleinen Impaktstrukturen, irregulär geformten vulkanischen Domen und Kompressionsrissen. Die Caldera ist mindestens 3 km tief, die durchschnittliche Neigung der Wälle liegt bei 32 Grad. Auf der linken Seite sind die Spuren des Lavaabflusses deutlich zu sehen. Aufgrund solcher Aufnahmen wird der Kraterboden neuerdings älter als bisher angenommen eingeschätzt.

Außerhalb der Tharsis-Region liegen vereinzelt noch weitere Großvulkane, z.B. nördlich von Tharsis der nur 2 km hohe Alba Patera mit einem Basisdurchmesser von 1 700 km und auf der, wie Tharsis, ebenfalls weitgehend kraterarmen Hochebene Elysium (ca. 1 800 km Durchmesser, Höhe 3 ... 4 km über der Umgebung). Sie sind jedoch allesamt kleiner und älter als die großen Tharsis-Kegel.

Die Bedeutung des Vulkanismus für die Oberflächenausbildung des Planeten, die noch nach Vorliegen der ersten Viking-Oberflächenfotos als sehr gering angesehen wurde, muß neu überdacht werden. Eine Reihe von Bildauswertungen während der erweiterten Viking-Missionsphase (Bild 6.5) ergab nämlich, daß selbst in den durch hohe Kraterdichten gekennzeichneten alten Regionen im Süden des Mars Vulkane zu finden sind. Es ist daher anzunehmen, daß Vulkanismus bei der Ausbildung der gesamten Oberfläche einen maßgeblichen Einfluß hatte.

Für die Größe der Marsvulkane gibt es keinen irdischen Vergleich. Selbst wenn man als Bezugsniveau den Meeresboden wählt, ist die Mauna Loa/Mauna Kea-Gruppe auf Hawaii als höchster Vulkankomplex der Erde nur mit rund 9 400 m Höhenunterschied anzusetzen (über dem Meeresspiegel: 4 200 m). Bedenkt man, daß das Volumen der dabei innerhalb von etwa 1 Mio. Jahren aufgeschichteten Lavamassen ausreichen würde, um die Bundesrepublik Deutschland mit einer 170 m hohen Schicht zu bedecken, kann man ungefähr erahnen, welch unvorstellbar gewaltige Massen in den Vulkanriesen auf Mars konzentriert sind.

Gegenwärtig ist der Mars kaum vulkanisch aktiv, aber er ist andererseits auch nicht so erkaltet wie der Erdmond. Der Vulkanismus nimmt also eine Zwischenstellung zwischen Erde und Mond ein. Mit einem Wert von etwa 0,04 W/m^2 liegt auch die Wärmestromdichte zwischen der von Mond und Erde.

Auf die Frage, warum auf dem ohnehin kleineren Mars ungleich massivere Vulkanbauten entstehen konnten, könnten zwei Antworten gegeben werden. Erstens erlaubt die wesentlich geringere Gravitation an der Marsoberfläche und die mächtige Lithosphäre eine höhere Krustenbelastung mit vulkanischer Masse ohne größere örtliche Einsenkungen, und zweitens war es infolge Fehlens horizontaler Plattenverschiebungen möglich, daß einmal entstandene Magma-Förderöffnungen über lange Zeiträume, vielleicht sogar über mehrere Hundert Millionen Jahren, erhalten blieben.

Bild 6.4
Arsia Mons in fünf Viking-Senkrechtaufnahmen aus 6000 km Entfernung, entstanden am 22. August 1976. Auch hier fällt die geringe Kraterzahl an den Kegelflanken auf, Kennzeichen eines jungen geologischen Alters dieser Oberflächenform.

Von den Zentren der vulkanischen Hochebenen des Mars verlaufen zahlreiche Rillen und Oberflächenaufbrüche radial nach außen, die längsten bis zu 4 000 km weit. Sie sind unregelmäßig verteilt und in besonders zerklüfteten Zonen, langen und engen Tälern (Fossae) konzentriert. Diese radialen Risse sind so häufig, daß sie auf etwa der Hälfte der Marsoberfläche die dominierende topographische Form darstellen (Bild 6.6).

Bild 6.5
Dieses Foto von Viking Orbiter 1 wurde zwar bereits im Mai 1980 aufgenommen, aber erst anfangs 1982 bearbeitet und ausgewertet. Es zeigt einen 2 km hohen Vulkan im Gebiet Aeolis bei 21° s. Br. und 188° L., der von zahlreichen Einschlagkratern umgeben ist. Er hat 30 km Basisdurchmesser, der Gipfelkrater ist 8 km groß. Auffällig der ebene Kraterboden, eine Folge der Lavaauffüllung, und die radialen Abflußkanäle an den Bergflanken. Der größte Einschlagkrater, links unten, hat 35 km Durchmesser.

6.2.2 Die Krater

Wie alle anderen Himelskörper mit festen Oberflächen in unserem Sonnensystem weist auch der Planet Mars zahlreiche Einschlagkrater auf. Die Erfassung dieser Impaktstrukturen stellt im Prinzip die wirksamste Methode einer relativen Altersbestimmung nicht zugänglicher planetarer Oberflächen dar. Die relative Altersbestimmung von Marsregionen ist jedoch schwierig, da sie die Kenntnis der für den Mars gültigen Meteoriteneinschlagsrate voraussetzt, die wiederum nur indirekt und über Analogschlüsse abgeschätzt werden kann. Entsprechend unterschiedlich fallen auch die Altersangaben der Wissenschaftler aus [5, 10]: Je nach der verwendeten Modellvorstellung wird angenommen, daß die aktive Phase des Mars entweder schon vor 3 Milliarden oder erst vor 1 ... 1,5 Milliarden Jahren zu Ende gegangen ist, die Entstehung der gewaltigen jungen Schildvulkane ausgenommen.

Genauer als die absolute Altersdatierung ist die seit Abschluß des amerikanischen Viking-Programmes vorliegende Kraterauszählung. Bild 6.7 zeigt als Ergebnis dieser Bemühungen die Kraterhäufigkeits-Größenverteilung im Vergleich zu der des Erdmondes [10]. Es handelt sich um eine sog. Standardkurve, bei der im doppelt-logarithmischen Maßstab die kumulative (integrale) Zahl der Krater über dem Kraterdurchmesser aufge-

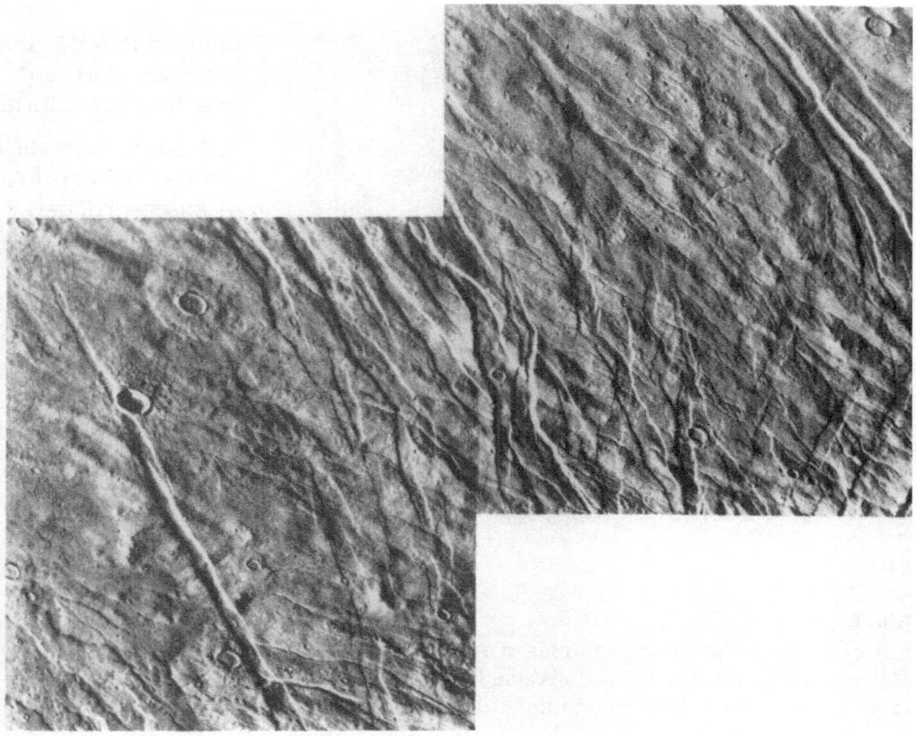

Bild 6.6
Diese beiden Viking-Fotos vom 15. August 1976 zeigen ein Gebiet der westlichen Flanke des Vulkans Alba Patera, das durch zahlreiche parallele Krustenaufbrüche und kleinere Lavakanäle geprägt ist. Einige Kanäle werden von den Rissen durchschnitten: Einschlagkrater sind jünger als die Gräben, wenn sie deren Verlauf unterbrechen; sie sind älter, wenn ein Riß um sie herumläuft. Jedes Teilbild von Viking Orbiter 2 erfaßt ein Areal von 175 X 175 km und entstand aus 3950 km Höhe.

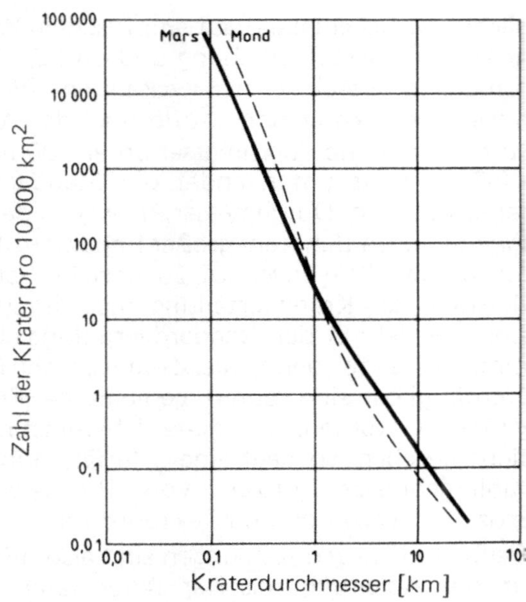

Bild 6.7
Standardverteilung der kumulativen Kraterhäufigkeit für den Planeten Mars im Vergleich zum Erdmond (gestrichelt). Nach dieser Darstellung gibt es auf dem Mars weniger Krater kleiner und mittlerer Größe als auf dem Mond, während es bei größeren Impaktstrukturen über 1000 m Durchmesser umgekehrt ist. Vermutlich sind die kleineren Krater, durch die Existenz einer früheren dichten Atmosphäre ohnehin weniger zahlreich, durch Erosionsprozesse ausgelöscht worden.

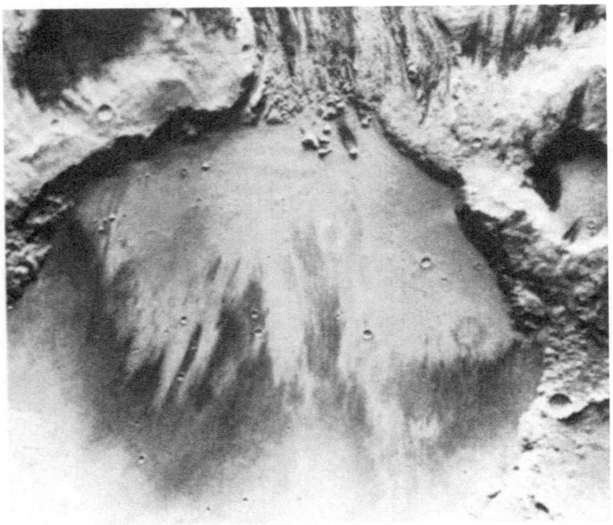

Bild 6.8
Ein 27,5 km großer Einschlagkrater in der Region Mangala Vallis mit einem Ausflußkanal im Norden (oben). Um einen so breiten und tiefen Kanal erzeugen zu können, war eine weitaus größere Wassermenge nötig, als im Krater selbst Platz gehabt hätte. Dieses Bild entstand im Sommer 1980, vier Jahre nach der Ankunft der beiden Viking-Sonden am Mars.

tragen ist. Sie entstand auf empirischem Weg aus einer statistischen Erhebung und umfaßt in sich homogene Bereiche des gesamten Planeten. Wegen der begrenzten Auflösung der Viking-Fotos sind Kraterdurchmesser unter 100 m nicht erfaßt. Rechts unten endet die Standardkurve bei etwa 50 km Durchmesser, da wegen der stark abnehmenden Zahl sehr großer Impaktstrukturen der weitere Kurvenverlauf zu unsicher ist. Jede Messung der Kraterverteilung muß im statistischen Mittel mit der Standardverteilung übereinstimmen, es sei denn, die Zeugnisse der Meteoritentätigkeit sind durch geologische Prozesse verändert worden. Ist diese Übereinstimmung nicht gegeben, so liegt eine „Verfälschung" des Zählergebnisses infolge von Prozessen wie Erosion, Deposition und Tektonik vor.

Kraterstudien und -zählungen sind also nicht nur für die Ableitung relativer Altersdaten unterschiedlicher Regionen interessant, sondern geben auch Hinweise auf oberflächenmodifizierende Prozesse und auf die Eigenschaften des Sub-Oberflächenmaterials.

Auf dem Mars variiert die örtliche Kraterdichte von der nahezu kratergesättigten Südhemisphäre zu ausgesprochen kraterarmen Regionen wie die polaren Dünenfelder oder das Umfeld einiger Vulkane. An und für sich würde man relativ mehr Impaktstrukturen als auf dem Mond oder auf Merkur erwarten, da die Marsbahn näher am inneren Rand des Asteroidengürtels liegt. Die Marsoberfläche ist aber keineswegs so kratergesättigt wie Merkur und Mond; auch der Erhaltungsgrad der Mars-Impaktstrukturen ist anders.

Die Marskrater und ihre unmittelbare Umgebung treten in mehreren Formen auf; hier gibt es ebenfalls deutliche Unterschiede zu den Mond- und Merkurkratern. Einer der Hauptunterschiede ist die Art der Ejektaverschiebung: Beim Mond und Merkur geht man von einer einfachen ballistischen Deposition (Auswurf der Materie) aus, während auf dem Mars ein radialer plastischer Materialfluß entlang des Bodens vorherrschend war. In unmittelbarer Nähe der Kraterwälle von Merkur und Mond zeigen typische Ejektafelder eine grobe, unregelmäßige Struktur. In größerer radialer Entfernung wird die Strukturierung feiner, um dann noch weiter außen in mitunter dichte Felder von Sekundärkratern und Kraterstrahlen überzugehen. Auf dem Mars besteht das Ejektamaterial häufig aus mehreren Schichten; jede von ihnen endet mit einer mehr oder weniger hohen Schwelle (ein typisches Beispiel zeigt Bild 6.10). Vermutlich waren hier große Wasserschlamm-Massen beteiligt, die beim Aufschlag der Meteoriten durch das Abschmelzen von Permafrostschichten entstanden sind. In einigen Fällen sind die Ausflußmuster der Schuttströme auch nicht streng radial angeordnet, sondern je nach topographischem Gefälle der Umgebung in bestimmten Himmelsrichtungen orientiert (Bild 6.8).

Auf dem Mars finden sich intensiv erodierte Krater, die meist nur noch in Resten vorhanden und deren Kraterwälle weitgehend abgetragen, in Einzelberge zerlegt oder mit jüngeren Kratern bedeckt sind. Oft ist auch der Kraterboden aufgefüllt; Zentralberge wie Ejektamaterial sind nicht mehr vorhanden bzw. abgedeckt (Bild 6.9).

Bild 6.9
Relativ altes und kraterdichtes Terrain in der südlichen Marshälfte, etwa 300 km östlich vom Hellas-Becken. Während die jüngeren Krater (z. B. A) gut geformte aufragende Wälle und deutlich ausgeprägte Ejekta-Umfelder haben, sind einige alte, sehr stark erodierte Karter (wie B) kaum noch zu erkennen. Wieder andere Impaktstrukturen sind dagegen weniger erodiert; sie haben klar erkennbare, wenn auch häufig durchbrochene Kraterränder. Diese Aufnahmen (von Viking Orbiter 1) stammen von September 1976.

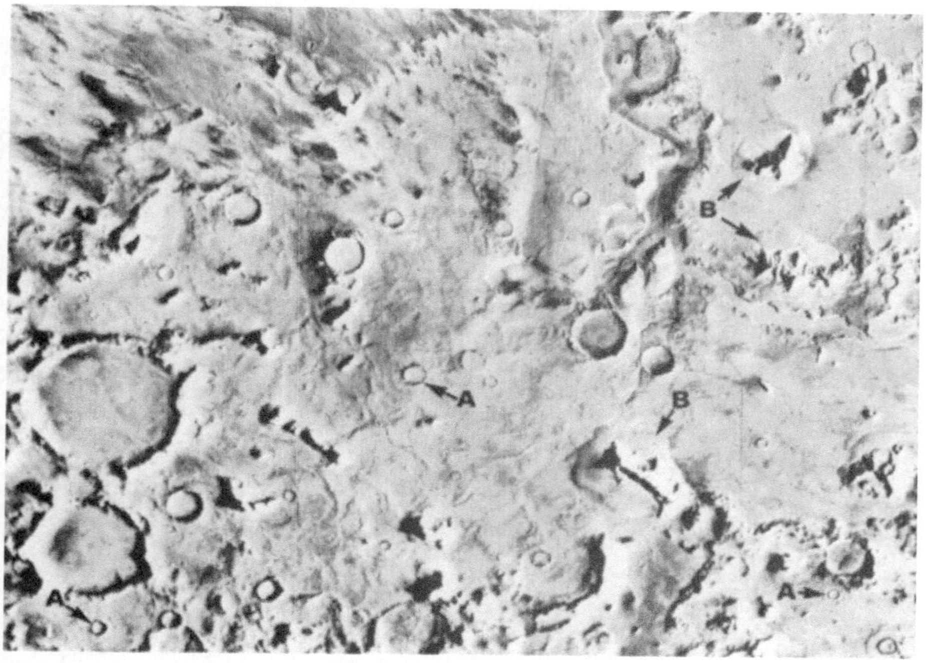

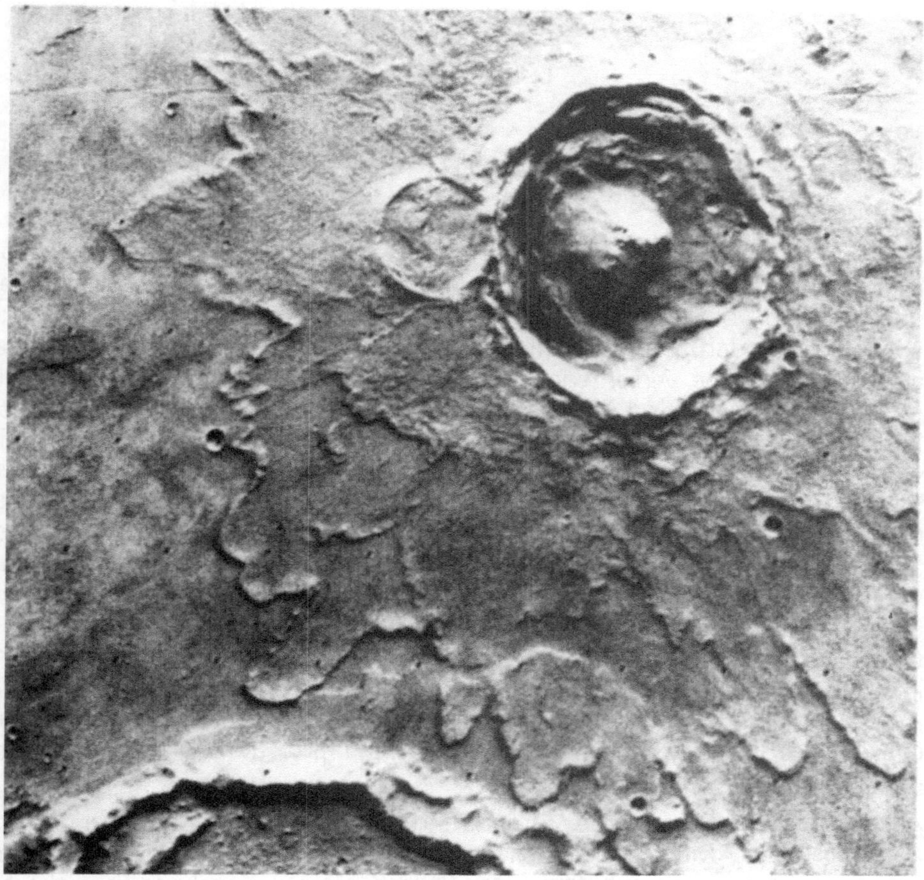

Bild 6.10
Krater Yuti (18 km Durchmesser) mit gut ausgebildetem Zentralberg und einigen Ejektaschichten, von denen jede durch einen lobförmigen Außenwall begrenzt ist. Links von Yuti eine ältere, nahezu voll aufgefüllte Impaktstruktur. Da deren Umrisse noch deutlich zu erkennen sind, können die Ejekta-Schuttmassen von Yuti nicht sehr tief sein. Unten ist der Wall des 40 km großen Kraters Wabesh zu sehen. Die Aufnahme dieses Gebietes bei 22° n. Br. und 34° w. L. stammt vom Juni 1976. Norden ist rechts oben.

Bild 6.11
Dieses Bildmosaik aus Viking 1-Aufnahmen vom Juni 1980 aus 1600 km Entfernung zeigt einen Teil von Mangala Vallis mit einer Vielfalt von topographischen Oberflächendetails: alte Krater mit eingeebneten Böden und „vermischten" Umfeldern finden sich neben jüngeren Kratern mit Zentralbergen und gut strukturierten Ejektafeldern. Links unten ein länglicher Krater mit flügelartigem Ejektamuster, darunter eine kurze Kraterkette. An einigen Stellen sind auch Doppelkrater zu erkennen. Rechts unten mehrere parallel verlaufende tiefe Spalten.

Die oben beschriebene Kraterform, dargestellt in Bild 6.10, ist bisher im Planetensystem einzigartig und auf Mars vorwiegend in den nördlichen Tiefebenen zu finden. Das Auswurfmaterial besteht aus einer Abfolge verschiedener Schichten, die radial strukturiert sind und jeweils mit einem lobförmigen Wall enden. Diese Auswurfstruktur weist auf einen hohen Anteil an Wasser oder Gas hin, wobei sich die Suspension dicht über der Oberfläche bewegt haben muß. Auch hier gilt als plausible Bezugsquelle für Flüssigkeit oder Gas das Aufschmelzen von Permafrostböden unmittelbar nach dem Meteoritenaufschlag, da Oberflächenwässer in der Vergangenheit nur kurzzeitig existiert haben können. Es kann aber nicht ausgeschlossen werden, daß auch unter der Oberfläche befindliche Wassermassen beteiligt waren.

Auch irregulär geformte Impaktstrukturen, Zwillingskrater, Mehrfacheinschläge und Sekundärkrater finden sich auf dem Mars (Bild 6.11).

Die Entstehung von Kratern mit irregulärem Umriß ist noch ungeklärt; vermutlich entstanden sie durch Überlagerung mehrerer Meteoriteneinschläge, aber auch tektonische Vorgänge können nicht ganz ausgeschlossen werden. Die Form des länglichen Kraters in Bild 6.11 könnte durch eine plötzliche Richtungsänderung des aufschlagenden Objektes um 90 Grad erklärt werden. Zwillingskrater und Mehrfacheinschläge verdanken ihre Entstehung wahrscheinlich dem Auseinanderbrechen einiger Meteoriten im planetaren Gravitationsfeld, während sich Sekundärkrater, oft in Gruppen und kettenförmigen Reihen um den Primärkrater angeordnet (radial oder tangential zum Kraterrand), durch den Auswurf von Krustenmaterial während des Meteoriteneinschlags bilden.

Wie auf der Erde, auf Merkur und dem Erdmond entstanden auch auf Mars bei größeren Impaktstrukturen Zentralberge im Krater, und zwar durch noch nicht endgültig geklärte Ausgleichs-

Bild 6.12
Eine der wenigen klaren Aufnahmen des großen Einschlagbeckens Hellas, auf dem auch der Boden relativ gut zu erkennen ist. Die Helligkeitsunterschiede im Becken sind örtlichen Eisablagerungen zuzuschreiben. Auch Spuren vulkanischer Tätigkeit sind zu sehen: der angeschnittene Krater rechts unten ist ein erloschener Vulkan, dessen Umfeld bis in das Beckeninnere reicht. Vereinzelt sind an den Beckenrändern niedrig liegende Wolken zu erkennen. Die Aufnahme stammt von Viking Orbiter 1 vom 24. September 1976 aus 9500 km Höhe.

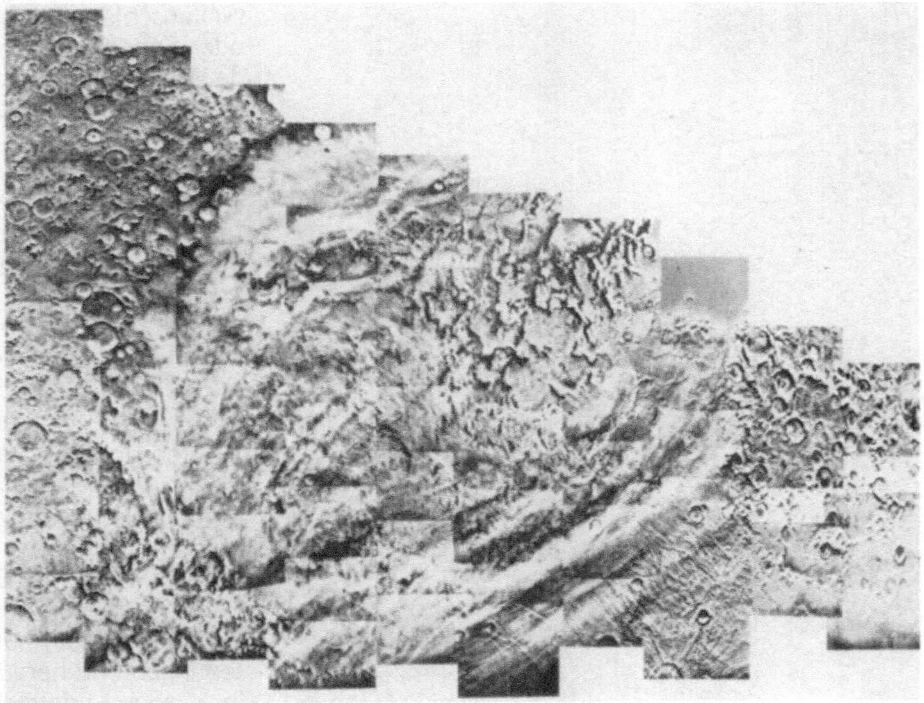

bewegungen des durch den Meteoritenaufschlag komprimierten Kraterbodens. Mitunter haben solche Zentralberge auch Gipfelmulden, vermutlich die Folge des Auswurfs geschockten Materials der Zentralerhebung beim Zurückfedern des Kraterbodens. Während Zentralberge auf dem Mond am häufigsten bei Kratern zwischen 60 km und 110 km Durchmesser vorkommen, verschiebt sich dies auf Mars (und auf Merkur) in den Bereich zwischen 25 km und 40 km Durchmesser. Zwischen 60 km und 180 km Größe sind auch Multiringstrukturen zu finden.

Eine Krater-Sonderform sind die großen flachen Einschlagbecken, deren bekannteste Argyre Planitia (1 000 km Durchmesser; Zentrum bei 52° s. Br. und 41° w. L.), Hellas (1 800 km; 43° s. Br./291° w. L.) und Isidis (ca. 1 000 km; 14° n. Br./272° w. L.) sind. Bild 6.12 zeigt die Region Hellas, die nur etwa 6 km tief ist. Die Umgebung dieses Beckens ist durch eine hohe Kraterdichte geprägt, während im Beckenboden selbst nur vereinzelt Impaktstrukturen zu sehen sind.

Das Becken Argyre gilt als „Brutstätte" von lang anhaltenden Staubstürmen. Im Winter schiebt sich die Eiskappe des Südpols bis nahe an den Südrand von Argyre hinauf; die gesamte Umgebung ist dann mit einer Schicht gefrorenen Kohlendioxids bedeckt.

6.2.3 Täler und Schluchten

Eine weitere markante Oberflächenform des Planeten Mars sind Täler und Schluchten, die durch tektonische, fluviatile und vulkanische Prozesse entstanden sind. Die eher volkstümliche Bezeichnung „Kanäle" (engl. channels) ist in der Mars-Nomenklatur nur im rein geomorphologischen Sinn zu gebrauchen und gibt keinerlei Hinweise auf den Entstehungsvorgang. Man versteht darunter allgemein lange oder kurze, weite oder enge, geradlinig oder gewundene Täler, von denen einige ausgeprägte auch mit „Fossae" bezeichnet werden. Für sehr weite Täler mit Strömungsinseln hat sich dagegen der

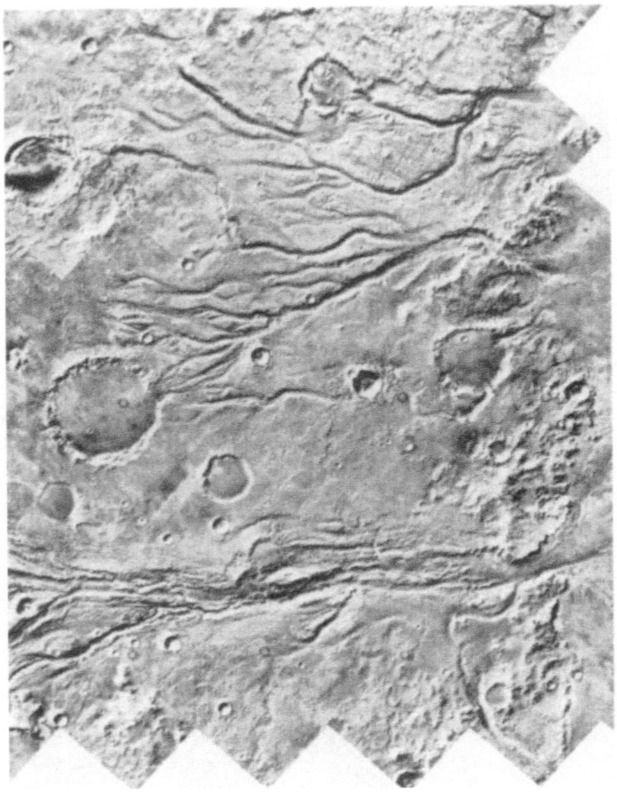

Bild 6.13
Eine Reihe von Entwässerungskanälen, die im Lunae Planum ihren Ausgang haben und nach rechts über ein Höhengefälle von etwa 3 km abströmen. Die Bildmitte liegt etwa bei 17° n. Br. und 55° w. L. Viking Orbiter 1-Aufnahmen zwischen dem 4. und 9. August 1976.

Name „Vallis" (Valles) eingebürgert, während tief eingeschnittene Canyons den Namen „Chasma" tragen.

Die größten Täler gehen von den südlicheren, an die Region Chryse Planitia angrenzenden Hochebenen aus und verlaufen in Richtung auf die Tiefebenen im Norden. Einige von ihnen sind über 1 000 km lang, andere wieder stellenweise bis zu 100 km breit. Oft wird auch ein weites Verzweigungssystem beobachtet. Ein Teil dieser Täler endet fast abrupt, ohne jegliche Anzeichen eines möglicherweise früher existierenden Sees oder Meeres, wie Uferbegrenzung oder durch Wellenschläge erzeugte Formen wie Klippen oder Sandbänke. Dies bedeutet, daß das fließende Medium entweder verdunstet ist oder vom Untergrund aufgesaugt wurde. Vermutlich trat beides gleichzeitig auf. Bild 6.13 zeigt mehrere Täler in einem Gebiet südwestlich von Chryse Planitia, deren Einzugsgebiet die weiter westlich (links) gelegene Region Lunae Planum ist. Typisch sind die vielen Verzweigungen (Zuflüsse) und die deutliche Stromerweiterung in Fließrichtung (von links nach rechts). In einigen Fällen durchschneiden die Flußtäler Einschlagkrater, in anderen unterbrechen die Krater den Flußverlauf und sind dann jünger als die Täler.

Von besonderem Interesse ist Bild 6.14, ein Ausschnitt von Mangala Vallis. Der Hauptstrom mit auffällig flachem Talboden schlängelt sich in der rechten Bildhälfte nach oben, parallel dazu verläuft etwa in Bildmitte ein etwas weniger tiefer, unbenannter Nebenstrom. Rechts vom Bildzentrum ein ausgedehntes System von Flußteilungen und herausgefrästen „Inseln", die durch ihre abgerundete Stirn und ihr schwanzähnliches Ende die Strömungsrichtung angeben. Der Pfeil weist auf einen Talgrund, der durch Windabtragung seiner Umgebung wie eine Rippe emporsteht. Am unteren Bildrand ist ein mächtiges Flußtal zu erkennen, das nahezu senkrecht zu Mangala Vallis verläuft; für diese überraschende Richtungsabweichung gibt es bis heute keine befriedigende Erklärung. Es kann angenommen werden, daß es sich um einen sog. Ausfluß-Channel handelt. Diese Talform entsteht, wenn nach dem Aufschlag eines Meteoriten eine schlammartige Masse aus Gestein, Staub und Wasser (aus abgeschmolzenen Permafrostschichten) den Kraterwall durchbricht und radial abströmt. Im Bild 6.14 ist leicht zu erkennen, daß das Tal an der Westflanke der großen Impaktstruktur am unteren Bildrand beginnt.

Noch bis vor etlichen Jahren wurde die Entstehung der – heute ausgetrockneten – Täler kontrovers gedeutet [18]. Neben Winderosion ist die Entstehung durch ein fluviatiles Medium, z. B. Wasser, Lavamassen und Kohlendioxid möglich. Einige Wissenschaftler haben darauf hingewiesen, daß die gewaltigen Kanäle des Mars in ihrem Aussehen eine verblüffende Ähnlichkeit mit den auf der Erde von Gletschern geschaffenen Tälern haben. Sie vermuten, daß bei Bodenverwerfungen Wasser aus tiefer gelegenen Schichten an die

Bild 6.14
Mangala Vallis, ein gewaltiges Marstal, das sich von den südlichen Hochgebieten in die nördlichen Tiefebenen erstreckt. Links am oberen Bildrand ein weiteres parallel verlaufendes System von Trockenkanälen mit zahlreichen Zuflüssen. Das allgemeine topographische Niveau fällt vom unteren zum oberen Bildrand hin ab. Umso erstaunlicher mutet die Existenz eines nahezu senkrecht dazu verlaufenden Tales am unteren Bildrand an. Aufnahmen von Viking Orbiter 1 aus 1600 km Höhe zwischen dem 19. und 21. Juli 1980.

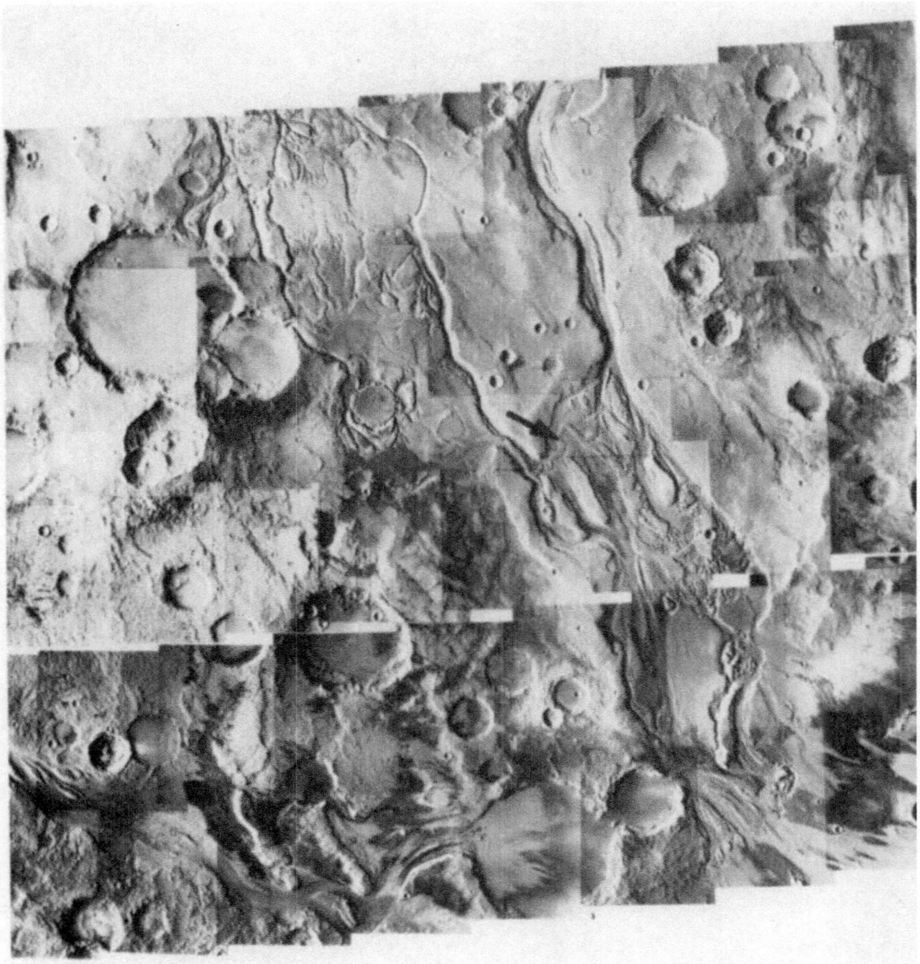

Oberfläche des Mars drang und daß sich aufgrund des Klimas große Eisdome bildeten, die sich dann in Gletscherströmen mit einer Geschwindigkeit von rund 2 m im Monat über die Marsoberfläche verbreiteten.

Diese Theorie hat relativ wenig Anhänger. Zu viele Indizien, wie flache Talsohlen, Fischform der Inseln, Terrassierung und häufig nachweisbare Gefälle in einheitlicher Richtung sprechen für eine Entstehung durch Wassererosion. Diese These wird auch durch das heutige Verständnis von der Entwicklung der Planetenatmosphäre (Abschnitt 6.3) gestützt. Hinzu kommt, daß die Kanäle meist sog. chaotischen Regionen entspringen. Ein chaotisches Terrain entsteht dann, wenn z.B. durch vulkanisch-tektonische Aktivitäten Permafrostschichten abschmelzen und die darüberliegende Krustenschicht bis 3 km tief einbrechen kann. Die zur Oberfläche dringenden Wassermengen könnten die Täler erzeugt haben. Als zusätzliche Wasserquelle ist das Abschmelzen früherer Eisfelder auf der Planetenkruste durch Klimawechsel denkbar.

Daraus folgt zwangsläufig, daß sich in einer früheren Evolutionsstufe auf dem Mars unvorstellbar hohe Wassermengen bewegt haben müssen. Die Abmessungen der großen Mars-Channels lassen auf maximale Wasserführungswerte zwischen 10^7 und 10^9 m^3/s schließen. Wenn man den durchschnittlichen Volumenstrom z.B. des

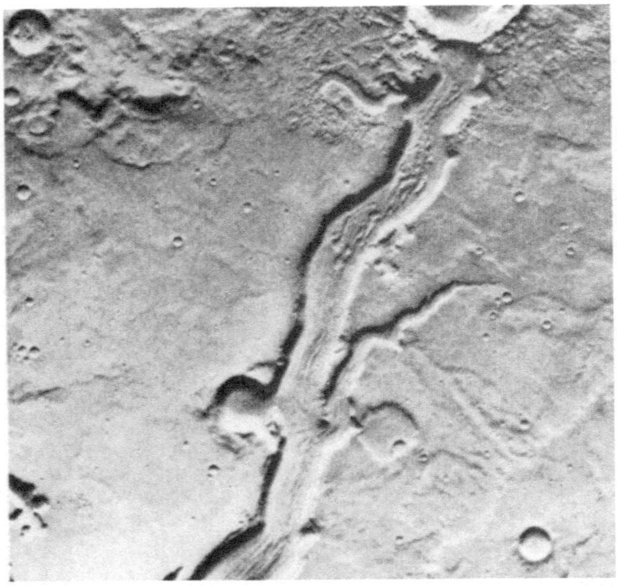

Bild 6.15
Ein kleines Marstal von etwa 2,5 km Breite bei 32° n. Br. und 342° w. L., eine der letzten Aufnahmen von Viking Orbiter 1 im Frühjahr 1980. Der Boden weist in Längsrichtung deutliche Strömungsmuster auf. Ursprung dieses Tals ist die Umgebung des Kraters am oberen Bildrand. Störungen im Ejektafeld deuten darauf hin, daß das Tal erst nach dem Entstehen der Impaktstruktur durch fluviatile Prozesse entstanden ist.

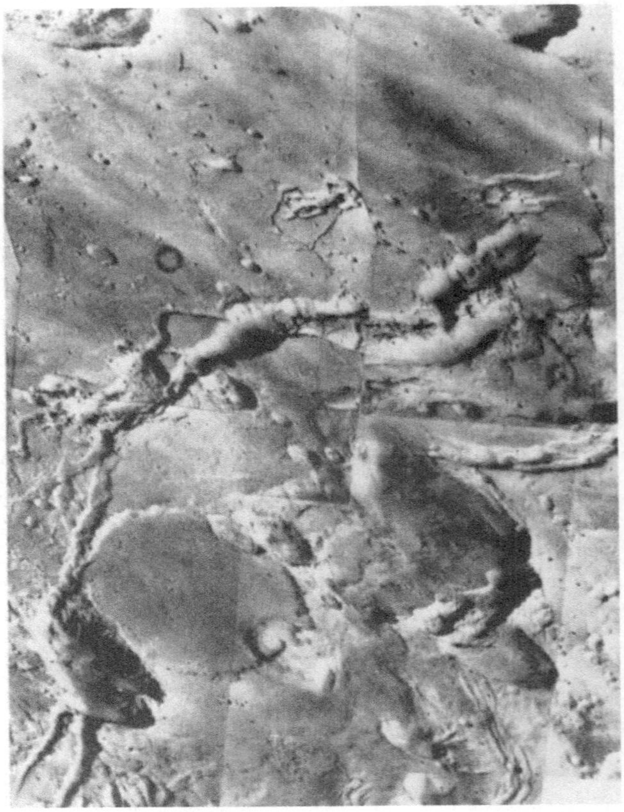

Bild 6.16
Bruchzonen teilen die Marsoberfläche an vielen Stellen, wie hier in einem Gebiet bei 2° s. Br. Die Spalten sind durch vertikale Materialbewegungen (mass wasting) infolge von Gravitationskräften und beschleunigt durch frühere seismische Erschütterungen aufgeweitet worden. Es wird angenommen, daß auch Winderosion zu den sekundären Verformungsprozessen zählt.

Amazonas mit etwa 10^5 m^3/s vergleicht, erkennt man, daß auf dem Mars globale Überflutungen aufgetreten sein müssen, die ohne Beispiel auf der Erde sind. Selbst die größte bekannte irdische Überflutung (des Lake Missoula im östlichen Teil des amerikanischen Bundesstaates Washington im späten Pleistozän) hatte nur einen Volumenstrom von maximal 10^7 m^3/s.

Die kleineren Täler auf dem Mars treten sowohl im Hochland wie in den Tiefebenen auf. Am ehesten lassen sie sich mit einer gewundenen Klamm vergleichen, die nur schwer eine deutliche Stromerweiterung in Fließrichtung erkennen läßt. Die relativ wenigen Zuflüsse enden häufig „stumpf", wie z. B. in Bild 6.15 der Zustrom links unterhalb des Kraters am oberen Bildrand. Die Entstehung dieser Form ist noch umstritten; neben Wassererosion wird auch Erosion durch Lavaströme vorgeschlagen, da die irdischen Lavaröhren mit eingestürztem Dach oder die offenen Lavarinnen durchaus vergleichbare Formen darstellen.

Altersdatierungen für die Talböden, aufgrund hochaufgelöster Nahaufnahmen der Viking-Raumflugkörper gegen Ende des Forschungsprogrammes möglich geworden, zeigen, daß es

Bild 6.17
Bildmosaik aus 102 Einzelfotos von Viking Orbiter 1 vom 22. Februar 1980. Im Bildzentrum eine der markantesten Oberflächenformen des Planeten, Valles Marineris, die sich über eine Distanz von etwa 4500 km erstreckt, stellenweise eine Breite von 200 km erreicht und maximal 8 km tief ist. Am linken Bildrand sind (von unten, Süden, nach oben) die drei Vulkane Arsia Mons, Pavonis Mons und Ascraeus Mons zu erkennen.

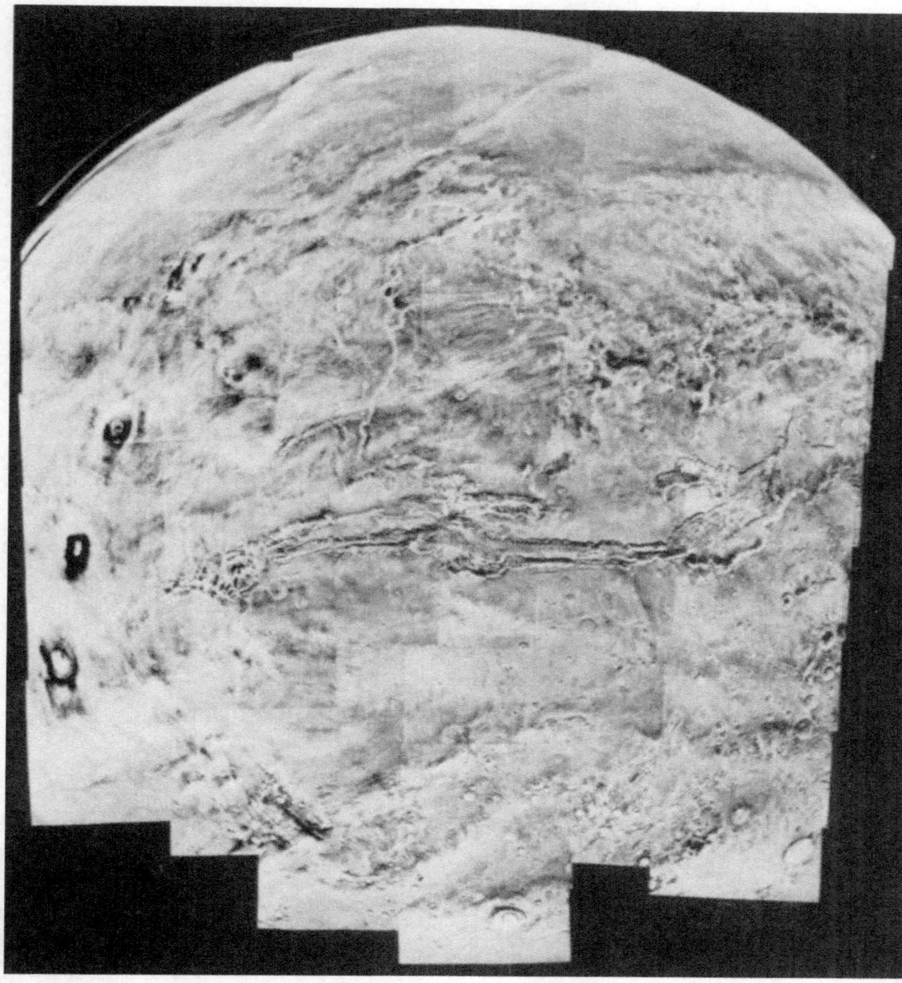

Lavaströme gibt, die älter als die ältesten Täler, aber auch jünger als die jüngsten unter ihnen sind. Die Channels auf dem Mars haben somit eine breite Altersspanne; ihre Geschichte läßt sich nahezu 4 Milliarden Jahre zurück rekonstruieren. Auffallend ist, daß es keine Flußtäler zu geben scheint, die jünger als etwa 500 Mio. Jahre sind, obwohl sich tektonisch-vulkanische Tätigkeit noch bis vor rund 150 ... 300 Millionen Jahre nachweisen läßt.

Wie die Messungen des Seismometers von Viking 2 auf der Planetenoberfläche zeigten (das entsprechende Gerät von Viking 1 war ausgefallen), ist der Mars heute ein tektonisch weitgehend inaktiver Planet. Dagegen sind die zahlreichen und zum Teil gewaltigen Bruchstrukturen (Klüfte, Spalten) Zeugen früherer Krustenbewegungen (Bild 6.16). Ein Teil dieser geomorphologischen Formen entstand auch durch die Schrumpfprozesse von Planetenmantel und

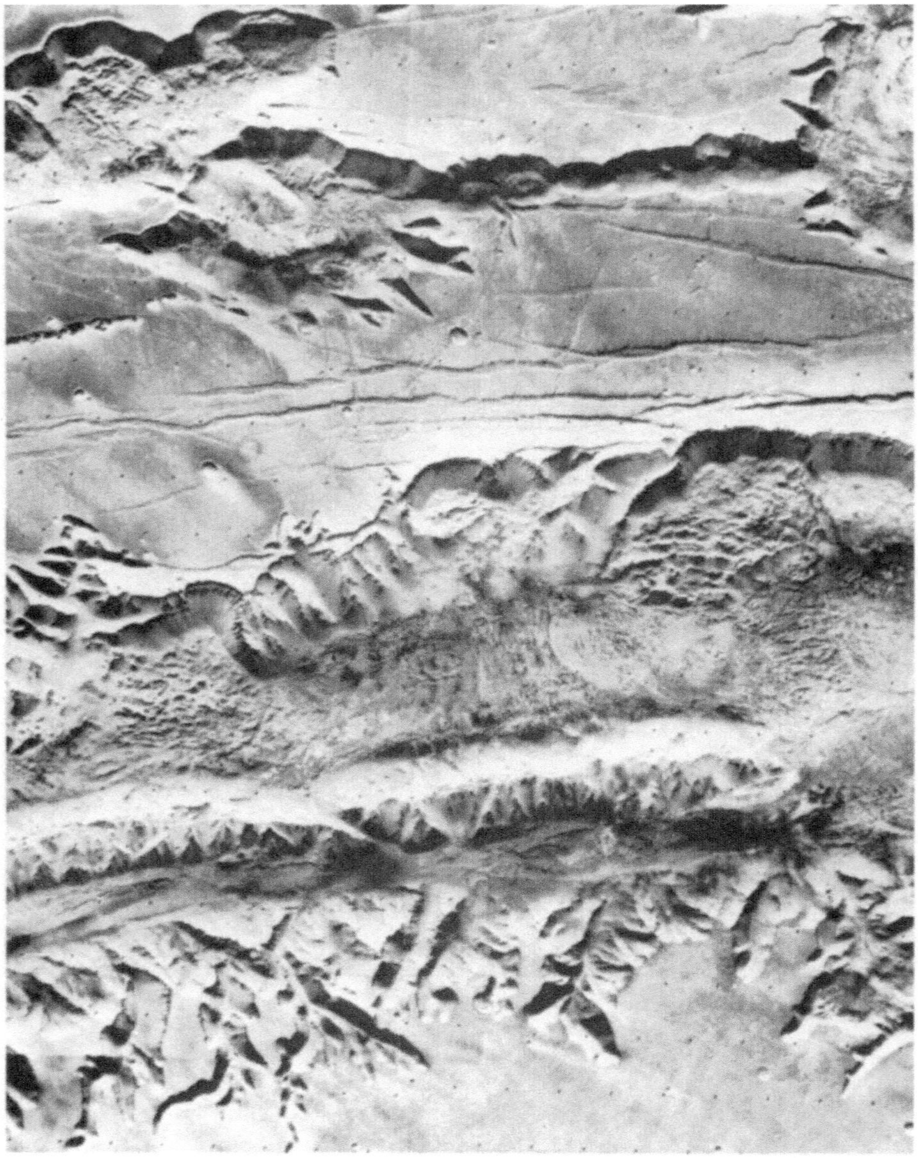

Bild 6.18
Ein Ausschnitt aus Valles Marineris, zusammengesetzt aus Aufnahmen von Viking Orbiter 1 vom 23. August 1976 aus einer mittleren Entfernung von 4200 km. Der Hauptbruch durchquert die untere Bildhälfte. Darüber, im Norden, eine parallele Begleitstörung. Zum heutigen Aussehen des Bruchsystems haben eine Vielzahl von verformenden Prozessen beigetragen.

-kruste in einer Zeit, in der der Planet abkühlte und erstarrte.

Das größte Bruchsystem ist das von Mariner 9 entdeckte System Valles Marineris (Bild 6.17), das schon auf Sondenfotos zu sehen ist, die noch in einem Abstand von mehreren Millionen Kilometern gemacht wurden. Der westliche Ausgangspunkt liegt in der Syria Planum im Noctis Labyrinthus (6° s. Br. und 105° w. L.), jenem geographischen Zentrum der großen Krustenaufwölbung, die auch die gewaltigen Schildvulkane trägt und das auch durch ein gleichmäßiges Netz von orthogonal angelegten Grabenbrüchen gekennzeichnet ist. Der Bruch verläuft etwa parallel zum Äquator und endet im Osten am südlichen Rand der Chryse-Tiefebene bei etwa 35° w. L. Da Valles Marineris radial zur Tharsis-Aufwölbung verläuft, kann angenommen werden, daß die Entstehung der Kluft mit der Anhebung von Tharsis zusammenhängt; vermutlich handelt es sich um eine Spätfolge dieses Prozesses. Eine andere Erklärung wäre, daß es sich bei diesem Graben um ein globaltektonisches Ereignis handelt.

Bild 6.18 ermöglicht einen Blick in einen relativ kleinen Abschnitt des Ost-Westbruchs von einer nahezu senkrechten Position aus. Der Bruch durchquert hier ein recht ebenes, nur leicht mit Kratern übersätes Gelände und ist an dieser Stelle über 100 km breit und 6 km tief. Die irregulär geformten Einbuchtungen im Norden zu beiden Enden der Begleitstörung entstanden wahrscheinlich durch das Absinken der Oberfläche infolge Abschmelzens von Permafrostschichten. Der Nordwall des Marineris-Grabens ist durch gewaltige Materiallawinen (vor allem rechts gut zu sehen) stark aufgeweitet. Diese primär vertikalen Materialbewegungen sind sicherlich über eine weite Zeitspanne episodenweise aufgetreten und durch Beben oder sonstige Erschütterungen eingeleitet worden. Die Orientierung der kurzen Seitencanyons auf der gegenüberliegenden, südlichen Seite deutet auf Querstörungen hin. Vielleicht entstanden sie auch durch allmähliche Erosionswirkung als Folge des Freiwerdens des im Boden gebundenen Wassers, oder als Folge langsamer Setzvorgänge durch abwechselndes Gefrieren und Auftauen von Eisschichten unter der Oberfläche. Bisher wurden noch keine Anzeichen für Horizontalversatz gefunden; dies ist auch ein Indiz dafür, daß es sich bei Valles Marineris um einen Dehnungsbruch handelt.

6.2.4 Die Polkappen

Beide Marspole weisen starke Schichtungen aus Lavadecken und Staubablagerungen auf, die durch Winderosion an vielen Stellen freigelegt ist. Rund um die Resteiskappen, zwischen 70° und 80° Breite, erstrecken sich Gürtel mit großen Dünenfeldern. Das Material, aus denen sie bestehen, verhält sich ähnlich wie Sandkörner zwischen 0,1 und einigen Millimetern Größe auf der Erde, kann also bestenfalls kürzere Strecken durch Windeinfluß rollend vorwärtsbewegt, nicht aber in der dünnen Marsatmosphäre schwebend transportiert werden [3]. Die Resteiskappen reichen selbst beim größeren Nordpol im Winter nicht ganz bis zum 80. Breitengrad. Der Eisfleck des Südpols liegt so exzentrisch, daß dieser im Sommer völlig eisfrei ist. Im Winter dagegen reichen die Eiskappen bis nahe an den 40. Breitengrad.

Die Sommereiskappe des Nordpols besitzt etwa 1 000 km Ausdehnung. Da die Instrumente der Viking-Orbiter während des Sommers über der nördlichen Poleiskappe eine Temperatur von 205 K registrierten, muß es sich bei den Eisablagerungen um gefrorenes Wasser handeln (einer der großen Wasserreservoirs des Planeten), da festes Kohlendioxid bei dem derzeit herrschenden atmosphärischen Druck nur bis 148 K existiert. Selbst bei einer Substanz, bei der Kohlendioxid in Eiszellen eingeschlossen ist (Clathrat), dürfte die Temperatur nicht über 155 K liegen. Damit gilt eine der wichtigsten früheren offenen Fragen, die Art des Nordpoleises, als geklärt, zumal auch die Ergebnisse anderer Sonden-Messungen (z. B. des Wasserdampfgehalts) für Wassereis sprechen. Man hat abgeschätzt, daß die Dicke der permanenten Nordpoleisschicht mindestens 500 m betragen dürfte.

Im Sommer ist die nördliche Resteiskappe von einer wenige Zentimeter starken Schicht aus Kohlendioxidschnee bedeckt, im Winter erstreckt sich dieser Schneemantel wesentlich weiter südwärts. In dieser Zeit fällt das Eis aus dem atmosphärischen Kohlendioxid aus, um dann im Frühjahr wieder in die Atmosphäre überzugehen.

Die Sommer-Südpoleiskappe (Bild 6.19) ist mit etwa 300 X 350 km Ausdehnung deutlich kleiner als die des Nordpols. Da von den Viking-Sonden keine eindeutigen Temperaturmessungen existieren — eine während des Südsommers aufgetretene große Staubwolke beeinflußte damals das Meßergebnis —, kann die Möglichkeit nicht ganz ausgeschlossen werden, daß die Resteiskappe des Südpols neben Wassereis auch Kohlendioxidschnee enthält (oder Clathrat). Die Wintereishaube besteht in jedem Fall aus gefrorenem Kohlendioxid.

Die Struktur der Polargebiete mit ihren umfangreichen Schichtablagerungen, Sanddünen und eisfreien Abschnitten weist auf eine komplizierte klimatische Geschichte des Mars hin.

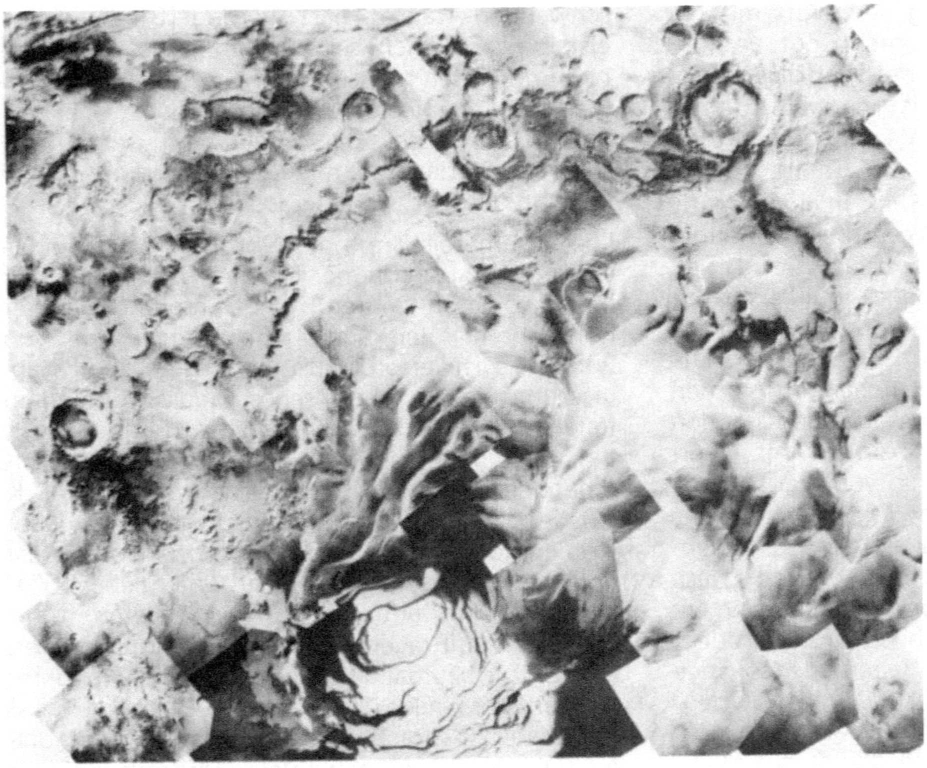

Bild 6.19
Ein Mosaik von Viking Orbiter 2-Fotos der Südpoleiskappe (unten) im Spätsommer. Die dunklen, eisfreien Streifen der Resteiskappe wurden von polaren Winden freigelegt. Nördlich der Polkappe erkennt man am Verlauf des Kraterwalles die Umrisse eines großen Einschlagbeckens. Es besitzt etwa die Weite von Argyre, ist aber durch Erosion schon stark zerfallen. Ist auf der Südhemisphäre Winter, ist mehr als das hier erfaßte Gebiet von immerhin 1300 km Größe mit Kohlendioxidschnee bedeckt.

Tabelle 6.1
Aufsetzpunkte der Viking-Lander

	Viking Lander 1 (VL 1)	Viking Lander 2 (VL 2)
Start auf der Erde*	20.8.1975	9.9.1975
Umlenken in Marsorbit	19.6.1976	7.8.1976
Landetag	20.7.1976	3.9.1976
Gebiet	Chryse Planitia	Utopia Planitia
Koordinaten	22,38° N/47,49° W	47,97° N/225,71° W
örtliche Höhe unter NN	1 510 m	2 780 m
Bemerkungen	am 13.11.1982 überraschend verstummt	abgeschaltet am 11.4.1980

* zusammen mit den jeweiligen Orbiter-Sonden

6.2.5 Viking-Landegebiete

Tabelle 6.1 zeigt einige Angaben über die Aufsetzpunkte der beiden Viking-Landegeräte, die einzigen weich auf der Marsoberfläche aufgesetzten Raumflugkörper, die über Jahre hinweg regelmäßig Meßdaten zur Erde übertrugen. Über den Nordpol gemessen sind die beiden Lander, die auch Oberflächenmaterialanalysen vornahmen, 4 017 km voneinander entfernt.

Das VL1-Landegebiet liegt in der Chryse Planitia, einer großen Tiefebene bis etwa 5 km maximaler Tiefe unter der „Nullhöhe". Das Terrain, bestehend aus feinkörnigem Material (Sanddünen) und Geröllfeldern auf sandiger Unterlage, trägt die Kennzeichen der verschiedensten Entstehungsprozesse wie fluviale Vorgänge, Vulkanismus, seismische Prozesse, Meteoritenaufschläge, äolische Materialzerkleinerung und -verwehung, sowie chemische Verwitterung.

Bild 6.20
Computerbearbeitetes Landefoto von Viking Lander 1. Die Szenerie ist bestimmt von Sanddünen, teilweise oder ganz eingegrabenen Felsbrocken und anstehendem Gestein. Überall sind Anzeichen von Verwehungen zu erkennen, von denen einige wie grob oder fein geschichtet aussehen. Der große staubbedeckte Felsblock (links) ist etwa 2 m lang und befindet sich 7 ... 8 m vom Landegerät entfernt. Bis zum Horizont sind es etwa 3 km.

Vom Boden aus gesehen erinnert der Landeplatz an eine irdische Steinwüste (Bild 6.20). Auswirkungen der einst vom Lunae Planum ausgegangenen Überschwemmung sind hier nicht zu sehen. Vielleicht hat sich die Landschaft durch Erosion geändert, oder die Flut ist nicht ganz bis zum Landeplatz vorgedrungen.

Utopia Planitia, Landeplatz von VL 2, ist typisch für jene weiten Ebenen, die große Teile der nördlichen Hemisphäre des Mars einnehmen. Sie ist vorzugsweise durch Depositions- und Erosionsprozesse geprägt. Das VL 2-Gelände ist relativ eben und zeigt keine nennenswerten Bodenerhebungen und -senken, wie sie die VL 1-Bilder bestimmen. Weitere Unterschiede zu den Chryse-Fotos: Die verstreut den Boden bedeckenden Felsbrocken sind kleiner; ihre Zahl pro Flächeneinheit ist jedoch doppelt so groß, sie liegen größtenteils frei auf dem Untergrund auf und sind nicht, wie am VL 1-Platz, teilweise in den feinen Sand eingebettet. Der größte Teil des Gesteins in der Utopia-Ebene ist auffällig porös, während die Felsstücke im Chryse-Gebiet überwiegend kompakt und glatt sind. Anstehendes Gestein tritt zwar in der VL 1-Region zutage, nicht aber in Utopia.

Einen Eindruck von der Oberflächenbeschaffenheit der unmittelbaren Umgebung des VL 2-Geländes vermittelt Bild 6.21. Hier ist Material unterschiedlicher Albedo und Textur auszumachen. Es gibt kaum Treibsandanhäufungen; größere Sandbänke fehlen ganz. Die Krustenoberfläche macht einen relativ festen, kompakten Eindruck. Unwillkürlich fühlt man sich an die Caliche-Bildungen in einigen irdischen Wüstengebieten erinnert: Wenn dort Wasser aus dem Inneren aufsteigt und kurz vor Erreichen der Oberfläche verdunstet, werden auf den Sandteil-

Bild 6.21
Der Utopia-Landeplatz von Viking Lander 2 in einer der weiten, schuttbedeckten Ebenen auf der nördlichen Halbkugel des Mars. Der Vordergrund dieses Bildes hat eine extrem hohe Auflösung, denn die kleinsten sichtbaren Partikel haben nur 5 mm Durchmesser. Die bis zu 1 m großen Felsbrocken stammen vermutlich aus dem 200 km entfernten, 100 km großen Krater Mie. Die Löcher im Gestein sind entweder beim Entweichen eingeschlossener heißer Gase oder durch Windeffekte entstanden.

chen Kalzium- und Sulfatsalze abgelagert, die dadurch zusammenbacken und eine dünne, aber feste Kruste bilden [11].

Überraschenderweise ergaben die Röntgenfluoreszenz-Spektrometer beider Sonden, die die Bodenproben analysierten und die Häufigkeiten der Elemente mit Ordnungszahlen über 11 feststellten, daß die Zusammensetzung der Böden beider Landeplätze praktisch gleich ist (Tabelle 6.2). Die am häufigsten vertretenen Elemente sind Silizium, Eisen, Magnesium und Kalzium. Auffallend ist der hohe Schwefelgehalt, der nahezu um den Faktor 100 größer ist als in einer typischen Erdprobe. Die Analysen von Proben, die an geschützten Stellen (z.B. unter Steinen) geschürft wurden, ergaben einen etwas geringeren Eisen- und einen etwas höheren Schwefelgehalt. In der Zusammensetzung entspricht der Marsboden genau genommen keinem irdischen Mineral- oder Gesteinstyp. Wahrscheinlich sind die Böden Mischungen aus eisenreichen Tonmineralien, Eisenhydroxiden, Sulfaten und Karbonaten, die etwa 1 Gewichts-% Wasser enthalten. Am ehesten entsprechen sie basischem und ultrabasischem Eruptivgestein der Erde, das den unterschiedlichsten Verwitterungsprozessen ausgesetzt war.

Tabelle 6.2 Mittlere Zusammensetzung der obersten Schicht des Marsbodens [12]

Chemisches Element bzw. Oxid	Anteil in Gewichts-%
Mg	5,0
Al	3,0
Si	20,9
S	3,1
Cl	0,7
K	0,25
Ca	4,0
Ti	0,5
Fe	12,7
SiO_2	44,7
Al_2O_3	5,7
Fe_2O_3	18,2
MgO	8,3
CaO	5,6
K_2O	0,1
TiO_2	0,8
SO_3	7,7
Cl	0,7

Experimente mit den Magneten an den Schürfgeräten der beiden Viking-Lander ergaben, daß der Marsboden 3 ... 7 % eines magnetischen Minerals enthalten muß. Möglich wären z.B. die beiden Eisenoxide Magnetit und Maghemit oder metallisches Nickeleisen.

Die molekulare Analyse durch Viking erbrachte ebenfalls nur geringfügige Unterschiede an beiden Landeplätzen: Beim Aufheizen der Proben auf 200 °C entwichen geringe Mengen an Kohlendioxid (ca. 250 ppm) und Wasser (VL 1: < 0,1 %; VL 2: ca. 0,15 %). Bei der Temperatursteigerung bis auf 500 °C wurden maximal 1 % (VL 1) bzw. etwas über 1,5 % (VL 2) Wasser freigesetzt. Auch die Kohlendioxidmenge stieg an, jedoch weniger stark als das Wasser. Komplexere organische Moleküle mit mehr als zwei Kohlenstoffatomen wurden nicht gefunden, ein Indiz dafür, daß an den beiden Landestellen keine nennenswerten, organische Verbindungen liefernden Prozesse ablaufen. Das Wasser ist im Marsboden hydratisch gebunden, wobei von relativ stabilen Hydraten ausgegangen werden muß.

Mit einem sehr komplexen dreigliedrigen Meßinstrument in jedem der beiden Lander sollte der Frage nachgegangen werden, ob auf dem Mars Leben in irgendeiner Form existiert oder nicht (Bild 6.22) [1, 2]. Als Ergebnis muß trotz manch anderer Deutungsversuche [13] festgestellt werden, daß in den Chryse- und Utopia-Regionen kein Leben gefunden wurde. Das während der wochenlangen Versuchsreihen auf dem Mars festgestellte außergewöhnliche chemische Verhalten der Proben (der Marsboden nahm zwar Nährlösung auf und gab auch Sauerstoff ab, doch es fanden sich andererseits weder Körper noch Überreste davon) ist somit nicht ein biochemisches, sondern ein anorganisches Phänomen. Der amerikanische Wissenschaftler G. A. Soffen, der für das biologische Viking-Experiment verantwortlich zeichnete, schrieb nach Abschluß der Viking-Auswertung [9]:

„I have devoted 20 years of thinking about this question. In my role as the Viking project scientist during the primary mission, I began with a very optimistic view of the chances for life on Mars. I now believe it is very unlikely, but one doubt lingers: we have not visited the polar regions. I have always believed that in the search for life you must go where water is ..."

6.3 Atmosphäre, Meteorologie, Klima

In Tabelle 6.3 sind einige der atmosphärischen Hauptdaten für den oberflächennahen Bereich des Planeten Mars zusammengesellt. Die Atmosphäre besteht am Boden primär aus Kohlendioxid. Besondere Bedeutung kommt dem Nachweis von Stickstoff zu, insbesondere aber der Tatsache, daß die Marsatmosphäre (im Vergleich zur Erde) mit dem selteneren schweren Isotop ^{15}N gegenüber dem leichten ^{14}N angereichert ist. Dies läßt den Schluß zu, daß die Ausgasung von Stickstoff bereits in einer sehr frühen Phase der Planetenevolution begonnen hatte, und daß – wie Rückrechnungen ergaben – das gesamte aus der Planetenrinde entwichene Gasvolumen sehr groß war, vielleicht sogar bis zu 100 mal größer als das Volumen der jetzigen Atmosphäre. Wenn auch andere Viking-Daten ein derart großes „Ur-Volumen" nicht bestätigen, so besteht doch allgemeine Übereinstimmung darüber, daß der atmosphärische Druck auf dem Planeten früher bis zu 100 mbar betragen haben kann. Aufgrund der relativ gerin-

Bild 6.22
Aus fünf Einzelaufnahmen zusammengesetztes Bild der Umgebung des VL 1-Landeplatzes im Frühjahr 1980. Links im Vordergrund der helle Instrumentenmast mit den meteorologischen Experimenten am Ende. Sein Schatten fällt auf die kleinen Gräben, die von einem Miniaturgreifer ausgehoben wurden. Zum Zeitpunkt der Aufnahmen war es im Chryse-Gebiet gerade Sommer.

Tabelle 6.3
Zustandswerte und Atmosphärenzusammensetzung nahe der Oberfläche

g [m/s²]	p [bar]	T [K]	Anteil der Hauptgase in %		Anteil der Spurengase in ppm	
3,73	0,007	218	CO_2	95	O_2	1 300
			N_2	2,7	CO	700
			Ar	1,6	H_2O	300
					Ne	2,5
					Kr	0,3
					Xe	0,08
					O_3	0,1

g = Schwerebeschleunigung
p = mittlerer atmosphärischer Oberflächendruck
T = mittlere Oberflächentemperatur

gen Gravitation des Mars hatte der Planet dann im Verlauf von Jahrmilliarden den größten Teil des leichteren Stickstoffes verloren.

Zur Bedeutung der Spurengase und ihrer Isotopenzusammensetzung sei an dieser Stelle auf die Literatur verwiesen [1, 2, 9, 12, 14, 15, 16].

Mit zunehmender Höhe steigt der Stickstoffanteil stark an, das Ergebnis einer diffusen Trennung des leichteren Stickstoffs von den schwereren Atmosphärenbestandteilen. Auch der relative Anteil an Kohlenmonoxid und Sauerstoff nimmt deutlich zu, während der Kohlendioxidgehalt mit zunehmender Höhe absinkt, wie Tabelle 6.4 zeigt.

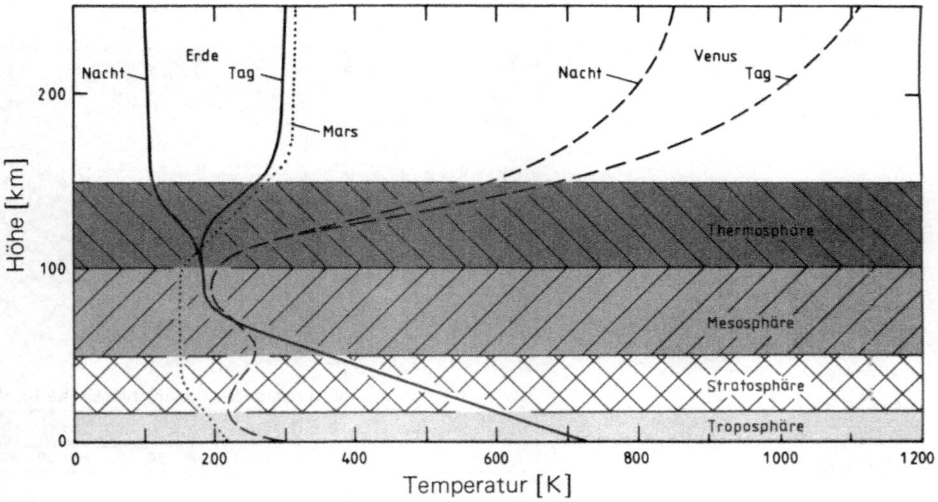

Bild 6.23
Das vertikale Höhentemperaturprofil für den Mars im Vergleich zur Erde und zur Venus [9]. Eingetragen sind auch die ungefähren Grenzen für die irdische Troposphäre, Stratosphäre und Mesosphäre.

Tabelle 6.4 Zusammensetzung der oberen Marsatmosphäre in 120 und 180 km Höhe in Volumen-% [nach 2]

gemessen von	VL 1		VL 2	
Höhe [km]	120	180	120	180
CO_2	97,51	80,97	94,37	69,54
N_2	1,46	12,15	2,6	17,55
Ar	0,59	1,58	1,65	2,65
CO	0,34	4,86	1,18	9,93
O_2	0,097	0,44	0,19	0,33
NO	0,002	–	0,009	–

Die Atmosphärendichte ist am Marsboden mehr als um den Faktor 100 kleiner als an der Erdoberfläche. Bis etwa 100 km Höhe nimmt diese große Differenz etwas ab, um dann aber nach oben wieder größer zu werden: Während auf Mars eine Gasdichte von beispielsweise 10^9 kg/m^3 schon in einer Höhe von 135 km erreicht wird, tritt die gleiche Dichte auf der Erde erst in 185 km Höhe auf.

Das mittlere Temperaturprofil der Marsatmosphäre im Vergleich zu entsprechenden Kurven der Planeten Erde und Venus zeigt Bild 6.23. Die Temperatur für den Mars folgt in etwa, allerdings erst ab etwa 100 km, der Temperaturlinie der sonnenbeschienenen Erdseite.

Natürlich gibt es starke örtliche Schwankungen der Temperatur sowohl am Boden als auch in der Höhe. Zum Zeitpunkt der Ankunft der beiden Viking-Sonden am Mars herrschte im Süden Winter, im Norden Sommer. Während mittags die Temperaturen am Äquator bis auf 240 K anstiegen, wurden am Südpol Werte zwischen 130 K und 134 K gemessen, am Sommer-Nordpol 200 ... 215 K. Zu einem späteren Zeitpunkt wurde sogar eine winterliche Nordpoltemperatur von 123 K registriert. Die wahrscheinliche Erklärung für diese unerwartet tiefen Poltemperaturen ist, daß durch den zunehmenden Verlust an atmosphärischem Kohlendioxid durch ständiges Ausfrieren die regionale Konzentration nicht kondensierender Gase (Argon, Stickstoff, Sauerstoff) stark zunimmt, mit der Folge, daß bei abnehmendem Kohlendioxid-Partialdruck auch die Gleichgewichtstemperaturen entsprechend sinken. Der saisonale Verlust an Kohlendioxid über dem jeweiligen Winterpol ist mit etwa 20 % so groß, daß sich das Defizit dieses Gases sogar auf der Sommerhälfte nachweisen läßt (bestätigt durch die Messungen an den in der Nordhemisphäre liegenden Landeplätzen der beiden Viking-Lander).

Auf zwei Spurengase in der Marsatmosphäre – Ozon und Wasserdampf – sei an dieser Stelle etwas näher eingegangen. Die Ozon-Häufigkeit in der Marsatmosphäre ist weitaus geringer als in der Erdatmosphäre, wo der Ozonschicht eine außerordentlich wichtige Filterwirkung gegen den Einfall der für alles irdische Leben gefährlichen Ultraviolett-Strahlung zukommt. Gemessen in Bruchteilen aller in einer vertikalen

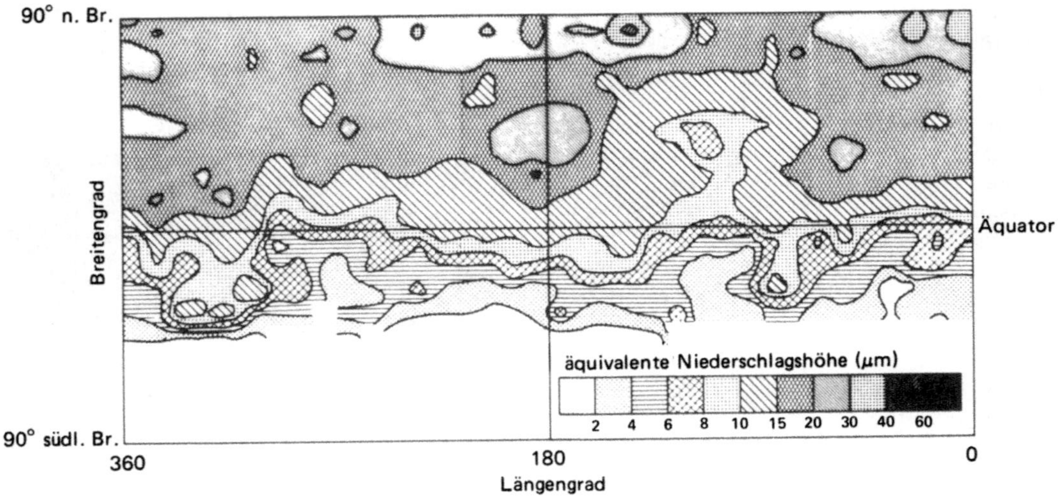

Bild 6.24
Wasserdampfverteilung in der Marsatmosphäre, gültig für die frühe Herbstsaison auf der Planetennordhälfte. Es ist ein Zeitpunkt, in dem die ganz hohen Konzentrationen in Polnähe schon nicht mehr auftreten.

Atmosphärensäule vorhandenen Gasmoleküle schwankt der Ozongehalt in der Marsatmosphäre zwischen dem 50. und dem 65. Grad n.Br. im Winter zwischen $3 \cdot 10^{-7}$ und $4 \cdot 10^{-7}$. In niedrigeren und wärmeren Breitengraden und über dem jeweiligen Sommerpol liegt die Ozonkonzentration dagegen unterhalb der Nachweisgrenze. Da Ozon durch katalytische Reaktionen abgebaut wird, wird es überall dort in nur geringen Mengen vorkommen, wo genügend Wasserdampf in der Atmosphäre ist.

Dem Wasserdampf kommt trotz seines geringen Anteils in der Marsatmosphäre – würde der gesamte Vorrat von etwa 1,3 km^3 kondensieren, würde der Planet von einer nur 0,02 mm hohen Wasserschicht bedeckt sein – eine bedeutende Rolle zu: Praktisch alle Spurengase (mit Ausnahme der Edelgase) lassen sich nämlich auf photochemische Prozesse zurückführen, an denen Kohlendioxid und Wasserdampf beteiligt sind. Die Wasserdampfmessungen von Viking ergaben folgende Extremwerte: im Winter in der Nähe des Südpols ein Volumen entsprechend 0,5 µm Niederschlagshöhe, in hohen nördlichen Breiten im Sommer etwa 90 µm (zum Vergleich: Erde 2 ... 3 cm). Die Feuchtigkeit der planetaren Gashülle ist jedoch nicht nur saisonal und von globalen Ereignissen wie großen Staubstürmen, sondern auch tageszeitlich und örtlich abhängig. Hierzu zeigt Bild 6.24 die Großraum-Wasserdampfverteilung in der Marsatmosphäre zwischen etwa 40° s.Br. und 90° n.Br., wie sie für die spätsommerliche Jahreszeit typisch ist.

Im Vergleich zur Erde ist die Marsatmosphäre demnach auf den ersten Blick extrem trocken. Bezieht man jedoch den irdischen Wasserdampfgehalt auf die dem mittleren Marsdruck entsprechende Höhe, so ändert sich das Bild grundlegend. Die kleinsten auf dem Mars gemessenen Wasserdampfwerte sind dann immer noch höher als die in der entsprechenden Höhe der Erdatmosphäre.

Wie sich der atmosphärische Druck am Marsboden an den beiden Viking-Landestellen im Verlauf von etwa 1 300 Marstagen (1 Marstag entspricht etwa 24 Std. 37 Min.) zwischen Sommer 1976 und Sommer 1980 änderte, zeigt anschaulich das Bild 6.25. Zusätzlich zu den täglichen Druckschwankungen (oben: Darstellung für das Chryse-Landegebiet) treten starke jahreszeitliche Variationen auf, hauptsächlich infolge der Kondensation atmosphärischen Kohlendioxids in „Trockeneis" in den Polgebieten im Winter sowie durch die globalen Staubstürme.

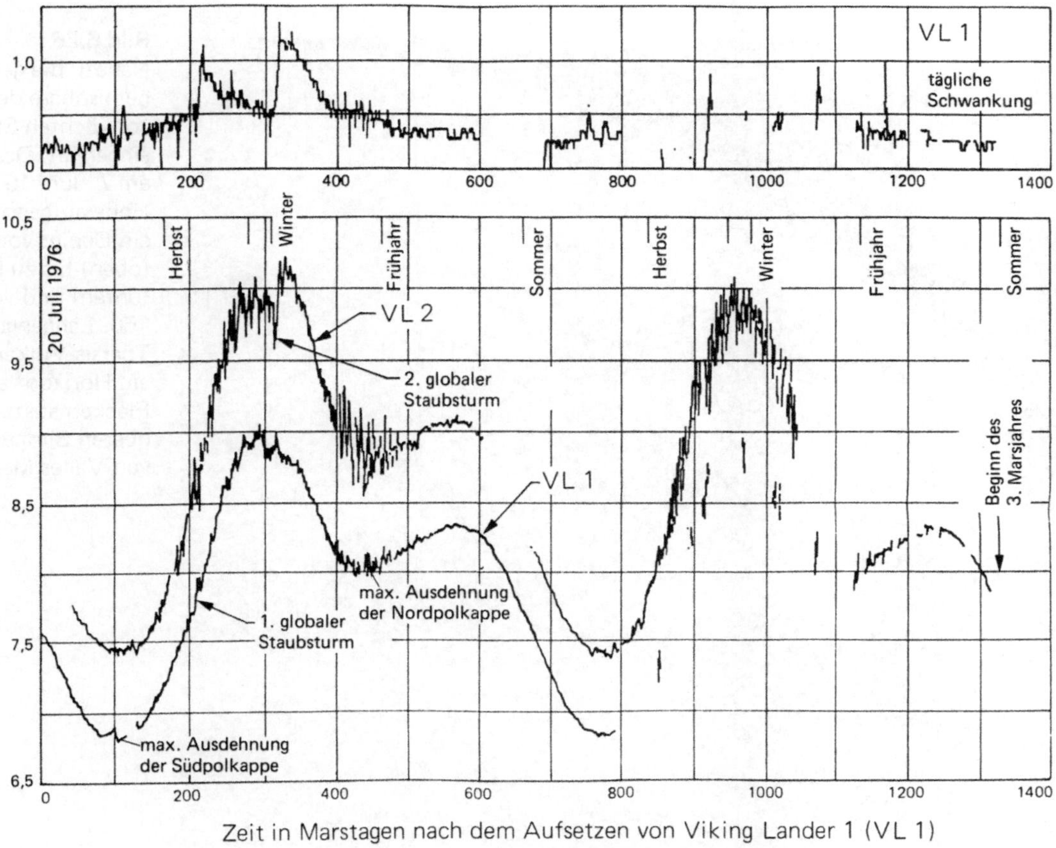

Bild 6.25
Tägliche (oben) und jahreszeitliche Druckschwankungen (unten) auf der Marsoberfläche. Der zweite hier angegebene Staubsturm war wesentlich stärker als der erste; über 95 % der einfallenden Sonnenstrahlung wurde entweder von den in der Atmosphäre schwebenden Staubmassen absorbiert oder zerstreut. Wegen der elliptischen Planetenbahn um die Sonne ist das Druckminimum im Nordwinter höher als das im Südwinter.

Aus Tabelle 6.4 geht hervor, daß der Kohlendioxidgehalt mit zunehmender Höhe ständig abnimmt; in 200 km Abstand von der Marsoberfläche ist die Häufigkeit von Kohlendioxid und molekularem Stickstoff annähernd gleich groß. Eine Überraschung war auch der Nachweis von Stickstoffmonoxid (NO), umso mehr als NO in den oberen Schichten der Marsatmosphäre weit häufiger vorkommt als in vergleichbaren Schichten der Erdatmosphäre. Die Existenz dieses schweren Gases in der Hochatmosphäre deutet auf eine gründliche vertikale Durchmischung der Marsatmosphäre bis in Höhen von 140 km. Erst ab diesem Bereich werden die Konzentrationen der verschiedenen Gase zunehmend durch molekulare Diffusion gesteuert; die leichteren Moleküle sind weiter oben zu finden als die schwereren.

Die Mars-Hochatmosphäre enthält auch die Ionosphäre, die durch Wechselwirkung zwischen den neutralen Atmosphärenbestandteilen und den hochenergetischen Photonen und Elektronen des Solarwindes entsteht. Trotz des kaum nennenswerten Magnetfeldes (Abschnitt 6.1) bildet sich auf der sonnenzugewandten Seite des Mars eine Pseudomagnetopause (Ionopause) und eine Stoßfront aus, die den größten Teil des anströmenden Sonnenwindes um den Planeten herum ablenkt. Die maximale Elektronendichte tritt in Höhen zwischen 130 km und 150 km

Bild 6.26
Nahezu die gesamte Südhemisphäre des Mars ist hier von dichten Staubschwaden eingehüllt. Das Bildmosaik, am 7. Juni 1977 aus 27 000 km Höhe aufgenommen, zeigt ein Gebiet vom Äquator (oben) bis zu 50° s. Br. (unten) und vom 75. bis zum 150. Längengrad. Zwei der Tharsis-Vulkane sind links am Horizont als dunkle Flecken auszumachen, am oberen Bildrand der Westteil von Valles Marineris.

über dem Marsboden auf und beträgt dort auf der Tagseite nur etwa 1,5 ... $1{,}7 \cdot 10^5\ ^1/\text{cm}^3$. Die ionisierten Teilchen sind somit in 0,041 Marsradius Abstand vom Boden am häufigsten vertreten. Berücksichtigt man, daß die irdische F-Schicht als die am stärksten ionisierte Schicht der Erde im Mittel auch nur 0,047 Erdradien vom Boden entfernt ist, überrascht der wegen des Fehlens eines starken Magnetfeldes nicht zu erwartende „Widerstand" der Marsatmosphäre gegen das tiefere Eindringen des Sonnenwindes doch sehr.

In Höhen um 130 km besteht die Marsatmosphäre primär aus ionisiertem molekularen Sauerstoff; mit großem Abstand in der Häufigkeit folgt ionisiertes Kohlendioxid, sowie – in sehr geringen Mengen – Stickstoffmonoxid- und atomare Sauerstoffionen. Die molekularen Sauerstoffionen entstehen durch die Reaktion von Kohlendioxidionen mit atomarem Sauerstoff; so wird auch verständlich, warum es häufigstes Ion sein kann, obgleich der neutrale molekulare Sauerstoff nur zu Prozentbruchteilen in der Marsatmosphäre präsent ist.

Bild 6.27
Die Bildserie zeigt das Landegebiet von Viking Lander 1 vor, während und nach einem Sandsturm. Das zweite Teilbild von rechts entstand am 14. Juni 1981, als sich der Sandsturm gerade entwickelte Die Bildreihe umspannt eine Periode von 2/3 Marsjahren (etwa 1 1/2 Erdjahre). Die unterschiedliche Helligkeit des großen Felsbrockens ist auf den unterschiedlichen Sonneneinfallswinkel zurückzuführen. Mit dieser Art von Langzeit-Helligkeitskalibrierung ist es auf zukünftigen Mars-Oberflächenbildern möglich, Verdunklungseffekte durch atmosphärische Vorgänge von saisonbedingten Helligkeitsunterschieden zu trennen.

Schon lange Zeit weiß man, daß es auf dem Mars auch Winde, Wolken und Staubstürme gibt. An beiden Aufsetzpunkten der Viking-Landegeräte wurden Windgeschwindigkeit und Windrichtung über Monate hinweg registriert. Die Winde frischen im allgemeinen kurz nach Sonnenaufgang auf und bleiben bis zum frühen Nachmittag leicht böig; Werte über 17 m/s (61 km/h) wurden aber nur selten gemessen. Dies reicht noch nicht aus, um Oberflächenstaub aufzuwirbeln. In höheren Schichten der Atmosphäre kommt es allerdings zu stärkeren Windströmungen, die durch Corioliskräfte (gegeben durch die Rotationsgeschwindigkeit des Planeten) angetrieben werden. Ein zweiter Einflußfaktor ist durch die täglichen Erwärmungs- und Abkühlungsvorgänge gegeben; sie bewirken atmosphärische Gezeiten, die sich wiederum durch globale Windschwingungen bemerkbar machen.

Erst wenn die oberflächennahen Winde Geschwindigkeiten um 55 m/s (200 km/h) erreichen, werden in zunehmendem Maß Sandkörner aufgewirbelt. Regelrechte Stürme, die vorzugsweise bei Annäherung des Planeten an die Sonne auftreten, können gewaltige Sand- und Staubmassen über große Entfernungen tragen, wobei das Material bis in Höhen um 40 km transportiert wird. Die Staubwolken sind dann mitunter so dicht, daß ein Durchblick zum Boden nicht möglich ist (Bild 6.26 und 6.27).

Atmosphärische Turbulenzen oder Oberflächenwinde halten andererseits immer eine gewisse Staubmenge in der Schwebe, auch wenn der Mars sehr weit von der Sonne entfernt ist. Dies ist auch die Erklärung für den gelblichbraunen bis leicht rötlich gefärbten Himmel, der auf Farbaufnahmen über den beiden Viking-Landeplätzen zu sehen ist.

Die meisten Wolken, die über der Marsoberfläche zu beobachten sind, dokumentieren optisch die Anwesenheit von Feuchtigkeit. Dazu zählen die morgendlichen Dunstschleier, die kurz nach Sonnenaufgang entstehen, wenn durch die beginnende Erwärmung dünne Eisschichten am Boden in Dampf übergehen. Der Dampf kondensiert wieder, sobald er in die kühle Morgenatmosphäre aufgestiegen ist. Sind die Temperaturen tief genug zur Kondensation von Kohlendioxid, können auch Trockeneiswolken entstehen (Bild 6.28), die – im Gegensatz zu den Wassereiswolken – scharfe Begrenzungen haben. Am Boden wäre die dafür erforderliche Mindesttemperatur 150 K, in 10 km Höhe 144 K und in 30 km Höhe 130 K.

Eine andere Wolkenart, Konvektionswolken, entsteht, wenn das oberflächennahe Gas tags-

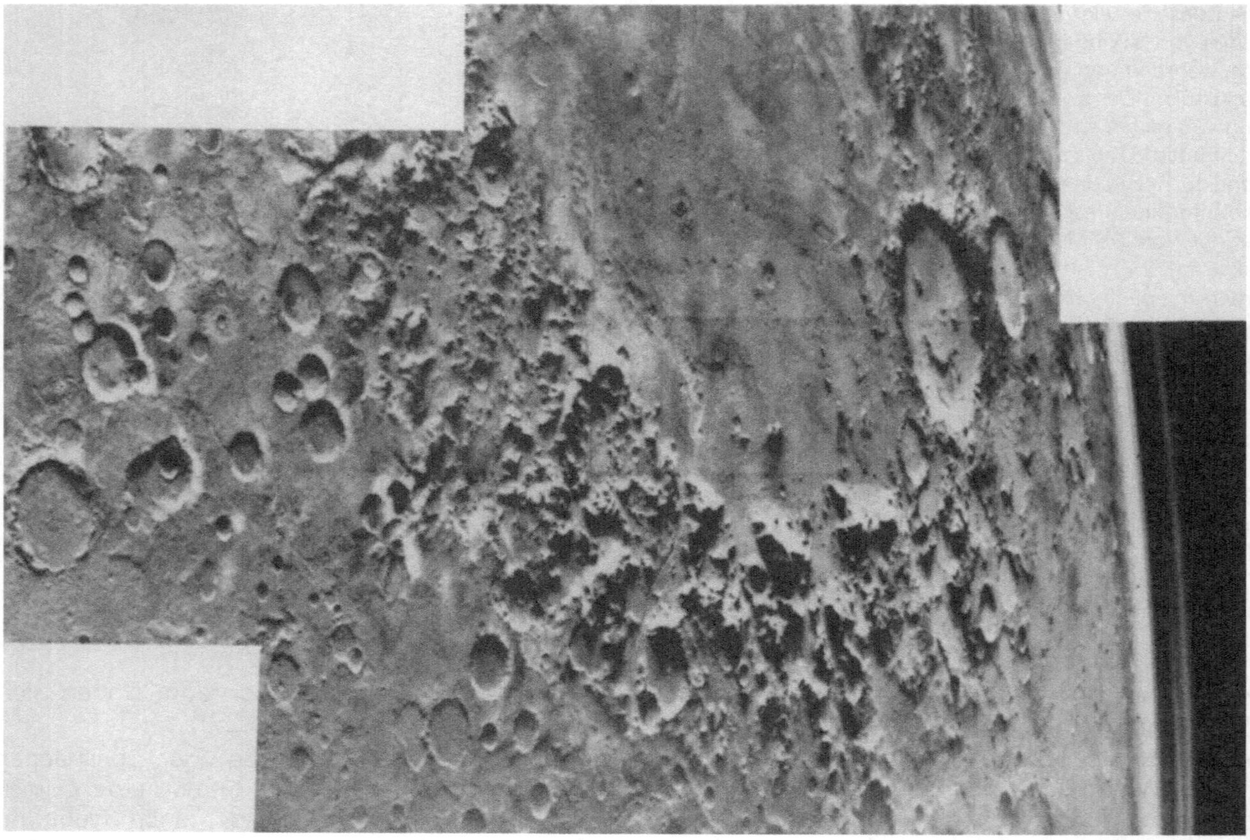

Bild 6.28
Blick auf den Marshorizont (rechts), der durch eine dünne Nebelschicht aufgehellt ist. Über dem Horizont sind geschichtete Schwaden von Kohlendioxidkristallen zu sehen, die 40 km Höhe erreichen. Die Bildmitte wird ganz durch das Einschlagbecken Argyre und seine Umgebung bestimmt. Die vier Teilaufnahmen stammen vom 11. Juli 1976 und wurden von Viking Orbiter 1 aus 18 000 km Abstand gewonnen. Norden befindet sich in Richtung links oben.

über erwärmt wird, in höhere Schichten aufsteigt und dabei durch Expansion genügend stark abgekühlt wird, so daß die Temperatur bis auf den Sättigungspunkt fällt. Kondensationswolken treten vorwiegend entlang von Bergflanken oder in der Nähe von Hochplateaus auf: Warme und feuchte Gasmassen steigen entlang dieser emporragenden Oberflächenformen nach oben, kühlen aber mit zunehmender Höhe immer mehr ab, bis der Wasserdampf kondensiert. Vor allem im Norden sind im Sommer große Gebiete mit relativ gleichförmigen dünnen Kondensationswolken bedeckt, die sogar noch von der Erde aus zu sehen sind.

6.5 Phobos und Deimos, die beiden Marstrabanten

Die beiden kleinen Marsmonde Phobos und Deimos (Bilder 6.29 und 6.30) zählen zu den merkwürdigsten Himmelskörpern in unserem Sonnensystem. Die dunklen Planetenbegleiter – sie reflektieren nur 5 ... 6 % des einfallenden Sonnenlichtes – haben Formen, die am besten durch dreiaxiale Ellipsoide wiedergegeben werden können (Tabelle 6.5). Ein Beobachter auf der Marsoberfläche würde Phobos wegen seiner kurzen Umlaufzeit (7 Std. 39 min. gegenüber 30 Std. 18 min. für Deimos) im Westen

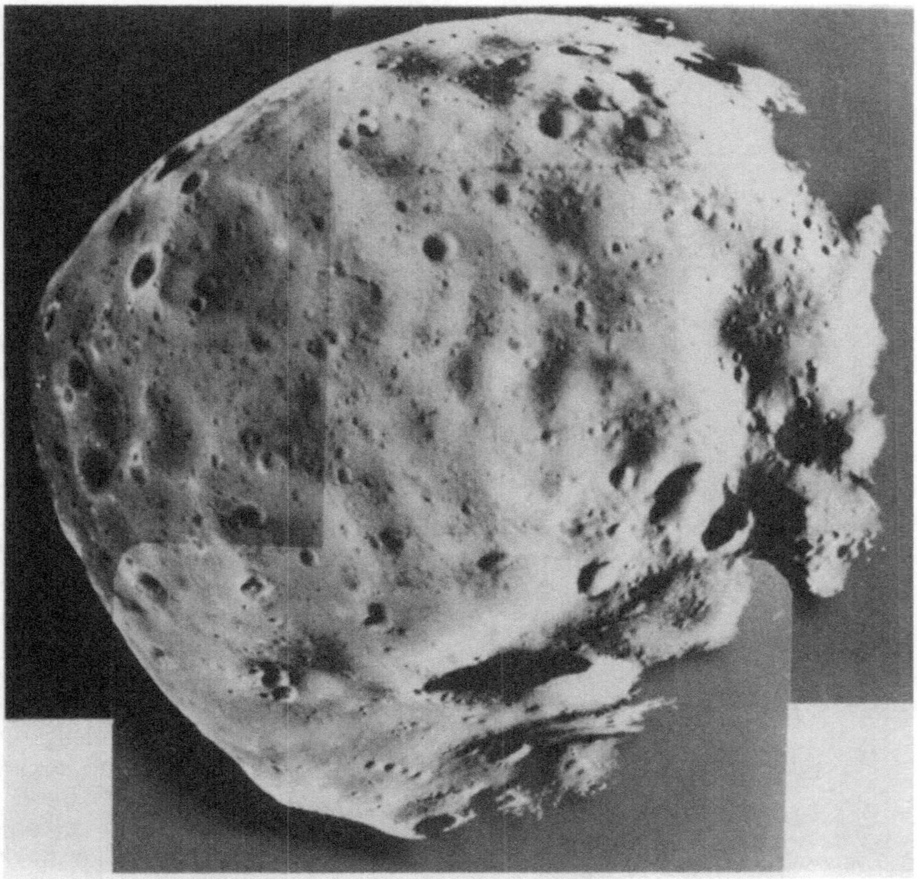

Bild 6.29
Phobos, hier in einer zusammengesetzten Aufnahme, die von Viking Orbiter 1 am 18. Februar 1977 aus Abständen zwischen 480 km und 660 km gemacht wurden, ist von Kratern, Kraterketten, Riefen, Furchen und domförmigen Ausbuchtungen bedeckt. Der innere Marsmond ist auf diesem Bild zu 75 % von der Sonne beschienen. Der Südpol dieses kleinen Planetenbegleiters liegt inmitten des ca. 5 km großen Kraters Hall am unteren Bildrand. Details mit 20 m Mindestgröße können noch ausgemacht werden.

Tabelle 6.5 Die beiden Monde des Planeten Mars

	Phobos	Deimos
Entdecker	A. Hall, 1877	A. Hall, 1877
mittl. Abstand vom Marszentrum [km]	9 380	23 500
siderische Periode [d]	0,31891	1,26244
Bahnneigung [Grad]	1,0	2,0
Bahnexzentrizität	0,018	0,002
Größe des Mond-Ellipsoids [km]	19,2 X 21,4 X 27,0	11 X 12 X 15
mittlerer Radius [km]	11	6
mittlere Dichte [g/cm^3]	1,9	2,1
Masse [kg]	$9{,}6 \cdot 10^{15}$	$2{,}0 \cdot 10^{15}$
Albedo	0,05	0,06

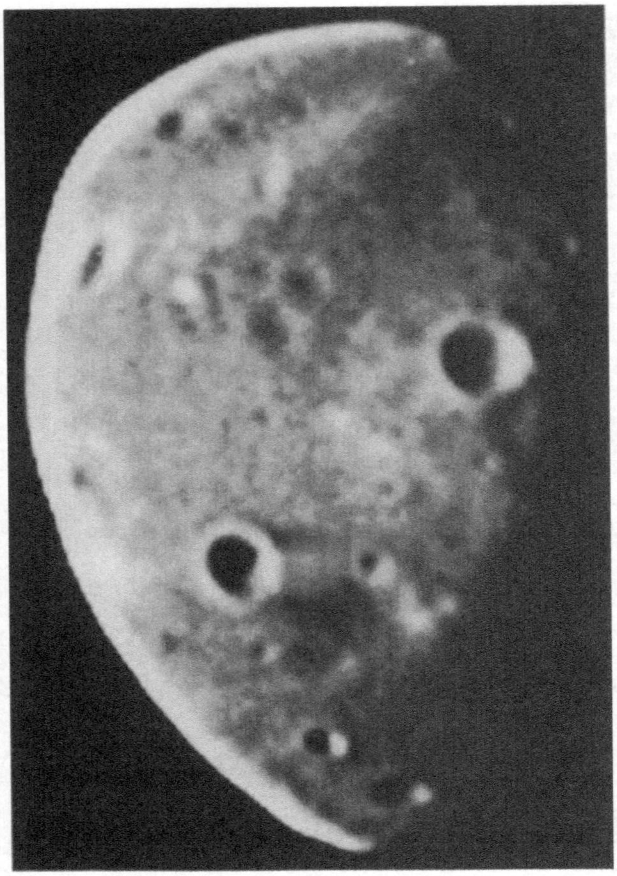

Bild 6.30
Der winzige Mond Deimos, wie ihn Viking Orbiter 1 Mitte September 1976 aus 3 300 km Distanz sah. Wie Phobos ist auch Deimos kraterübersät; die größten hier abgebildeten Impaktstrukturen haben 1,3 km und 1,0 km Durchmesser. Manche Krater, vor allem kleinere, erwecken den Eindruck, als seien sie unter einer dichten Staubschicht versunken. Etwa die Hälfte der der Kamera zugewandten Seite ist beleuchtet.

aufgehen, rasch von Horizont zu Horizont ziehen und im Osten wieder untergehen sehen. Beide Marssatelliten kehren dem Planeten stets die gleiche Seite zu (gebundene Rotation).

Bemerkenswert ist die geringe Oberflächengravitation und damit auch die geringe Fluchtgeschwindigkeit; letztere beträgt auf Phobos nur 18,6 ± 5 m/s, auf Deimos sogar nur 7 ± 3 m/s (zum Vergleich: Erdmond 2,374 km/s). Daraus folgt, daß sich auf diesen Weltenkörpern keinerlei Atmosphäre halten kann. Bei einer für Phobos angenommenen mittleren Oberflächentemperatur von etwa 250 K hätte beispielsweise ein Stickstoffmolekül eine typische Geschwindigkeit von rund 350 m/s, was ein Vielfaches der Fluchtgeschwindigkeit darstellt.

Beide Monde wurden während einer Serie von engen Vorbeiflügen der beiden Viking-Orbiter eingehend fotografiert und vermessen. So erreichte Viking Orbiter 1 im Februar 1977 seine größte Annäherung von ca. 80 km zur Phobos-Oberfläche, während Viking Orbiter 2 im Oktober 1977 in nur 23 km Abstand über der bisher weitgehend unbekannten Deimos-Oberfläche hinwegzog (Bild 6.31). Beide Monde sind kratergesättigt, d.h. jeder neu hinzukommende Krater muß zwangsläufig eine ältere Impaktstruktur zerstören, da die gesamte Oberfläche mit Einschlagdellen unterschiedlichster Größe überzogen ist. Die heutigen Mondlandschaften sind somit echte Zeugen für die Intensität des früheren Meteoritenbombardements, da infolge der geringen Massen dieser Minikörper weder Magmatismus noch Vulkanismus die Oberflächenstruktur verändern konnte.

Eine besondere Oberflächenform von Phobos ist ein nahezu körperumspannendes Netz von langen, mehr oder weniger parallel verlaufenden, 100 ... 200 m breiten und 20 ... 30 m tiefen Rillen (Bild 6.32). Da diese Rillen in der Nähe des größten Phobos-Kraters, Stickney (10 km Durchmesser bei nur 22 km mittlerem Monddurchmesser!), am häufigsten und größten und genau auf der gegenüberliegenden Seite am kleinsten sind, wird vermutet, daß sie eine Folge der Entstehung von Stickney sind [17]. Der Aufschlag des „Stickney-Meteors" muß das gesamte Mondinnere erschüttert haben! Eine andere, heute jedoch weniger wahrscheinliche Erklärung des Ursprungs der Rillen sind die Gezeitenkräfte des Mars [2]: Da Phobos den Planeten in nur geringem Abstand (innerhalb der Roche-Grenze) umkreist, ist er zwangsläufig starken verformenden Spannungen ausgesetzt. Die beobachteten Rillen wären dann erste Anzeichen für ein späteres Auseinanderbrechen von Phobos, dessen Überreste danach einen Ring um den Mars bilden würden.

Bild 6.31
Eine der bemerkenswertesten bisher durchgeführten flugnavigatorischen Manöver war der Vorbeiflug von Viking Orbiter 2 an Deimos in nur 23 km Höhe, bei dem auch diese Aufnahme mit nur 3 m Bildauflösung entstand. Die mit Regolithstaub verschütteten Krater sind hier gut zu erkennen; auffällig sind auch die verstreut herumliegenden, bis zu hausgroßen Felsbrocken.

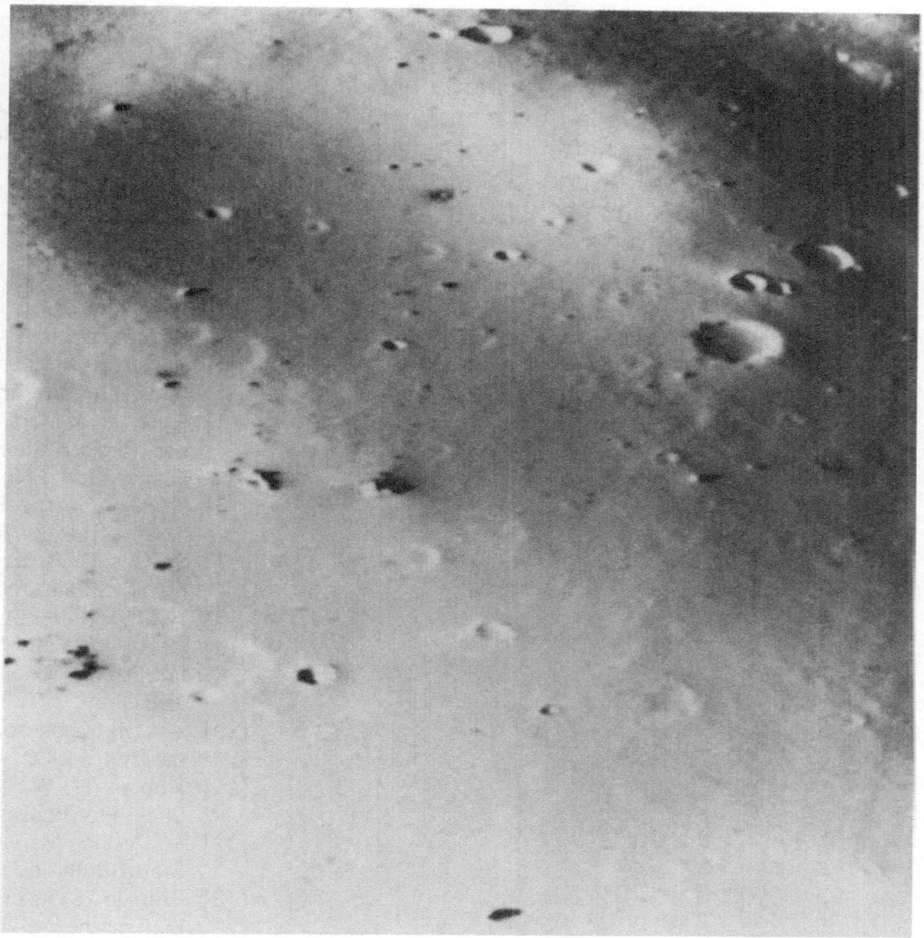

Bild 6.32
Ein nur 3 X 3,5 km großer Ausschnitt eines Gebietes in der Nordhälfte von Phobos, aufgenommen von Viking Orbiter 1 am 20. Februar 1977 aus 120 km Abstand. Die diagonal nach links unten verlaufende Rille ist eine der im Text erwähnten Oberflächenformen des Mondes, die entweder mit der Entstehung des Kraters Stickney oder mit Körperspannungen durch Gezeitenkräfte zusammenhängt. Bildauflösung zwischen 10 und 15 m.

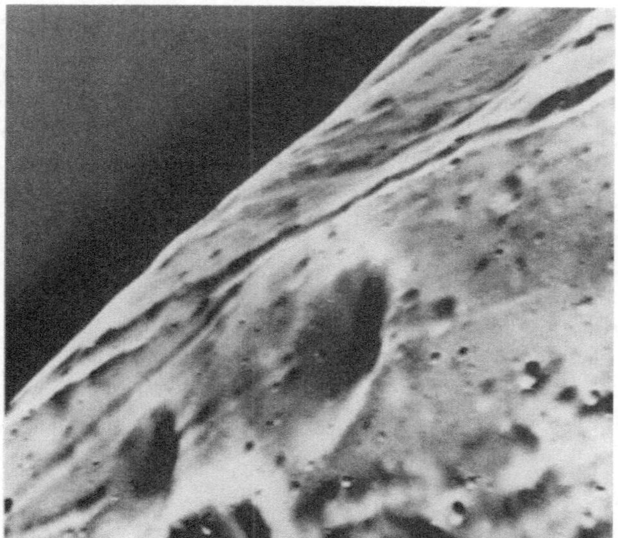

Die Herkunft der beiden Marsmonde bleibt auch nach Abschluß des Viking-Programms ungeklärt. Ähnlichkeiten der Umlaufbahnen und der fotometrischen Eigenschaften lassen lediglich annehmen, daß Phobos und Deimos etwa zu gleichen Zeiten zu Marstrabanten wurden. Drei Entstehungs-Alternativen sind in der Diskussion:

- Aggregation aus Materie, die bei der Entstehung des Planeten Mars übrigblieb;
- Phobos und Deimos sind eingefangene Asteroiden;
- Phobos und Deimos sind die Hauptbruchstücke eines geborstenen früheren größeren Marsmondes.

Literatur

• [1] –: Scientific Results of the Viking Project. Journal of Geophysical Research, Vol. 82, Nr. 28, September 1977 bzw. American Geophysical Union, Washington, D. C., Library of Congress 77–23719, 1977

• [2] Köhler, H. W.: Der Mars – Bericht über einen Nachbarplaneten. Vieweg, 1978

[3] Arvidson, R. E. u.a.: Die Oberfläche des Mars. Spektrum der Wissenschaft 10/1978

• [4] Wittbrodt, H. u.a.: Weltraum und Erde. Forschungsfeld Weltraum. Transpress VEB, Berlin, 1978

• [5] Hiller, K.: Mars: Photogeologische Untersuchung der Region Amenthes und angrenzende Gebiete. Dissertation, München 1978

• [6] Kopal, Z.: The Realm of the Terrestrial Planets. The Institute of Physics, Bristol-London, 1979

• [7] Spitzer, C. R. u.a.: Viking Orbiter Views of Mars. NASA SP-441, Washington, D. C., 1980

• [8] Ryan, P./Pesek, L.: Das Sonnensystem. List, 1981

• [9] Beatty, J. Kelly u.a.: The New Solar System. Sky Publishing Coorp./Cambridge University Press, 1981

[10] –: Die Lebensdaten des Mars. Bild der Wissenschaft 10/1980

[11] Köhler, H. W.: Marsprogramm Viking im Rückblick. Physikalische Blätter 4/1978

[12] –: Viking-Mars: Anatomy of Success. Mission Status Bulletin, JPL, Nr. 46, Oktober 1978

[13] Fränzle, S.: Zur Interpretation der Befunde der biologischen Experimentiereinheiten der Viking-Landesonden auf dem Mars. Sterne und Weltraum 7, 8/1980

[14] Leovy, C. B.: The Atmosphere of Mars. Scientific American 7/1977

• [15] Hahn, H.-M.: Erde, Sonne und Planeten. Kiepenheuer & Witsch, Köln, 1978

• [16] Stanek, B.: Planeten-Lexikon. Hallwag, Bern, 1979

• [17] Blunck, J.: Mars and its Satellites – A Detailed Commentary on the Nomenclature. Exposition Press, Hicksville, 1977

[18] Pieri, D.: The Ancient Rivers of Mars. The Planetary Report 2/1983

7 Jupiter

Jupiter ist hinsichtlich Volumen und Masse bei weitem der größte Planet im Sonnensystem (vgl. Tabelle 1.2): Der Äquatordurchmesser beträgt nach neuesten Sondenmessungen 143 800 km, seine Masse 1,899 · 10^{27} kg (1,899 Quadrillionen Tonnen); dies entspricht 317,893 Erdmassen. Jupiter hat zugleich auch die kürzeste Rotationsdauer aller Planeten. Die Dauer eines Jupitertages ist nicht so einfach zu definieren wie die eines Planeten mit fester Oberfläche. Sie basiert auf der Periode eines Radiosignals, dessen Ursprung in der Tiefe des Planeten dort vermutet wird, wo die Gashülle in flüssige Materie übergeht. Die so festgelegte Jupiter-Rotationsperiode nennt man die sog. System-III-Periode. Sie beträgt nach jüngsten Erkenntnissen 9 Stunden 55 Minuten 29,7 Sekunden. Die rasche Rotation führt zu einer deutlichen Ausbuchtung am Äquator; der Poldurchmesser ist um etwa 9 200 km kleiner als der Äquatordurchmesser. Es ist schon lange bekannt, daß Jupiter mit einer mittleren Dichte von 1,314 g/cm^3 kein erdähnlicher Körper sein kann, sondern hauptsächlich aus Gasen und Flüssigkeiten, möglicherweise mit einem kleinen inneren festen Kern, bestehen muß. Bereits in den fünfziger Jahren kam man zu der Überzeugung, daß Jupiter primär aus den leichtesten Elementen, Wasserstoff und Helium, besteht und damit eher der Sonne als der Erde gleicht. Jahreszeitliche Effekte treten auf Jupiter kaum auf, da seine Rotationsachse nahezu parallel zur Achse der Sonnenumlaufbahn verläuft.

Schon bei der Beobachtung des Planeten durch ein einfaches Teleskop erkennt man die farbenprächtigen streifen- bzw. bänderartig parallel zum Äquator verlaufenden turbulenten Wolkenmassen. Die dunkleren Streifen, Wolkenbänder genannt, und die helleren zwischen ihnen (Zonen) sind trotz zeitlicher und örtlicher Farb- und Lagevariationen permanent genug, um ihnen Namen geben zu können (Bilder 7.1 und 7.2).

In der südtropischen Zone befindet sich das Wahrzeichen von Jupiter, der 1665 von Giovanni Domenico Cassini entdeckte, vermutlich aber schon 1664 von Robert Hooke gesehene Große Rote Fleck (GRF), der eine Längsausdehnung bis zu 48 000 km erreicht, zeitweise aber auch — von der Erde aus gesehen — ganz verschwindet. Von einer Reihe von Wissenschaftlern wurde er früher als hohes Bergmassiv oder als eine in den Wolkenmassen schwimmende Insel angesehen.

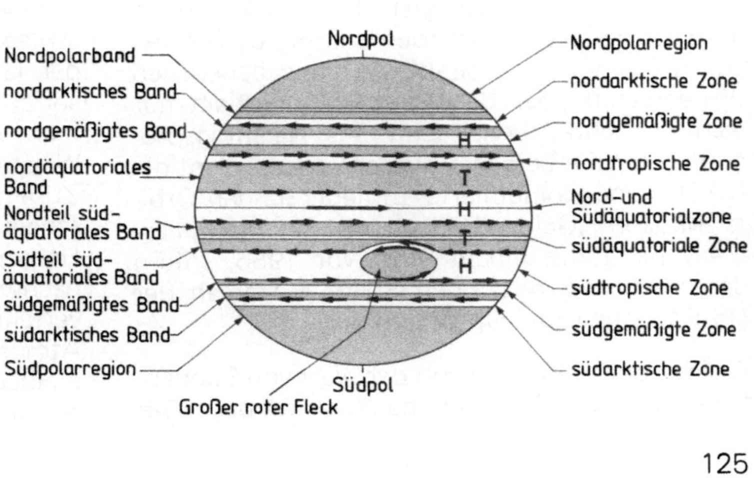

Bild 7.1
Die hellen (Zonen) und dunklen Wolkenstreifen (Bänder) können als Hoch- und Tiefdruckgebiete auf Jupiter angesehen werden. In den Grenzbereichen dieser Streifen treten hohe Windgeschwindigkeiten auf, deren Richtung vereinfacht durch Pfeile dargestellt ist. Die Strömung um den GRF auf der Südhemisphäre ist antizyklonisch.

Bild 7.2
Voyager 1-Foto von Jupiter vom 24. Januar 1979, entstanden aus etwa 40 Mio. km Abstand. In der unteren Bildhälfte der GRF; darunter, südlich der südtropischen Zone, einige helle Wolkenovale. Die Turbulenz der Wolkendecke von Jupiter tritt deutlich zutage. Zur Identifizierung von Wolkenbändern und -zonen sei auf Bild 7.1 verwiesen. Links unten Ganymed, Jupiters größter Trabant und zugleich größter Mond im gesamten Sonnensystem.

Seit Ende 1973 flogen vier Raumflugkörper in unterschiedlichen Abständen und Fly-by-Bahnen an Jupiter vorbei (Tabelle 7.1) und haben den Wissensstand über den Planeten innerhalb nur weniger Jahre vervielfacht. Als Nachfolgeprogramm für die beiden Voyager-Sonden plant die NASA eine kombinierte Eintauchsonden/Orbiter-Mission „Galileo", doch rechnet man allgemein nicht mit einem Start vor 1986, sofern das Vorhaben nicht den Sparmaßnahmen der US-Regierung zum Opfer fällt.

An nur einem Beispiel soll der Wert von Sondenflügen zu Jupiter veranschaulicht werden. Das genaue Wasserstoff-Heliumverhältnis ist von ausschlaggebender Bedeutung für die Abschätzung der Größe des festen Kerns des Planeten. Entspricht das Verhältnis dem in der Sonne, könnte man von einem kleinen Jupiterkern ausgehen. Weicht das Verhältnis jedoch von der solaren Zusammensetzung deutlich ab, existiert wahrscheinlich kein felsiger Kern. Da das kalte Gas Helium von der Erde aus spektroskopisch nicht nachweisbar ist und auch andere Bestimmungsverfahren wegen der komplexen planetaren Atmosphärenstruktur nicht zum Ziel führen, bleiben zur Lösung dieser Frage nur Erkundungen von nah vorbeifliegenden Raumflugkörpern.

7.1 Aufbau von Jupiter

Das gegenwärtige Bild von der mittleren Zusammensetzung und der vertikalen Struktur der jovianischen Atmosphäre basiert teilweise auf Berechnungen, teilweise auf erdgebundenen Beobachtungen und den Messungen der vier amerikanischen Raumsonden.

Eine der überraschenden Beobachtungen war, daß Jupiter etwa zweieinhalb mal so viel Energie abgibt wie er in Form solarer Energie erhält (Bild 7.3). Frühere Erklärungsversuche bauten auf Vorstellungen wie gravitationsbedingter Kontraktion oder nuklearen Prozessen innerhalb des Planeten auf; heute dagegen sind diese Theorien kaum noch haltbar: Jupiter strahlt nicht Energie ab, weil er schrumpft — im Gegenteil, er schrumpft, weil er langsam abkühlt. Andererseits sind sonnenähnliche Nuklearreaktionen auf dem dafür — relativ — zu kleinen und auch zu kalten Planeten unwahrscheinlich, zumal die Flüssigkeiten, aus denen Jupiter weitgehend besteht, inkompressibel sind. Man nimmt heute an, daß die emittierte Überschußwärme gespeicherte Energie ist. Sie stammt noch von jener frühen Wärmeenergie, die bei der Bildung des Planeten aus dem solaren Urnebel entstand.

Aus der Menge der abgegebenen Energie ergibt sich u.a., daß das gesamte Innere des Planeten durch die die Wärme von innen nach außen transportierten Konvektionsströmungen in einem rührartigen Prozeß langsam bewegt werden muß. Eine zweite Folgerung ist, daß Jupiter im Inneren heiß ist, so daß eigentlich keine günstigeren Voraussetzungen für die Entstehung eines größeren, festen Kerns bestehen. Trotzdem nimmt man an, daß das Zentrum von Jupiter

Bild 7.3
Vergleich der von Jupiter absorbierter Sonnenenergie mit der emittierten Infrarotstrahlung. Für Längengrad, Jahres- und Tagesrhythmus sind gemittelte Werte angeführt [1].

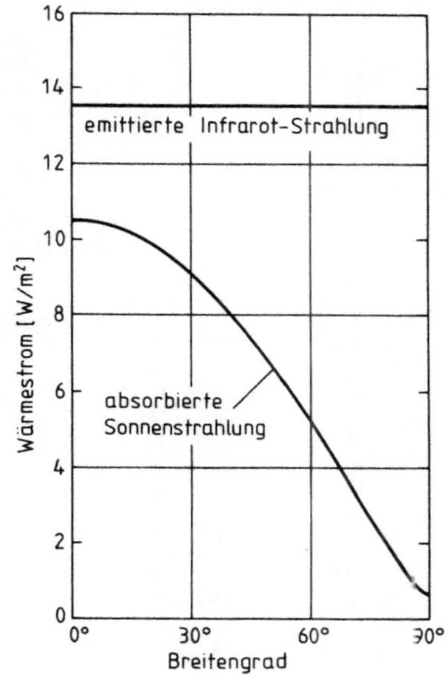

ein aus Eisen und/oder Silizium bestehender Kern ist, da diese Elemente auch in der kosmischen Materie vertreten sind. Der Durchmesser des vermuteten festen Kerns dürfte nicht mehr als 24 000 km betragen; dies entspricht knapp 5 % des Gesamtvolumens des Planeten. Die Kerntemperatur wird auf 30 000 K, immerhin das Sechsfache der Sonnen-Oberflächentemperatur, und der Druck auf $100 \cdot 10^6$ bar geschätzt.

Nach außen gehend folgt auf den festen Kern eine Heliumschicht von etwa 1 000 km Dicke, darüber, wie Bild 7.4 zeigt, ein hoher Wasserstoffmantel, der nahezu bis zur sichtbaren Wolkendecke reicht. Der Wasserstoff liegt in flüssiger Form und zwar in zwei unterschiedlichen Zuständen vor: Innen, bis zu etwa 45 000 km Ra-

Tabelle 7.1 Bisherige Raumsondenflüge zum Jupiter

	Pioneer 10	Pioneer 11	Voyager 1	Voyager 2
Startmasse [kg]	258	258	825	825
Zahl der Experimente	11	12	10	10
Masse der Experimente [kg]	30,4	30,4	96	96
Starttag	3.3.1972	6.4.1973	5.9.1977	20.8.1977
Vorbeiflug an Jupiter	4.12.1973	3.12.1974	5.3.1979	10.7.1979
engster Abstand zu Jupiter* [km]	131 400	42 000	278 000	650 000

* Entfernung Sonde — Wolkenobergrenze

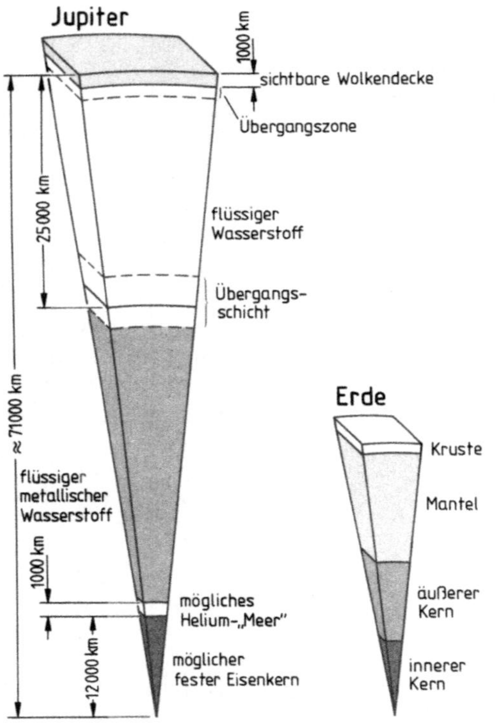

Bild 7.4
Vergleich des inneren Aufbaus von Jupiter und Erde. Der Erdradius ist hier der Deutlichkeit halber vergrößert gezeichnet (Radiusverhältnis Jupiter/Erde = 11,27).

dius, handelt es sich um flüssigen metallischen Wasserstoff, der wie konventionelles Metall elektrisch leitfähig ist. Auf der Erde ist diese Wasserstofform nicht herstellbar, da dies extrem hohe Drücke und Temperaturen erfordern würde. Es ist anzunehmen, daß der metallische Wasserstoff auf Jupiter bei Temperaturen um 11 000 K und Drücken um $3 \cdot 10^6$ bar existiert. Dies sind zugleich auch die Zustandsbedingungen in der Übergangsschicht zwischen metallischer und molekularer Form des flüssigen Wasserstoffs. Der flüssige Wasserstoff oberhalb dieses Grenzbereichs erstreckt sich bis 1 000 km unter die Wolkengrenze. Eine typische Temperatur in diesem äußeren Wasserstoffmantel ist 2 300 K. In 3 000 km Tiefe dürfte die Temperatur dann bereits 5 800 K und der Druck 90 000 bar betragen.

Über dem flüssigen Mantel folgt mit mindestens 1 000 km Höhe der dichte Teil der jovianischen Atmosphäre. Sie beginnt innen mit einer Übergangszone zwischen flüssigem und gasförmigem Wasserstoff. Danach folgen nacheinander Schichten aus gasförmigem Wasserstoff mit Helium vermischt, anschließend ein Bereich mit Ammoniumhydrogensulfidkristallen, eine weitere Schicht eines mit Ammoniakspuren vermischten Wasserstoff-Heliumgasgemisches und schließlich eine Ammoniakkristallschicht, die die von der Erde aus sichtbare Wolkendecke bildet. Über der Wolkendecke liegt schließlich noch die einige 100 km hohe transparente Atmosphäre und die mehrfach geschichtete Ionosphäre aus stark verdünnten, elektrisch geladenen Gasteilchen.

7.2 Die Atmosphäre

Die Masse der Atmosphäre beträgt etwa 1 % der Gesamtmasse des Planeten. Schon in den dreißiger Jahren wurden auf spektroskopischem Weg Methan (CH_4) und Ammoniak (NH_3) in der Jupiteratmosphäre nachgewiesen, während molekularer Wasserstoff (H_2) erst um 1960 entdeckt wurde. Schon aus den Verhältnissen der Kohlenstoff-, Wasserstoff- und Stickstoffatome (C/H = 1/3 000, N/H = 1/10 000) konnte gefolgert werden, daß eine Ähnlichkeit mit der Atmosphäre der Sonne vorhanden ist. Das Ultraviolett-Spektrometer von Pioneer 10 fand 1973 das Gas Helium. Auch das Helium-Wasserstoffverhältnis entspricht in etwa dem Wert in der Sonnenatmosphäre. In späteren Jahren wurden noch Äthan (C_2H_6), Acethylen (C_2H_2), Wasser(dampf) (H_2O), Phosphin (PH_3), Wasserstoffcyanid (HCN), Kohlenmonoxid (CO) und Verbindungen mit Deuterium (^2H) und isotopischem Kohlenstoff (^{13}C) nachgewiesen. Die Häufigkeiten dieser Verbindungen liegen jedoch in der Größenordnung von ppm und darunter. Der Anteil der einzelnen Gase schwankt nicht nur örtlich, sondern auch zeitlich; so ist beispielsweise das Äthan-Acethylenverhältnis in polaren Regionen höher als in niederen Breiten, und Voyager 2 ermittelte ein um den Faktor 1,7 höheres Verhältnis als Voyager 1 vier Monate früher.

Die Voyager-Sonden fanden neben Äthan und Acethylen auch Spuren von Äthin (C_2H_2) und

Tabelle 7.2
Vergleich der Zusammensetzung der solaren und jovianischen Atmosphäre

Molekül		Sonne	Jupiter (wolkennahe Atmosphäre)
Name	chem. Bezeichnung		
Wasserstoff	H_2	0,89	0,90
Helium	He	0,11	0,10
Wasserdampf	H_2O	$1 \cdot 10^{-3}$	$1 \cdot 10^{-6}$
Methan	CH_4	$6 \cdot 10^{-4}$	$7 \cdot 10^{-4}$
Ammoniak	NH_3	$1{,}5 \cdot 10^{-4}$	$2 \cdot 10^{-4}$
Neon	Ne	$1{,}4 \cdot 10^{-4}$	–
Wasserstoffsulfid	H_2S	$2{,}5 \cdot 10^{-5}$	–

Äthen (C_2H_4). Interessant ist hier vor allem der Nachweis von Äthin, das unter dem Einfluß von Alphastrahlen – ein Bestandteil des Sonnenwindes – zu Cupren ($C_{12}H_{10}$), einer gelben bis rotbraunen Substanz, kondensiert. „Farbstoffe" entstehen außerdem bei der Photolyse von Phosphin zu rotem Phosphor, wobei bei gleichzeitiger Anwesenheit von Ammoniak (NH_3) auch Phosphornitrid $(PN)_x$ entstehen kann [18].

In Tabelle 7.2 ist die typische Atmosphärenzusammensetzung der Sonne den entsprechenden Werten in der Jupiteratmosphäre gegenübergestellt; sie bestätigt noch einmal die Ähnlichkeit beider Atmosphären. Wasserstoffsulfid wurde bisher auf Jupiter (und auch auf Saturn) nicht gefunden. Der Nachweis dieser Verbindung, die zusammen mit Ammoniak Ammoniumhydrogensulfid bildet, ist deswegen so schwierig, weil sie einerseits wahrscheinlich unterhalb der Wolkendecke „abregnet", andererseits aber bei Kontakt mit dem Sonnenlicht sofort zu Schwefel umgesetzt wird. Auffällig an Tabelle 7.2 ist der unterschiedliche Wasserdampfgehalt auf Sonne und Jupiter. Auf Infrarotaufnahmen der Voyager-Sonden von Jupiter sind aber „Öffnungen" in den dunkleren Wolkenbändern zu sehen, so daß wärmere Regionen mit Temperaturen um 300 K durchscheinen. Bei diesem Temperaturniveau wäre sowohl H_2S als auch H_2O beständig.

Bild 7.5 zeigt im Vertikalschnitt – stark vereinfacht – den wahrscheinlichen Wolkenaufbau sowie das Druck- und Temperaturprofil durch die Jupiteratmosphäre. Die Höhe aller Wolkenschichten zusammen dürfte bei 75 ... 80 km liegen. Die unterste Wolkenschicht setzt sich aus

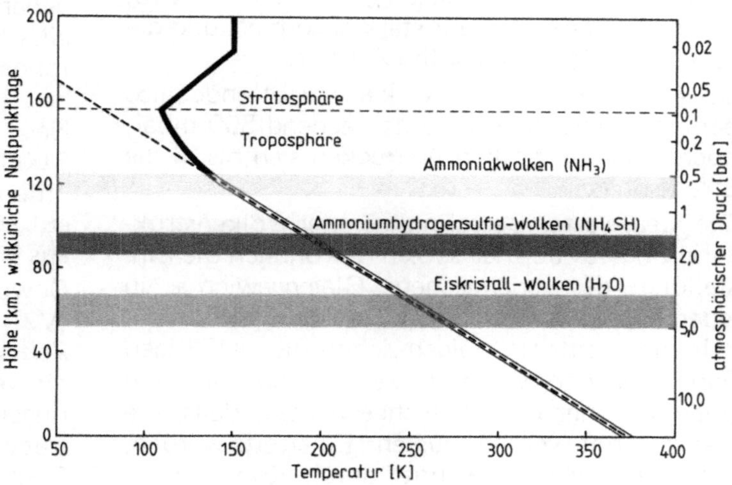

Bild 7.5
Auf theoretischen Berechnungen basierendes Wolkenmodell von Jupiter. In einer Atmosphäre, die vorwiegend aus den nicht kondensierenden Gasen Wasserstoff und Helium besteht, sind voneinander getrennte Wolkenschichten eingelagert. Das Höhenniveau jeder Wolkenschicht hängt vom Dampfdruck der jeweiligen kondensierenden Substanzen ab, der wiederum eine Funktion der Temperatur ist. Die weniger flüchtigen Substanzen, wie z.B. Wasser, kondensieren bei höherer Temperatur (in tieferen Schichten) als die leicht flüchtigen Verbindungen, wie z.B. Ammoniak.

Wassereiskristallen und/oder flüssigen Wassertröpfchen zusammen. Darüber folgen, wie oben erwähnt, die Ammonium-Hydrogensulfidwolken, und den Abschluß bilden die hohen Ammoniakwolken. Diese auf theoretischen Untersuchungen basierende Vorstellung ist schon allein insofern simplifiziert, als durch vertikale Mischvorgänge ständig Wolkenmassen aus tieferen Regionen nach oben transportiert werden und auch die starken atmosphärischen Strömungen für eine gewisse vertikale Durchmischung sorgen.

Bild 7.5 zeigt ferner, daß der Gasdruck im oberen Bereich der Wolkenschichten von 0,5 bar bis etwa 1 bar reicht, also mit den Verhältnissen auf der Erde durchaus vergleichbar ist; die zugehörigen Temperaturen liegen jedoch mit ungefähr 125 K weit unterhalb der irdischen Werte. Der vertikale Temperaturverlauf folgt der adiabatischen Zustandslinie (gestrichelt; Temperaturgradient etwa 2 Grad/km), ein Zeichen dafür, daß die Atmosphäre durch die konvektiven Strömungen gut durchmischt ist. Ab der Wolkendecke nimmt die Temperatur jedoch durch den zunehmenden Einfluß der Sonnenlichtabsorption langsamer als adiabatisch ab, um bei einem Druckniveau von 100 mbar, ca. 30 km über der Wolkendecke, bei zunehmender Entfernung von den Wolken sogar wieder anzusteigen. Bei dieser Inversionsschicht beginnt die Stratosphäre des Planeten; der Bereich darunter ist die Troposphäre. Die atmosphärischen Zustandswerte betragen hier 100 mbar und etwa 105 K (Temperaturminimum). Man vermutet, daß die Temperaturumkehrung letztlich durch eine Aerosol- und Kohlenwasserstoffschicht (z.B. aus Äthan und Acethylen) bewirkt wird, die das Sonnenlicht sehr stark absorbiert und dadurch die Umgebung aufheizt [2, 3].

Die äußerste sichtbare Wolkenschicht endet also bei einem Druckniveau entsprechend 500 mbar, doch dünnere Wolken erstrecken sich bis in die Stratosphäre.

Die idealisierten Berechnungen der Wolkenstrukturierung auf Jupiter setzen gewöhnlich die Einstellung des chemischen Gleichgewichts in jedem Höhenniveau voraus. Daß dies in Wirklichkeit nicht zutrifft, zeigen schon die vielfältigen Farben an der Wolkendecke. Es sind vor allem zwei Störungen des Gleichgewichtsmodells, die hier genannt werden müssen: Einerseits werden, wie oben schon erwähnt, durch Konvektionsvorgänge laufend Moleküle aus den tieferen Atmosphärenschichten nach oben transportiert, und zum anderen bewirkt die Ultraviolett-Strahlung der Sonne komplizierte chemische Reaktionen in der oberen Atmosphäre. Beides hat einen starken Einfluß auf die tatsächliche Wolkenschichtung.

Die Ionosphäre von Jupiter reicht maximal bis in 4000 km Höhe (von der Wolkenobergrenze aus gerechnet); sie ist um den Faktor 10 höher und um den Faktor 5 heißer als vor den Vorbeiflügen der Pioneer- und Voyager-Sonden angenommen wurde. Mindestens fünf scharf definierte ionosphärische Schichten unterschiedlicher Dichte lassen sich voneinander unterscheiden.

Aufschluß über die ionosphärische Dichte geben in erster Linie die sog. Bedeckungsexperimente der Planetensonden. Beim Verschwinden der Sonde hinter dem Planeten – von der Erde aus gesehen – werden ihre Radiosignale je nach Dichte und Struktur der Ionosphäre verändert. Taucht die Sonde dann wenig später wieder auf, so kann das Bedeckungsexperiment an einer anderen Stelle des Planeten wiederholt werden. Der erste Fall wird Bedeckungseintritt, der zweite Bedeckungsaustritt genannt.

In Bild 7.6 sind die wichtigsten Ergebnisse der Voyager-Bedeckungsexperimente zusammengefaßt; die dazugehörige Flugsituation gibt Tabelle 7.3. Es wird deutlich, daß die beiden Voyager-Sonden unterschiedliche Elektronenkonzentrationen ermittelten: Voyager 1 (V1) registrierte eine maximale Elektronendichte von etwa $2{,}2 \cdot 10^5\ ^1/\mathrm{cm}^3$ in 1600 ... 1700 km relativer Höhe beim Bedeckungseintritt (in der sonnenbeschienenen Ionosphäre), während beim Austritt für eine bereits fünf Stunden im Schatten liegende Ionosphäre das Maximum mit $1{,}8 \cdot 10^4\ ^1/\mathrm{cm}^3$ bei 2300 km relativer Höhe gefunden wurde. Nach oben nimmt die Konzentration ab etwa 3000 km nahezu linear ab. Auch in Höhen unterhalb von 1500 km ist die Ionosphäre noch gut ausgebildet, in ihrer Struktur allerdings weitaus komplizierter als in höheren Regionen.

Obwohl der Bedeckungseintritt bei Voyager 2 (V2) am Abend und damit etwa zur gleichen Zeit wie bei Voyager 1 stattfand, ergaben sich für vergleichbare Höhen in der Ionosphäre geringere Plasmadichten. Die Elektronenkonzentration konnte in diesem Fall bis unterhalb von 1000 km ermittelt werden; das Maximum in

Tabelle 7.3 Randbedingungen für die Bedeckungsexperimente von Voyager 1 und Voyager 2

Sonde	V 1	V 2
Bedeckungseintritt:		
Tag	5.3.1979	9.7.1979
Koordinaten	12° S/63° W	66,7° S/254,8° W
Solarzenitwinkel	82°	87,9°
Tageszeit	später Nachmittag	abends
Bedeckungsaustritt:		
Tag	5.3.1979	9.7.1979
Koordinaten	1° N/314° W	50,1° S/148,1° W
Solarzenitwinkel	98°	92,4°
Tageszeit	kurz vor Morgendämmerung	morgens

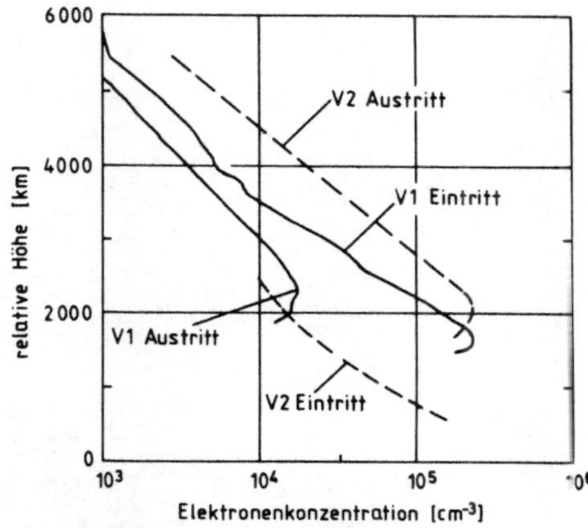

Bild 7.6
Verlauf der Elektronendichte in der Jupiterionosphäre, wie er aus Bedeckungsexperimenten von Voyager 1 (durchgezonene Linien) und Voyager 2 (gestrichelt) abgeleitet wurde. Um einen Bezugspunkt für die Höhe zu erhalten, wurde die atmosphärische Höhe bei einem Druck von 10^{-3} bar als Nullpunkt gewählt.

niedrigeren Regionen scheint deutlich über dem des Voyager 1-Bedeckungseintritts zu liegen. Das beim Bedeckungsaustritt von Voyager 2 gemessene Elektronen-Dichteprofil für den frühen Morgen scheint annähernd parallel in Richtung höherer Konzentrationswerte verschoben; dies ist die umgekehrte Tendenz als beim Vorbeiflug von Voyager 1 festgestellt wurde.

Die Gründe für die unterschiedlichen Absolutwerte und Lagen der Morgen- und Abendprofile sind noch nicht vollständig geklärt. Mit Sicherheit spielen Faktoren wie die unterschiedlichen Bedeckungs-Flugprofile (V1: nahezu senkrecht zum Jupiterrand; V2: tangential zum Jupiterrand), Einflüsse des Planeten-Breitengrades und unterschiedlich intensive Ionisationsprozesse in der Hochatmosphäre (durch mögliche Änderungen der Sonnenaktivität und/oder Änderungen in der Zusammensetzung der hohen Atmosphäre) zwischen der Ankunft von Voyager 1 und Voyager 2 an Jupiter eine Rolle. Es spielt sicher auch eine Rolle, daß die Voyager 1-Vorbeiflugbahn am Planeten wesentlich genauer vermessen werden konnte als die von Voyager 2, und daß es Probleme mit den Radioreceivern von Voyager 2 gegeben hatte. Die Voyager 1-Daten dürften damit etwas genauer und zuverlässiger sein als die von Voyager 2 [4, 5].

Aus den gemessenen Dichteprofilen läßt sich u.a. auch auf die Temperatur der Ionosphäre schließen. Die höchste Temperatur ergibt sich zu 1 600 K; sie gilt für die Südpolregion, ermittelt aus den Voyager 2-Werten für das Abend-Dichteprofil. Das neutrale Gas der Jupiter-Hochatmosphäre hat im Gegensatz dazu eine weitaus niedrigere Temperatur.

7.3 Wolken und Wolkenströmungen

Auf Jupiter werden 17 mehr oder weniger permanent sichtbare Bänder und Zonen gezählt. Die hellen Zonen sind um maximal 9 °C kälter als die dunklen Bänder und überragen diese um bis zu 20 km. Während die Zonen – vereinfacht gesehen – aufsteigende dichte und eher feuchte Wolkenmassen sind, handelt es sich bei den dunkleren um relativ wolkenarme, absinkende

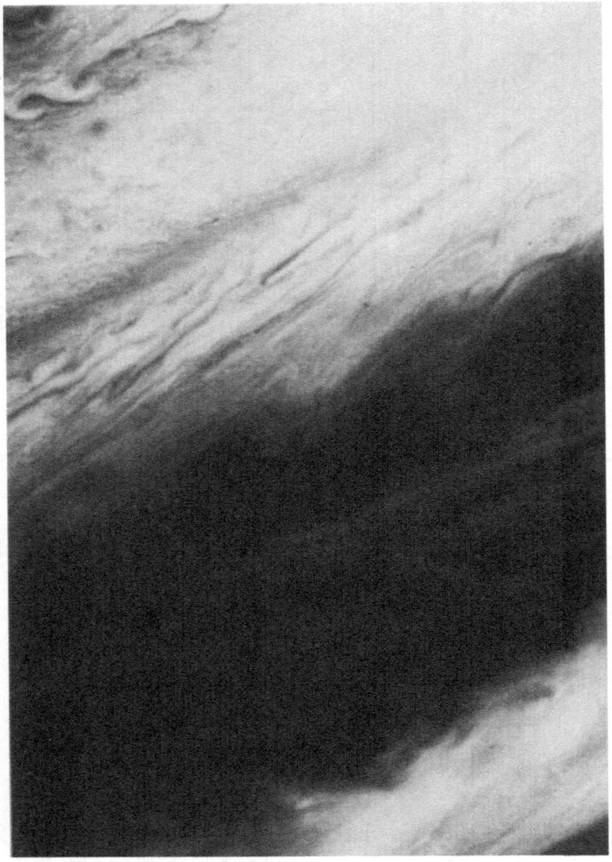

Bild 7.7
Diese Voyager 1-Aufnahme vom 6. Juli 1979 aus 3,6 Mio. km Entfernung zeigt ein Gebiet von etwa 25° n. Br. (links oben) bis zu den hellen Wolken des Äquatorialbereichs (rechts unten). Der diagonal in die rechte obere Bildecke verlaufende dunkle Streifen ist das schmale nordgemäßigte Band (bei 23° n. Br.), an dessen südlichem Ende ostwärts (nach rechts) gerichtete Jets von 150 m/s auftreten. Die untere Bildhälfte wird von dem dunklen, breiten nordäquatorialen Band bestimmt. Dazwischen liegt die helle nordtropische Zone, an deren nördlicher Begrenzung Westwinde auftreten.

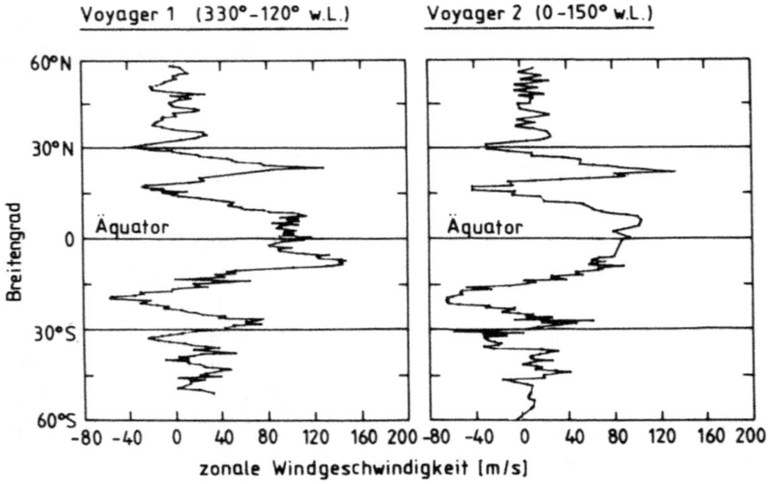

Bild 7.8
Ergebnisse der Wolkengeschwindigkeits-Messungen von Voyager 1 und Voyager 2. Die Meßpunkte entstanden durch die Verfolgung von bis zu 130 km kleinen Wolkengebieten in Abständen von 10 ... 30 Stunden. Tausende von solchen Messungen ergaben die hier gezeigten zonalen Geschwindigkeitsprofile [5].

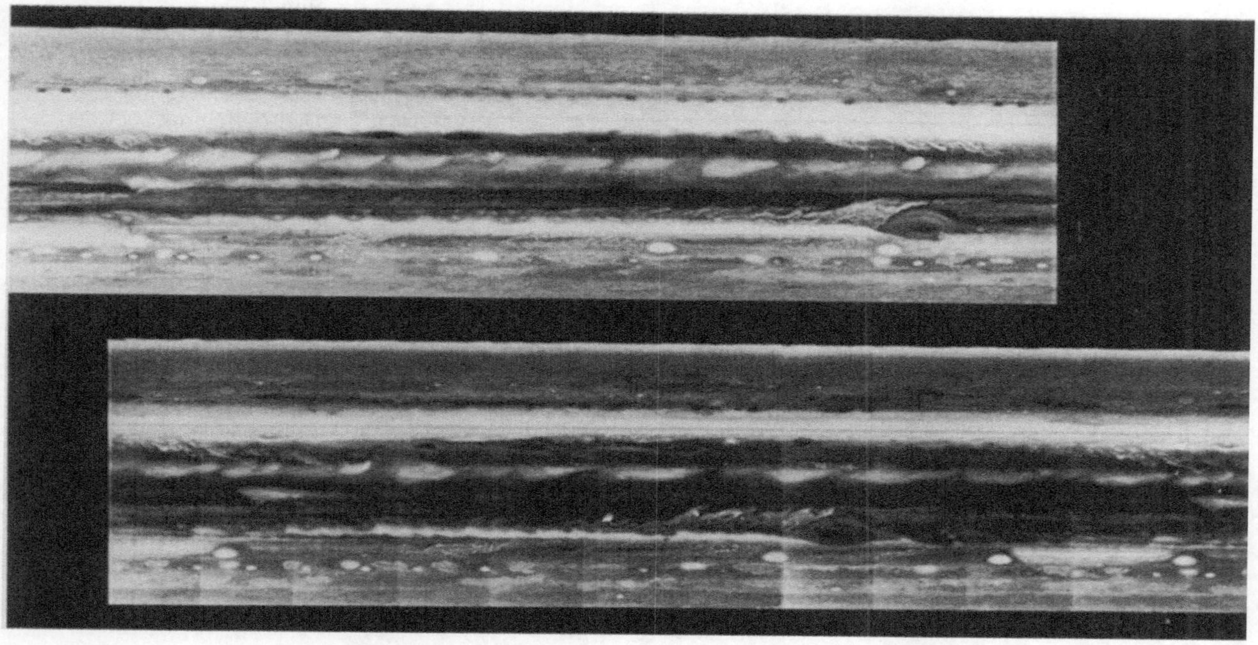

Bild 7.9
Zylinderprojektionen der jovianischen Wolkendecke, aus Aufnahmen von Voyager 1 (oben) und Voyager 2 (unten) zusammengesetzt. Der obere Bildstreifen reicht von 400° w. L. (links) bis 0°; der untere ist entsprechend der System-III-Längengradeinteilung passend angeordnet, so daß die relativen Ost-Westbewegungen markanter Wolkengebiete sofort erkannt werden. So ist z.B. der GRF in westlicher Richtung gewandert, während sich einige weiße Wolkenovale nach Osten bewegten. Hingewiesen sei auch auf die Helligkeitsunterschiede und die Änderung der Strömungsform in der Umgebung des GRF.

und eher trockene Gasmassen. Im Vergleich zu den Zonen emittieren die Bänder vermehrt Infrarot-Strahlung und absorbieren auch mehr Sonnenstrahlung. Andererseits ist die Differenz zwischen emittierter und absorbierter Energie in Zonen und Bändern fast gleich; dies bedeutet, daß der innere Wärmefluß an der Basis der Wolken in Zonen und Bändern gleich ist (ein latitudinaler Wärmetransport innerhalb der Wolken ist dabei vernachlässigt).

Das Auf und Ab der Jupiterwolken ist ohne Zweifel eine Folge der starken Wärmekonvektion im Inneren. Auf der Erde würde aufsteigendes Gas nach Norden und Süden abströmen, doch werden aufgrund der enormen Rotationsgeschwindigkeit von Jupiter die nord- bzw. südwärts gerichteten Konvektionsströmungen durch die starken Coriolis-Kräfte parallel zum Äquator, also um 90 Grad abgelenkt; so entstehen die gewaltigen Ost- und Weststürme (relativ zur „festen" System-III-Periode). Die polwärts gerichtete Strömung in der oberen Gasschicht der Zonen ist nach der Umlenkung in Richtung Osten, die zum Äquator fließende in Richtung Westen orientiert. Dies bedeutet – im Gegensatz zur Erde (Äquator-Polströmung) – eine atmosphärische Strömung um den Planeten, wobei die höchsten Geschwindigkeiten jeweils in den

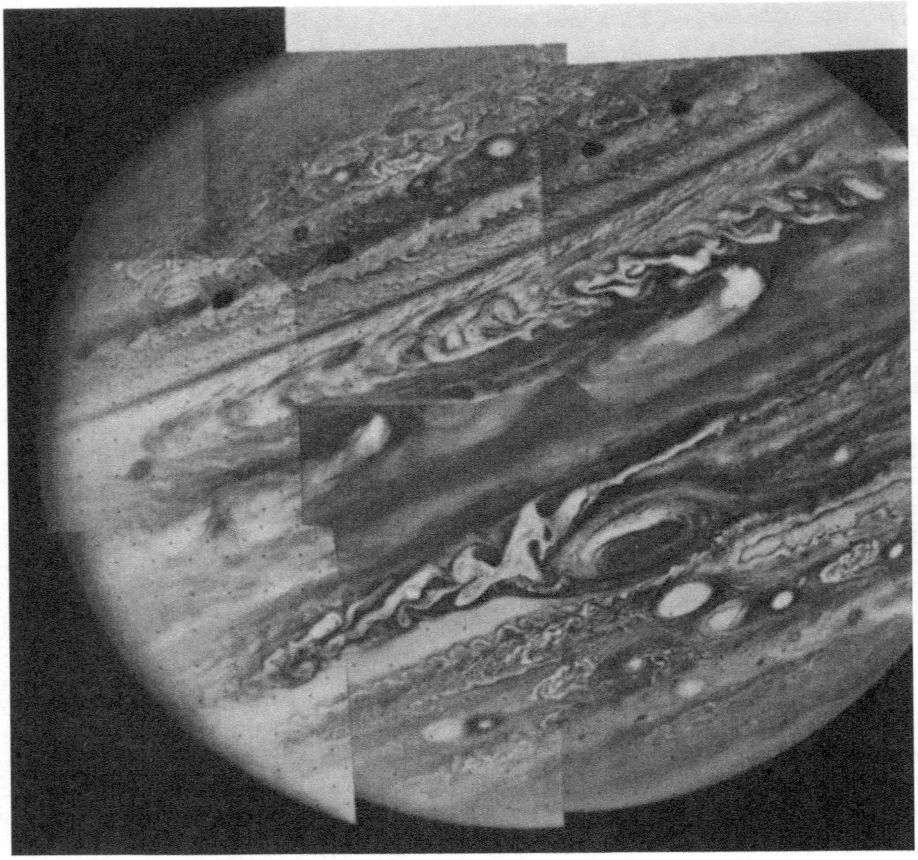

Bild 7.10
Voyager 1-Fotomosaik vom 26. Februar 1979, entstanden aus 7,8 Mio. km Entfernung. Die Vielfalt der über den gesamten Planeten verteilten Wolkenformen wie Flecken, Jets, Wirbel, Strudel und Wolkenstreifen gibt einen plastischen Eindruck von der Turbulenz der jovianischen Atmosphäre. Die kleinsten hier noch sichtbaren Details sind 140 km groß. Die Einzelaufnahmen wurden in Intervallen von 96 Sekunden gemacht; da sich Jupiter während dieser Zeit drehte, ergaben sich beim Zusammenfügen Absätze im äußeren Rand des Planeten.

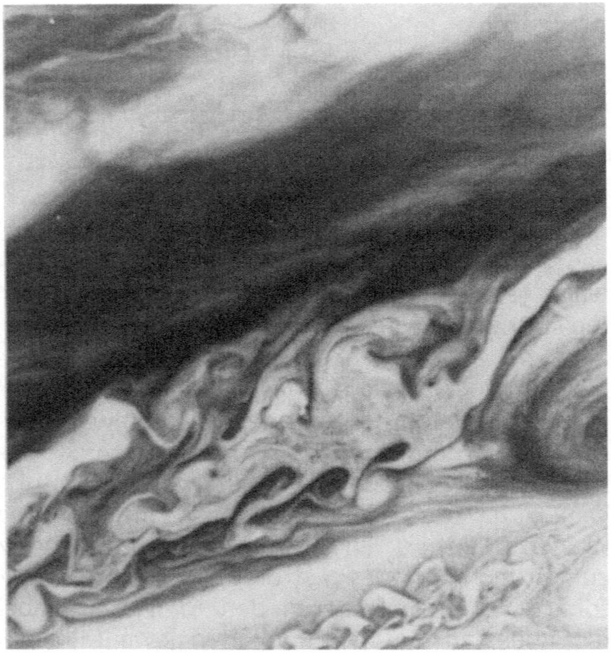

Bild 7.11
Voyager 2 nahm ein Gebiet zwischen 10° n.Br. und 34° s.Br. westlich vom GRF (am rechten Bildrand) auf. Im oberen Bildteil sind die diffusen Ausläufer der äquatorialen Zone zu sehen, im unteren die charakteristischen Strömungsformen westlich vom GRF. Dazwischen das dunkle südäquatoriale Band.

Grenzbezirken zwischen Bändern und Zonen auftreten, die niedrigsten Werte dagegen in der Mitte (Bild 7.7).

Bild 7.8 zeigt die von Voyager 1 und Voyager 2 gemessenen Geschwindigkeitsprofile von der Nordpol- bis zur Südpolregion für einen 150 Breitengrade messenden Bereich der jovianischen Wolkendecke, wobei die Bereichsmitte jeweils durch den GRF läuft. Die maximalen Westwinde erreichen hier eine Geschwindigkeit von nahezu 80 m/s, die Ostwinde bis zu 150 m/s. Auch diese Diagramme veranschaulichen die beachtlichen zeitlichen Schwankungen in der Jupiter-Wolkenströmung: Als Voyager 1 an Jupiter vorbeizog, strömten die Wolken am Südende der Äquatorialzone bei 7° s. Br. mit etwa 150 m/s, während Voyager 2 vier Monate später auf dem gleichen Breitengrad nur 95 m/s feststellte. Derartige Abweichungen wurden, wenn auch im schwächeren Maße, zwischen den Vorbeiflügen von Pioneer 10 und Pioneer 11 sowie zwischen Pioneer 11 und Voyager 1 festgestellt. Auch die relative Position von charakteristischen Wolkenformen zueinander kann sich mit der Zeit sehr stark ändern, wie Bild 7.9 bestätigt. Durch die enge Nachbarschaft von ost- und westorientierten Wolkenmassen sind auf Jupiter die unterschiedlichsten Strömungsformen und -wirbel zu sehen (Bilder 7.10 und 7.11).

Die gebänderte Wolkenstrukturierung bricht etwa ab dem 45. ... 50. Breitengrad mehr oder weniger ab (Bilder 7.12 bis 7.14); in diesen polnahen Regionen sind wegen der langsameren Rotation auch die Coriolis-Kräfte geringer, so daß es nur gelegentlich zur Ausbildung langgezogener Wolkenstreifen kommt. Die Wolkendecke ist in diesen Breiten eher durch eine Vielzahl mittlerer und kleinerer, meist kreisförmiger Wolkengebiete und -zellen geprägt; mitunter existieren aber auch über 1 000 km große zyklonartige Gebilde.

Wie lange die Interpretation von Zonen und Bändern als aufsteigende und absinkende Wolken- und Gasmassen als sekundäre Strömung und die Umlenkung der Zonenmassen durch Corioliskräfte in westliche und östliche Primärströmungen in der hier angedeuteten vereinfachten Form auch in Zukunft aufrecht erhalten werden kann, bleibt abzuwarten. Einige Beobachtungen der beiden Voyager-Sonden, wie

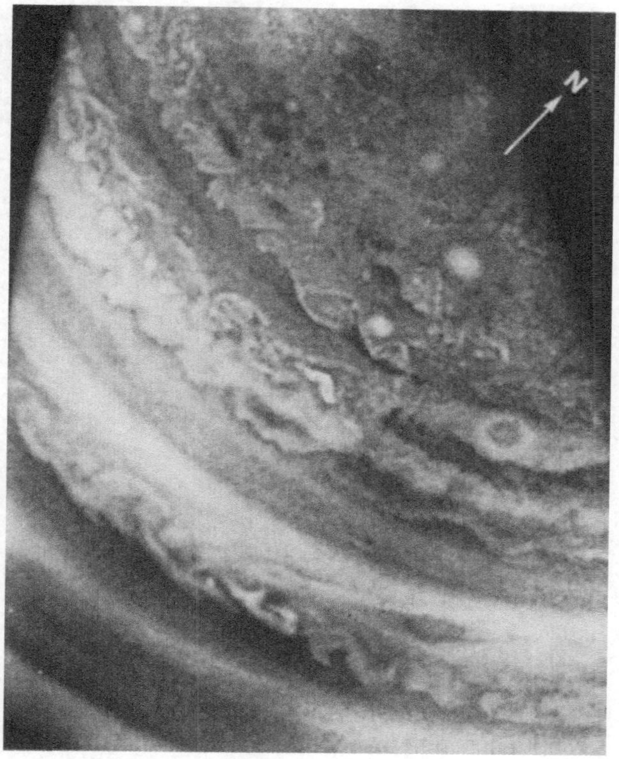

Bild 7.12
Diese Aufnahme von Jupiters nördlicher gemäßigter Zone (heller Wolkengürtel) und der Nordpolarregion zeigt den Übergang von der gebänderten Wolkendecke in einzelne ovale und kreisförmige Zirkulationszellen, deren Zahl mit zunehmender Annäherung an den Nordpol stark abzunehmen scheint. Der nördliche Bildrand ist nur 17 Breitengrade vom Pol entfernt. Aufnahme von Pioneer 11 aus 600 000 km Abstand (vom 3. Dezember 1974).

- nicht in das genannte Bild passende „Wanderungen" von Wolkenformen innerhalb weniger Monate, ja sogar Wochen und Tage,
- Wolkengebiete, die in eine bestimmte Richtung driften, plötzlich aber innehalten, um sich in entgegengesetzter Richtung wieder zu entfernen,
- plötzliches Aufhellen und anschließendes merkbares Ausdehnen einiger Wolken,

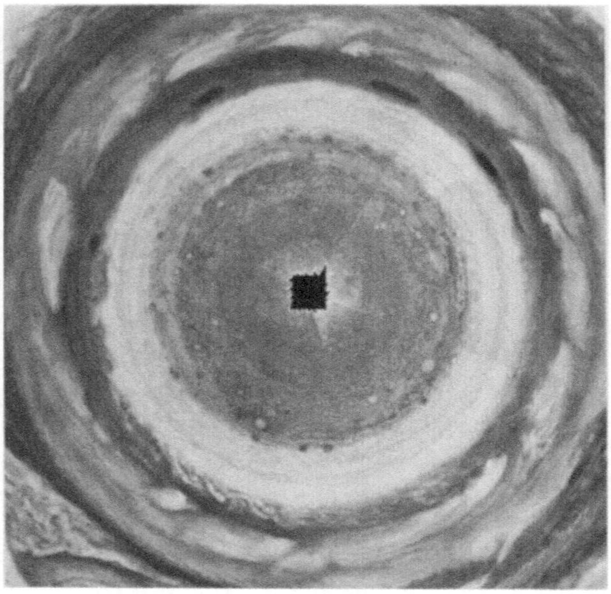

Bild 7.13
Computer-Mosaik des nördlichen Teils bis etwa 50° n. Br.; es zeigt Jupiter von einem Standpunkt genau oberhalb des Nordpols. Die vier dunklen Wolkenovale bewegen sich mit etwa 30 m/s in westlicher Richtung; sie liegen auf 32° n. Br. In der Mitte fehlen Bildinformationen.

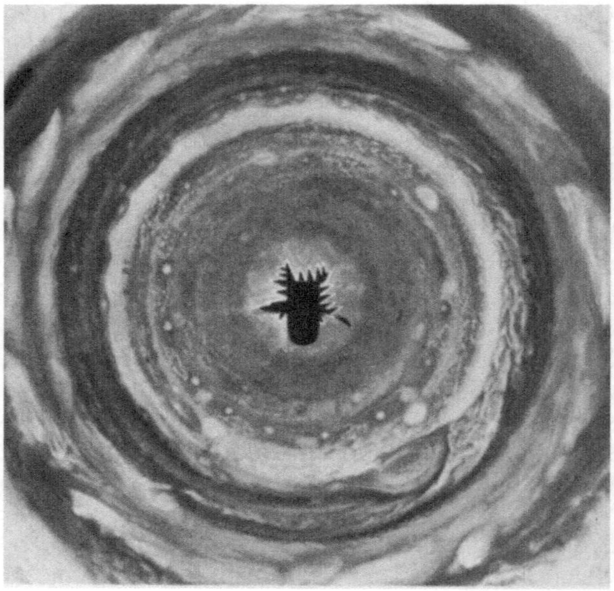

Bild 7.14
Bildmosaik der Südhemisphäre Jupiters mit dem GRF (rechts unten) sowie zahlreichen hellen Wolkenovalen und rauchfahnenartigen Wolkenformationen.

- Auftreten von Hochgeschwindigkeits-Jetströmungen von Ost nach West sowohl hoch im Norden als auch im Süden,
- eine Art Selbstzerstörung von Bändern und Zonen, wobei neue Wolkensysteme entstehen, die, z. T. sogar gegenläufig, mit verschiedenen Geschwindigkeiten um den Planeten laufen,

machen deutlich, daß die wahren Vorgänge wesentlich komplizierter sind [6]. Wenig weiß man über die Strömungsgeschwindigkeiten unterhalb der Wolkendecke. Man kann nur annehmen, daß die Atmosphäre ab einer bestimmten Tiefe gleichförmig mit einer Periode rotiert, die der Rotationsperiode des planetaren Magnetfeldes entspricht.

Auf der Erde hängt das globale Wettergeschehen primär von der solaren Wärmeeinstrahlung ab (Effekt: hohe Temperaturdifferenz zwischen Äquator und den Polen), während bei Jupiter ständig wirkende innere Energiequellen (Effekt: mit etwa 3 °C sehr geringe Temperaturdifferenz Pol – Äquator) und die hohe Zirkulationsgeschwindigkeit die wichtigsten meteorologischen Einflußgrößen sein dürften. Ferner sind das unterschiedliche Temperaturniveau der Atmosphären beider Planeten, die unterschiedliche atmosphärische Struktur und Zusammensetzung sowie die Tatsache, daß Jupiter keine feste Oberfläche besitzt, wichtig. Ein Beispiel: Die tropischen Wirbelstürme, die sich auf der Erde – meist über dem Meer – bilden, verlieren über dem Festland an Wirkung; da sie ihre Energie aus der Sonneneinstrahlung beziehen und diese Energiezufuhr nachts unterbrochen ist, sind sie relativ kurzlebig. Diese Energiesenken gibt es nicht auf Jupiter; Jupiter-Zyklone und andere

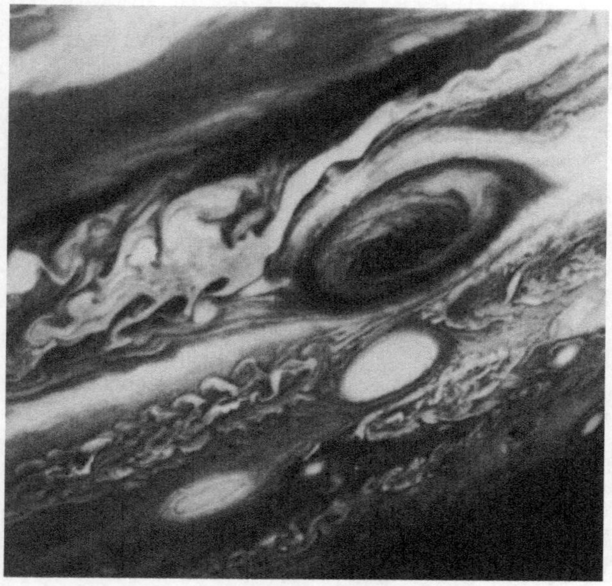

Bild 7.15
Teilbild der jovianischen Wolkendecke zwischen Äquator und Südpolarbereich. Es dominiert eindeutig der GRF mit seinen charakteristischen Begleitstörungen im Westen und Osten. Südlich vom GRF befinden sich zwei der drei großen sog. weißen Ovale, die schon seit 1938 von der Erde aus beobachtet werden. Voyager 2-Aufnahme vom 3. Juli 1979 aus 6 Mio. km Abstand.

Wolkenstrukturen sind wesentlich langlebiger und halten sich jahrzehntelang. Es gilt als sicher, daß darüber hinaus noch weitere, bisher unbekannte Prozesse beteiligt sind.

7.4 Der Große Rote Fleck (GRF)

Dieses vor mehr als 300 Jahren von Giovanni Domenico Cassini (1625–1712; ab 1669 Direktor der Pariser Sternwarte) entdeckte atmosphärische Phänomen driftet in der südtropischen Zone. Mit etwa 14 000 km Höhe bedeckt der GRF, ein riesiges Hochdruckgebiet, fast zehn Breitengrade. Seine Länge variiert im Gegensatz zur Höhe; sie erreicht Ausmaße zwischen 30 000 km und 48 000 km. Der GRF hat mit seiner schwachen und äußerst unregelmäßigen Westdrift den Planeten seit seiner Erstentdeckung einige Male umrundet. Auch wenn er offensichtlich gewisse Veränderungen durchmacht, so ist er doch eine beständige Komponente der Jupiteratmosphäre. Man vermutet, daß er schon seit über 100 000 Jahren existiert. Er wird als eine „Super-Konvektionsströmung" angesehen, mit der Wärme aus einer wohl seit langem stabilen Quelle in großer Tiefe nach oben transportiert wird. Schon die Pioneer-Messungen ergaben, daß die tiefrote Wolkendecke des GRF die höchste Wolkenform von Jupiter ist und das übrige Wolkenniveau um etwa 8 km überragt. Die Temperaturen über dem GRF liegen um etwa 3 ... 5 °C unterhalb der der übrigen Wolken. Vielleicht sind diese Gasmassen kühl genug, um Spuren von Phosphorverbindungen kondensieren zu lassen, was auch die rote Farbe erklären würde (vgl. hierzu auch Bild VII im Farbtafelteil).

Wie die Bilder 7.15 und 7.16 zeigen, ist die gesamte Umgebung des GRF in ständiger starker Bewegung. Er selbst rotiert „freidrehend" zwischen den gegenläufig strömenden Nord- und Südbereichen der südtropischen Zone. Die Wolken- und Gasmassen innerhalb des GRF bewegen sich gegen den Uhrzeigersinn (antizyklonisch), und zwar mit einer Geschwindigkeit, bei der sie für eine vollständige Rotation etwa sechs Tage brauchen.

Zwischen den Vorbeiflügen von Voyager 1 und Voyager 2 hat sich nicht nur die Position des GRF und seine Lage relativ zu den drei weißen Begleitovalen im Süden verändert, sondern besonders auffällig die Region östlich von ihm: Während der Beobachtungsphase von Voyager 1 bewegten sich mehrere kleinere Wolkenzellen mit etwa 55 m/s Geschwindigkeit auf den GRF zu und umkreisten ihn mehrere Male. Zwischen der Ankunft der beiden Raumsonden hatte sich jedoch dann im Osten des GRF eine als Barriere fungierende Wolkenfront entwickelt. Mit den Voyager 2-Kameras wurden wiederholt Wolkenfelder registriert, die sich zunächst zwar ebenfalls in Richtung auf den GRF bewegten, dann aber durch den Einfluß der Wolkenbarriere anhielten, um in die Richtung zurückzuströmen, aus der sie kamen (vgl. hierzu auch Abschnitt 7.3). Zeitweise waren bis zu vier dieser rezirkulierenden Wolkengebiete zu beobachten.

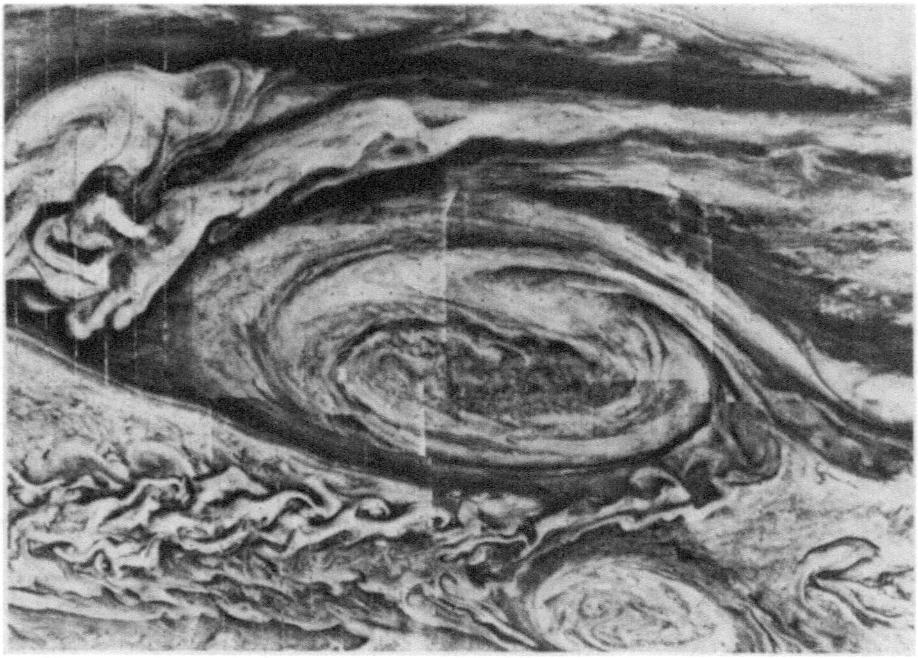

Bild 7.16
Bildmosaik von Voyager 1 vom 4. März 1979 aus 1,8 Mio. km Entfernung. Die Strömungsrichtung im und um den GRF ist besonders gut zu erkennen, ebenso die spitz zulaufenden Übergangszonen zwischen dem Wolkenoval und der umgebenden gegenläufigen Strömung. Auf die speziellen Unterschiede gegenüber Bild 7.15, vor allem im Osten, sei besonders hingewiesen.

Die hellen Wolkenovale im Süden des GRF sind trotz ihrer geringeren Abmessungen verwandte Strömungsformen. Auch sie sind von gestörten Tiefdruckgebieten umgebene steigende Wolkenmassen, die wieder zurückfallen und spiralförmige Wirbelfelder bilden. Sie rotieren gegen den Uhrzeigersinn (weiße Ovale auf der Nordhalbkugel rotieren jedoch zyklonisch, also im Uhrzeigersinn). Ein Gegenstück des GRF, mit allerdings nur einem Drittel seiner Größe, wurde im Norden von Jupiter entdeckt. Dieser nördliche Rote Fleck, der etwa ebensoweit vom Planetenäquator entfernt ist wie der GRF, ragt wahrscheinlich ebenfalls weit aus seiner Umgebung heraus.

Die Langlebigkeit des GRF und seiner südlichen Begleitovale überrascht im Blick auf die turbulente, sich ständig ändernde Wolkendecke mit ihren starken zonalen Winden. Verständlich ist diese Erscheinung nur, wenn es eine (oder mehrere) entsprechend kräftige, dauernd wirkende Energiequelle gibt. Außer dem schon oben angedeuteten „Hurrikan-Modell" (konvektive Zellen, die ihre Energie von kondensierenden Gasen in großer Tiefe beziehen), sind noch folgende Vorstellungen denkbar:

- „Scherinstabilitäts-Modell": Entzug von Energie aus den zonalen Strömungen, zwischen denen die langlebigen Wolkenformen rotieren;
- Energiegewinn aus kleineren, durch Auftrieb bewegten Wirbeln;
- Energiegewinn durch Absorption kleinerer Wirbel.

7.5 Blitze und Nordlichter

Eine wichtige Entdeckung der beiden Voyager-Sonden waren helle Blitze an der Wolkendecke, die die beiden Raumflugkörper im Planetenschatten fotografierten. Die Blitze, Anzeichen starker elektrischer Entladungen, sind keineswegs auf bestimmte Breiten begrenzt, sondern treten in der gesamten Jupiteratmosphäre auf. Einige Planetologen nehmen an, daß die Blitze die Entstehung organischer Moleküle begünstigen können. Sie formen wahrscheinlich atmosphärisches Phosphin in Phosphor um, der vielen Wolkenformen die charakteristische Rotfärbung verleiht.

Bild 7.17
Aus vier Aufnahmen der Weitwinkelkamera von Voyager 2 zusammengesetztes Mosaik der Dunkelseite von Jupiter mit seinem Ringsystem (entstanden am 10. Juli 1979 aus 1,45 Mio. km Entfernung). Ring und Planetenrand sind aufgrund der Licht-Vorwärtsstreuung durch winzige Partikel im Ring und in der oberen jovianischen Atmosphäre stark erhellt. Der höchstens 30 km dicke leuchtende Staubgürtel ist etwa 10 000 km breit.

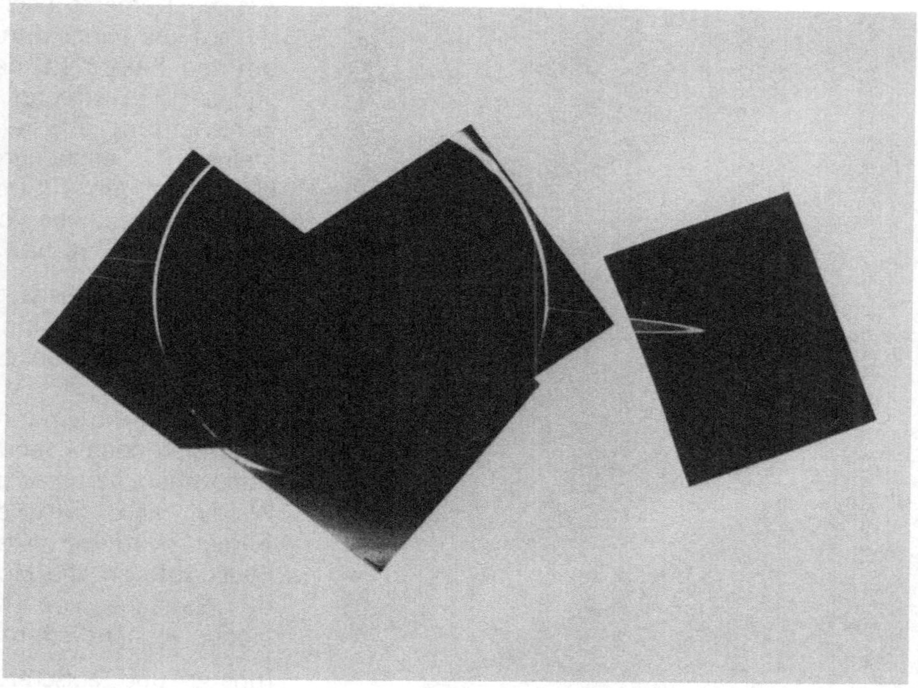

Ein bedeutendes Ergebnis der Voyager-Sonden ist der Nachweis polarlichtähnlicher Aurora-Erscheinungen, die in den Polregionen sowohl im Ultraviolettlicht als auch im sichtbaren Licht fotografiert wurden. Sie traten in drei Schichten auf, nämlich in etwa 700, 1 400 und 2 300 km Höhe über der Wolkenobergrenze. Bemerkenswert scheint, daß Pioneer 10 im Jahre 1973 keinerlei derartige Aurora-Effekte registrierte.

Während auf der Erde Polarlichter die Folge der Wechselwirkung von Solarwindteilchen in der Magnetosphäre mit dem polnahen Magnetfeld sind, werden, zumindest für die intensivsten und größten Auroras, die vom Torus des jovianischen Mondes Io entlang der Magnetfeldlinien in die Magnetosphäre fließenden Elektronenströme verantwortlich gemacht (Abschnitt 7.8 und 7.9).

7.6 Ringsystem

Was sich beim Flug von Pioneer 11 durch die jovianische Magnetosphäre 1974 als Möglichkeit andeutete, – ein registrierter Abfall der Zählrate hochenergetischer Partikel zwischen 1,7 und 1,8 R_J (Jupiterradien) Abstand vom Planetenzentrum ließ sich damals sowohl durch die Existenz eines Mondes, als auch eines Ringes interpretieren – bestätigte wenige Jahre später Voyager 1 endgültig: Auch Jupiter besitzt ein brillant leuchtendes Ringsystem (Bild 7.17), wie Saturn und Uranus. Mit einer grob geschätzten Gesamtmasse zwischen 10^7 kg und 10^{17} kg (die große Spanne folgt aus der weitgehend unbekannten Größenverteilung der Ringpartikel) ist es allerdings deutlich schwächer als das von Saturn ($10^{19} \ldots 2 \cdot 10^{21}$ kg) und Uranus ($10^{15} \ldots 10^{17}$ kg). Dies ist auch der Hauptgrund, weshalb die jovianischen Ringe von der Erde aus nicht zu sehen sind, selbst nicht mit den leistungsstärksten Beobachtungsgeräten.

Nach dem Erstnachweis durch Voyager 1 war die weitere Sondierung des neu gefundenen Ringsystems eine der Aufgaben der Schwestersonde Voyager 2. Die Beobachtungen dieses Raumflugkörpers zeigten, daß die Jupiterringe aus mindestens drei Komponenten bestehen. Der Hauptring (Bild 7.18) beginnt ziemlich abrupt bei 1,81 R_J (etwa 58 000 km über der

Bild 7.18
Ausschnitt des Hauptrings aufgenommen am 10. Juli 1979 von Voyager 2 aus 1,5 Mio. km Abstand. Hier ist auch der schwache innere Ringbereich zu erkennen. Das helle hakenförmige Gebilde am linken Bildrand ist eine durch die lange Belichtungszeit sichtbar gewordene Sternspur.

Wolkendecke). Seine innere Grenze ist weniger scharf definiert; sie liegt bei 1,72 R_J, so daß dieses Ringband 6 000 km Breite hat. Auf den Voyager-Fotos mit Blick auf die Ringebene zeigen sich kaum Helligkeitsunterschiede, lediglich bei 1,79 R_J befindet sich ein etwa 600 ... 700 km breites helleres Segment. Die Masse der Ringteilchen ist zu klein, um sie mit dem bloßen Auge sehen zu können; die typische Teilchengröße liegt im Mikronbereich, wenn auch wahrscheinlich größere Durchmesser bis zu einigen Kilometern Größe vertreten sind. Diese Tatsache folgt aus einer Beobachtung von Voyager 2:

Als die Kameras nach dem Passieren von Jupiter auf die Ringe zurückblickten, erschienen sie um den Faktor 20 heller als beim Anflug. Die Ringpartikel streuen also mehr Licht in Vorwärtsrichtung als sie reflektieren, was nur bei kleinsten Teilchengrößen möglich ist. Der Hauptring von Jupiter ist nahezu transparent, was auf eine Dicke von nur wenigen Kilometern (maximal 30 km) hinweist [7].

Nach innen schließt sich an das Hauptband ein noch schwächerer innerer Ring an, der offenbar bis zur Wolkendecke herunter reicht, also von 1,72 ... 1,0 R_J. Es ist durchaus möglich, daß das Material in diesem inneren Ring den ultraviolettabsorbierenden Nebel in der oberen Jupiteratmosphäre verursacht, falls die stratosphärischen Winde diese Partikel planetenweit verteilen. Ferner wird vermutet, daß das Ringmaterial Sauerstoff an die Hochatmosphäre abgibt, was die Existenz von Kohlenmonoxid in diesen Höhen verständlich machen würde.

Innerer und äußerer Ring werden von einem haloartigen Saum, aus winzigen Partikeln bestehend, eingehüllt. Er ist von annähernd linsenförmigem Querschnitt, ist an der Kante des helleren Ringes am dünnsten, dehnt sich aber in Planetennähe bis auf 10 000 km über der Ringebene aus.

Da die Ringpartikel sehr klein sind, können sie auch nur eine begrenzte Lebensdauer haben; sie entweichen sowohl – langsam – in den planetennahen Raum, tauchen aber auch in die turbulente Gashülle des Planten ein und werden außerdem durch Mikrometeoritenbeschuß und/oder Erosion und Reibung mit den in der Jupiterumgebung vorhandenen energiereichen Partikeln abgebaut. Wenn die Zahl der kleinen Ringpartikel im Laufe der Zeit nicht abnehmen soll, was unwahrscheinlich ist, muß eine Quelle existieren, die diese Ringpartikel kontinuierlich nachliefert.

Ein möglicher Prozeß wäre beispielsweise der Zerfall größerer Ringbrocken, sog. Mutterkörper, durch Beschuß von äußeren, in das System gelangenden Hochgeschwindigkeitspartikeln. Diese bis zu einigen Kilometer großen, in dem staubigen Keil um Jupiter vermuteten Mutterkörper können eingefangene Kleinstmonde oder Reste einiger Monde sein, die von den starken Gezeiten sowohl des Planeten als auch seiner größeren Monde zertrümmert wurden. Für diese Brocken könnten sich jene winzigen, nur 1/10 ... 1/100 Mikrometer großen Partikel aus der hochgeschleuderten Asche der Vulkane auf dem Mond Io (Abschnitt 7.9 und 7.10.1) als wirkungsvolle Geschosse erweisen, die wegen ihrer relativ starken Oberflächenladung (10 ... 100 V) vom jovianischen Magnetfeld mitgerissen werden. Mit Geschwindigkeiten bis zu 60 km/s würden die Io-Teilchen auf die wesentlich langsameren Mutterkörper prallen. Bei derartigen Zusammenstößen, so haben beispielsweise deutsche Wissenschaftler des Max-Planck-Instituts für Kernphysik in Heidelberg aus eigenen Staubexperimenten ermittelt, können die winzigen Geschosse das bis zu 10 000fache ihrer eigenen Masse aus den entstehenden Kratern herausreißen. Die größten Splitter erreichen dabei bis zu einem Zehntel des ausgeworfenen Gesamtvolumens, sie sind also bis zu 1 000mal größer als die aufprallenden Teilchen. Bei Zusammenstößen zwischen schnellen Io-Teilchen mit den Mutterkörpern entstehen nach dieser Vorstellung [8] die sichtbaren mikrometergroßen Teilchen des Jupiter-Rings, vorausgesetzt allerdings, die angenommenen Mutterkörper existieren tatsächlich. Einen ersten Beweis für die Mutterkörper und damit eine Bestätigung für die Theorie lieferte der zufällig entdeckte 14. Mond Jupiters: Er befindet sich nämlich genau in jener schmalen Zone, in der die Mutterkörper kreisen sollten, und hat mit ungefähr 30 km Durchmesser auch die „passende" Größe. Es gibt wahrscheinlich noch weitere, allerdings wohl kleinere Brocken, vielleicht bis zu 200 Stück. Daß sie bisher noch nicht nachgewiesen wurden, liegt an dem begrenzten Auflösungsvermögen der Voyager-Kameras: Sie erfaßten nur Einzelheiten bis zu 30 km Größe. Außerdem befinden sich die meisten Mutterkörper im hellsten Ringbereich, wo die Teilchenproduktion am größten ist.

Die Jupiterringe liegen weit innerhalb der Roche-Grenze von 2,44 R_J, jenem Grenzbereich um den Planeten, in dem die planetaren Gezeitenkräfte die Eigengravitation eines größeren Körpers übertreffen, feste Körper also zertrümmert werden. Sie befinden sich auch innerhalb der Synchronbahn von Jupiter.

Eine Erklärung für die äußere Bewegung der Ringe ist möglicherweise der neu entdeckte, in einer Entfernung von 1,81 R_J vom Jupiterzentrum um den Planeten kreisende Kleinstmond Adrastea (bisher 1979J1 genannt) mit einer Umlaufzeit von 7 Stunden 8 Minuten (Durchmesser maximal 40 km).

Das Ringmaterial selbst ist eher dunkel als hell, was auf einen Aufbau aus Silizium und/oder Kohlenstoffverbindungen hinweist, einen hohen Eisenanteil in jedem Fall aber ausschließt.

7.7 Jupiter als Radio- und Röntgenstrahler

Jupiter ist nach der Sonne die zweitstärkste Radioquelle im Sonnensystem. Die Radiosignale wurden 1954/55 von amerikanischen Wissenschaftlern entdeckt und sofort als ein erster Hinweis auf die Existenz eines planetaren Magnetfeldes gedeutet. Der Planet emittiert Radiostrahlung in drei Wellenbereichen: Zentimeter-, Dezimeter- und Dekameterwellen.

Aus der Intensität der Zentimeterstrahlung, erstmals 1958 bei 3,15 cm Wellenlänge aufgefangen, ließ sich die Temperatur der Quelle bestimmen. Es zeigte sich, daß das Ergebnis gut mit spektroskopischen Messungen übereinstimmte. Bei dieser Strahlung, auch Wärmestrahlung genannt, handelt es sich um thermische Emissionen der Planetenatmosphäre.

Die Dezimeterstrahlung (bis etwa 70 cm Wellenlänge) entsteht dagegen durch die Synchrotron-Bewegung von eingefangenen Elektronen mit teilweise enorm hoher Geschwindigkeit. Diese Elektronen bewegen sich längs der Feldlinien in der Magnetosphäre, und zwar in einem torusförmigen Bereich zwischen 1,5 R_J und 6 R_J. Man könnte diesen Bereich als eine Art Gegenstück zu den Van-Allen-Strahlungsgürteln der Erde ansehen.

Viel stärker, unregelmäßiger und lange Zeit ungeklärt waren dagegen die plötzlichen Ausbrüche (Bursts) von Dekameterwellen (Wellenlängen im Bereich von einigen Dutzend Metern). Die Intensität dieser Bursts kann die der Synchrotronstrahlung um den Faktor 10^4 übersteigen, so daß als Entstehungsmechanismus die Temperaturbewegung von Elektronen ausscheidet. Schon vor Ankunft der Pioneer-Sonden am Planeten war jedoch aufgefallen, daß die Position von Io, dem innersten der vier großen Jupitermonde, in einem gewissen Zusammenhang mit den Ereignissen im Dekameterbereich stand; die Radiobursts traten alle 21 Stunden auf, was etwa der Hälfte der Periode von Io entspricht. Die beteiligten starken Beschleunigungskräfte waren aber erst gefunden, als die beiden Pioneer-Sonden die sog. magnetische Flußröhre hinter Io durchflogen hatten, jenes schlauchartige Gebilde aus planetaren Magnetfeldlinien, die Io oder seine unmittelbare Umgebung schneiden und so eine elektrisch leitende Verbindung von Jupiterionosphäre mit Io bzw. dem Io-Plasmatorus schaffen (vgl. hierzu Abschnitt 7.9). Während des Durchflugs registrierten die Sonden innerhalb von nur wenigen Minuten einen zehnfachen Anstieg der Elektronen im Bereich von 0,5 ... 10 Mio. eV. Die Spannungsdifferenz zwischen entgegengesetzten Punkten der Ioionosphäre muß 420 kV betragen; die im elektrischen Fluß der Magnetröhre enthaltene Leistung wird auf 10 000 GW geschätzt! Diese Röhre ist es, die die planetare Ionosphäre in einem noch nicht mit letzter Klarheit verstandenen Prozeß periodisch stört und damit die Dekameterstrahlung beeinflußt.

Messungen des amerikanischen Röntgenteleskop-Satelliten HEAO-2 (Start im November 1978) führten im Jahr 1980 zu der überraschenden Erkenntnis, daß Jupiter neben Radiostrahlung auch Röntgenstrahlung emittiert. Bisher war unter den Planeten nur die Erde als Röntgenstrahler bekannt.

Ungeklärt ist vorerst noch, aus welchen Prozessen Jupiter die für seine Röntgenaktivität erforderliche Energie bezieht. Vermutlich entsteht sie ähnlich wie auf der Erde, nämlich durch den Einfall energiereicher, aus dem planetaren Strahlungsgürtel stammender Elektronen in die Jupiteratmosphäre. Beim Zusammenprall mit den Atomen und Molekülen der Atmosphäre lösen diese geladenen Partikel ein breites Strahlungsspektrum aus, zu dem Aurora-Effekt, UV-Strahlung und auch Röntgenstrahlung zählen. Aufgrund der Aurora-Beobachtungen von Voyager wird angenommen, daß der Anteil härterer Strahlung, also neben dem UV-Licht auch die Röntgenstrahlung, von den Polarregionen des Planeten ausgeht. Aus der Intensität der Röntgenstrahlung folgt, daß die für die Emission der Strahlung erforderliche Energie im Bereich von 10^{15} W liegen muß. Als Energiequelle wird der Solarwind und die Rotationsenergie des Planeten angesehen.

Es ist nicht auszuschließen, daß die Röntgenstrahlung auch durch den Beschuß der Oberflächen jener Jupitermonde mit energiereichen Ionen und Elektronen entsteht, die sich innerhalb des jovianischen Strahlungsgürtels bewegen. Die Beobachtung dieser Röntgenstrahlung und ihre Analyse als Aufgabe einer zukünftigen Planetensonde könnte z. B. weitere Aufschlüsse über die Oberflächenzusammensetzung der vier Jupiter-Großmonde (Io, Europa, Ganymed und Kallisto) liefern.

7.8 Jupitermagnetosphäre

Pioneer 10 machte die ersten Vor-Ort-Messungen in der jovianischen Magnetosphäre, trug aber noch nicht viel zum Verständnis ihrer Eigenschaften bei [9, 10]. Pioneer 11 [2, 11, 12] und die beiden Voyager-Sonden [4–6] erweiterten dann das Bild der ungewöhnlich strukturierten Magnetosphäre, die auf der sonnenzugewandten Seite je nach der Intensität des Solarwindes bis zu 100 ... 110 R_J, also über 7 Mio. km in den Raum hinausragt (Bild 7.19). Vor ihr liegt die jovianische Schockfront, die den größten Teil des Sonnenwindes zu einer merkbaren Richtungsänderung zwingt. Auf der Erde ist die Schockfront nur etwa 15 Erdradien vorgelagert. Dies beweist, daß das jovianische Magnetfeld um Größenordnungen stärker als das irdische sein muß, denn der Sonnenwind ist an der Jupiterbahn wesentlich impulsschwächer als an der Erdbahn. Könnte man die jovianische Magnetosphäre am Himmel sichtbar machen, so würde sie trotz der großen Entfernung von der Erde aus viel größer als der Mond erscheinen.

Das Jupiter-Magnetfeld ist, verglichen mit dem irdischen, (derzeit?) umgekehrt gepolt; eine übliche Kompaßnadel würde also auf den Südpol weisen. Die Feldstärke beträgt nach den Pioneer-Ergebnissen am Äquator maximal 4,2 Gauß, am Nordpol 14,8 Gauß und am Südpol 11,8 Gauß (jeweils bezogen auf Wolkendecken-Niveau). Das jovianische Feld übertrifft in seiner Stärke das Erdmagnetfeld somit um den Faktor 12 bis 50. Die Achse des magnetischen Dipols ist um 10,8 Grad gegen die Rotationsachse geneigt und läuft auch nicht durch den Planetenmittelpunkt: Sie ist um etwa 1/10 R_J zu ihm versetzt und geht durch einen Punkt bei 5,12° nördlicher Breite.

Bild 7.19
Jupitermagnetosphäre auf der sonnenzugewandten Seite mit dem inneren Dipolfeld. Der Planet selbst schrumpft bei diesem Maßstab zu einem Punkt zusammen. Eingetragen sind auch die Bahnabstände der vier jovianischen Großmonde. J kennzeichnet die Rotationsachse von Jupiter, M die Magnetfeldachse.

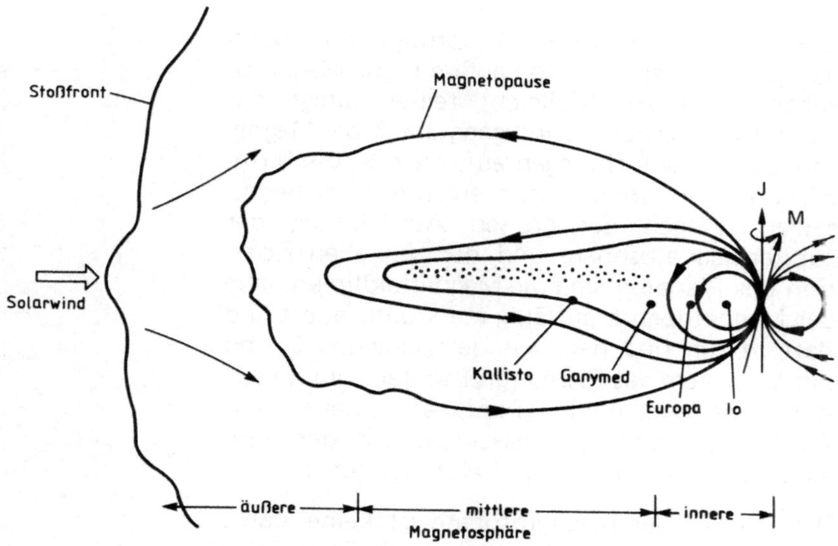

Die Jupitermagnetosphäre kann in drei Bereiche gegliedert werden:

Der innere, torusförmige und weitgehend dipolare Teil reicht bis etwa 20 R_J; er ist erfüllt von Strahlungsgürteln mit Teilchenflüssen (Elektronen und Protonen), die die der Erde bei weitem übertreffen. Bei Pioneer 10 trafen beispielsweise maximal 10^9 Elektronen/$cm^2 \cdot s$ auf die Sonde, davon 90 % aus dem Energiebereich zwischen 3 und 30 Mio. eV. An schwereren und energiereicheren Protonen registrierte Pioneer 10 etwa $6 \cdot 10^6$ $^1/cm^2 \cdot s$, die näher an Jupiter vorübergeflogene Sonde Pioneer 11 sogar den 20-fachen Wert [13]. Die Intensitätsmaxima werden für Elektronen in etwa 64 000 km Höhe, für Protonen bei 48 000 km vermutet (jeweils über der Wolkendecke). Diese Teilchen bewegen sich vorzugsweise entlang der magnetischen Feldlinien von Pol zu Pol, können aber dabei in Polnähe von einer weiter entfernten auf eine nähere Bahn oder umgekehrt gelangen. Dabei vergrößert sich ihre Energie so lange, bis sie entweder aus dem Gürtel herausschießen oder mit der Hochatmosphäre von Jupiter oder den planetennahen Monden kollidieren. Wie Bild 7.19 zeigt, liegen mindestens drei der großen Jupitermonde in diesem inneren Magnetosphärenbereich. Sie stören die Verhältnisse in den Strahlungsgürteln nachhaltig, denn sie üben einen „Rühreffekt" aus. Auch Amalthea, der größte der inneren jovianischen Trabanten, ist ein derartiger Störkörper, wenn auch die Auswirkungen infolge der relativ geringen Mondgröße deutlich schwächer sind als etwa bei Io oder Europa.

Im Gegensatz zum innersten Magnetosphärenbereich hat der mittlere (bis etwa 60 R_J) kein vergleichbares irdisches Gegenstück; diese Plasmaschicht, die man sich am besten als flachen Teller senkrecht zur Bildebene veranschaulicht, ist erfüllt von elektrisch geladenen Partikeln aus der Jupiterionosphäre, die durch die Rotation des Magnetfeldes so durcheinandergewirbelt werden, daß sie das natürliche Magnetfeld des Planeten empfindlich stören. Die Ströme in diesem Bereich erzeugen ein Magnetfeld, das in weitem Abstand von Jupiter sogar stärker als das des Planeten sein kann.

Der äußere Teil der Magnetosphäre besteht aus einem 3 ... 5 $\cdot 10^8$ K heißen Plasma, das sich hauptsächlich aus Wasserstoff-, Sauerstoff- und Schwefelionen zusammensetzt. Er reicht bis zur Magnetopause, der Grenze zu dem heißen, dünnen Plasma des Sonnenwindes. Die vorgelagerte Stoßfront läßt den Sonnenwind längs der Magnetopause um die Magnetosphäre strömen. Allerdings erscheint die Abschirmwirkung der jovianischen Magnetopause nicht so effektiv wie die der irdischen, denn innerhalb der Grenzschicht wurde noch niederenergetisches Plasma ungewöhnlich hoher Dichte gefunden. Ein Teil davon mag jovianischen Ursprungs sein, doch der größere Teil muß von außen in die Magnetosphäre gelangen. Vielleicht reißen einige der Jupitermonde beim Durchgang durch die Magnetopause große Öffnungen auf, die die Abschirmwirkung der Grenzschicht entsprechend herabsetzen. Wegen der großen Ausdehnung der Jupitermagnetosphäre und der schnellen Rotation des Planeten sind die Magnetfeldlinien nahe der Magnetopause auffällig stark deformiert und flattern hin und her. Aus dem gleichen Grund sammelt sich das Plasma größtenteils am äußersten Ende jeder Feldlinie an, was zu der in Bild 7.19 dargestellten Plasmaschicht und der typischen Verzerrung der Dipolfeldlinien führt.

Die Grenze der Magnetosphäre ist keine starre Linie, sondern bewegt sich je nach Stärke des Sonnenwindes vor und zurück. Das in ihr eingeschlossene Volumen kann sich dabei innerhalb von wenigen Stunden um den Faktor 8 ändern! Als sich Voyager 1 dem Planeten näherte, durchflog die Sonde die bewegliche Magnetopause insgesamt fünfmal; Pioneer 10 registrierte die das Magnetfeld begrenzende Plasmahaut sogar 17mal. Daraus läßt sich ableiten, daß das Feld mit einer Geschwindigkeit von über 32000 km/h (8330 m/s) zusammenbrechen kann. Durch das „Stauchen" des Feldes können Öffnungen entstehen, durch die hochenergetische Partikel quer durch das gesamte Sonnensystem schleudern. Tatsächlich wurden derartige Teilchen schon vor Jahren in nächster Umgebung der Erde und des Planeten Merkur durch Erdsatelliten und durch die Planetensonde Mariner 10 nachgewiesen, ohne damals freilich als von Jupiter stammend erkannt worden zu sein.

Wie bei der Erde, so ist auch bei Jupiter die Magnetosphäre auf der sonnenabgewandten Seite zu einem langen Plasmaschweif gestreckt. Seine Länge übertrifft alle bisherigen Vorstellungen: Im Frühjahr 1976 registrierte Pioneer 10, wenige Wochen nach Kreuzen der Umlaufbahn von Saturn, einen plötzlichen „Black-out" des Solarwindes. Da sich Raumflugkörper, Jupiter und Sonne zu diesem Zeitpunkt etwa auf einer Linie befanden, wurde diese Beobachtung der Existenz eines langen jovianischen Schweifes zugeschrieben, der demzufolge mindestens 690 Mio. km, vermutlich aber noch länger ist ($\gg 1000\ R_J$) (Bild 7.20). Da sich

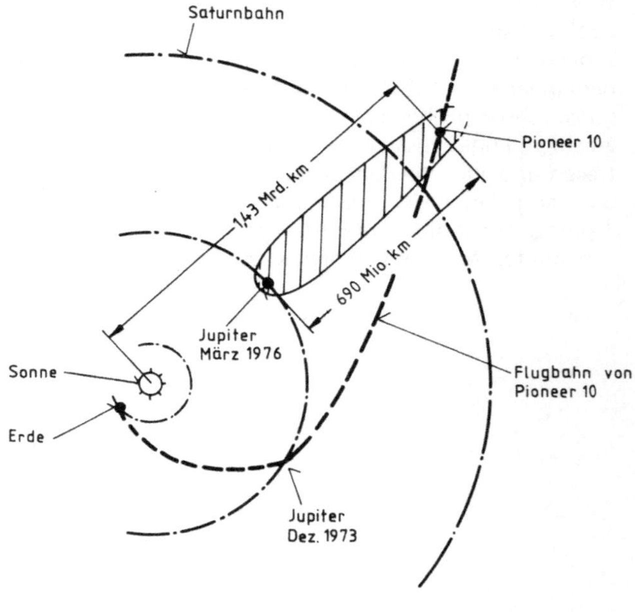

Bild 7.20
Unmaßstäbliche Darstellung des Fluges von Pioneer 10 durch den Jupiterschweif im März 1976. Die genaue Länge des Plasmaschweifs auf der sonnenabgewandten Seite ist noch unbekannt. Pioneer 10 hat im Sommer 1983 als erste Sonde das Sonnensystem verlassen.

Pioneer 10 in dieser Flugphase 6 Grad oberhalb der jovianischen Bahnebene befand (dies entspricht etwa 100 Mio. km), ist anzunehmen, daß der Plasmaschweif durch Turbulenzen im Sonnenwind entsprechend abgelenkt wird. Auch Voyager 2 durchflog den Schweif im Frühjahr 1981 in 482 Mio. km Abstand von Jupiter auf dem Weg zum Saturn; auch hier waren keine Anzeichen eines sich nähernden Schweifendes erkennbar. Dies bedeutet, daß Saturn alle 13 Jahre vom Magnetschweif des Jupiters abgedeckt wird und für einige Zeit keinen direkten Sonnenwind erhält. Zuletzt geschah dies im April 1981.

Die energiereichen Teilchen in der jovianischen Magnetosphäre haben mindestens zwei Quellen: Ein Teil stammt aus der jovianischen Ionosphäre, ein anderer wird von der Oberfläche einiger Monde in die Magnetosphäre „injiziert". Hier spielt insbesondere Io eine große Rolle, auf dessen Wechselwirkung mit dem planetaren

Magnetfeld im nächsten Abschnitt eingegangen wird.

Unbekannt ist, bis zu welchem Abstand von Jupiter die Magnetosphäre die Planetenrotation vollständig mitmacht. Nur in unmittelbarer Nähe des Planeten dreht sie sich mit der gleichen Geschwindigkeit wie Jupiter selbst, das heißt einmal in 9h 50,5 min. (siderische Rotationsperiode am Äquator; vgl. Tab. 1.2) um die eigene Achse. Als die Voyager-Sonden etwa 2,8 Mio. km vom Planeten entfernt waren, registrierten sie eine Plasma-Periode von bereits 20 Stunden. Man nimmt an, daß die Rotationsgeschwindigkeit des äußeren Bereichs der Magnetosphäre höchstens bei einigen 100 km/s liegt. Der Bereich, wo die „starre Kopplung" von Planeten- und Magnetosphärenrotation aufzuhören beginnt, liegt bei 5 ... 6 R_J, knapp außerhalb der Iobahn.

7.9 Wechselwirkung Io – Jupiter

Die jovianischen Monde werden zwar erst in Abschnitt 7.10 beschrieben, aber hier muß bereits auf Io eingegangen werden, der in für das Sonnensystem bisher beispielloser Weise elektrodynamisch mit der jovianischen Ionosphäre über die magnetischen Feldlinien des Jupiter-Dipolfeldes gekoppelt ist (magnetische Flußröhre). Das Plasma der jovianischen Magnetosphäre rotiert schneller als Io und strömt deshalb den Mond von hinten mit einer Geschwindigkeit von 57 km/s an. Dabei wird im Mondinneren eine außerordentlich hohe elektrische Spannung induziert, die einen elektrischen Strom von etwa 5 Mio. A von Io entlang der Feldlinien zur Planetenionosphäre und von dort zurück zu Io treibt. Der Stromkreis wird durch die Ionosphäre von Io geschlossen (Bild 7.21). Ein Beobachter auf Io würde im anströmenden Plasma ein elektrisches Feld von 110 V/km spüren. Integriert ergibt dies eine Spannung über den gesamten Monddurchmesser von rund 420 000 V. Auf der planetenzugewandten Seite lädt sich Io stark negativ, auf der gegenüberliegenden Seite stark positiv auf. Folgen dieser Flußröhre (flux tube) sind die bereits früher erwähnten Erscheinungen: Aurora, intensive Radiowellen, Eruptionen und Einspeisung von energiereichen Partikeln in die jovianische Magnetosphäre.

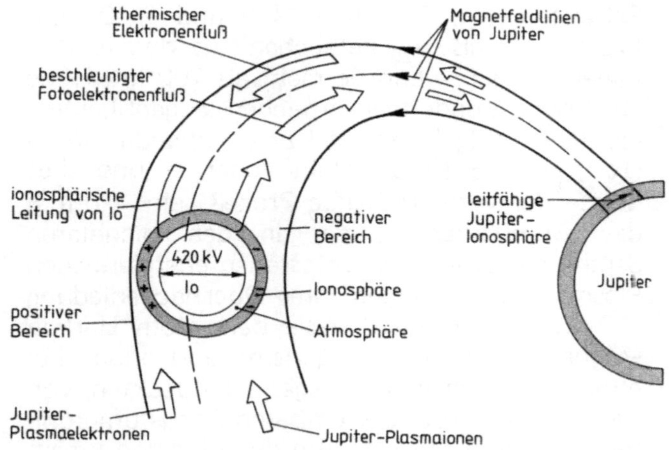

Bild 7.21
Diese schematische, nicht maßstäbliche Darstellung der Geometrie des Stromschleifenmodells (magnetische Flußröhre von Io) geht in ihrer ursprünglichen Form auf einen Vorschlag aus dem Jahr 1967 zurück: der Stromkreis besteht aus Strömen senkrecht zum Magnetfeld in der Mondionosphäre, feldlinienparallelen Strömen auf der jupiterabgewandten Seite hinab zum Jupiter, Strömem senkrecht zum Feld in der planetaren Ionosphäre und aus aufwärts zu Io verlaufenden feldlinienparallelen Strömen. Ein solches Stromsystem existiert jeweils auf der Nord- und Südhälte [2, 14].

Auch die Flußröhre zwischen Io und Jupiter ist zeitlichen Schwankungen unterworfen: Voyager 1 sollte durch sie hindurchfliegen, verfehlte sie aber, da die gegenüber den früheren Pioneer-Messungen erhöhten Elektronenströme die Röhre um 7 000 km von ihrer vorausberechneten Position weggekrümmt hatten. Anstatt der damals erwarteten Stromstärke von 10^6 A hatte die Sonde den oben erwähnten fünffachen Wert gemessen.

Durch starke vulkanische Aktivität und den Beschuß der Io-Oberfläche mit energiereichen Sauerstoff- und Schwefelionen entweichen von Io ständig Natrium-, Kalium-, Sauerstoff- und

Schwefelionen. Zwischen 1/10 und 1/100 Mikrometer große Ascheteilchen aus den Io-Vulkanen werden, wenn sie mehr als 100 km Höhe über dem Mondboden erreichen, augenblicklich elektrisch aufgeladen, und zwar entweder durch UV-Strahlung (Photoeffekt) oder – und dies dürfte der vorherrschende Prozeß sein – durch das Bombardement der in den planetaren Strahlungsgürtel eingeschlossenen energiereichen Plasmateilchen. Wegen ihrer Oberflächenladung (10 ... 100 V) werden sie dann vom starken Magnetfeld Jupiters mitgerissen und bilden bei etwa 6 R_J den von Voyager 1 entdeckten, von der Erde aus aber unsichtbaren Torus um Jupiter, in dessen Mitte Io um den Planeten kreist. Dieser Torus wird als verflüchtigte Atmosphäre des Jupitertrabanten, also nicht jener von Jupiter, interpretiert (Ein kleiner Teil dieser Partikel mag daneben auch den Weg zum jovianischen Ringsystem finden). Der Iotorus liegt nicht symmetrisch zur Rotations-Äquatorebene, sondern symmetrisch zum magnetischen Äquator. In ihm entdeckten die beiden Voyager-Sonden UV-Emissionen von zwei- und dreifach ionisiertem Schwefel sowie zweifach ionisiertem Sauerstoff mit den entsprechenden Elektronen. Die maximale Elektronendichte liegt bei 4 500 $^1/cm^3$ (zum Vergleich eine typische Dichte des interplanetaren Raums: 0,1 $^1/cm^3$), die Ionentemperatur bei 10^5 K. Überraschend war vor allem die Existenz eines Plasmas, das zum überwiegenden Teil aus den genannten schweren Ionen besteht. Da die beiden Pioneer-Sonden ähnliche Emissionen nicht feststellen konnten, muß das Plasma im Iotorus im Zeitraum 1973/74 weniger heiß als 1979 gewesen sein. Auch hier handelt es sich also um ein zeitlich äußerst variables Gebilde.

Noch winzigere Teilchen von der Oberfläche von Io, darunter auch abgespaltene Metallionen, gelangen nicht bis in den Torus. Durch Teilchenbeschuß in den Strahlungsgürteln werden sie nämlich vollständig zerstäubt und bilden wahrscheinlich die zehntausende von Kilometern lange Schleppe aus Plasmateilchen, die Io hinter sich herzieht. Mit 800 000 km Länge (bei 160 000 km „Dicke") erstreckt sie sich zeitweise nahezu über ein Viertel bis ein Drittel der Mond-Umlaufbahn.

7.10 Monde von Jupiter

Wie Tabelle 7.4 zeigt, besitzt Jupiter 16 bekannte Monde (Kenntnisstand Mai 1983). Die Durchmesser dieser Himmelskörper schwanken von einigen Kilometern bis zum Durchmesser von Ganymed, der mit 5 276 km zugleich auch größter Planetentrabant im gesamten Sonnensystem ist.

Die drei planetennahen Kleinstmonde mit den neuen Bezeichnungen Metis, Adrastea und Thebe wurden nach sehr intensiver Suche im Jahr 1980 nachträglich auf Nahaufnahmen der beiden Voyager-Sonden aus dem Jahr 1979 entdeckt. Die beiden erstgenannten liegen noch innerhalb der Roche-Grenze am Rand bzw. im Bereich des jovianischen Ringsystems, wo sie entweder als Senken oder Quellen („Mutterkörper", vgl. Abschnitt 7.6) von Ringmaterie fungieren, möglicherweise auch für die örtlichen Aufhellungen der Ringe verantwortlich sind.

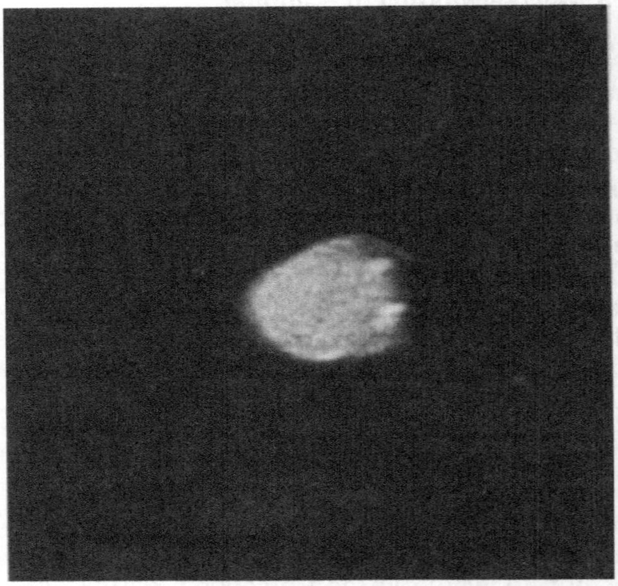

Bild 7.22
Eine der ersten Voyager-Aufnahmen von Amalthea vom 4. März 1979 aus 425 000 km Entfernung. Aufgrund der Beleuchtungssituation ist nicht die gesamte Längserstreckung des Körpers zu sehen. Die Auflösung ist 8 km. Der Terminator befindet sich rechts, Norden ist oben, und Jupiter wäre links.

Tabelle 7.4 Monde von Jupiter (Stand Mai 1983)

Name	Nr.	Durchmesser [km]	mittl. Abstand vom Jupiterzentrum [10^3 km]	Bahnneigung [Grad]	Bahnexzentrizität	Umlaufzeit [d/h/min/s]	Entdeckungsjahr
Metis**	XVI	40	127,2			7h4min30s	1979*
Adrastea**	XIV	30 ... 40	128			7h8min	1979*
Amalthea	V	275 X 175 X 155	181,5	0,455	0,003	11h57min22,7s	1892
Thebe**	XV	70 ... 80	221,9	0	0	16h16min	1979*
Io	I	3636	422,0	0,027	0	1d18h26min33,5s	1610
Europa	II	3130	671,4	0,468	0	3d13h13min42s	1610
Ganymed	III	5276	1071	0,183	0,001	7d3h42min33s	1610
Kallisto	IV	4820	1884	0,253	0,007	16d16h32min11,2s	1610
Leda	XIII	2 ... 14	11094	27	0,147	238,7d	1974
Himalia	VI	170	11487	28	0,158	250,57d	1904
Lysithea	X	6 ... 35	11710	29	0,12	260d	1938
Elara	VII	80	11747	26	0,207	260,1d	1905
Ananke	XII	6 ... 30	21250	147	0,169	631d	1951
Carme	XI	8 ... 40	22540	163	0,207	692d	1938
Pasiphae	VIII	8 ... 45	23510	147	0,4	739d	1908
Sinope	IX	6 ... 35	23670	156	0,275	758d	1914

* auf Voyager-Aufnahmen entdeckt

** Benennung dieser neuentdeckten Monde erfolgte bei der Versammlung der IAU (Internationale Astronomische Union) im August 1982 in Griechenland

Amalthea, deren Durchmesser man bis zum Vorliegen der hochaufgelösten Voyager-Aufnahmen mit 200 km annahm, kann selbst mit den besten Teleskopen und bei günstigsten Beobachtungsbedingungen von der Erde nur als schwacher Lichtfleck ausgemacht werden. Dieser Trabant zählt zu den mittelgroßen asteroidähnlichen Objekten und ist wohl der erste Vertreter dieser Gruppe, der von der Nähe aus beobachtet werden konnte. Auf den Voyager-Aufnahmen erwies sich Amalthea als etwa ellipsenförmiger und rötlich gefärbter Körper, der mit seiner Längsachse stets auf Jupiter weist. Dies würde bedeuten, daß eine Drehung um die eigene Achse mit der Umlaufzeit um Jupiter übereinstimmt. Nach den neuen Ergebnissen ist der erst 1892 entdeckte Mond größer als bisher angenommen; seine Gestalt läßt sich am besten mit einem dreiaxialen Ellipsoid beschreiben. Das Reflexionsvermögen der festen Oberfläche liegt bei 5 % (auch wenn einige hellere Flecken zu sehen sind, vgl. Bild 7.22); damit ist Amalthea dunkler als die vier Galileischen Monde. Einige Oberflächenformen können als Einschlagkrater gedeutet werden, doch war das Auflösungsvermögen der Voyager-Fotos für endgültige Aussagen nicht ausreichend, zumal sie einen nur teilweise sonnenbeschienenen Mond zeigten.

Die Voyager-Bilder bestätigen jedoch die früheren Beobachtungen, nach denen der Mond etwa 50 % mehr Licht im roten als im violetten Spektralbereich reflektiert. Offen ist noch die Frage, ob es sich bei der rötlichen Farbe von Amalthea um die der Oberflächenschicht handelt (möglich ist auch ein spezieller Effekt der Oberflächenbestrahlung unter den Bedingungen der Jupiteratmosphäre), oder ob sie für die mittlere Zusammensetzung charakteristisch ist. Die Form weist darauf hin, daß Amalthea relativ fest und arm an flüchtigen Bestandteilen ist.

Die Auswertung der Voyager-Infrarotmessungen haben ergeben, daß der Jupitermond wärmer ist, als es der Temperatur entspricht, die sich aus absorbierten und reflektierten Lichtmengen rechnerisch ergibt. Dieser Wärmeüberschuß könnte entweder durch elektrische Ströme längs der Kraftlinien im jovianischen Magnetfeld oder durch den Beschuß von Partikeln aus den Strahlungsgürteln des Planeten erzeugt werden.

Die vier großen jovianischen Begleiter, Io, Europa, Ganymed und Kallisto, wurden als erste Jupitermonde im Jahre 1610 von Galileo Galiei entdeckt; deswegen werden sie gewöhnlich als die Galileischen Monde [15] bezeichnet. Wie Tabelle 7.4 zeigt, bewegen sie sich, ähnlich wie auch Amalthea, in nahezu kreisförmigen Bahnen in der Äquatorebene um Jupiter (vgl. auch Bild 7.32).

Im Gegensatz dazu laufen die äußeren Monde, deren genaue Form und Größe unsicher ist, auf stark elliptischen und außerdem beträchtlich zum Äquator geneigten Bahnen. Die vier äußersten Monde weisen Bahnneigungen von über 90 Grad auf. Diese Bahnen sind retrograd: Die Körper bewegen sich im umgekehrten Sinn wie die übrigen Jupiterbegleiter, die Bahnen selbst überschneiden einander. Wegen dieser eigenartigen Bahnen und wegen des großen Abstandes der Monde zu Jupiter ist zu vermuten, daß die äußeren Körper nicht von Anfang an zum jovianischen Mondsystem zählten, sondern eingefangene Asteroiden sind. Berechnungen haben jedenfalls gezeigt, daß das Dreikörperproblem Sonne — Jupiter — Mond eine gewisse Wahrscheinlichkeit für das Einfangen von Asteroiden zuläßt.

7.10.1 Io

Io besitzt mit 3,55 g/cm^3 die größte Dichte der Galileischen Monde. In seinem Inneren existiert vermutlich ein silikatreicher Kern, der von leichterem Material umgeben ist. Die Oberfläche, auf der man helle, gelbe, orangefarbene und rote über dunkelrote bis zu schwarzen Formen unterscheiden kann, besteht wohl aus Salzen, Schwefel und Schwefeldioxid im festen Zustand. Die feste, stark schwefelhaltige Kruste des Mondes ist wahrscheinlich nur etwa 20 km dick; das gesamte Innere bis zum Kern in der Mondmitte dürfte vollständig geschmolzen sein.

Bei einer genau kreisförmigen Bahn um den Planeten wäre die Folge der Gezeitenbeschleunigung eine leichte Verformung von Io in Form eines gestreckten Ellipsoids (mit der langen Achse auf Jupiter weisend), ähnlich wie sich dies auch im Erde-Mondsystem in einer durch Gezeitenreibung bedingten Ausbauchung der Erde um etwa 1 m auswirkt. Da die Iobahn aber nicht genau kreisförmig, sondern durch die Nachbarmonde Europa und Ganymed gestört ist (der kürzeste Abstand zum Jupitermittelpunkt verschiebt sich dabei mit etwa 1 Grad pro Erdtag), bewegt sich Jupiter (für einen Beobachter auf Io) am Himmel periodisch hin und her. Dabei ist der Mond starken periodischen Verformungen unterworfen, die sich in einer regelmäßig alle 1 1/2 Tage wiederkehrenden Ausbauchung von bis zu 100 m äußern! Die durch die Gezeitenreibung bewirkte Energiezufuhr errechnet sich zu etwa 10^{12} W [14]. Dies ist neben der freiwerdenden radioaktiven Energie und der Erwärmung durch den Beschuß der Io-Oberfläche mit geladenen Partikeln aus den jovianischen Strahlungsgürteln als sekundäre Energiequellen der Hauptgrund für das völlig aufgeschmolzene Mondinnere.

Die große Überraschung des Voyager-Programmes war die Entdeckung aktiver Vulkane auf Io. Bereits vor der Entdeckung gab es gewisse Hinweise auf vulkanische Aktivität (Bild 7.23): strahlenförmige, von dunklen Calderen ausgehende Fließmuster sowie das praktisch völlige Fehlen von Einschlagkratern. Letztere fehlen, weil die vulkanischen Prozesse auf Io alle Strukturen unter 1 km Durchmesser in weniger als 1 Mio. Jahren einebnen. Io besitzt also von allen bekannten Körpern des Sonnensystems die jüngste und sich am stärksten ändernde Oberfläche.

Es waren bereits einige Tage seit dem Vorbeiflug von Voyager 1 am Jupitersystem verstrichen, als eine amerikanische Ingenieurin des Voyager-Navigationsteams, also nicht des Bildauswertungs-Teams, beim Überprüfen einiger überbelichteter Io-Bilder durch Zufall eine große, helle, regenschirmartige Wolke am beleuchteten Horizont der Io-Südhalbkugel entdeckte (Bild 7.24): Der erste Himmelskörper im Sonnensystem, der neben der Erde heute noch vulkanisch aktiv ist, war entdeckt! Bei einer systematischen Nach-Suche wurden noch sieben weitere Vulkane gefunden [20]. Man hat ermittelt, daß allein diese acht Vulkane pro Sekunde etwa 3 Mio. Tonnen an Schwefel, Sauerstoff und anderen Elementen auswerfen. Als Voyager 2 vier Monate später Io erreichte, waren sechs der

Bild 7.23
Voyager 1-Bildmosaik vom 4. März 1979 aus 377 000 km Abstand. Das große, von einem herzförmigen „Saum" umgebene Gebilde rechts unterhalb der Bildmitte wurde wenig später als erstes Zeugnis eines aktiven Vulkans auf Io interpretiert. Vier Monate später, beim Anflug von Voyager 2, war diese Wolke nicht mehr zu sehen. Details mit 8 km Mindestgröße sind noch zu erkennen.

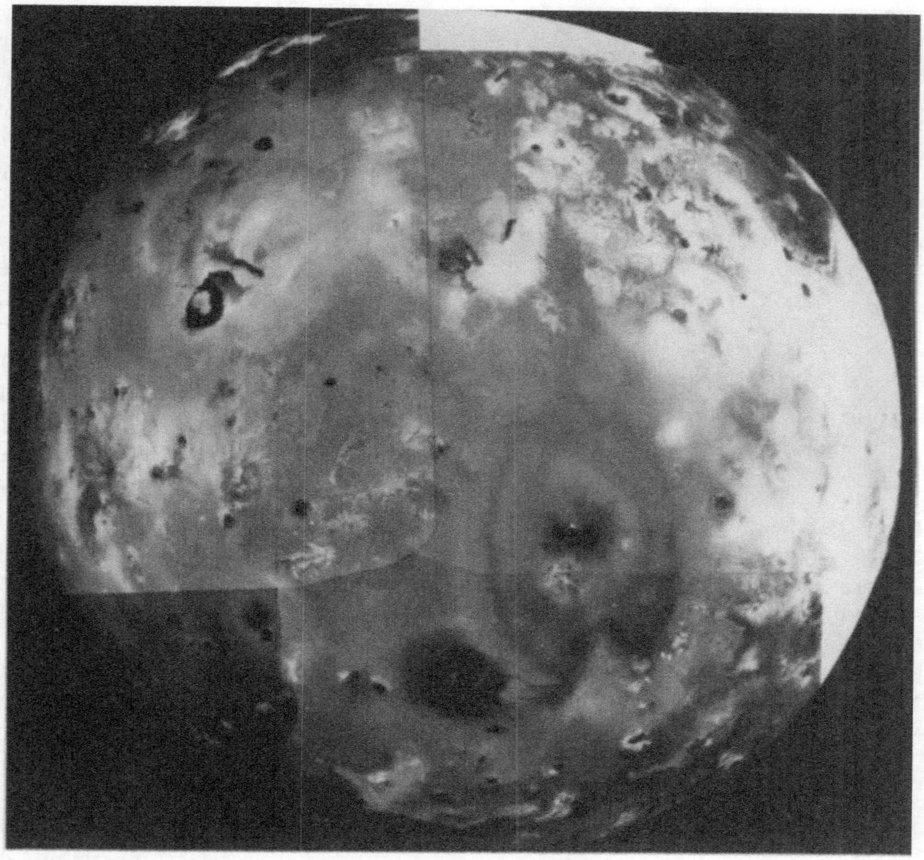

Bild 7.24
Zwei tätige Vulkane zeigt dieses Bild vom 8. März 1979, aufgenommen aus 4,5 Mio. km Entfernung: einer erscheint rechts unten am Mondhorizont als feine, regenschirmartige Wolke, ein zweiter, hier als heller Fleck zu sehen, befindet sich links oben am Terminator und leuchtet in der aufgehenden Sonne (siehe hierzu auch Bild VIII im Farbtafelteil).

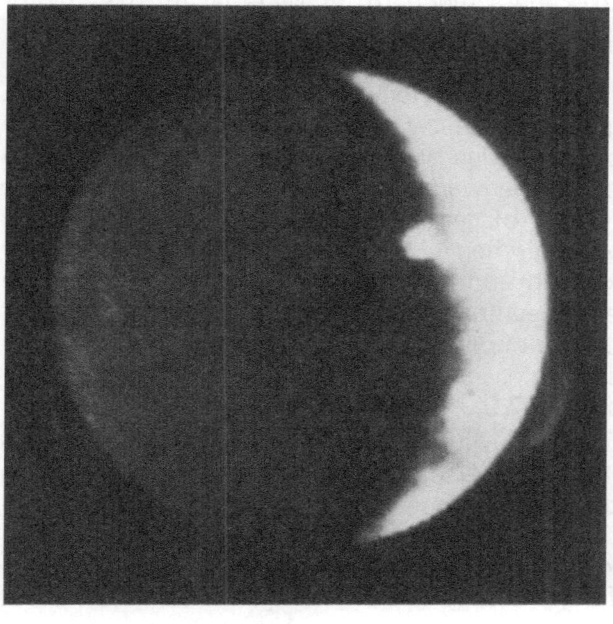

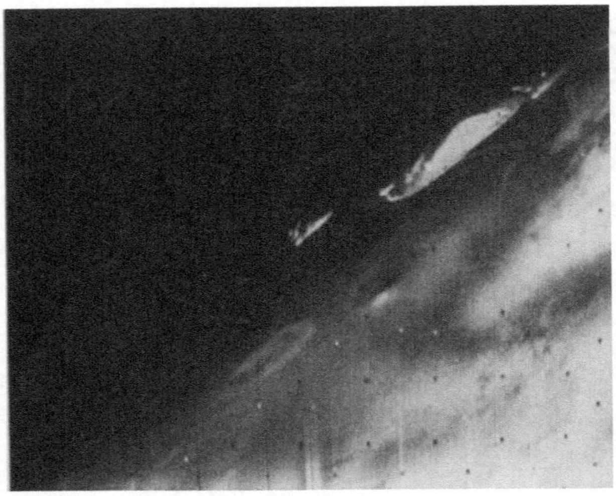

Bild 7.25
Teil der Südhemisphäre von Io, von Voyager 1 am 4. März 1979 aus 75 000 km Abstand aufgenommen. Im Vordergrund ist das Terrain leicht wellig. Im Hintergrund sind zwei von der Sonne beschienene Berge zu erkennen. Der rechte, möglicherweise ein erloschener Vulkan, hat 150 km Basisdurchmesser und eine Höhe von mehr als 15 km.

sieben beobachteten Vulkane noch immer aktiv, der größte hingegen schien erloschen. Die Vulkane schleudern ihr Material mit Geschwindigkeiten bis zu 1 000 m/s (Ätna: 50 m/s) in Höhen bis zu fast 300 km; die einzelnen Eruptionen dauern teilweise zwei Stunden und länger. Der überwiegende Teil der Vulkanasche sinkt wieder zur Oberfläche zurück, was nach dem gegenwärtigen Kenntnisstand zu einer mittleren Ablagerungsrate von mindestens 0,1 mm vulkanischen Materials pro Jahr führt. Die kleinen und kleinsten Partikel werden, sofern sie eine bestimmte Mindesthöhe erreichen, ionisiert und vom planetaren Magnetfeld mitgerissen oder sammeln sich im Plasmaschweif von Io an (Abschnitt 7.9).

Obwohl die Iooberfläche im allgemeinen relativ glatt erscheint, zeigten sich auf den Voyager-Fotos neben weiten, mit hellem Schwefeldioxidschnee bedeckten Flächen bizarre Formen wie wellenartig verlaufende Steilhänge, Verwerfungen und lokale Erhebungen (Bild 7.25). Es ist anzunehmen, daß es neben den acht nachgewiesenen noch weitere tätige Vulkane auf Io gibt: Mit Sicherheit ist Io vulkanisch aktiver als die wesentlich größere Erde. Auf den Voyager-Bildern wurden mindestens 100 Calderen gezählt, Einbruchkessel erloschener Vulkane mit Durchmessern über 25 km.

Ein weiteres Merkmal der Oberfläche dieses Mondes sind heiße, lokal begrenzte Flächen, die wohl mit der vulkanischen Tätigkeit in Verbindung stehen dürften. Während beispielsweise die Umgebung eines 250 km großen heißen Gebietes eine Temperatur von 120 ... 135 K besaß, wurden im „hot spot" selbst 295 K gemessen. Möglicherweise handelt es sich dabei um einen gerade erstarrenden Lavasee. Manche Wissenschaftler nehmen an, daß es auf Io Schwefel-Seen bzw. -Ozeane gibt. Außer im Bereich der „hot spots" liegen die Oberflächentemperaturen auf Io im Mittel zwischen 90 K und 140 K. Die Werte an den Polen wurden nicht gemessen; möglicherweise liegen sie um 50 ... 100 Grad unter den Äquatortemperaturen.

Für das Freiwerden der schwefelhaltigen Verbindungen in Io gibt es mehrere Möglichkeiten [16]:

- Flüssiges Schwefeldioxid einige 100 m unter der Oberfläche durchstößt diese in den Verwerfungen oder am Fuß von Steilhängen. Beim Durchstoßen tritt ein Druckabfall auf; die Flüssigkeit explodiert und bildet eine Art Eisnebel, der in Form der großen weißen Gebiete auf Io sichtbar wird.
- Unterhalb der Oberfläche existieren große, voneinander getrennte Becken, die mit flüssigem Schwefel gefüllt sind. Beim Zusammentreffen dieser Schwefel-Ozeane mit flüssigem Schwefeldioxid aus der Silikatschicht des Mondes steigt das Gemisch zur Öffnung eines Vulkankraters auf, der Druck fällt dort sofort ab, das Gemisch dehnt sich aus und das Schwefeldioxid verdampft; das Material erreicht auf diese Weise an der Oberfläche Geschwindigkeiten zwischen 500 m/s und 1 000 m/s und bewirkt die bis 300 km hohen Rauchfahnen.
- Der Io-Vulkanismus ähnelt dem irdischen sehr stark, d.h. die Lavaströme bestehen aus gewöhnlichem geschmolzenen Silikatgestein und sind nur durch Schwefel oder dessen Verbindungen verfärbt.

Die Frage nach der Energiequelle für den Vulkanismus auf Io kann mit der oben erwähnten Gezeitenreibung beantwortet werden. Der Zerfall radioaktiven Materials im Inneren des Körpers bzw. die beim Beschuß des Mondes mit Magnetosphärenpartikeln entstehende Energie reicht jedenfalls alleine nicht aus, um die intensiven Eruptionen zu erklären.

Die Voyager-Sonden bestätigten auf Io eine dünne windstille, ca. 120 km hohe Schwefeldioxid-Atmosphäre, die tagsüber einen Druck von etwa 1/10 Mikrobar ausübt. Dies entspricht dem 10^{-7}-fachen des irdischen Luftdrucks in Meereshöhe. Ferner wurde eine Ionosphäre nachgewiesen. Schon die Sondierungen durch Pioneer 10 und Pioneer 11 hatten ergeben, daß die ionosphärische Schicht auf der Tagseite bis in etwa 700 km Höhe reicht, auf der Dunkelseite jedoch durch das jovianische Magnetfeld abgelenkt wird [17]. Die Ionosphärendichte erreicht überraschend hohe Werte: 60 000 ... 100 000 Elektronen pro cm^3 auf der Tagseite und knapp 10 000 Elektronen pro cm^3 auf der Nachtseite. Dichte und Ausdehnung deuten auf ein ungewöhnliches Gasgemisch, z. B. auf Wasserstoff, Natrium und vermutlich auch Stickstoff hin.

Alle anderen Jupitertrabanten tragen — so weit bekannt — keine Gashüllen.

7.10.2 Europa

Dieser Jupitertrabant mit einer mittleren Dichte von 3,04 g/cm^3 hat vielleicht die glatteste Oberfläche aller Planeten und Monde im Sonnensystem: Seine höchste Erhebung mißt weniger als 100 m! Charakteristisch für ihn ist die große Zahl sich überschneidender heller und dunkler Linien auf hellem Grund (Bild 7.26), und eine auffallende Armut an topographischen Formen wie Tälern, Gebirgsketten und Kratern. Bei manchen Senken könnte es sich um Einschlagkrater handeln. Bisher konnten jedoch nur drei von ihnen mit Sicherheit als Impaktstrukturen interpretiert werden; ihre Durchmesser liegen zwischen 18 km und 25 km. Nicht einmal längs des Terminators zeigt die Oberfläche irgendwelche markante Strukturen, obwohl sie hier am leichtesten zu sehen sein müßten (Bild 7.27).

Die helleren gekrümmten Linien haben eine durchschnittliche Breite von 5 ... 10 km und eine mittlere Länge von etwa 100 km. Die dunkleren, weniger scharf begrenzten Linien bzw. Bänder sind 20 ... 40 km breit und einige 100 km, ja sogar 1 000 km lang. Es sind Risse im Eismantel des Mondes, durch die dunkleres Material aus dem Inneren nach außen quillt. Entstanden sind sie, als das Wasser der früheren Ozeane gefror und sich dabei ausdehnte. Wäre die Eiskruste von Anfang an da gewesen, müßten Spuren der Meteoriteneinschläge heute noch deutlich zu sehen sein.

Die Dicke des Eismantels um Europa wird auf 75 ... 100 km geschätzt. Vermutlich besteht der Mond zu 20 % aus Eis und flüssigem Wasser. Das Material im Inneren dürfte festes Silikatgestein mit einem kleinen Kern im Zentrum sein.

Ein kleines Wissenschaftler-Team gelangte neuerdings zu der Ansicht, daß der feste Eispanzer von Europa möglicherweise nur 5 km dick ist und einen mindestens 50 km tiefen See bedeckt. Wenn diese Eishaut nicht sehr viel stärker ist, könnte theoretisch in dem Europa-Ozean niederes Leben existieren, da die Sonnenenergie die Wasseroberfläche durch den Eismantel hindurch erwärmt (auf ähnliche Wiese wird auch niederes Leben im dichten Packeis der Antarktis ermöglicht). Weitere Energiequellen für den vermuteten Europa-Ozean sind der radioaktive Zerfall im festen Mondkern und die starken Gezeitenkräfte Jupiter—Europa [19].

Europa reflektiert etwa 70 % des einfallenden Sonnenlichts; dies ist zehnmal mehr als beim Erdmond und etwa doppelt so viel wie bei der Erde.

Obgleich die abgetasteten Oberflächentemperaturen am Terminator nur bei 90 K lagen — eine Extrapolation auf die maximale Mittagstemperatur ergibt etwa 125 K —, vertreten einige Wissenschaftler die Meinung, daß die Kruste in tieferen Regionen noch warm sein muß. Als Energiequelle hierfür wäre Gezeitenreibung (wie bei Io, aber mit nur 10 % der Intensität) nicht auszuschließen.

7.10.3 Ganymed und Kallisto

Auf Ganymed (Dichte 1,93 g/cm^3) können zumindest zwei Oberflächenstrukturen unterschie-

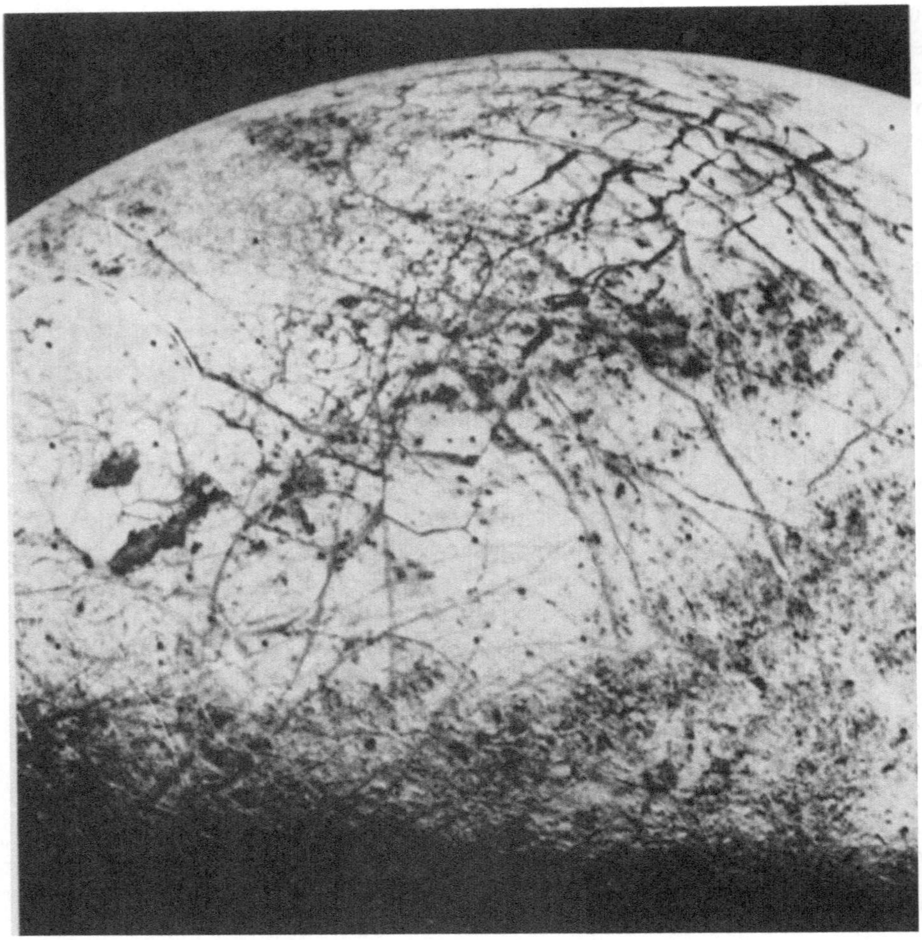

Bild 7.26
Europa, kleinster und zugleich hellster der vier Galileischen Monde, in einer Voyager 2-Aufnahme vom 9. Juli 1979 aus 241 000 km Abstand. Die Mondoberfläche ist mit einem Gewirr von dunklen Linien und einigen Senken überzogen, die als Risse in der Eiskruste interpretiert werden. Krater sind auf diesem Bild nicht mit letzter Gewißheit auszumachen.

den werden (Bilder 7.28 und 7.29): ausgedehnte dunklere, offenbar ältere Regionen mit hoher Kraterdichte, sowie hellere, vermutlich jüngere bänderartige Gebiete mit weniger Kratern, deren Merkmale Verwerfungen, Vertiefungen, Rillen und Streifen sind. Jüngere Furchensysteme durchsetzen ältere; in viellen Fällen sind die kraterreichen alten Krustenbereiche durch die Furchensysteme, bei denen man bis zu 20 parallel verlaufende Rillen bzw. Rücken findet und die mehrere 100 km Länge erreichen, verdrängt. Möglicherweise entstanden die für Ganymed charakteristischen Formen in gleicher Weise wie die irdischen Intrusivgänge: Flüssiges Material drang in Verwerfungen ein und erstarrte dort.

Bisher wurden auf Ganymed, der 50 % des Sonnenlichts reflektiert, weder Gebirgsmassive, Einzelberge, Täler, noch gebirgsumrandete Einschlagbecken gefunden. Entweder ist die Eiskruste zu dünn, um hohe vertikale Bauten zu tragen (maximale Dichte des Eismantels 60 ... 75 km), oder die gletscherartige Oberflächenbewegung hat solche Erhebungen zum Einsturz gebracht. Spektroskopische Untersuchungen lassen vermuten, daß die Mondoberfläche aus einer Mischung von Gestein und Eis besteht. Die mittlere Dichte von Ganymed, um ein Drittel kleiner als die von Europa, weist auf einen entsprechend höheren Anteil an Wasser hin; wahrscheinlich besteht Ganymed zu 50 % aus Wasser. Er dürfte aber auch bedeutende Mengen an Silikatgestein enthalten. Radioaktive Substanzen im Inneren sind eine beständige Wärmequelle.

Mit 5276 km Durchmesser ist Ganymed der größte natürliche Planetenbegleiter in unserem Sonnensystem.

Bild 7.27
Ähnliche Aufnahme wie Bild 7.26, jedoch aus 225 000 km Distanz. Das erfaßte Areal ist 600 X 800 km groß; Oberflächenformen von 4 km Größe können gerade noch identifiziert werden. Im unteren Bilddrittel verläuft die Terminatorlinie. Das dunkle, gesprenkelte Gebiet am oberen Bildrand sind ineinander übergehende Senken und Tafelberge mit Durchmessern von einigen Kilometern.

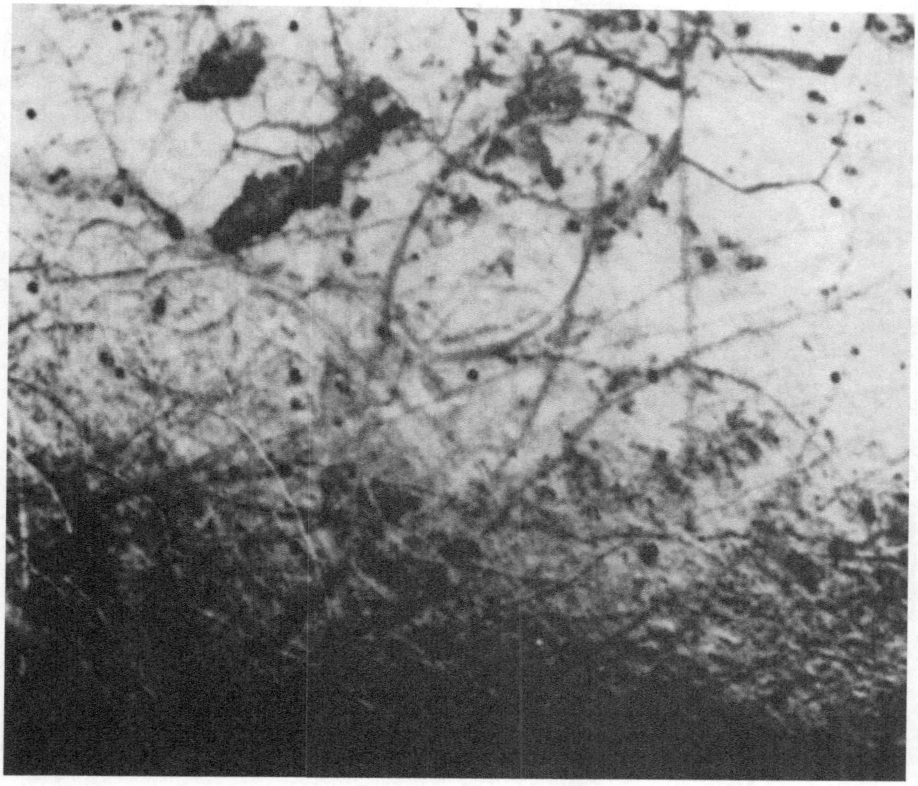

Bild 7.28
Voyager 2 fotografierte die dem Jupiter zugewandte Seite Ganymeds, hier aus einem Abstand von 1,2 Mio. km (Aufnahmetag war der 7. Juli 1979). Die Mondkruste besteht vorwiegend aus Eis, das umso dunkler erscheint, je älter es ist. Eine etwa 3200 km große zusammenhängende dunkle, also mit schmutzigen Ablagerungen bedeckte Eisfläche, die von einem helleren Band durchschnitten ist, ist in der oberen Bildhälfte zu sehen. Die hellen Punkte und Flecken sind relativ junge Impaktstrukturen, bei deren Entstehung frisches und damit sauberes Eis nach außen kam. Bei den etwas dunkleren kreisförmigen Formen handelt es sich um ältere Einschlagkrater.

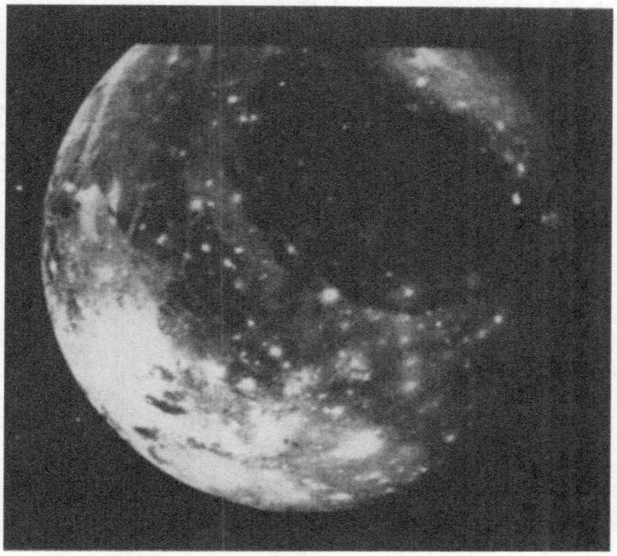

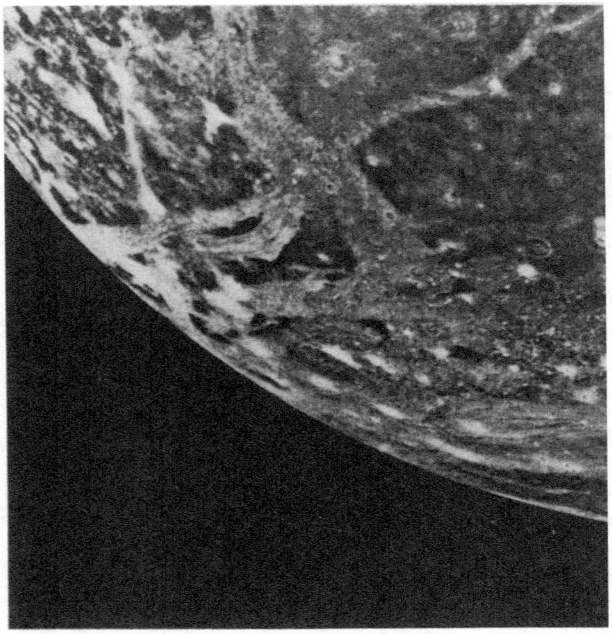

Bild 7.29
Deutlicher als Bild 7.28 zeigt diese Voyager 1-Aufnahme (253 000 km; 5. März 1979) vom südwestlichen Rand von Ganymed ein komplexes Netzwerk von quer übereinander laufenden hellen Bändern. Die parallelen hellen und dunklen Linien, zwischen 5 km und 15 km breit, sind Furchen und Hügelketten, Zeugen der frühen Krustenbewegung vor Jahrmilliarden. Die Oberfläche ist außerdem von vielen Kratern bedeckt, von denen einige helle Strahlenfelder aufweisen. Das Zentrum des abgebildeten Gebietes befindet sich bei 66° s.Br. und 3° L. Oberflächendetails ab 2,5 km Größe sind zu erkennen.

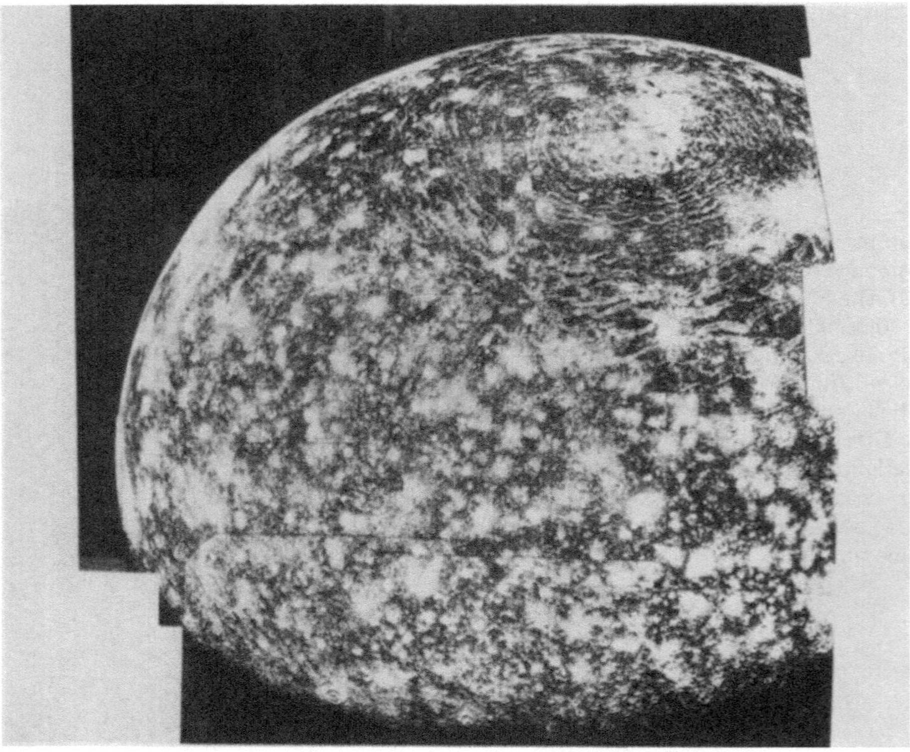

Bild 7.30
Das Kallisto-Bildmosaik von Voyager zeigt die kraterübersäte Mondoberfläche in eindrucksvoller Weise. Im Norden das „Wahrzeichen" dieses jovianischen Trabanten: das etwa 600 km große helle Becken ,,Valhalla", das von konzentrischen Rücken umgeben ist.

Wenn schon einige Gebiete auf Ganymed dem Erdmond recht ähnlich sind, so gilt dies erst recht für Kallisto, den äußersten der vier Galileischen Monde. Er erinnert in der Tat sowohl an den Mond, als auch an Merkur. Die Oberfläche von Kallisto (Dichte 1,81 g/cm^3), der etwa so groß wie der Mars ist, ist kratergesättigt (Bilder 7.30 bis 7.32). Dies bedeutet, daß sie sich seit Beendigung des schweren Meteoritenbombardements vor etwa 4 Mrd. Jahren kaum geändert hat. Kallisto hat somit die älteste Oberfläche aller bekannten Jupitermonde. Auf ihr gibt es eine Reihe von weiten Multiring-Strukturen, die im Aussehen sehr stark an eine Wasseroberfläche erinnern, auf die man einen Stein wirft. Die größte der bisher entdeckten Strukturen dieser Art bedeckt den großen Teil einer ganzen Hemisphäre des Mondes (Bild 7.30). Deutlich sind hier acht bis zehn konzentrische Kreisringerhebungen um ein zentrales Becken auszumachen; die äußersten sind 1 500 km vom Beckenzentrum entfernt, das mit Eis aufgefüllt und durch spätere Meteoritentreffer praktisch eingeebnet wurde. Vermutlich ist das Becken auf den Einschlag eines sehr großen Körpers in der Frühphase der Geschichte von Kallisto zurückzuführen.

Ringsysteme auf Kallisto und Ganymed unterscheiden sich in mindestens einem Punkt: Auf Kallisto sind die Ringe abgeflachte Bergrücken, auf Ganymed Furchen.

Wie bei Ganymed, so läßt sich auch bei Kallisto – beim Blick auf den Mondrand – keinerlei Relief erkennen. Vermutlich ist auch hier die Eisschicht zu dünn, oder die Eisverschiebung erlaubt keine höheren und damit schwereren topographischen Formen. Die Kruste von Kallisto besteht aus einem Gemisch von Eis und Gestein; auch dieser Mond muß insgesamt zu etwa 50 % aus Wasser bzw. Eis bestehen.

Kallisto strahlt im Gegensatz zu Ganymed nur 20 % des einfallendes Sonnenlichts zurück. Schon daraus folgt, daß seine Oberfläche weniger reich an Wasser oder Eis ist als die Ganymedoberfläche.

Die höchsten Temperaturen auf Kallisto erreichen am Äquator zur Mittagszeit Werte zwischen 140 K und 150 K.

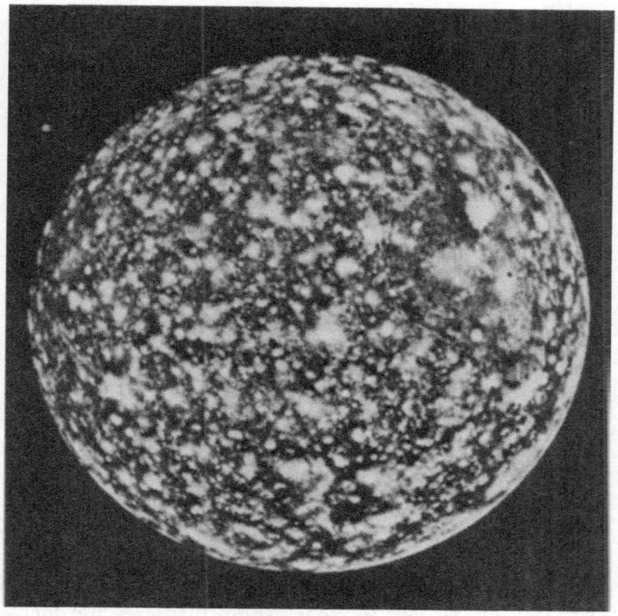

Bild 7.31
Kallisto in einer Voyager 2-Aufnahme vom 7. Juli 1979 aus 1,1 Mio. km Entfernung. Bemerkenswert ist die relativ konstante Kraterhäufigkeit auf der gesamten Hemisphäre. Im Gegensatz zu Ganymed sind hier keine Anzeichen von Krustenbewegungen und -faltungen zu sehen.

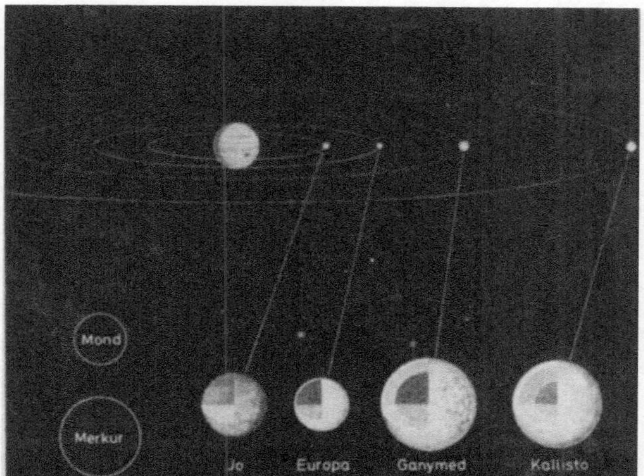

Bild 7.32
Kallisto im Größenvergleich zu den drei anderen Galileischen Monden Io, Europa und Ganymed, zum Erdmond und zum Planeten Merkur. Dargestellt sind auch der innere Aufbau und die Bahnen der vier Großmonde um Jupiter. Jupiter ist hier unmaßstäblich gezeichnet.

Literatur

- • [1] Beatty, J. K.: The New Solar System. Sky Publishing Corp. and Cambridge University Press, Cambridge, USA, 1981
- • [2] Fimmel, R. O. u.a.: Pioneer – First to Jupiter, Saturn and Beyond, NASA SP-446, 1980
- [3] Köhler, H. W.: Super-Hurrikan in der Jupiter-Atmosphäre. Umschau 19/1976
- [4] –: Mission to Jupiter and its Satellites, Science, Vol. 204, 1. Juni 1979
- [5] –: Mission to Jupiter and its Satellites: Voyager 2. Science. Vol. 206, 23. November 1979
- [6] Köhler, H. W.: Jupiter-Forschung mit Voyager. Sterne und Weltraum 1/1980
- [7] Beatty, J. K.: Voyager's Encore Performance. Sky and Telescope 9/1979
- [8] Hintsches, E.: Geheimnis des Rings um Jupiter gelüftet. Presseinformation MPG, Mai 1980
- [9] Fahr, H. J.: Erste Resultate der Pioneer-10-Sonde. Physikalische Blätter 2/1974
- [10] Köhler, H. W.: Pioneer 10 am Planeten Jupiter – Übersicht über die Messungen und erste wissenschaftliche Ergebnisse. Physikalische Blätter 4/1974
- [11] –: Pioneer 10 and 11. Science, Vol. 188, 12. Mai 1975
- [12] Köhler, H. W.: Zweite US-Sonde am Jupiter – erste Ergebnisse. Physikalische Blätter 11/1975
- • [13] Stanek, B.: Planeten-Lexikon. Hallwag, Bern, 1979
- [14] Neubauer, F. M.: Jupiter und seine Satelliten nach den Voyager-Vorbeiflügen. Mitteilungen der TU Carola-Wilhelmina, Braunschweig, XVI, Heft I/1981
- [15] Soderblom, L. A.: Die Galileischen Monde des Jupiter. Spektrum der Wissenschaft 3/1980
- [16] Gore, R.: What Voyager Saw: Jupiter's Dazzling Realm. National Geographic 1/1980
- [17] Köhler, H. W.: Die vier großen Jupiter-Monde. Bild der Wissenschaft 2/1977
- [18] Froböse, R.: Die Jupiteratmosphäre – ein chemisches Laboratorium. Bild der Wissenschaft 10/1982
- [19] Waller, P.: Jupiter's Moon Europa Could Support Life In Oceans. NASA-Pressemitteilung 82-45, 14.12.1982
- [20] McEwen, A. S./Soderblom, L. A.: Jo's Vulcanic Plumes. The Planetary Report 2/1983

8 Saturn

Bis zum Jahr 1979 basierte die Erforschung des Ringplaneten Saturn allein auf Untersuchungen mit erdgebundenen optischen Geräten oder von entsprechend ausgerüsteten Forschungsflugzeugen aus. Gelegentlich dienten auch einzelne Experimente in Höhenforschungsraketen und Erdsatelliten dem Studium dieses fernen Planeten. Erst durch die Nahvorbeiflüge der drei amerikanischen Raumsonden Pioneer 11 (Pioneer-Saturn), Voyager 1 und Voyager 2 (Tabelle 8.1) gelang es, den Wissensstand über Saturn in einem zuvor nicht erhofften Maße zu vertiefen und zu erweitern, so daß nun, nachdem die Auswertung der meisten Meßdaten und Fotos der Voyager-Sonden abgeschlossen ist, eine umfassende Übersicht über den derzeitigen Kenntnisstand möglich ist.

Mitentscheidend für die Interpretation der wissenschaftlichen Meßergebnisse und Nahaufnahmen aller Planetensonden ist nicht nur die Kenntnis ihrer Ankunftszeit an dem Planeten, sondern auch der Flugbahnverlauf während des Vorbeifluges: Pioneer 11 durchstieß beispielsweise nach sechsjährigem Flug die Ringebene von Saturn außerhalb des äußersten sichtbaren Ringes unter einem sehr flachen Winkel (6,6 Grad) und mit einer Geschwindigkeit von 31,7 km/s (Durchflugzeit $\leqslant$ 0,8 s). Unterhalb der Ringebene näherte sich die Sonde der Südhemisphäre von Saturn auf der Schattenseite, und zwar in einem Bogen bis auf 1,35 Planetenradien Abstand vom Planetenmittelpunkt, nur etwa 21 000 km von der Wolkendecke entfernt. Zwei Stunden nach dieser maximalen Annäherung durchstieß Pioneer 11 die Ringebene erneut, diesmal auf dem Weg nach „oben", und zwar etwa im gleichen Abstand von Saturn wie zuvor während der „Abstiegsbahn". Wegen der hohen Fluggeschwindigkeit und der Nähe zu den Ringen und zum Planeten konnte Pioneer 11 zwar im Moment extremer Planetennähe keine Fotos machen, aber auch die aus größerer Distanz gewonnenen Nahaufnahmen zeigten viele bis dahin unbekannte und überraschende Details (Bild 8.1).

Voyager 1 näherte sich im November 1980 oberhalb der Ringe der sonnenbeschienenen Seite des Planeten und durchkreuzte die Ringebene ebenfalls zweimal: etwa 18 Stunden vor der engsten Annäherung (auf 3,36 Saturnradien vom Zentrum beim „Abstieg", sowie 24 Stunden später beim „Aufstieg". Der planetennächste Punkt lag unterhalb der Ringebene und vor der Schattenseite der Südhemisphäre. Voyager 2 flog auf Saturn zu, und zwar von oberhalb der Ring-

Tabelle 8.1 Raumflugkörper zum Saturn

Name	Start	Vorbeiflug		derzeitiger Status
		Tag	Entfernung*	
Pioneer 11 (Pioneer-Saturn)	6.4.1973	1. 9.1979	20 930	Flug in Richtung Grenze des Sonnensystems
Voyager 1	5.9.1977	12.11.1980	142 200	Flug in Richtung Grenze des Sonnensystems
Voyager 2	20.8.1977	25. 8.1981	101 390	Anflug auf Uranus mit Begegnung im Januar 1986

* von der sichtbaren Wolkendecke des Planeten, in Kilometer

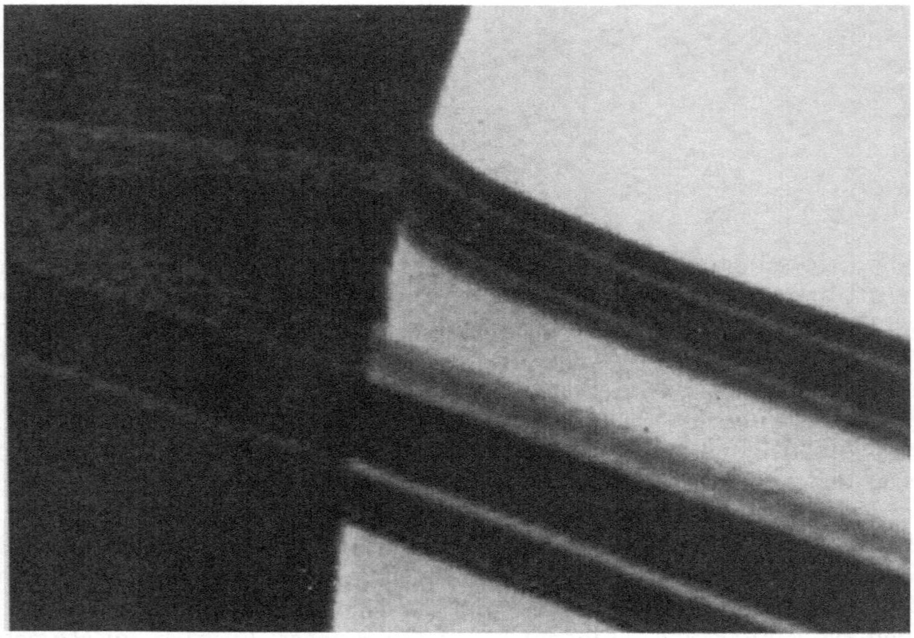

Bild 8.1
Ausschnittsvergrößerung einer Saturnaufnahme von Pioneer 11 aus 395 000 km (1. September 1979). Im Vordergrund und links die Saturnringe von ihrer unbeleuchteten Seite, darüber der Ringschatten auf dem hellen Planeten. Der Fortschritt in der Bildaufnahmetechnik zeigt sich beim Vergleich dieses Pioneer-Fotos mit den Voyager-Fotos in diesem Kapitel.

ebene mit der Sonne im Rücken, so daß die meisten Beobachtungen der sonnenbeschienenen Seite von Planet und Ringen galten. Die Ringscheibe wurde nur einmal durchkreuzt, und zwar 112 000 km über der Wolkengrenze. Dies fand eine knappe Stunde nach Erreichen des planetennächsten Punktes der Flugbahn (= 2,68 Saturnradien) in „Abwärtsrichtung" statt, unmittelbar vor Beginn des langen Weiterfluges von Voyager 2 zum Uranus.

8.1 Einige Hauptunterschiede zu Jupiter

Wie Jupiter ist Saturn ein Gasball, der hauptsächlich aus Wasserstoff und Helium besteht (Abschnitte 8.3 und 8.4). Obwohl er kleiner und kälter ist als Jupiter und mit 0,69 g/cm^3 die geringste Dichte aller Planeten besitzt, nahm man noch vor wenigen Jahren an, daß kaum bedeutende Unterschiede zwischen den beiden Himmelskörpern bestehen. Einer dieser fundamentalen Unterschiede ist die Energiebilanz von Saturn. Wie Jupiter emittiert er wesentlich mehr Energie als er von der Sonne empfängt, aber seine innere Energiequelle ist deutlich stärker als die von Jupiter. Es steht fest, daß primordiale Bildungsenergie zur Erklärung der Helligkeit des Planeten nicht ausreicht (Abschnitt 8.3). Ein weiteres Rätsel ist das planetare Magnetfeld, das wahrscheinlich durch einen rotierenden Kern entsteht. Schon Pioneer 10 und Pioneer 11 fanden, daß das Magnetfeld um die Rotationsachse orientiert ist, und zwar in einem wesentlich stärkeren Ausmaß als bei den übrigen bisher erforschten Planeten.

Von der Ferne gesehen erscheint die Saturn-Wolkendecke nur wenig von der Dynamik der Jupiterwolken zu besitzen. Doch dieser Eindruck trügt, denn – wie bereits vor Ankunft der Voyager-Sonden vermutet wurde – verschleiert eine hohe Nebelschicht die eigentliche Wolkendecke. Ein weiteres markantes Kennzeichen von Saturn ist das einzigartige Ringsystem. Es wurde zwar bereits im Juli 1610 von Galileo Galilei beobachtet und beschrieben, doch erst knapp 40 Jahre später, im Jahr 1659, von dem holländischen Astronomen Christian Huygens richtig als Ringsystem gedeutet.

Auf weitere Unterschiede wird in den folgenden Abschnitten im Detail eingegangen.

Bild 8.2
Saturn, aus 42,6 Mio. km Abstand von Voyager 2 fotografiert (12. Juli 1981). Von den Ringen erkennt man (von außen nach innen): A-Ringe mit der Encke-Teilung nahe am Ringrand, die dunkle Cassini-Teilung, die hellen B-Ringe und daran anschließend die hier dunklen C-Ringe (vgl. auch Bild IX im Farbtafelteil).

8.2 Saturn, von der Erde aus gesehen

Trotz der großen Entfernung von der Erde zählt Saturn (wie auch Jupiter) zu den hellsten Objekten am Nachthimmel. Seine Achse ist um 29 Grad gegen die Bahnebene geneigt, so daß (wie bei der Erde) bei jedem Umlauf einmal die nördliche und einmal die südliche Hemisphäre zur Sonne weist. Die Bahn von Saturn um die Sonne ist elliptisch: Der Abstand zum Zentralgestirn schwankt zwischen 9 und 10 A.E.; der mittlere Sonnenabstand beträgt genau 9,53884 A.E., was $1\,427 \cdot 10^6$ km entspricht. Da zum Zeitpunkt des geringsten Sonnenabstandes (Perihel) die Bahngeschwindigkeit von Saturn ein Maximum erreicht und in dieser Phase die Südhalbkugel des Planeten zur Sonne zeigt, ist der südliche Saturnsommer kürzer als der nördliche. Aus dem gleichen Grund ist der Südpol mit der Unterseite der Ringe nur 13 3/4 Jahre lang zu sehen, während der Planet für eine volle Umrundung der Sonne knapp 29 1/2 Jahre benötigt. Während der übrigen, längeren Phase sieht man auf den Nordpol und auf die obere Ringebene. Während der Tag- und Nachtgleichen (Äquinoktien), also im Saturnfrühling und -herbst, stehen die Ringe mit der Kante zur Erde und sind dann nur noch mit den besten Teleskopen zu erkennen. Das letzte Mal war dies 1980 der Fall, als sich die nördliche Hemisphäre auf die Sonne zuzuneigen begann [2, 3].

Von Pol zu Pol mißt Saturn 108 150 km, der Äquatordurchmesser beträgt etwa 120 600 km. Der Durchmesser ist also am Äquator um über 12 000 km größer als über die Pole gemessen. Diese Verformung (Abplattung an den Polen etwa 10 %) ist eine Folge der raschen Planetenrotation: Saturn dreht sich alle 10h39min24s einmal um seine eigene Achse (innere System-III-Rotationsperiode; vgl. Kapitel 7). Die Äquatorgebiete rotieren mit 10h14min (10,233h) etwas rascher als andere Regionen (vgl. Tabelle 1.2): Wolkenformationen bei 40 Grad südlicher und nördlicher Breite benötigen für einen Umlauf um Saturn etwa 23 Minuten länger als Wolken am Äquator [4, 5]. Die Folge derartiger Geschwindigkeitsunterschiede sind Turbulenzen zwischen Wolkenbändern und Wolkenzonen.

Bis zur Ankunft der drei NASA-Raumflugkörper am Saturn ging man davon aus, daß das Ringsystem aus einem silberfarbenen äußeren A-Ring, einem deutlich helleren mittleren B-Ring und einem schwachen inneren C-Ring („Krepp-Ring") besteht. Die beiden hellen Hauptringe sind durch die 4 800 km breite Cassini-Teilung getrennt, die 1675 von Domenico Cassini entdeckt wurde. Encke fand, daß auch der A-Ring in seinem äußeren Bereich eine deutlich definierte Lücke besitzt, die sog. Encke-Teilung, die allerdings wesentlich schmaler als die Cassini-Teilung ist (Bild 8.2). Einige Astronomen behaupteten, äußerst schwache weitere Ringe außerhalb des A- und innerhalb des C-Ringes beobachtet zu haben. Der erste direkte und damit sichere Nachweis war aber erst nach dem Vorbeiflug der drei Saturnsonden möglich (vgl. Abschnitt 8.7).

8.3 Innerer Aufbau von Saturn

Die geringe mittlere Dichte von Saturn findet eine realistische Begründung in der Überlegung, daß wegen der kleineren Masse die Druckzunahme mit der Tiefe des Planeten viel schwächer als bei Jupiter sein muß. Allerdings ist diese Druckzunahme nicht so schwach, daß kein fester Kern existieren kann, wie man noch vor kurzem annahm (das Fehlen eines schweren eisenhaltigen Kerns wäre eine einleuchtende Erklärung für die geringe Dichte). Aufgrund genauer Bahnvermessungen von Pioneer 11 und der beiden Voyager-Sonden besitzt Saturn im Zentrum einen festen Gesteinskern mit hohem Eisengehalt. Dieser Kern ist etwa erdgroß, dürfte jedoch die dreifache Erdmasse haben. Wie bei Jupiter ist nicht bekannt, ob der Saturnkern eine Art Kondensationskern gewesen ist, an dem die übrige Planetenmaterie auskondensierte, oder ob sich der Kern als Folge einer Massenumverteilung erst später bildete.

Auch der weitere Innenaufbau von Saturn entspricht im wesentlichen dem von Jupiter; Unterschiede gibt es nur in Größe und Ausdehnung der einzelnen inneren Schichten (vgl. hierzu Bild 7.4): Um den Kern liegt eine äußere Kernzone aus hoch komprimierten, heißen, verflüssigten Gasen, in der Hauptsache Methan, Ammoniak und Wasser. Ihre Masse entspricht der neunfachen Erdmasse; die Kernzone dürfte etwa bis zu 23 % des Saturnradius (0,23 R_S) reichen (bei einem Planetenradius von 60 300 km liegt damit der äußere Bereich dieser Schale 13 870 km vom Mittelpunkt des Planeten entfernt). Analog zu Jupiter folgt eine hohe Schicht flüssigen metallischen Wasserstoffs; sie reicht bis 0,58 R_S (ca. 35 000 km vom Zentrum). Weiter nach außen trifft man nach einer Übergangsschicht auf flüssigen Wasserstoff, dem zur Untergrenze der Atmosphäre hin zunehmend größere Mengen an Helium und anderen atmosphärischen Spurengasen beigemischt sind.

Der metallische Wasserstoff, der sich erst bei Drücken um etwa 3 Mio. bar bildet, kommt bei Saturn infolge seiner geringeren Masse tiefer im Inneren vor als bei Jupiter. Dies bedeutet, daß auch der Bereich hoher elektrischer Leitfähigkeit kleiner ist; schon aus diesem Gesichtspunkt ist die Existenz eines ähnlich starken und ausgedehnten Magnetfeldes wie auf Jupiter unwahrscheinlich.

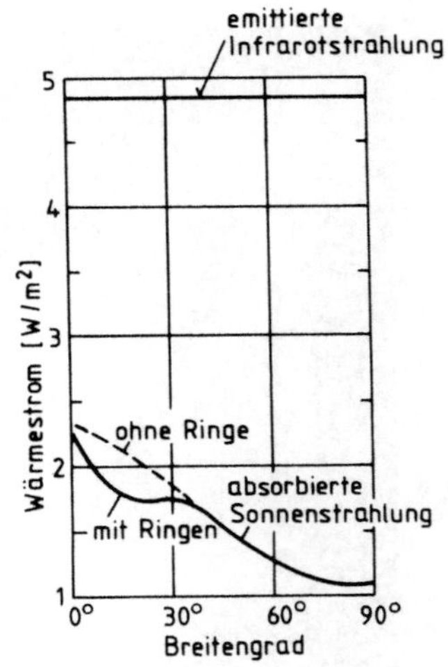

Bild 8.3
Vergleich absorbierter Sonnenenergie und emittierter Infrarot-Strahlung für Saturn, wobei Abweichungen der Kurven durch die Bänder/Zonen-Wolkenstrukturierung nicht berücksichtigt sind. Durch den Jahreszyklus von Saturn bedingt sind die angegebenen Verläufe unsicher [5].

Die mindestens 1 000 km hohe Atmosphäre setzt sich zu 94 % aus Wasserstoff und 6 % aus Helium zusammen (diese Zahlen gelten für Wolkendeckenniveau). Daneben finden sich Spuren von Methan, Ammoniak, Phosphin, Acethylen, Äthan, Propan und Methylacethylen. Der Ammoniakanteil ist jedoch deutlich geringer als in der Jupiteratmosphäre, da dieses Gas bei den niedrigeren Temperaturen auf Saturn leichter kondensieren kann. Kondensierter Ammoniak dürfte auch die Ursache für die Kontrastarmut der Saturnoberfläche sein. Die obere Grenzschicht der Saturnatmosphäre (Rand der Exosphäre) liegt nach mehr oder weniger willkürlicher Definition beim Druckniveau von einem Zehnmilliardstel bar, die Untergrenze bei 1 000 bar. Die untere Atmosphäre birgt die Wolken (vgl. Abschnitt 8.4).

Wie Bild 8.3 zeigt, gibt Saturn an den umgebenden Weltraum mehr als das Doppelte an Energie ab, als er von der Sonne empfängt, fotometrische Sondenmessungen führen sogar zu einem Verhältnis von drei. Wie ein direkter Vergleich mit Bild 7.3 für Jupiter zeigt, ist die absorbierte Wärmemenge bei weitem nicht so breitenabhängig wie bei Jupiter. In niedrigeren Breitengraden besitzt die Energiekurve eine „Eindellung"; sie wird durch die Abschattung des Saturn durch die Ringe erzeugt. Saturn emittiert im Jahres- und Tagesdurchschnitt knapp 5 W/m². Diese Energieabgabe ist nahezu um den Faktor 3 ge-

Bild 8.4
Bildmosaik der Saturn-Wolkendecke, von Voyager 2 am 20. August 1981 aus 5,7 Mio. km Entfernung aufgenommen. Durch eine spezielle Bildbearbeitung sind die windbewegten Wolkenformen überbetont. Die kleinsten noch erkennbaren Details sind 100 km groß. Die eigenartige wellenförmige dunkle Wolkenstruktur, die vom linken Bildrand nach rechts unten verläuft, ist eine schnelle westlich gerichtete Jet-Strömung bei 47° n. Br.

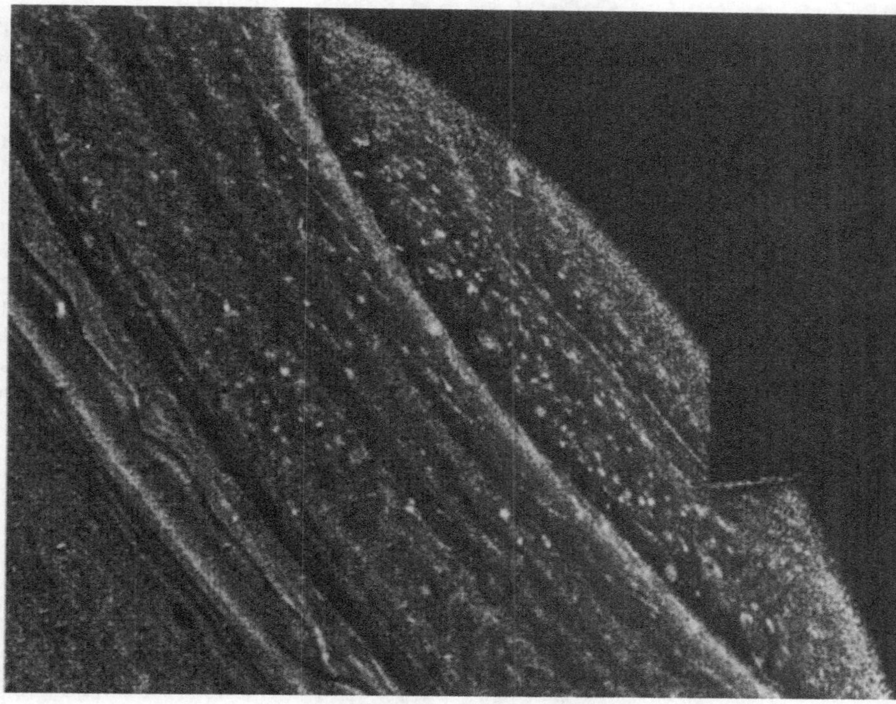

ringer als bei Jupiter – eine Folge des größeren Sonnenabstandes und daher auch niedrigeren Temperaturniveaus.

Der Energieüberschuß von Saturn, der u.a. eine gründliche Wolkendurchmischung durch nach außen quellende Massen bewirkt, kann nur etwa zur Hälfte durch eine noch anhaltende, allmähliche Schrumpfung des Kerns infolge des enormen Gewichts der auf ihm lastenden Schichten erklärt werden. Vieles deutet darauf hin, daß aufgrund der tiefen Temperaturen im Inneren eine Entmischung von Wasserstoff und Helium stattfindet. Durch das allmähliche Absinken des schwereren Heliums aus der metallischen Zone durch den Wasserstoff tief nach unten wird Energie frei, die die andere Hälfte der emittierten Energie darstellt. Für diese These spricht u.a. die Tatsache, daß das Helium-Wasserstoffverhältnis in der planetaren Atmosphäre bei Saturn nur knapp halb so groß wie bei Jupiter und in der Sonne ist, bei der Planetenentstehung aber das Verhältnis auf Saturn und Jupiter vermutlich gleich groß war.

8.4 Wolken, Winde, Atmosphäre

Im Vergleich zu Jupiter mit seiner farbenprächtigen Wolkenbänderung hat Saturn, bei dem blaßgelbe, pastellfarbene und ab etwa 55° nördlicher und südlicher Breite bräunliche Töne überwiegen (Bild IX, Farbtafelteil), eine nahezu eintönige Wolkendecke. Bei Ankunft von Voyager 1 (im November 1980) waren nur vereinzelte Wolkenstrukturierungen zu sehen, da eine dichte Nebelschicht die sichtbare Wolkendecke verdeckte. Neun Monate später, als Voyager 2 an Saturn vorüberzog, war diese Nebelbedeckung offensichtlich zusammengeschrumpft, denn nun zeigten die Bilder – allerdings nur nach entsprechender Kontrastverstärkung – ähnlich turbulente Wolken- und Windsysteme, wie sie in deutlich stärkerer Form von Jupiter bekannt sind (Bilder 8.4 bis 8.7, sowie Bild X, Farbtafelteil):

– Bänder und Zonen, schmäler und dafür zahlreicher als auf Jupiter, die im Gegensatz zur jovianischen Wolkendecke noch bis in die Polgebiete auszumachen sind. Die Temperatur-

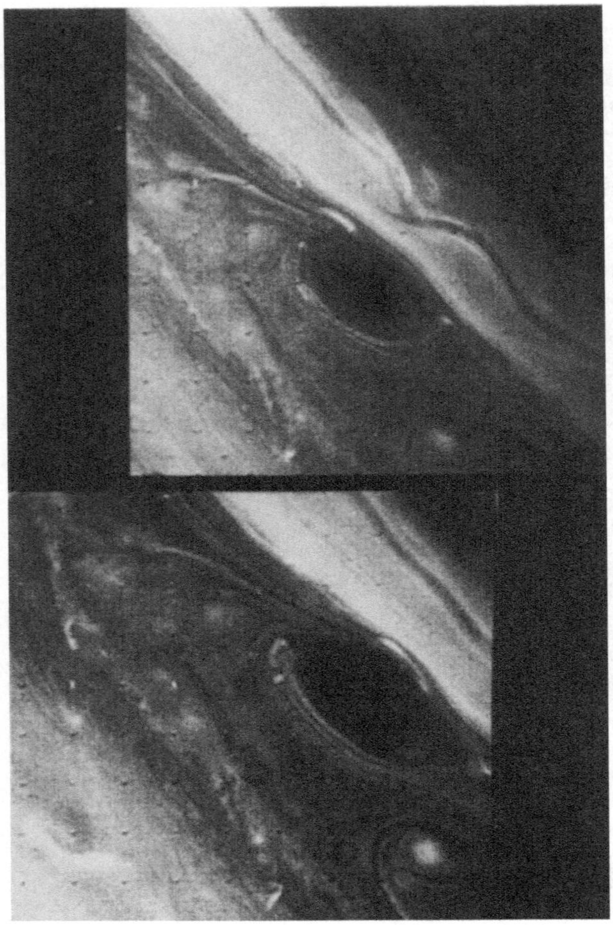

Bild 8.5
Zirkulation um ein bräunlich gefärbtes Wolkenoval. Die beiden Voyager 2-Aufnahmen desselben Objekts stammen vom 23. und 24. August 1981 aus Entfernungen von 2,7 und 2,3 Mio. km; zwischen beiden Bildern liegt eine Zeitspanne von 10h15min. Die hellen Wolken im Nordwesten des Ovals (jeweils links oben) bewegen sich antizyklonisch, in der Nordhemisphäre also entgegen dem Uhrzeigersinn. Nach einer Interpretation hängt die antizyklonische Bewegung mit planeteneinwärts gerichteten Strömungen über dem Fleck zusammen, die das Gebiet wolkenfrei halten. Demnach wäre der Fleck eine Öffnung in der Wolkendecke, durch die tieferliegende Materie sichtbar wird. Die kleinsten hier noch erkennbaren Wolkenformen sind 50 km groß.

Bild 8.6
Dasselbe Gebiet wie Bild 8.5 in der nördlich gemäßigten Zone in Aufnahmen von Voyager 1 vom 5. November 1980 (links) und Voyager 2 vom 21. August 1982, jeweils aus etwa 5 Mio. km Entfernung. Das helle Oval rechts unten, ein gewaltiges Sturmsystem, ist 2500 km groß. Im Gegensatz dazu haben sich die konvektiven Störungen nördlich davon in dem zwischen den beiden Aufnahmen liegendem Zeitraum gründlich verändert. Solche Änderungen können auch innerhalb weniger Tage auftreten. Die hier gezeigten Turbulenzen, z.B. die sich über 7500 km in Nordsüdrichtung erstreckende helle Störung in der Voyager 1-Aufnahme, liegen in einem der kräftigsten, in Richtung Westen strömenden Jets; die (relativen) Windgeschwindigkeiten betragen hier 20 m/s.

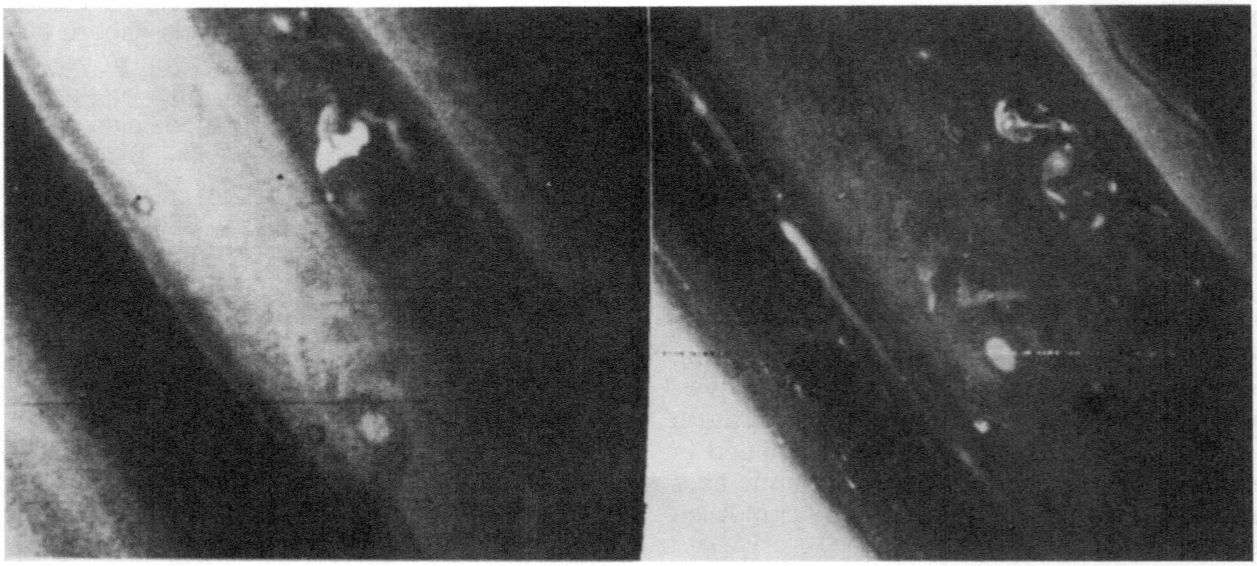

differenz zwischen den optisch nur wenig auffallenden Wolkenstreifen beträgt 2,5 °C. Es ist anzunehmen, daß wie bei Jupiter die kälteren Zonen ein höheres Niveau als die etwas wärmeren Bänder haben;
- Jet-Strömungen, ein besonders intensiver bei etwa 70° n. Br., ein anderer besonders auffallender nahe am Äquator;
- rauchfahnenähnlich verwirbelte Wolkenstrukturen;
- langlebige helle Wirbelsturmovale, die an die Wolkenovale südlich des Großen Roten Flecks (GRF) auf Jupiter erinnern; zwischen 50° und 55° s. Br. wurde ein relativ stabiler, orange-rotgefärbter Wolkenfleck entdeckt, der immerhin zwischen 10 000 und 12 000 km lang ist; ein weiterer, wenn auch kleinerer Fleck erschien auf den Nahaufnahmen von der Nordhemisphäre. Beide antizyklonischen Wolkenformen sind im UV-Licht am deutlichsten zu sehen, erscheinen dort aber heller, als sie in Wirklichkeit sind.

Infrarotmessungen zeigten, daß die Wolkenschicht von Saturn dicker als die von Jupiter ist; die Wolkendecke liegt über den Polen tiefer als über dem Äquator.

Polarisationsmessungen von Pioneer 11 ergaben folgenden Aufbau der Wolken: Die klare obere Atmosphäre, primär ein Gemisch aus Wasserstoff und Helium, reicht bis zu einem Druckniveau von etwa 2 ...3 bar (Bild 8.8), wobei die Wolkendecke bei einem Druck zwischen 750 mbar und 1 bar vermutet wird. Nach innen folgt in Richtung höheren atmosphärischen Drucks eine Schicht von Wolken aus Ammoniumhydrogensulfid, darunter Wassereiswolken und als unterste Schicht Wolken aus einem Wasser-Ammoniakgemisch. Unterhalb dieser letzten Schicht ist die untere Atmosphäre wieder transparent. Im Vergleich zu Jupiter liegt die Wolkendecke in tieferen atmosphärischen Schichten, mit ein Grund dafür, warum sie in Farbkontrast und Strukturierung abgeschwächt erscheint. Es ist aber durchaus vorstellbar, daß daneben horizontale Mischvorgänge und/oder eine geringere Produktion an farbenprächtigen Wolkenmolekülen eine Rolle spielen. Die hier erwähnten Kondensate sind alle weiß. Da die Saturnwolken aber unterschiedliche Farben aufweisen, müssen bestimmte Agenzien für die Färbung verantwortlich sein, z. B. molekularer Schwefel oder ele-

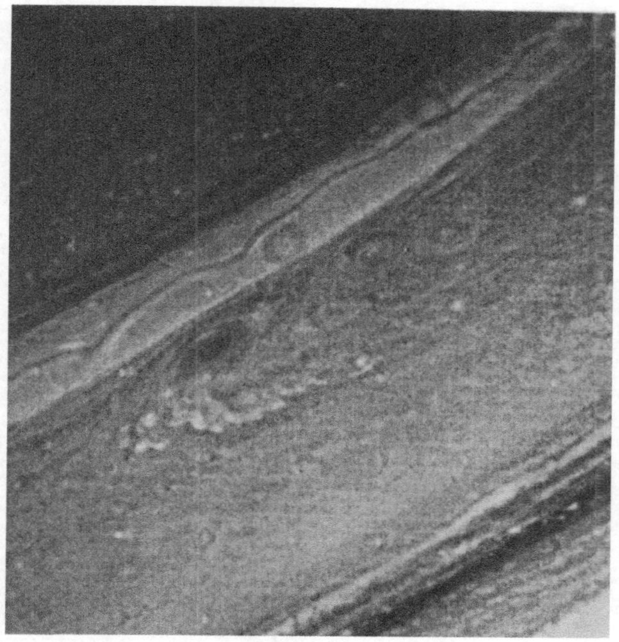

Bild 8.7
Voyager 2-Wolkenaufnahme vom 19. August 1981 aus 7,1 Mio. km Abstand. Links vom Bildmittelpunkt ein auffälliges dunkles zyklonartiges Strömungsgebiet. Südlich vom Oval bewegen sich die Wolkenmassen relativ zu diesem mit 20 m/s in Richtung Westen, die wellenartigen Strukturen nördlich davon mit 150 m/s relativer Geschwindigkeit in Richtung Osten.

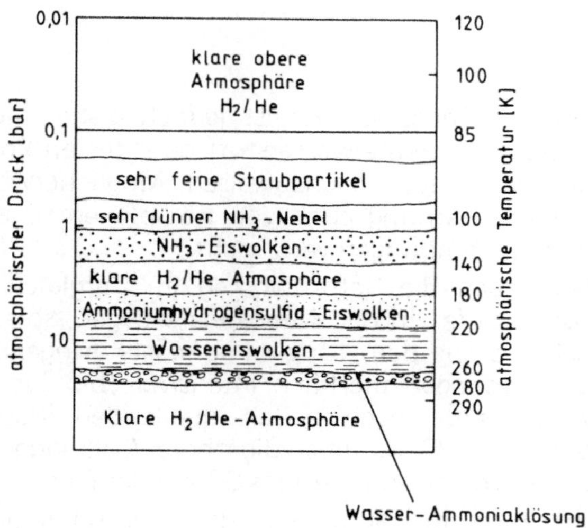

Bild 8.8
Mögliche Anordnung der Wolken in der Saturnatmosphäre mit den Gastemperaturen für die verschiedenen Schichten [4].

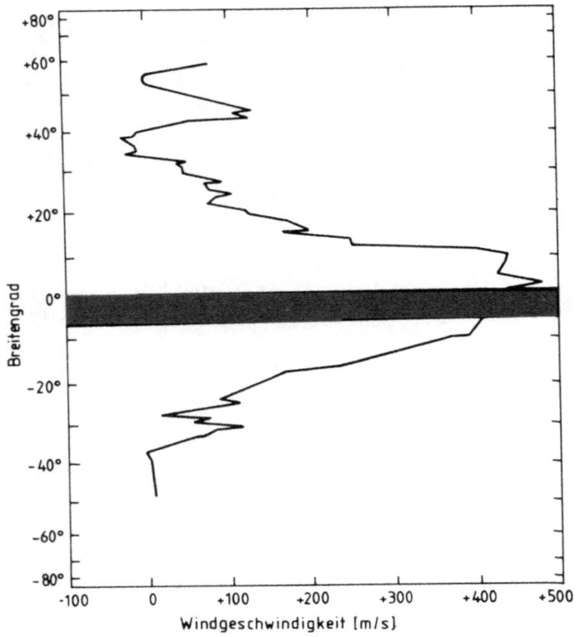

Bild 8.9
Windgeschwindigkeiten für Saturn relativ zur inneren planetaren Rotationsperiode [5]. Der schwarze Bereich am Äquator ist das von den Ringen abgeschattete Gebiet auf der Planeten-Oberfläche. Negative Windgeschwindigkeiten, die allerdings auf Saturn kaum festgestellt wurden, sind Westwinde.

mentarer Phosphor. Es ist jedoch bisher nicht gelungen, Schwefelwasserstoff oder festen Phosphor auf Saturn nachzuweisen. Möglicherweise wird die Färbung auch von komplexen organischen Verbindungen verursacht.

Wenn auch die Saturnwolken im Vergleich zu Jupiter tiefer in der Atmosphäre liegen, so sind doch die aus dem Inneren aufwärts dringenden Gasströmungen merklich intensiver: bei Jupiter steigen diese nach außen quellenden Massen noch etwa 20 km über die obere Wolkendecke, bei Saturn aber mindestens 50 km darüber.

Bild 8.8 gibt außerdem das wahrscheinliche Temperaturniveau in den Wolkenschichten wieder. Beim 100 mbar-Druckniveau ist mit einer Gastemperatur von etwa 85 K zu rechnen, an der Obergrenze der Ammoniak-Eiswolken mit etwa 110 K. Die Voyager-Sonden bestätigen diese Werte (86 ... 97 K [6]). Damit liegen die Temperaturen auf Saturn um 30 °C unter denen von Jupiter. Die Werte in der hohen Atmosphäre lagen jedoch um 5 °C über den erwarteten Temperaturen, was dem intensiven Wärmetransport von innen nach außen, bewirkt durch konvektive Zirkulation, zugeschrieben wird. Bezogen auf das 100 mbar-Niveau ist es über dem Nordpol um 10 °C kälter als in mittleren Breiten.

Das Modell, das für Jupiter einen engen Zusammenhang der Luftströmung mit dem System der Wolkenbänder und -zonen beschreibt (Abschnitt 7.3), ist für Saturn in dieser Form nicht zu übernehmen: Wie Bild 8.9 zeigt, bläst nahe am Saturnäquator ein starker Ostwind mit einer Geschwindigkeit um 500 m/s, also viermal so intensiv als die stärksten Jupiterwinde. Dies sind die schnellsten im gesamten Sonnensystem auftretenden Gasströmungen. Unabhängig von Bändern und Zonen – ein weiterer Unterschied zu Jupiter – nehmen die Winde nach nördlichen und südlichen Breiten hin ab, so daß sich der gesamte Bereich bis fast zu den 40. Breitengraden einheitlich in Richtung der Planetenrotation bewegt. Beginnend ab etwa 35° s.Br. und n.Br. wechseln Ost- mit schwachen Westwinden ab; auffällig ist die klare Nord-Südsymmetrie. Die Windgeschwindigkeit hat das Maximum nicht – wie bei Jupiter – in den Grenzschichten zwischen zwei Wolkenbändern bzw. -zonen, sondern eher in der Mitte eines Wolkenbandes. Überhaupt zeigt die Dominanz der ostwärts gerichteten Jets, daß die Winde kaum in irgendeiner Form mit Vorgängen innerhalb der Wolkendecke gekoppelt sind, sondern mindestens bis in 2000 km Tiefe reichen [7]. Die hohen Windgeschwindigkeiten können als einer der Gründe angeführt werden, warum die Wolkenformen von Saturn deutlich kurzlebiger als die auf Jupiter sind [8].

In mittleren Breiten der Saturnatmosphäre registrierten die Raumsonden auroraähnliche Ultraviolett-Emissionen (verursacht vermutlich durch molekularen Wasserstoff in der hohen Atmosphäre) sowie Aurora-Erscheinungen in polaren Breiten (über 65° Breite). Es wird vermutet, daß letztere die Bildung komplexer Kohlenwasserstoff-Moleküle fördern, die dann zu äquatorialen Breiten transportiert werden. Die Aurora der mittleren Gebiete, nur auf der sonnenbeschienenen Planetenseite auftretend, bleibt vorerst ein Rätsel, da der Beschuß von Elektronen und Ionen, der z.B. auch die Auroraeffekte auf der Erde hervorruft, normalerweise primär nur in nördlichen Breiten möglich ist.

Die beiden Voyager-Sonden registrierten ferner Radiosignale, die typisch für Blitzentladungen in den Wolken sein könnten. Es ist jedoch äußerst schwierig, derartige Blitze durch Fotos direkt nachzuweisen: Die Ringe reflektieren so viel Licht auf die dunkle Hemisphäre von Saturn, daß es zu hell ist, um sie sehen zu können. Die Radiowellen scheinen nur von der nördlichen Hemisphäre emittiert zu werden, was auf eine Magnetfeldanomalie zurückgeführt werden könnte.

Die Ionosphäre wurde erstmals durch Pioneer 11 vermessen, und zwar in der Nähe des Terminators. Sie dehnt sich viel weiter aus als die Ionosphäre von Jupiter, nämlich bis mindestens 5 000 km oberhalb der Wolkendecke. Die ionosphärische Temperatur liegt jedoch in der gleichen Größenordnung wie bei Jupiter; ein typischer Wert ist 1 300 K. Die Teilchendichte ist überraschenderweise relativ niedrig; bei den zwei entdeckten Intensitätsmaxima in 1 200 und 1 800 km Höhe (jeweils über der Wolkendecke) wurde eine Dichte von $9 \cdot 10^3$ bzw. $1{,}1 \cdot 10^4$ Elektronen pro cm^3 gemessen. Zum Vergleich: die F_2-Schicht der Erdionosphäre enthält maximal $2 \cdot 10^6$ Elektronen pro cm^3.

8.5 Magnetfeld und Magnetosphäre

Bis vor etwa 15 Jahren gab es noch keine Hinweise auf die Existenz eines Saturn-Magnetfeldes, denn es wurden auf der Erde weder Dezimeter- noch Dekameter-Radioemissionen empfangen. Erst radiometrische Messungen des amerikanischen Forschungssatelliten IMP-6 — es wurden Radioemissionen um 1 MHz festgestellt — vermittelten erste direkte Hinweise auf ein mögliches planetares Feld, das dann schließlich durch Pioneer 11 endgültig bestätigt werden konnte [4, 9, 10].

An der Wolkenoberdecke über dem Äquator von Saturn wurde eine Magnetfeldstärke von 0,21 Gauß gemessen, die Polfeldstärken liegen bei 0,63 Gauß (Nordpol) und 0,48 Gauß (Südpol). Beim Vergleich mit dem irdischen Wert von 0,3 Gauß auf der Erdoberfläche gilt zu berücksichtigen, daß sich die Saturn-Meßwerte auf eine Stelle sehr hohen Abstandes von der Magnetfeldquelle beziehen. Man kann davon ausgehen, daß das Saturnfeld etwa 1 000mal stärker als das irdische und etwa 20mal schwächer als das von Jupiter ist. Während die Magnetfeldachsen von Erde, Jupiter und auch Sonne um 10 Grad zu den jeweiligen Rotationsachsen geneigt sind, fällt bei Saturn die Magnetfeldachse mit der Rotationsachse fast zusammen: Die magnetische Achse ist höchstens 1 Grad zur Rotationsachse geneigt. Möglicherweise erfordert dies eine Änderung bzw. Erweiterung der derzeit bestehenden Feldentstehungstheorien, denn die Dynamo-Hypothese zur Erklärung der Magnetfeldentstehung setzt eine deutliche Abweichung der beiden Achsrichtungen voraus.

Das Zentrum des Saturn-Magnetfeldes, das annähernd ideale Dipolstruktur aufweist, liegt 2 400 km nördlich vom Planetenschwerpunkt; das Feld selbst ist, wie bei Jupiter, nach Süden orientiert.

Als sich Ende August 1979 Pioneer 11 dem Saturn näherte, registrierten die Bordexperimente die Stoßfront erstmals in 1,446 Mio. km vom Planeten (ca. 24 R_S), wenig später, entlang des Mittagsmeridians fliegend, erneut bei 23,1 und 20,0 R_S. Der Durchgang war begleitet von einer abrupten Änderung der Geschwindigkeit des Sonnenwindes von 470 km/s auf weniger als 140 km/s und einem Temperaturanstieg von 30 000 K auf 470 000 K. Die Magnetopause wurde dann bei 17,3 R_S durchquert. Beim Wegflug von Saturn entlang des Dämmerungsmeridians durchflog Pioneer 11 die Magnetopause am 3. September 1979 fünfmal zwischen 30,25 und 39,81 R_S, sowie die Stoßfront zwischen dem 5. und 8. September insgesamt neunmal zwischen 49,26 und 102 R_S.

Die Magnetosphäre ist in mehrere charakteristische Bereiche gegliedert. Zwischen 15 und 6 R_S korotiert ein 1 MeV-Protonenstrom; bei etwa 6 R_S wurde ein merkbarer Abfall der Zahl niederenergetischer Protonen beobachtet, vermutlich die Folge des „Fegeeffektes" der Monde Dione, Tethys und Enceladus, sowie des dünnen E-Ringes. Beginnend bei etwa 4 R_S setzt sich die innere Magnetosphäre aus einem komplexen Spektrum energiereicher geladener Partikel zusammen: Das Protonenhäufigkeitsmaximum (Energien über 80 MeV) liegt bei $2{,}5 \cdot 10^4\ cm^{-2} \cdot s^{-1}$, der maximale Elektronenfluß (≥ 0,56 MeV) bei $9 \cdot 10^6\ cm^{-2}s^{-1}$. Zwischen 3,05 und 3,15 R_S folgt dann ein relativ schmaler Bereich von extrem niedriger Teilchenhäufigkeit, was dem Effekt von Mimas zugeschrieben wird. Der innerste Bereich der Magnetosphäre, etwa ab der Umgebung der äußeren A-Ringgruppe, ist nahezu frei von jeglichen Partikeln. Der Grund ist auch hier die „Guillotine"-Wirkung der Ringe, die die Strahlungsgürtel nachhaltig zerstören und auflösen. In der Tat ist dieser Raum zwischen den äußeren Ringen, planeteneinwärts gesehen, praktisch der strahlungsfreieste bisher im Sonnensystem gefundene Raum.

Zusammenfassend kann gesagt werden, daß die in der Saturnmagnetosphäre liegenden Strahlungsgürtel in ihrer Ausdehnung um eine Größenordnung größer als die irdischen, in ihrer Intensität jedoch bestenfalls vergleichbar sind, wenn nicht sogar schwächer. Wie Nachrechnungen zeigen, wären die Strahlungsgürtel ohne die Einwirkung der planetaren Ringe um den Faktor 10 ... 20 stärker. Würde man auch noch die intensitätsmindernde Auswirkung der Monde berücksichtigen, die kontinuierlich Elektronen und Protonen aus den Strahlungsgürteln einfangen, käme man auf noch höhere Werte.

Ein anschaulicher Vergleich der Strahlungsintensität von Saturn und Jupiter ergibt sich aus der gemessenen Strahlungsbeaufschlagung von Pioneer 11 während der beiden Vorbeiflüge. Die Strahlungsdosis aus Elektronen über 0,56 MeV betrug während des gesamten Fly-by an Saturn $7 \cdot 10^{10}\ cm^{-2}$, etwa die gleiche Dosis, die Pioneer 11 innerhalb von nur fünf Minuten beim Passieren der starken inneren Strahlungsgürtel von Jupiter erfuhr.

Zum Zeitpunkt des Saturn-Vorbeiflugs von Pioneer 11 war das Sonnenplasma relativ stark, die Magnetosphäre in iher Ausdehnung (ca. 28 R_S = 3,4 Mio. km) also eher im unteren Volumensbereich. Etwas anders lagen die Verhältnisse bei der Ankunft von Voyager 1 im November 1980: Die Stoßfront vor der äußersten Grenze der planetaren Magnetosphäre auf der sonnenzugewandten Seite wurde von diesem Raumflugkörper am 11. November 1980 erstmals in 1,572 Mio. km (ca. 26,2 R_S) Abstand vom Planetenzentrum registriert. Nach dem Durchfliegen dieser Verdichtungswelle bewegte sich die Sonde durch das zwischen ihr und der Magnetopause gelegene Übergangsgebiet und traf danach innerhalb einer Stunde fünfmal auf die pulsierende Magnetopause, das letzt Mal in 1,374 Mio. km (ca. 22,9 R_S) Distanz vom Saturn-Mittelpunkt.

Infolge der gekrümmten Flugbahn flog Voyager 1 beim Abflug von Saturn nur einige Tage in dem sich über der Schattenseite weit hinaus erstreckenden Magnetosphärenschweif, der vielleicht einige 100 Mio. km lang ist. Die erste Berührung mit ihm war am 14. November rund 2,58 Mio. km (ca. 43 R_S) hinter Saturn. Zwei Tage später verließ Voyager 1 bei 4,68 Mio. km endgültig den Bereich der Magnetosphäre.

Als sich dann Voyager 2 dem Planeten im August 1981 näherte, reichte die Magnetosphäre auf der Tagseite nur bis 19 Saturnradien (ca. 1,14 Mio. km). Wenige Stunden später sank der Solarwinddruck jedoch: Die Magnetosphäre blähte sich sechs Stunden lang auf die doppelte Größe auf, ein anschauliches Beispiel für die Variation der Magnetosphäre innerhalb kürzester Zeit.

Nach der Erkundung der Magnetosphäre durch die drei Raumflugkörper der NASA steht fest, daß sich alle Ringe sowie — neben den Kleinstmonden — auch die größeren Saturntrabanten Mimas, Enceladus, Tethys, Dione und Rhea (von innen nach außen aufgeführt) ständig und der größte Saturnmond, Titan, zu 80 % seiner Zeit in der Magnetosphäre befinden. Die geladenen Partikel bewegen sich entlang der Magnetfeldlinien von Pol zu Pol, rotieren aber gleichzeitig auch mit Saturn mit einer Periode von 10h39min24s. Diese geladenen Partikel fliegen beispielsweise an Titan mit einer relativen Geschwindigkeit von 200 m/s vorbei!

Im Bereich der Magnetosphäre entdeckte Voyager 2 den Platz im Sonnensystem, der das heißeste bisher beobachtete Gas enthält: Saturn ist nämlich von einem doppelten Gastorus umgeben. Der innere Torus (Bild 8.10) besteht primär aus Wasserstoff und ionisiertem Sauerstoff; die beiden Ionenarten stammen wahrscheinlich vom Eis der Oberflächen der Monde Dione und Tethys; sie entstehen mit einer Geschwindigkeit von nur etwa 0,5 kg/s. Die Masse des gesamten Sauerstoff-Wasserstofftorus wird auf etwa 1/50 der Masse des Io-Schwefeltorus geschätzt. Er hat

Bild 8.10
Knapp 100 000 km außerhalb des Ringsystems von Saturn hatte Voyager 2 1981 den Beginn einer sehr heißen, ringwulstförmigen Zone um den Planeten entdeckt. Die gemessenen Teilchentemperaturen sind zweimal höher als die Temperatur der Jupiter-Plasmawolke, die von Voyager 1 1979 entdeckt wurde.

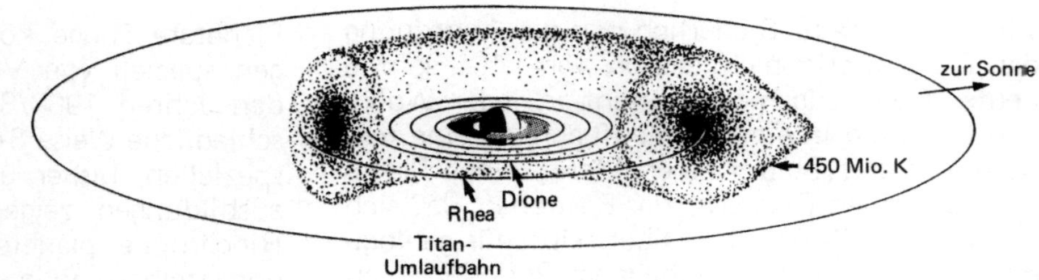

etwa 450 000 km Durchmesser und reicht bis ungefähr 12 R_S, d.h. bis ca. 720 000 km Entfernung vom Planetenmittelpunkt in den Raum hinaus. Wie Bild 8.10 zeigt, ist die Ausdehnung auf der Tagseite merklich größer als auf der im Planetenschatten liegenden Seite. Das dünne Gas der Plasmascheibe, die in Abhängigkeit vom Magnetfeld rotiert, hat mit etwa 450 Mio. K eine Temperatur, die 300 mal höher als die Temperatur der Sonnenkorona ist. Daß Voyager 2 beim Durchflug dieser Plasmaregion unversehrt geblieben war, ist der mit 10^3 m^{-3} extrem niederen Dichte des Gases zuzuschreiben.

Erstaunlich ist, daß im gleichen Bereich von der Sonde Pioneer 11 im Jahr 1979 und von Voyager 1 im November 1980 relativ „kühles" (Temperaturen einige Millionen Grad) Gas registriert wurde, das 1 000mal dichter als das von Voyager 2 entdeckte heiße Plasma war.

An den inneren Plasmatorus schließt sich ein dicker äußerer Plasmagürtel an, der aus neutralen Wasserstoffteilchen besteht und sich bis auf 10^6 km Entfernung ausdehnt. Das Plasma in diesem Bereich entstammt wahrscheinlich teilweise der planetaren Ionosphäre, der Atmosphäre des Saturnmondes Titan und dem neutralen Wasserstofftorus, der Titan in einem Bereich zwischen 0,5 und 1,5 Mio. km umgibt. Es ist denkbar, daß dieser Torus dadurch entsteht, daß komplexe Gase in den obersten Wolkenschichten von Titan durch das Sonnenlicht aufgespalten werden. Unbekannt ist jedoch, durch welche Kräfte er in seiner Position gehalten wird. Da die Partikel der im UV-Bereich schwach blau leuchtenden „Wolke" nicht elektrisch geladen sind, werden sie nicht durch das rotierende Magnetfeld von Saturn beeinflußt, sondern kreisen um ihn wie Milliarden von kleinsten Minimonden.

8.6 Allgemeines über planetare Ringsysteme

Die ersten Beobachter des Ringsystems von Saturn hatten keine Möglichkeit festzustellen, ob es sich bei den Ringen um ein festes Gebilde, um Partikel oder gar um eine Flüssigkeit handelte. Erst James Clerk Maxwell wies auf mathematischem Wege nach, daß die Ringe aus einer Vielzahl voneinander getrennter Teilchen bestehen müssen; er erhielt für diese Arbeit im Jahr 1857 den Adams-Preis der Universität Cambridge. Etwa 40 Jahre danach, 1895, wurde die Maxwellsche Folgerung von James E. Keeler bestätigt: Er stellte bei dem von den Ringen reflektiertem Licht Dopplerverschiebungen fest. Dies bedeutet, daß – den Keplerschen Gesetzen gehorchend – jedes einzelne Ringteilchen auf seiner eigenen Bahn um den Planeten zieht. Zwangsläufig müssen dabei die inneren Teilchen eine höhere Bahngeschwindigkeit als die äußeren besitzen.

Die Frage, warum die Ringe von Jupiter, Saturn und auch Uranus mehr oder weniger in einer Ebene, und zwar in der Äquatorialebene liegen – die vertikale Dicke der Ringe von beispielsweise Saturn liegt weit unter 1 000 m, ihr Durchmesser aber weit über 400 000 km –, wird oft gestellt. Sicherlich war die Anordnung der Ringmaterie nicht schon von jeher so wie heute. Ganz allgemein besteht in jeder Wolke von Objekten in einer Umlaufbahn um eine zentrale Masse (z.B. um einen Mond, einen Planeten oder einen Fixstern) das Bestreben, daß sich die Materie allmählich — über selbst für geologische Zeitvorstellungen sehr lange Perioden — zu einer dünnen Scheibe in einer ganz bestimmten Ebene anordnet. Bewegen sich beispielsweise zwei kleine Körper auf getrennten ellipsenförmigen Bahnen um einen Planeten, so driften diese Bahnen im Laufe der Zeit durch geringe äußere Kräfte relativ um eine mittlere Bahnebene, die sog. Laplace-Ebene. Resultiert die Störung aus der Abplattung des Planeten, so liegt die Laplace-Ebene in der Äquatorebene; geht sie auf den Einfluß eines anderen Körpers (z.B. ein anderer Planet, ein weiterer Mond usw.) zurück, so liegt die Laplace-Ebene in dessen Bahnebene. Durch die Präzession nähern sich die beiden Körper immer mehr; irgendwann werden sie sich berühren und aneinander streifen. Dies reduziert ihre relative Geschwindigkeit zueinander. Der Prozeß dauert so lange, bis beide Körper genau in der gleichen Ebene liegen.

Das Orientieren der planetaren Ringmaterie in eine gemeinsame Ebene geht umso schneller, je größer die Zahl der um den Planeten kreisenden Ringpartikel ist, da es dann sehr häufig zu Reib- und Aufprallprozessen der Teilchen untereinander kommt. In einem Ring wie dem von Saturn kollidiert jedes Partikel im Durchschnitt einmal innerhalb von nur wenigen Stunden mit einem anderen.

Reiben sich zwei Ringteilchen aneinander, so wird das innere verzögert, treibt also in Richtung auf den Planeten zu, während das äußere Teilchen beschleunigt wird und so die Tendenz hat, sich vom Planeten zu entfernen. Ringsysteme von Planeten dehnen sich also nach innen und außen gleichzeitig aus; deshalb war eine der Aufgaben der Voyager-Sonden, den noch innerhalb der C-Ringgruppe vermuteten, von der Erde aus aber unsichtbaren D-Ring nachzuweisen. Das Endstadium der Ringausbildung ist praktisch erst dann erreicht, wenn die einzelnen Ringpartikel so weit voneinander entfernt liegen, daß Kollisionen nicht mehr möglich sind. Dann gilt der Ring als dynamisch stabil [5, 11].

Planetare Ringe können, wie die Untersuchungen speziell von Voyager 1 und Voyager 2 in den Jahren 1980/81 gezeigt haben, auf unterschiedliche Weise Störungen erfahren, die sich in speziellen, bisher unbekannten örtlichen Ringausbildungen zeigen. Wird beispielsweise eine Ringgruppe planetenein- und planetenauswärts unmittelbar von je einem Trabanten begrenzt, so verhindern diese beiden Monde nicht nur die radiale Ausdehnung der Ringe, sondern bewirken durch einen „Fegeeffekt" längs ihrer Bahn auch beachtliche Lücken zu den benachbarten Ringgruppen. Darüber hinaus kann es zu örtlichen Ringverdickungen und -verdünnungen sowie zu ellipsenförmigen Ringen kommen, wie sie von Voyager 1 im November 1980 bei Saturn beobachtet wurden (Bilder 8.11 und 8.12). Die Vorstellung von Peter Goldreich und Scott Tremaine zur Erklärung dieser Erscheinungen (1978) kann vereinfacht folgendermaßen zusammengefaßt werden: Der außerhalb einer Gruppe von Planetenringen umlaufende äußere Mond bewegt sich langsamer als die äußersten Ringpartikel, die, wie oben gesehen, stets die Tendenz haben, nach außen zu drücken. Der äußere Trabant übt so einen geringen Druck auf diese Partikel aus, die dabei an Energie verlieren und demzufolge auf eine niederere Bahn zurückfallen. Umgekehrt bewegt sich der innere begrenzende Mond schneller als die benachbarten Ringteilchen, überträgt auf diese Energie und beschleunigt sie damit auf eine höhere Bahn. So entstehen örtliche Ringeinschnürungen und -ausdehnungen („Knoten") die dann besonders stark ausgeprägt sein müssen, wenn sich die beiden Trabanten annähern. Je nach der augenblicklichen Position und der Zahl solcher, im allgemeinen recht winzigen Monde lassen sich durch das Goldreich-Modell auch „Sprünge" in den Ringen und selbst exzentrische Ringe erklären.

Es liegt auf der Hand, daß solche Erscheinungen periodisch auftreten. Ein typisches Beispiel: Die von Voyager 1 entdeckten Ringknoten in der F-Ringgruppe (Bild 8.13) waren einige Monate später beim Vorbeiflug von Voyager 2 mit einer einzigen Ausnahme nicht mehr zu sehen.

Eine andere Störquelle sind die Resonanzeffekte der Monde. Resonanzen zwischen zwei Objekten treten in jenen Positionen auf, in denen die Bahnperiode des einen ein ganzzahliges Vielfaches bzw. ein Bruchteil der Periode des anderen

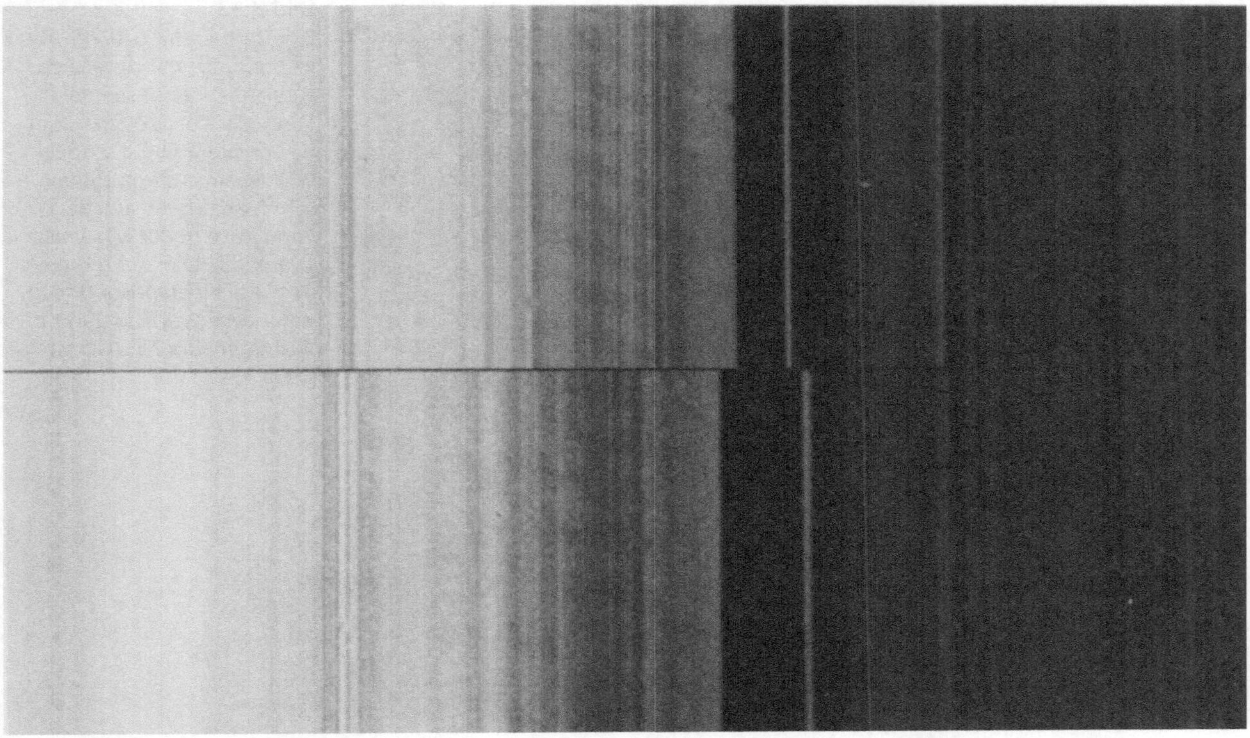

Bild 8.11
Diese beiden Aufnahmen von einander gegenüberliegenden Teilen des äußeren Bereichs der B-Ringgruppe (links, hell) und der Cassini-Teilung (rechts, dunkel) stammen von Voyager 2 aus 610 000 km Abstand (25. August 1981). Der Außenrand des B-Bereichs und der helle Ring in der Cassini-Teilung sind um jeweils etwa 50 km gegeneinander versetzt. Diese Exzentrizität der Ringe wird vom Mond Mimas verursacht. Die etwas weniger starken Verschiebungen einzelner B-Ringe links im Bild entstehen wahrscheinlich durch Dichtewellen.

ist. Bei einer 2 : 1-Resonanzbahn von beispielsweise zwei Monden umrundet der innere Mond den Planeten in der halben Zeit des äußeren. Während jeder zweiten Umkreisung des inneren Mondes stehen sich die beiden Trabanten wieder in gleicher Position gegenüber; in diesen Augenblicken verstärken sich jeweils die Störeffekte der Monde. So können Resonanzen entstehen: Gravitationskräfte zwischen Ringteilchen und Mond schaukeln sich auf und führen zu Störungen wie z. B. der Exzentrizität der B-Ringe (Bild 8.11).
Ein typisches Beispiel für solche Positionen ist das Mondsystem Io-Europa-Ganymed von Jupiter. Die Bahnperioden dieser Körper verhalten sich etwa wie 1 : 2 : 4, so daß in den Resonanzstellungen regelmäßig sehr starke Kräfte auf Io ausgeübt werden, die die Exzentrizität der Iobahn und Aufheizung des Mondinneren durch Gezeitenkräfte bewirken (Abschnitt 7.10.1). Ein anderes typisches Beispiel ist die Cassini-Lücke zwischen den Ringgruppen A und B, innerhalb der jedes Teilchen eine annähernd halb so große Periode wie der Saturmond Mimas besitzen würde. Ähnliche kleinere Lücken in den Ringen befinden sich in Resonanzpositionen mit einigen der neu entdeckten Kleinstmonde von Saturn (s. Abschnitt 8.7).

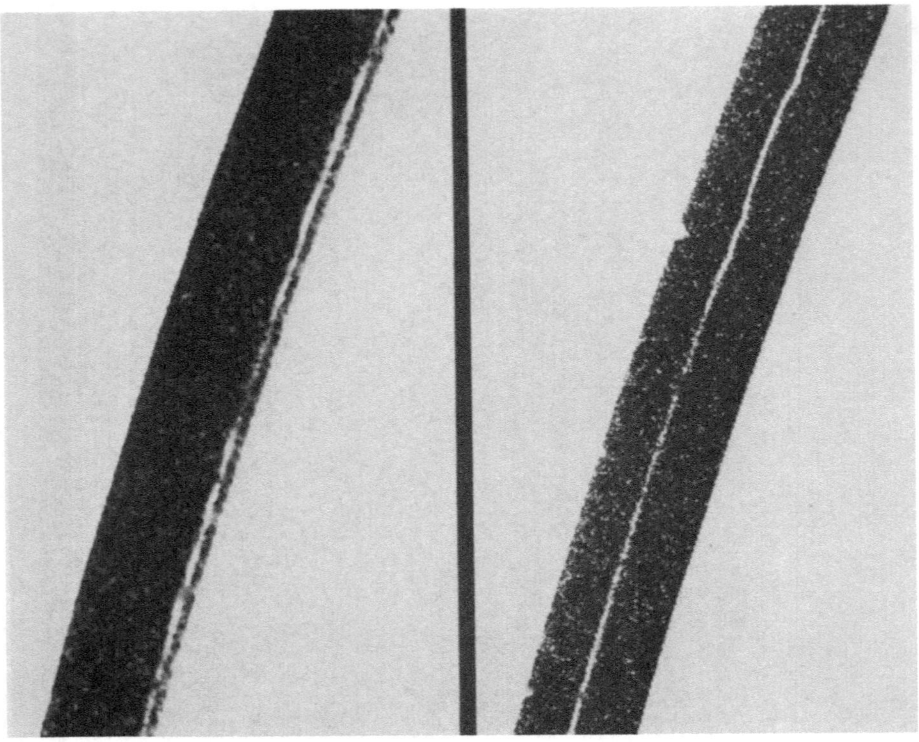

Bild 8.12
Ein Beispiel für örtliche Ringkrümmungen und -verdichtungen ist dieser schmale Ring, der von Voyager 2 in der Encke-Teilung entdeckt wurde. Im rechten Bildausschnitt befindet sich der Ring etwa in der Mitte der (dunklen) Lücke, im linken aber am inneren Rand. Aufnahmeabstand 700 000 km, Aufnahmetag 25. August 1981.

Bild 8.13
Voyager 1-Aufnahme der F-Ringe aus 750 000 km Entfernung. Im November bestand er noch aus drei je 30 km breiten Bändern, von denen die beiden hellen äußeren Knicke, Verbiegungen und Knoten zeigten. Im August 1981 war von derartigen Verflechtungen nichts mehr zu sehen (vgl. Bild 8.24).

Daß die Vorgänge in Wirklichkeit komplizierter sind als hier beschrieben, zeigt das Beispiel der Cassini-Teilung oder der Encke-Teilung[1]. Beide Lücken sind zwar gegenüber ihrer Umgebung an Materie deutlich verarmt, aber in ihnen wurden mehrere Ringe nachgewiesen (Bilder 8.14 und 8.17).

Nach einer Überlegung von Goldreich und Tremaine könnten sich auch in relativ großer Entfernung von den Monden Resonanzen bemerkbar machen, nämlich als Dichtewellen [11]: Breiten sich in der Ringmaterie von Saturn tatsächlich spiralige Dichtewellen aus, ähnlich den Wellen, mit denen man die Entstehung der Spiralarme der Galaxien erklärt, so könnten sie beim Materietransport innerhalb der Ringe eine große Rolle spielen.

Liegen Kleinstmonde, zum größten Teil vielleicht noch unentdeckt, in den Ringen selbst, treten wieder andere Effekte auf. Je nach Lage, Dichte, Form und Oberflächenbeschaffenheit können diese versteckt liegenden Körper entweder als Quelle oder Senke von Ringmaterie fungieren: Durch den Aufprall von Ringteilchen auf derartige Körper könnten durch Erosionsprozesse neue Partikel in den Ring eingespeist werden oder eine Vereinigung der Teilchen mit dem Minimond stattfinden.

Eine andere Möglichkeit der Wechselwirkung von Ringteilchen mit in den Ringen verborgenen Minimonden wurde unlängst von Stanley Dermott, Thomas Gold und Carl Murray vorgeschlagen. Nach dem Dermott-Gold-Murray-Modell findet eine gegenseitige Anziehung zwischen dem Mond und dem sich nähernden Ringteilchen statt, wobei der Mond aufgrund seiner wesentlich höheren Masse keine merkbare Bahnänderung erfährt. Für einen Beobachter auf dem Mond beschreibt das Teilchen jedoch eine langgezogene, hufeisenförmige Bahn; auf dieser Bahn nähert sich das Teilchen dem Mond, fliegt jedoch weder an ihm vorbei noch prallt auf ihm auf, sondern entfernt sich wieder von ihm in die entgegengesetzte Richtung [5].

Kreisen solche Kleinstmonde innerhalb der Synchronbahn, so kann ein weiterer Effekt auftreten: Gezeitenkräfte lösen Oberflächenmaterial, das dann in das Ringsystem übergeht. Diese Materie ist in ihrer Bewegung noch sehr stark an die Umlaufbahn des betreffenden Mondes gekoppelt, so daß die Existenz von ellipsenförmigen und in ihrer Bahn geneigten Planetenringen möglich erscheint.

Alle Ringsysteme der Planeten befinden sich innerhalb der Roche-Grenze. Die Vermutung liegt deshalb nahe, daß die Ringe durch zerplatzte Monde, große Meteorite oder durch Kometen entstanden sind. Allerdings sind die Zusammenhänge sicherlich viel komplexerer Natur, denn die gleichen Gezeitenkräfte, die einen Planetentrabanten auseinanderbrechen lassen, würden weitgehend auch gegen die Ansammlung von Ringmaterie innerhalb der Roche-Grenze wirken. Verständlich ist somit diese erstmals 1848 von Edouard Albert Roche ausgesprochene These nur für die Ringe, die zugleich auch innerhalb der Synchronbahn des Planeten liegen.

Eine zweite Hypothese, Bildung der Ringe aus der nach der Entstehung des Planeten übriggebliebenen Rest-Urmaterie, wurde erstmals von Pierre Simon de Laplace und Immanuel Kant gegen Ende des 18. Jahrhunderts geäußert. Diese Vorstellung geht davon aus, daß sich kurz nach der „Geburt" der Planeten die ursprüngliche planetare Hülle ablöste und zusammenballte (Akkretionshypothese). Ihre gasförmige Materie kühlte ab, kondensierte, und die Teilchen wuchsen bis zu einer Größe von einigen Metern heran.

1) Die nur 320 km breite Encke-Teilung im äußeren Bereich der A-Ringe von Saturn, in der Voyager 2 im August 1981 mehrere Einzelringe entdeckte, wird möglicherweise in Keeler-Teilung umbenannt. Der jetzige Name geht auf den Berliner Astronomen Johann Franz Encke zurück, der 1837 einen Schatten im A-Ring entdeckt hatte. Für seine damaligen Beobachtungen benutzte er ein 22 cm-Teleskop. Es wird aber heute von einigen Astronomen angezweifelt, daß er damit tatsächlich die Lücke in den A-Ringen sehen konnte. Wahrscheinlicher ist, daß der Amerikaner James E. Keeler vom Lick-Observatorium die Lücke als erster fand, und zwar Anfang 1888 (möglicherweise schon etwas früher). Er benutzte ein 90 cm-Refraktorteleskop und gab als Ort des Schattens genau die Stelle an, die heute unter Encke-Teilung bekannt ist.

Bild 8.14
Voyager 2-Bild von den Ringen des Saturn, aufgenommen am 17. August 1981 aus 8,9 Mio. km Entfernung. Die Ringstrukturierung ist hier deutlich zu erkennen. Neben den Cassini- und Encke-Teilungen fallen noch eine Reihe weiterer Lücken auf. Von links unten nach rechts oben die Hauptringgruppen C, B und A.

Ein dritter Erklärungsvorschlag setzt voraus, daß in der Frühzeit der Saturnevolution entweder ein einzelner, sehr großer Mond oder mehrere kleinere Trabanten im Bereich der heutigen Ringe mit einem Meteor oder Meteoriten zusammenprallten und dabei in Stücke gingen.

8.7 Die Ringe von Saturn

Die Erforschung des Ringsystems von Saturn zählt zweifelsohne zu den größten Sensationen unter den Ergebnissen der drei NASA-Sonden. Schon auf den Pioneer 11-Fotos deutete sich eine gewisse Struktur der klassischen A-, B- und C-Ringe an. Auch die Cassini-Teilung schien auf den noch relativ unscharfen Saturnbildern vom Herbst 1979 keineswegs so frei von Materie, wie man es aus dem Helligkeitsunterschied vermuten würde und es bisher auch geglaubt hatte. Außerdem fand Pioneer 11 rund 4000 km außerhalb des äußeren Bereichs des A-Ringes einen weiteren unbekannten, zunächst auf nur etwa 150 km Breite geschätzten schmalen Ring, der mit dem Buchstaben F gekennzeichnet wurde.

Die Voyager-Aufnahmen ergaben wenig später ein Bild von dem Ringsystem, das die Vorstellungen, wie sie bis zum Sommer 1980 galten, z.T. gründlich revidierte. Die A-, B- und C-Ringe lösten sich bei zunehmender Annäherung der beiden Raumflugkörper in immer mehr Einzelringe unterschiedlicher Breite und Helligkeit auf (Bilder 8.14 und 8.15), deren Zahl bei der Ankunft von Voyager 1 in die Hunderte und nach dem Anflug von Voyager 2 einige Monate später in die Tausende ging. Es kann daher auch nicht mehr von Hauptringen, sondern nur noch von Ringgruppen gesprochen werden [6].

Die unterschiedlichen Helligkeiten von Teilungen und Ringen auf den Nahaufnahmen sind auf den unterschiedlichen Sonnenstand bzw. auf die unterschiedlichen Positionen Sonne-Saturn-Sonde zurückzuführen. Befindet sich etwa der Planet zwischen Sonne und Sonde, so erscheint z.B. ein bestimmtes Ringband hell, weil die Sonde nur das in Vorwärtsrichtung gestreute Sonnenlicht registriert. Liegen dagegen Sonne und Sonde auf der gleichen Seite von Saturn, erscheint der gleiche Ringbereich deutlich dunkler, denn die Ringteilchen streuen das Son-

Bild 8.15
Besonders viele Feinstrukturen läßt die B-Ringgruppe erkennen, hier in einer Aufnahme von Voyager 2 aus 743 000 km Entfernung (25. August 1981). Der abgebildete Bereich hat eine radiale Erstreckung von etwa 6 000 km. Die kleinsten noch erkennbaren Details sind 15 km groß.

nenlicht jetzt auf die vom Raumflugkörper abgewandte Seite.

Die Streuung von Sonnenlicht (oder anderer elektromagnetischer Strahlung) gibt übrigens auch Auskunft über die Größe der Ringpartikel. Ist ein Teilchen um über eine Größenordnung kleiner als die Wellenlänge des einfallenden Lichts, so wird dieses mehr oder weniger gleichmäßig in alle Richtungen gestreut. Sind die Partikel wenig kleiner als die Wellenlänge des einfallenden Lichts, streuen sie die Strahlung überwiegend nach vorne, sind sie größer als die Wellenlänge, wird die Strahlung ausschließlich in Vorwärtsrichtung gestreut.

Ähnlich kann man auch aus der Streuung von Radarstrahlen Rückschlüsse auf die Größe der Ringpartikel ziehen. Die A- und B-Ringgruppen reflektieren beispielsweise Radarstrahlen von 12,6 cm Wellenlänge sehr stark, so daß ein beachtlicher Teil ihrer Materie mindestens einige Zentimeter groß sein muß.

Vielfach sind die Einzelringe durch mehr oder weniger breite Spalten oder Lücken in Sub-Ringgruppen von einigen Dutzend Einzelringen getrennt. Noch Mitte 1981, während der Auswertung der Voyager 1-Bilder, neigten zahlreiche amerikanische Wissenschaftler zu der Ansicht, die Spalten entstünden generell durch winzige Monde, die bei ihrem Umlauf um Saturn ein materiefreies Band „freifegen". Tatsächlich ist die Ringgruppe A nach außen durch einen solchen Minikörper, den Mond 1980S23, begrenzt; innerhalb und außerhalb der F-Ringe verlaufen außerdem die Bahnen der beiden Monde 1980S26 (außen) und 1980S27 (innen) (Bild 8.16). Die Vorstellung liegt nahe, daß sie, wie in Abschnitt 8.6 erwähnt, durch ihre Schwerkraft eine radiale Ringausdehnung verhindern.

Die noch höher aufgelösten und deutlicheren Fotos von Voyager 2 degradierten diese Vorstellung jedoch rasch vom Regelfall zu einer Ausnahmeerscheinung. So wurde im inneren Bereich der Cassini-Teilung, wo Voyager 1 einen größeren Spalt gefunden hatte, trotz systematischer Suche kein Satellit über 5 km Größe entdeckt. Es ist deshalb unwahrscheinlich, daß sich die vielen Einzelstrukturen, vor allem im Bereich der B-Ringgruppe, durch die Anwesenheit entspre-

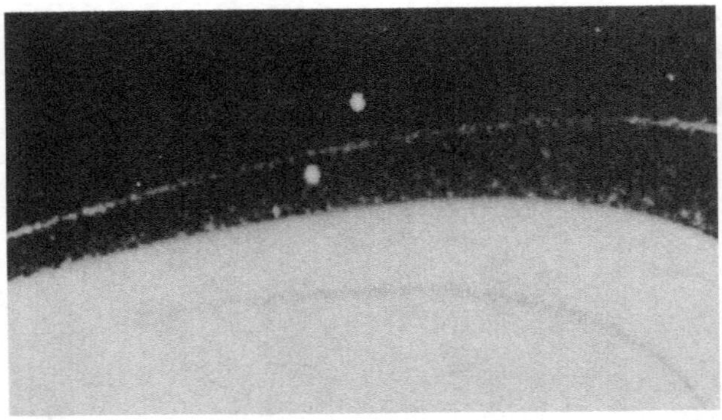

Bild 8.16
Die zwei „Schafhirt"-Monde der Ringgruppe F nähern sich gerade (Voyager 2-Aufnahme vom 15. August 1981 aus 10,5 Mio. km Abstand). Der innere Mond (1980S27) kreist rascher um Saturn als der äußere (1980S26); alle 25 Tage begegnen sie sich. Die beiden Mondbahnen sind nur rund 2 000 km voneinander getrennt.

Bild 8.17
Die Ergebnisse eines Voyager 2-Bedeckungsexperiments quer durch die Encke-Teilung in einer computerbearbeiteten Bildfassung. Diese Fotosynthese hat 2 km Auflösung und zeigt deutlich einige Einzelringe in der 320 km breiten Lücke, darunter ein markantes breites Ringbündel (Bei Bedeckungsexperimenten registriert das Fotopolarimeter das Licht eines hinter der Ringebene stehenden Fixsterns).

chend massereicher Kleinstmonde halten, zumal mit Sternbedeckungs-Experimenten des Voyager-Fotopolarimeters sogar Objekte bis zu nur 300 m Größe nachgewiesen werden konnten. Solche Ringsondierungen zeigten, daß weitgehend materiefreie, wenn auch schmale Spalte eigentlich überall im Ringsystem auftreten. In den meisten von ihnen sind einzelne exzentrische Ringe zu finden, die durch ausgeprägte Helligkeitsunterschiede auffallen. Ursachen für diese Unterschiede sind zum Teil örtliche Ringverdickungen oder -verknotungen oder aber fast vollständiges Fehlen von Ringmaterie. Zwei voneinander unabhängige, ellipsenförmige Ringe existieren z.B. in der Encke-(Keeler)-Teilung (Bilder 8.12 und 8.17): Mindestens einer von ihnen zeigt an mehreren Stellen Verdickungen. Ähnlich unrunde Ringe wurden in den Ringgruppen C und F, sowie in der Cassini-Teilung (Bild 8.18) gefunden. Eine plausible Erklärung hierfür wäre etwa die Existenz (bisher nicht gefundener) Monde in ihrer Nachbarschaft.

Die Bilder 8.19 und 8.20 sowie die Tabelle 8.2 geben einen Eindruck von Aufbau und Ausdehnung der Saturnringe. Die beiden Voyager-Sonden fotografierten erstmals die Gruppe der äußerst teilchenarmen, innersten D-Ringe (Bild 8.21), die sich von der inneren Grenze der Ringgruppe C bis auf mindestens die halbe Distanz zur Saturn-Wolkendecke ausbreiten, doch von den C-Ringen deutlich isoliert sind. Pierre Guerin hatte die Existenz dieses Ringes und der Lücke erstmals 1969 vorhergesagt – Voyager brachte elf Jahre später den ersten direkten Nachweis. Von der Erde aus ist diese sehr lichtschwache Ringgruppe nicht zu sehen. Die C-Ringgruppe ähnelt der Cassini-Teilung. So fällt beispielsweise das Fehlen der Rotanteile im Streulicht, die Transparenz und der Mangel an

Tabelle 8.2 Ausdehnungen der Saturnringe [1, 5, 12, 15]

	Radius [km]	R_S*	Bemerkungen
Planetenradius	60 300	1,0	nahe 100 mbar-Niveau
D-Ring, innen	67 000	1,11	nur im vorwärtsgestreuten Licht zu sehen
D-Ring, außen	72 600 ?	1,2	
Guerin-Teilung, Breite	ca. 1 200	–	
C-Ringgruppe, innen	74 000	1,23	
C-Ringgruppe, außen	91 800	1,52	
B-Ringgruppe, innen	91 800	1,52	starker Anstieg der optischen Tiefe
B-Ringgruppe, außen	117 000	1,94	zugleich innerer Rand der Cassini-Teilung
Cassini-Teilung, Breite	4 800	–	
A-Ringgruppe, innen	121 500	2,0	äußerer Rand der Cassini-Teilung, starker Anstieg der optischen Tiefe
Encke/Keeler-Teilung	133 000	2,2	Breite ca. 320 km
A-Ringgruppe, außen	136 200	2,26	starke Abnahme der optischen Tiefe
F-Ringgruppe, mittl. Radius	141 000	2,34	max. 700 km Breite, Ränder aber nicht zu definieren
G-Ringgruppe, mittl. Radius	165 000	2,74	nur im vorwärtsgestreuten Licht zu sehen, optische Tiefe $10^{-4} \ldots 10^{-5}$
E-Ringgruppe, innen	⩾ 180 000	⩾ 3	möglicherweise bis 240 000 km (4 R_S), nicht genau definierbar
E-Ringgruppe, außen	ca. 300 000	5	möglicherweise bis 480 000 km (8 R_S), nicht genau definierbar, optische Tiefe $10^{-6} \ldots 10^{-7}$

* 1 R_S = 60 300 km

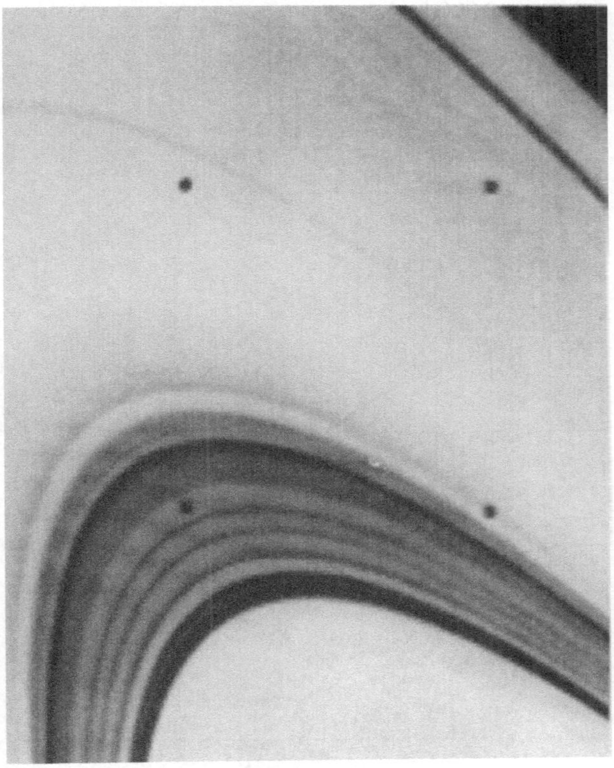

Bild 8.18
Cassini-Teilung, am 8. November 1980 aus 6 Mio. km von Voyager 1 festgehalten. Zu erkennen sind hier (von außen, links oben, nach innen) ein halbdunkles 800 km breites Ringband, vier hellere, etwa 500 km breite Ringe und ein weiterer heller, etwa 100 km breiter Ring nahe der inneren Grenze. Genauere Untersuchungen durch Voyager 2 haben gezeigt, daß die ursprünglich als materiefrei erachtete Cassini-Teilung weit über 100 Ringe enthält.

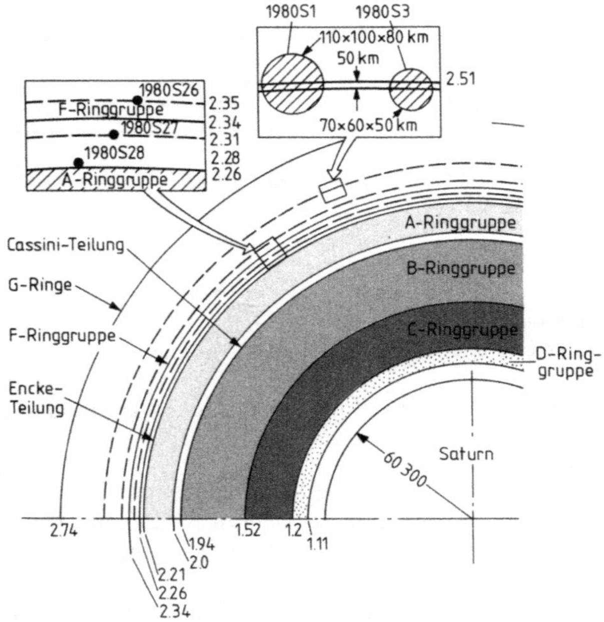

Bild 8.19
Vereinfachte Darstellung des Ringsystems von Saturn bis 2,8 Planetenradius Entfernung vom Zentrum. Eingezeichnet sind auch einige der neu entdeckten Kleinstmonde sowie die Encke- und die Cassini-Teilungen (1 R_s = 60 300 km).

kleinen Teilchen auf. In regelmäßigen Abständen treten deutlich voneinander getrennte Bänder gleicher Helligkeit auf; die dazwischen liegenden Lücken sind zwischen 50 und 350 km breit. Radiomessungen ergaben, daß in der C-Ringgruppe Materieklumpen bis zu 2 m Größe anzutreffen sind, wenn auch die mittlere Teilchengröße bei sehr viel kleineren Werten liegen dürfte.

Die Teilchen der A- und B-Ringgruppen erscheinen im Sonnenlicht heller und röter als die in der C-Ringgruppe und der Cassini-Teilung. Die größten Brocken in diesen Bereichen könnten bis 10 m Durchmesser haben, die meisten Teilchen dürften jedoch nicht größer als 10 cm sein, wobei es in der Größenverteilung regionale Unterschiede gibt. Der B-Bereich ist stärker strukturiert als der äußere A-Bereich, der überall gleich hell zu sein scheint. Erst bei genauerer Betrachtung erkennt man auch in der A-Ringgruppe eine Fülle von allerdings sehr feinen Strukturen. Auffällig ist der ziemlich scharfe Rand an der Außenseite des A-Bereiches, der vermutlich durch den Mond 1980S28 stabilisiert wird (Bild 8.19).

Eine Besonderheit der 24 000 km breiten B-Ringgruppe sind die sog. Speichen, die sich in manchen Voyager-Aufnahmen als dunkle oder helle fingerförmige Strukturen (je nach Standort der Sonde relativ zu Saturn und zur Sonne) deutlich von ihrer Umgebung abheben (Bild 8.22). Aufgrund des Lichtstreuverhaltens der Speichen (Spokes) kann man folgern, daß sie besonders viele Partikel in der Größenordnung eines Mikrometers enthalten. Verblüffend ist,

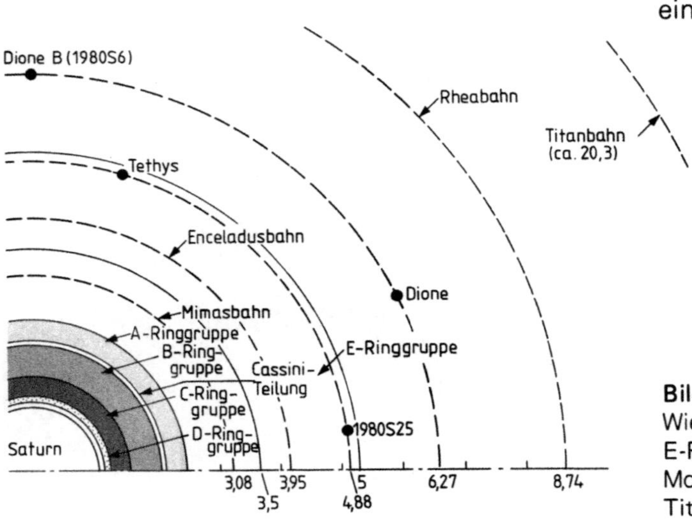

Bild 8.20
Wie Bild 8.19, jedoch enthält dieses Schema die E-Ringgruppe und reicht bis zur Umlaufbahn des Mondes Rhea. Die Bahn des größten Saturnmondes, Titan, ist hier nicht mehr maßstäblich eingezeichnet.

daß diese „Materiewolken" trotz unterschiedlicher Umlaufgeschwindigkeit innen und außen ihre „Form" über Stunden hinweg beibehalten können. Ihre Entstehung ist nicht, wie zunächst vermutet, auf Gebiete nahe des Planetenschattens beschränkt. Nach dem Voyager 1-Vorbeiflug stand man zunächst vor einem großen Rätsel. Viele Wissenschaftler hielten folgende Vorstellung für möglich: Sollten die Speichen-Teilchen eine metallische Zusammensetzung haben, könnte das planetare Magnetfeld die Partikel aus der großen Masse der übrigen Ringmaterie herausheben und es zu einer „scheibenartigen", starren Korotation mit dem Magnetfeld selbst zwingen.

Einen derartigen Niveauunterschied müßte man aber bei einem Blick auf die Ringkante sehen. Der Anflugkurs von Voyager 2 wurde daher entsprechend geändert, um „edge-on"-Fotos zu ermöglichen. Leider gelang dies nicht im gewünschten Maße, doch selbst auf den extremsten Schrägfotos der Ringebene waren Hinweise auf Levitationsdifferenzen nicht zu erkennen (Bild 8.23), so daß die Herkunft der speichenförmigen Gebilde weiterhin als weitgehend ungeklärt angesehen werden muß.

Mehrere Astronomen kamen nach dem Studium alter Berichte zum Schluß, daß die fingerartigen Speichen bereits seit sehr langer Zeit bekannt sind, daß ihnen aber keine größere Bedeutung beigemessen wurde. Sie seien schon E. M. Antoniadi 1896 aufgefallen. Eine noch ältere visuelle Beobachtung geht auf das Jahr 1888 zurück: Mit einem 14-Zöller der Brüsseler Sternwarte wurden „einige Zahnungen" entdeckt, „die von

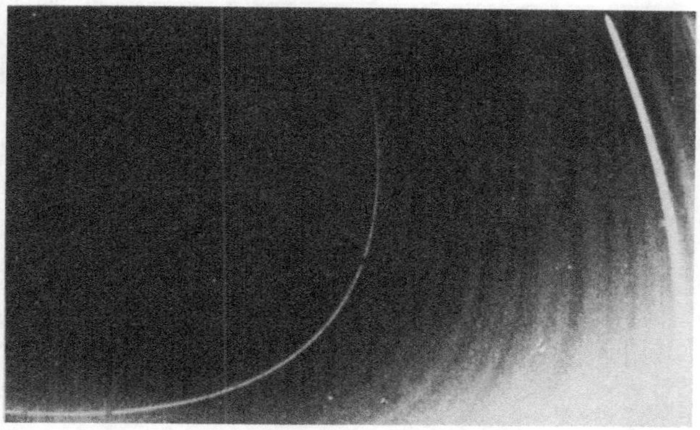

Bild 8.21
Erste deutliche Aufnahme der äußerst schwachen planetennahen D-Ringe aus einem Abstand von 195 400 km. Das Bild wurde von Voyager 2 am 25. August 1981 etwa 100 Minuten vor der engsten Annäherung gemacht. Der Phasenwinkel (Winkel zwischen den beiden Linien Sonde/Sonne und Sonde/Bildzentrum) betrug 166 Grad.

Bild 8.22
Dunkle Speichen im inneren Teil der B-Ringgruppe, aufgenommen von Voyager 2 am 22. August 1981 aus 4 Mio. km Abstand. Sie sind während der 10stündigen Umlaufperiode des Rings nur für eine gewisse Zeit zu sehen und bilden sich an verschiedenen Stellen des Rings sporadisch neu.

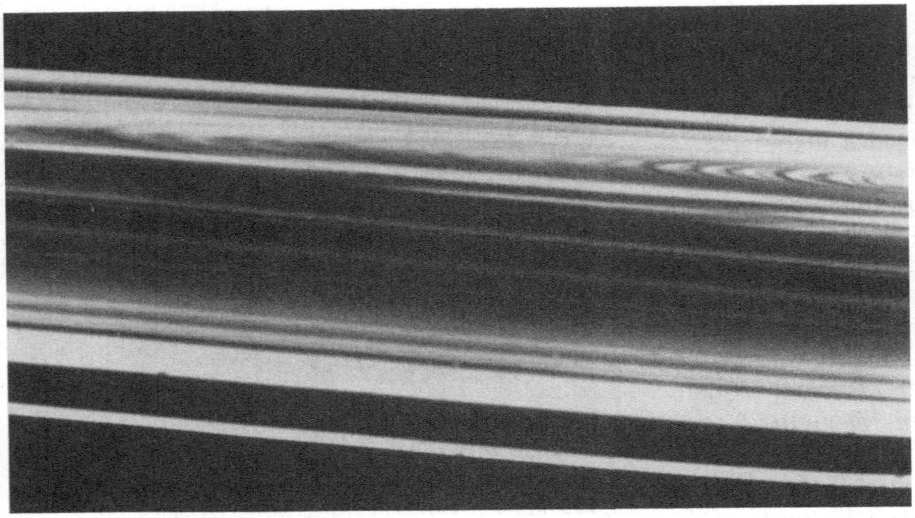

Bild 8.23
Schrägaufnahme auf die Ringe (Voyager 2; Aufnahmeabstand 103 000 km; 25. August 1981). Von unten nach oben sind zu erkennen: F-Ringgruppe (weißes Band ganz unten), A-Ringgruppe mit dunkler Encke-Teilung, Cassini-Teilung als schmales schwarzes Band in der Bildmitte, darüber – in der B-Ringgruppe – einige radial nach links verlaufende Speichen, ganz oben die A-Ringgruppe. Aus diesem Blickwinkel ist kein Niveauunterschied der Spokes zur übrigen Ringmaterie zu sehen.

der Cassini-Teilung ausgehen, auf der westlichen Seite in den äußeren Ring eingreifen und sich in feinen Strichen tiefer in den Ring hinein fortsetzen ...". Ein anderes Zeugnis findet sich in einer 1923 veröffentlichten farbigen Zeichnung von L. Rudaux, Astronom an der Sternwarte Donville (Frankreich) [14].

Die F-Ringgruppe wurde oben bereits im Voyager 1-Bild 8.13 vorgestellt. Die Voyager 2-Bilder, insbesondere aber die Registrierung der rhythmischen Verdunklungen eines hinter den Ringen vorbeiziehenden Sterns ergab jedoch, daß die Strukturierung der F-Ringe wesentlich komplizierter ist: In einem bestimmten Ringbereich wurden beispielsweise mindestens fünf Einzelringe entdeckt, die deutlich voneinander getrennt waren, während in nur einem anderen Bereich die von Voyager 1 her bekannte „Verzwirnung" andeutungsweise zu sehen war. Der hellste F-Ring wiederum besteht aus mindestens zehn schmalen Einzelringen. Man vermutet, daß die von Voyager 1 beobachtete Ring-Verdrillung mit Gravitationsstörungen zusammenhängt, die von den beiden Begleitmonden 1980S26 und 1980S27 (Bild 8.19) verursacht werden. Es fällt zumindest auf, daß die „Materieklumpen" annähernd gleichförmig etwa alle 9 000 km um den Ring herum angeordnet sind; dies ist ein Abstand, der mit der Relativbewegung der F-Ringteilchen und der beiden begrenzenden Monde bei einer Bahnperiode übereinstimmt.

Genauere Datenanalysen und Bildauswertungen der beiden Voyager-Sonden haben kürzlich mit rund 700 km eine wesentlich größere Breite für die F-Ringgruppe ergeben als noch 1981 nach Auswertung der Voyager 1-Bilder angenommen wurde [13]. Auch die Zahl der F-Ringe ist durch verfeinerte Beobachtungstechniken beim Vorbeiflug von Voyager 2 an Saturn stark angestiegen (Bild 8.24).

In 2,8 Planetenradien Entfernung (vom Saturnzentrum) bestätigte Voyager 1 den neuen, ebenfalls sehr lichtschwachen Ring, der die Bezeichnung G erhielt. Dieser Ring (Bild 8.25) ist ohnehin nur dann zu sehen, wenn seine Teilchen das Licht bevorzugt in Vorwärtsrichtung streuen.

Bild 8.20 zeigt die weite Ausdehnung der E-Ringgruppe, in der u.a. die Bahnen der großen Monde Enceladus und Tethys verlaufen. Der äußere Ringbereich liegt etwa 300 000 km vom Planetenzentrum entfernt. Diese Region hat (mit 10^{-6} ... 10^{-7}) eine derart geringe optische

Bild 8.24
Ergebnis des Voyager 2-Sternlichtokulations-Experimentes mit dem Bord-Fotopolarimeter: ein Pseudobild eines Abschnittes aus dem hellsten F-Ringband, das wiederum aus Dutzenden von schmalen Einzelringen besteht. Die Auflösung dieses Bildes liegt bei wenigen 100 m.

Bild 8.25
Die relativ dunklen und blassen G-Ringe, hier nur durch eine spezielle Bildbearbeitung als von links unten nach oben verlaufender Punkthaufen zu erkennen, wurden von Voyager 1 entdeckt. Dieses Bild stammt von Voyager 2 (Aufnahmeabstand und -tag: 305 000 km/ 26. August 1981).

Bild 8.26
„Zunehmender" Saturn mit seinem Ringsystem, aufgenommen von Voyager 1 am 13. November 1980 aus 1,5 Mio. km Entfernung. Der helle Rand des Planeten ist auf diesem bewußt überbelichteten Bild deutlich durch die A-, B- und C-Ringgruppen hindurch zu sehen.

Tiefe, daß man sie sich eher als mehr oder weniger leichte Materiekonzentration in der Ringebene vorstellen muß. Die Ringdicke nimmt nach außen hin zu und erreicht nahe der Enceladus-Bahn ein deutliches Maximum. Da die Voyager-Sonden nur das in Vorwärtsrichtung gestreute Licht des Ringes registrierten, muß die Teilchengröße primär im Mikron-Bereich liegen (größere Brocken streuen das Licht in Richtung auf die Lichtquelle zurück). Man nimmt an, daß die typische Teilchengröße der E- und G-Ringe unter 0,005 mm liegt.

Die gesamte Ringmasse von Saturn wird auf Werte zwischen 10^{19} und $2 \cdot 10^{21}$ kg geschätzt, die Oberflächen-Massendichte auf $10^2 \ldots 10^4$ g/cm^2. Die Auswertung von Meßdaten des Radiowellen-Experiments der beiden Voyager-Sonden ergab eine maximale Dicke der Ringe in vertikaler Richtung von höchstens 500 m, wahrscheinlich aber nur von 400 m; dies gilt für den gesamten Ringbereich des Planeten Saturn. Man kann sich diese extrem geringe Dicke leichter vorstellen, wenn man bedenkt, daß eine Rasierklinge (im gleichen planetaren Maßstab) etwa zweitausendmal dicker ist.

Da die A-, B- und C-Ringe bestimmte Wellenlängen des Sonnenlichts im infraroten Bereich praktisch nicht reflektieren – charakteristisch für gefrorenes Wasser –, könnten die Ringpartikel aus Staub und Gestein bestehen und von einem Eispanzer umgeben sein. Da aber bei der Reflexion das rote Licht bevorzugt wird und die Partikel daher rötlich aussehen, müssen noch andere Substanzen wie eisenoxidhaltiger Staub oder weitere chemische Verbindungen vorhanden sein.

Als Pioneer 11 an den Ringen vorbeizog, lag die Temperatur an der sonnenbeschienenen Seite der Ringe bei 65 K, an der Schattenseite betrug sie 55 K. Dort wo der Planetenschatten auf die Ringe fiel, wurden 63 K gemessen, nur 2 Grad weniger als auf der Sonnenseite; dies bedeutet, daß von der dunklen Hemisphäre des Planeten Energie an die Ringe übergehen muß.

Bild 8.26 zeigt Saturn und sein Ringsystem, wie es die „Kamera" von Voyager 1 im November 1980 sah.

8.8 Die Monde von Saturn

Zum Zeitpunkt des Entstehens dieses Buches kannte man 21 Monde des Planeten Saturn; die Existenz zweier weiterer wird stark vermutet. Sie wurden alle von den beiden Voyager-Sonden fotografiert. Die Entdeckung der vier (möglicherweise sogar sechs) zuletzt gefundenen Trabanten gab die NASA nach monatelanger Auswertungsarbeit von Voyager 2-Meßdaten erst im Februar 1982 bekannt. Voyager 1 spürte drei Monde auf, zwei weitere wurden zwischen den Vorbeiflügen von Voyager 1 und Voyager 2 durch bodengebundene Beobachtungen gefunden. Pioneer 11 fand schon zuvor zwei neue Saturnbegleiter: vor seiner Ankunft an Saturn waren erst zehn natürliche Begleiter sicher bekannt. Es ist durchaus möglich, daß in den Saturnringen noch weitere Minimonde verborgen sind, doch wird es dann zunehmend schwieriger, zwischen diesen Körpern mit maximal nur einigen 100 m Größe und den größten Ringbrocken zu unterscheiden. Die seit Herbst 1979 neu entdeckten Trabanten tragen noch keinen Namen. Sie sind mit vorübergehenden Bezeichnungen wie beispielsweise 1980S27 belegt (dies bedeutet das Jahr der Entdeckung und die Reihenfolge; S = Saturn).

Bis auf zwei Ausnahmen, Iapetus und Phoebe, bewegen sich alle Saturntrabanten auf nahezu kreisförmigen Bahnen um den Planeten; die Bahnebenen weichen nur geringfügig von der Saturn-Bahnebene ab. Die Iapetusbahn ist um 15 Grad zur Saturnebene geneigt und fällt fast mit der Laplace-Ebene zusammen; Phoebe bewegt sich mit einer Inklination von etwa 150 Grad retrograd um Saturn. Fast alle Monde rotieren außerdem synchron zum Planeten, wenden ihm also stets die gleiche Seite zu.

In Tabelle 8.3 sind die wichtigsten der derzeit bekannten Daten aller Saturnmonde zusammengestellt [nach 1 und 15]. Gegenüber den bisher bekannten Werten haben sich – errechnet aus den exakten Vorbeiflugdaten der Voyager-Sonden – neue Dichten für die Monde Iapetus, Tethys und Mimas ergeben. Man kann aus Tabelle 8.3 eine Abnahme der mittleren Dichte der Saturntrabanten mit zunehmendem Planetenabstand ablesen (ähnlich wie bei den Jupitermonden), wobei jedoch Titan mit einer mittleren Dichte von 1,88 g/cm^3 eine Ausnahme bildet. Es stellte sich heraus, daß die helleren Monde in ihrer Evolution am weitesten fortgeschritten sind, während die dunkleren, meist auch irregulär geformten, in dieser Hinsicht ein primitiveres

Tabelle 8.3 Saturnmonde und ihre Daten (Stand Mai 1983)

Name	Bahnradius (km)	(R_S)	Periode (h)	zusätzliche NASA-Bezeichnung	Radius (km)	Masse (10^{23} g)	Dichte (g/cm^3)	Albedo
1980S28	137 670	2,282	14,446	A ring shepherd	10 X 20			
1980S27	139 350	2,310	14,712	F ring shepherd	70 X 50 X 40			
1980S26	141 700	2,349	15,085	F ring shepherd	55 X 45 X 35			
1980S3	151 422	2,510	16,664	Trailing coorbital	70 X 60 X 50			
1980S1	151 472	2,511	16,672	Leading corrbital	110 X 100 X 80			
Mimas	185 540	3,075	22,618	S 1	196 ± 3	0,375 ± 0,008	1,19 ± 0,05	0,6
Mimas-Begleiter	≈ 186 000	≈ 3,1			ca. 5			
Enceladus	238 040	3,946	32,885	S 2	250 ± 10	0,84 ± 0,30	1,2 ± 0,4	0,9
Tethys	294 670	4,884	45,307	S 3	530 ± 10	7,55 ± 0,90	1,21 ± 0,16	0,8
Tethys-Begleiter (2)	294 670	4,884	45,307		7 … 10	einer der beiden Begleiter ist unsicher		
1980S13	294 670	4,884	45,307	Lagrange-Punkt	17 X 14 X 13			
1980S25	294 670	4,884	45,307	Lagrange-Punkt	17 X 11 X 11			
unbenannt	≈ 350 000	≈ 5,8	58,56		7 … 10			
Dione	377 420	6,256	65,686	S 4	560 ± 5	10,5 ± 0,3	1,43 ± 0,06	0,62
1980S6 (Dione B)	378 060	6,267	65,738	Lagrange-Punkt	18 X 16 X 15			
2. Dione-Begleiter	378 060	6,267	65,738					
unbenannt	≈ 470 000	≈ 7,8	91,2		7 … 10	Existenz nicht endgültig gesichert		
Rhea	527 100	8,737	108,42	S 5	765 ± 5	24,9 ± 1,5	1,33 ± 0,09	0,65
Titan	1 221 860	20,253	382,69	S 6	2 575 ± 2	1 345,7 ± 0,3	1,88 ± 0,01	
Hyperion	1 481 000	24,55	510,64	S 7	205 X 130 X 110			
Iapetus	3 560 800	59,022	1 903,94	S 8	730 ± 10	18,8 ± 1,2	1,16 ± 0,09	
Phoebe	12 954 000	214,7	13 210,8	S 9	110 ± 10			

Stadium repräsentieren, zumindest aber keine inneren Aktivitäten entfaltet haben.

In einigen älteren Aufstellungen findet sich als einer der größeren innersten Saturnmonde ein etwa 300 km großer Körper „Janus", der auf seiner Bahn (mittlerer Bahnradius etwa 160 000 km) alle 17 Stunden 58 Minuten einmal um Saturn kreisen soll. Janus wurde 1966, zu einem Zeitpunkt, zu dem von der Erde aus nur die Ringkante von Saturn zu sehen war, von dem französischen Astronomen Audouin Dollfus „entdeckt", erschien jedoch trotz gezielter Suche auf keiner der zahlreichen Voyager-Aufnahmen. Es liegt die Vermutung nahe, daß Dollfus einen der beiden koorbitalen Trabanten (1980S1 oder 1980S3) fotografiert hatte, bei der Bestimmung der Position aber zu einem gänzlich falschen Ergebnis kam.

Die IAU (International Astronomical Union) setzte diese Angelegenheit auf die Tagesordnung ihrer alle drei Jahre stattfindenden Generalversammlung (zuletzt August 1982 in Griechenland).

8.8.1 Titan

Titan, mit 5 150 km Durchmesser (des festen Mondkörpers) mit Abstand größter Saturntrabant, hat eines seiner Attribute verloren: Er ist nicht mehr, wie bisher angenommen, größter Mond des gesamten Sonnensystems, sondern nach den genaueren Durchmesserbestimmungen von Voyager etwas kleiner als Ganymed (Jupiters größter Mond mit 5276 km Durchmesser). Außer der Größe hat Titan u.a. die mittlere Dichte mit Ganymed gemein: etwa 1,88 g/cm^3. Dies bedeutet eine Zusammensetzung aus Eis und Fels im Verhältnis 48 : 52 %. Trotzdem übertrifft Titan in seiner Größe nach wie vor den Planeten Merkur.

Als einziger Mond im Sonnensystem ist Titan von einer dichten Atmosphäre umgeben; darüber hinaus ist seine Oberfläche unter einer Aerosolschicht verborgen, durch die ein Durchblick für die Kameras der in nur etwa 4 000 km Abstand an Titan vorübergeflogenen Sonde Voyager 1 nicht möglich war (Bild 8.27). Die Voyager-Aufnahmen zeigten jedoch, daß etwa 100 km über der Grenze der Aerosolschicht eine Dunstschicht liegt. Als „Muster" fiel nur eine etwas dunklere Nordpolkappe und eine deutliche Helligkeitsgrenze am Äquator auf: Die Südhälfte schien heller als der Norden.

Für dieses unterschiedliche Reflexionsvermögen der beiden Hemisphären gibt es zwei mögliche Erklärungen [16]:

- die beiden Hälften bekommen den Sonnenwind unterschiedlich stark zu spüren (Schwankungen in der Intensität des Sonnenwindes würden sich in Helligkeitsschwankungen auswirken, was durch Langzeitbeobachtungen leicht nachgeprüft werden kann);
- jahreszeitlich unterschiedliche Aufheizung der Aerosolschicht, bedingt durch die Neigung der Rotationsachse von etwa 26 Grad gegen die Ekliptik.

Sollte die zweite Hypothese zutreffen, müßte, da Saturn mit seinem Mondsystem zu einer Sonnenumrundung etwa 30 Jahre benötigt, jeweils nach 15 Jahren die andere Mondhälfte heller sein (was ebenfalls ohne größere Schwierigkeiten feststellbar sein wird).

In der Titanatmosphäre wurden bisher 13 verschiedene Gase identifiziert, die in Tabelle 8.4 ihrer Häufigkeit nach aufgeführt sind. Für eine große Überraschung sorgten die Voyager-Ergebnisse, nach denen die Gashülle von Titan nicht, wie bis vor kurzem noch angenommen, primär aus Methan, sondern zu 82 ... 94 % aus molekularem Stickstoff besteht. Ferner überrascht der noch nicht bestätigte (da spektroskopisch nicht nachweisbar), aber vermutete Anteil des Edelgases Argon: Da die mittlere Molmasse der Titangase nach den Voyager-Meßdaten 28,6 kg/kMol beträgt, müßte die Atmosphäre etwa 12 % Argon enthalten. Es wird vermutet, daß dieses Gas aus der Entstehungszeit des Saturnsystems stammt und in Form von Hydraten aus dem Protosaturn eingefangen wurde; sicherlich ein interessanter Aspekt bei Überlegungen über die Entstehung und Evolution der Gashülle von Titan [16, 17].

Das Fehlen einer kohlendioxidreichen Atmosphäre wie z. B. die der Planeten Mars und Venus kann damit erklärt werden, daß der Sauerstoff im Inneren des Mondes in Form von Wassereis gebunden ist. Dank der enormen Größe und der tiefen Temperatur muß die Gashülle bis zur Jetztzeit reduzierend geblieben sein.

Bild 8.28 zeigt deutlich die Schichtungen in der „Nebeldecke" von Titan. Bild 8.29, ein Modell der Titan-Gashülle, gibt schematisch ihren Auf-

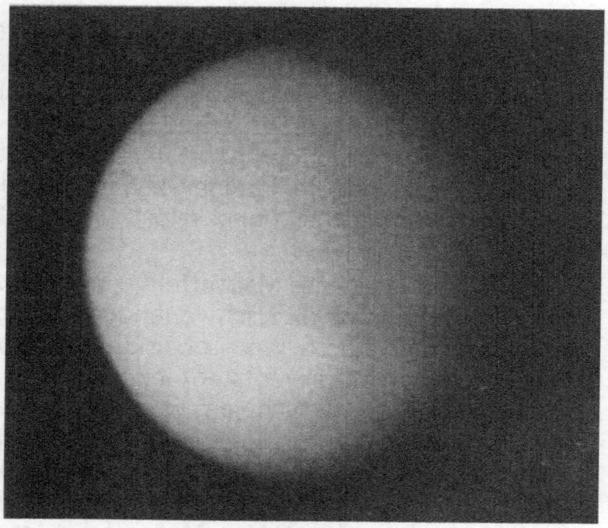

Bild 8.27
Titan-Aufnahme von Voyager 2 aus 4,5 Mio. km Abstand (vom 22. August 1981). Andeutungsweise sind einige parallel zum Äquator verlaufende Wolkenstreifen zu erkennen, ebenso ein dunkles Wolkenband um den Nordpol (oben). Ein Durchblick auf die feste Oberfläche dieses Großmondes war auch den beiden Voyager-Sonden nicht möglich.

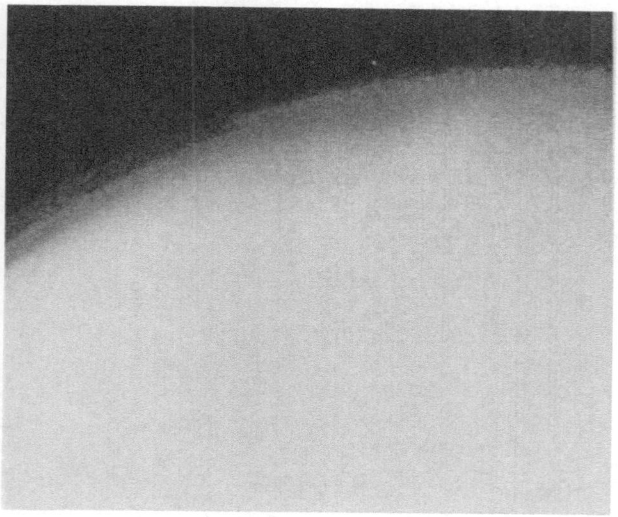

Bild 8.28
Kontrastverstärkte Voyager 1-Aufnahme der hohen Nebelschicht über Titans Nordpol vom 12. November 1980 aus 435 000 km Entfernung.

Tabelle 8.4 Stratosphärische Zusammensetzung der Titanatmosphäre* [16]

Name	chem. Formel	Häufigkeit in 10^{-3} ‰
Stickstoff	N_2	$8{,}2 \ldots 9{,}4 \cdot 10^5$
Argon	Ar	$1{,}2 \cdot 10^5$
Methan	CH_4	ca. $5 \cdot 10^4$
Wasserstoff	H_2	ca. $2 \cdot 10^3$
Äthan	C_2H_6	ca. 20
Propan	C_3H_8	ca. 20
Acethylen	C_2H_2	2 … 3
Äthylen	C_2H_4	$5 \cdot 10^{-1}$
Cyanoacethylen	HC_3N	$10^{-2} \ldots 10^{-1}$
Dicyan	C_2N_2	$10^{-2} \ldots 10^{-1}$
Diacethylen	C_4H_2	$10^{-2} \ldots 10^{-1}$
Methylacethylen	C_3H_4	$10^{-2} \ldots 10^{-1}$

* für oberflächennahe Bereiche gelten vermutlich andere Konzentrationen

bau wieder; in etwa 400 km über der festen Oberfläche beginnt eine Dunstschicht, die für sichtbares Licht durchlässig ist, ultraviolette Strahlung jedoch absorbiert. Zwischen 250 km und 300 km befindet sich eine weitere Schicht aus Dunstteilchen, die das Sonnenlicht streut. Bei 220 km abwärts beginnt die Aerosolschicht, wobei die Grenze der optischen Durchlässigkeit bei 200 km Höhe liegen müßte. In geringeren Höhen über dem Boden schweben außerdem möglicherweise Methanwolken.

Der Temperaturverlauf in der Titanatmosphäre in Abhängigkeit von Druck und Höhe wurde aus den Bedeckungsexperimenten von Voyager 1 abgeleitet. Mit 70 K wird zwischen 30 km und 50 km ein Temperaturminimum erreicht, das mit der Obergrenze der vermuteten Wolken aus Methankristallen zusammenfällt (ihr direkter Nachweis ist nicht möglich, weil diese Wolken

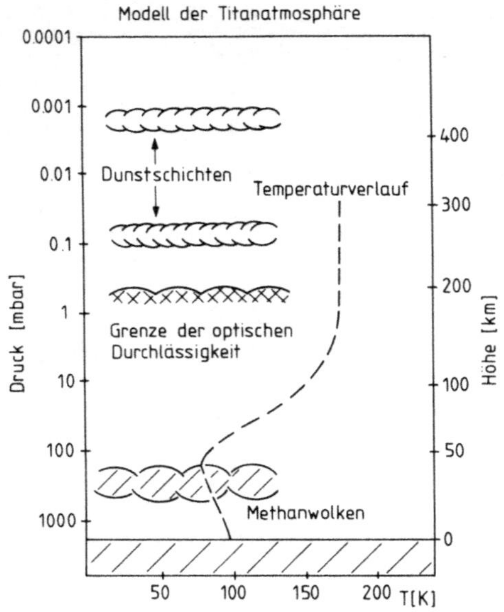

Bild 8.29
Vereinfachter Querschnitt durch die Titanatmosphäre mit Temperaturverlauf [17].

weit unter der optischen Sperrschicht liegen). Zur Oberfläche hin steigt die Temperatur wieder an und erreicht am Boden einen mittleren Wert von 95 K. Der atmosphärische Oberflächendruck liegt bei 1,5 bar. Da die Oberflächengravitation von Titan etwa 0,14 g entspricht, bedeutet dies, daß über jedem Quadratmeter Bodenfläche auf Titan die zehnfache Gasmenge lastet wie auf der Erde!

Wegen der überall gleich dichten lichtabsorbierenden Atmosphäre beträgt die Differenz der Bodentemperaturen am Äquator und am Pol nicht mehr als 3 K; auch jahreszeitliche Unterschiede dürften sich kaum in größeren Schwankungen als nur 1 K bemerkbar machen. Die genannten Zustandswerte schließen die früher vermutete Existenz von Ozeanen aus flüssigem Stickstoff aus, doch kommt auf der Titan-Oberfläche vermutlich flüssiges Methan vor, das ab und zu aus den Methanwolken abregnet. Methan spielt somit auf Titan eine ähnliche Rolle wie Wasser auf der Erde; es existiert in allen drei Phasen. Möglicherweise haben die Titanwolken seit ihrer Entstehung pro cm^2 Bodenfläche bis zu 30 kg an komplexeren Kohlenwasserstoffen abgeschneit. Sollte dies zutreffen, müßten die Verbindungen inzwischen zu einer mehrere hundert bis tausend Meter dicken Oberflächendecke aufgeschichtet sein. Eine Zersetzung ist wegen der sehr tiefen Temperaturen nur langsam möglich – alles in allem keine geeigneten Bedingungen für die Entstehung selbst primitivsten Lebens [6].

Titan hält kein eigenes Magnetfeld, kann demzufolge kaum einen elektrisch leitenden, flüssigen Kern besitzen. Durch Wechselwirkung mit dem Magnetfeld von Saturn entsteht jedoch hinter Titan ein magnetischer Schweif, wenn der Trabant auch – je nach Intensität des Sonnenwindes und damit der Größe und Ausdehnung der Saturnmagnetosphäre – zeitweise völlig außerhalb des Einflusses des planetaren Magnetfelds steht. Titan wird als Quelle der neutralen und geladenen Wasserstoffatome in der Saturnmagnetosphäre angenommen. Aufgrund seiner Masse übt der Mond außerdem beträchtliche Gezeitenkräfte auf andere Körper aus, beispielsweise in Form der Gezeitenerwärmung von Enceladus.

8.8.2 Kleinstmonde

Über die fünf innersten sowie die weiteren, noch nicht benannten recht kleinen neuen Monde ist über die in Tabelle 8.3 enthaltenen Angaben hinaus verständlicherweise noch relativ wenig bekannt (Bild 8.30). In der Größe reichen diese Monde von 15 km Durchmesser bis fast zur Größe des Mondes Mimas. Wahrscheinlich handelt es sich bei diesen kraterzernarbten Kleinstmonden um die Reste größerer Körper, die während der Periode des starken Meteoritenbeschusses nach der Entstehung des Saturnsystems zerborsten sind. Der längliche Mond 1980S28 ist als innerster Saturnbegleiter mit etwa 30 km mittlerem Durchmesser einer der kleinsten. Er scheint den äußeren Bereich der Ringgruppe A nach außen zu begrenzen. Vielleicht bewirkt sein Gravitationsfeld die scharfe Außenkante dieser Ringgruppe.

Die beiden nächsten Monde wurden (wie 1980S28 auch) von Voyager 1 entdeckt und tragen vorerst die Bezeichnung 1980S27 und 1980S26, Bild 8.31. Wie Tabelle 8.3 zeigt, ist ihr Bahnradius-Unterschied sehr gering; sie begrenzen die Ringgruppe F nach außen (1980S27) und innen

Bild 8.30
Bildmosaik der sieben von Voyager 2 fotografierten Minimonde des Saturn in gleicher relativer Größe. Obere Reihe von links nach rechts (in Klammern die amerikanische Zusatzbezeichnung): 1980S26 (outer F-Ring shepard), 1980S1 (leading co-orbital) und 1980S25 (trailing Tethys trojan). Untere Reihe von links: 1980S28, 1980S27 (inner F-Ring shepard), 1980S3 (trailing co-orbital), 1980S13 (leading Tethys trojan) und 1980S6 (leading Dione trojan; Dione B).

Bild 8.31
Zwischen den Umlaufbahnen der beiden „Schafhirtmonde" 1980S16 (links) und 1980S27 (rechts) liegt das Band der F-Ringe. Es wird angenommen, daß die Gravitationsfelder der beiden Monde die Ringe zusammenhalten.

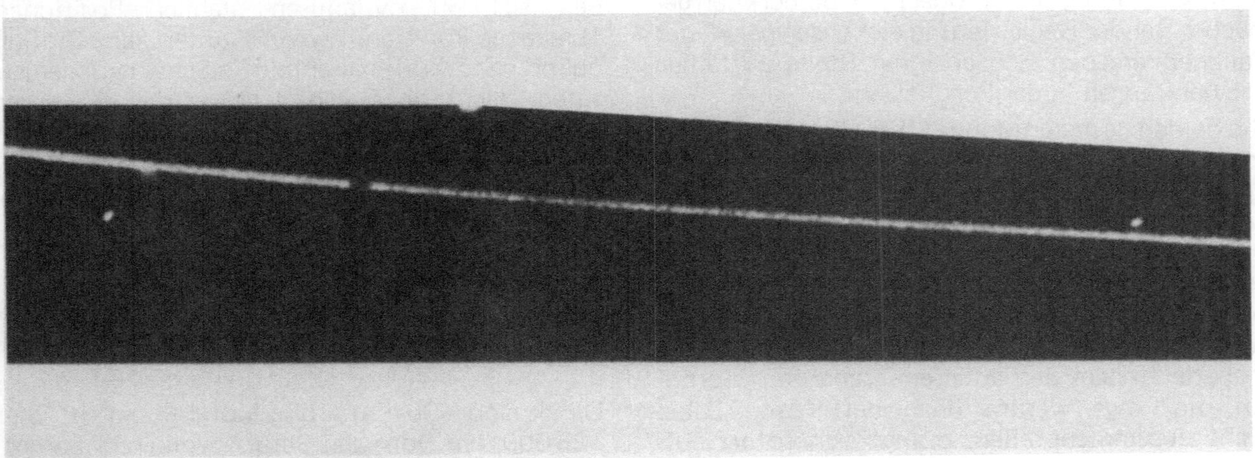

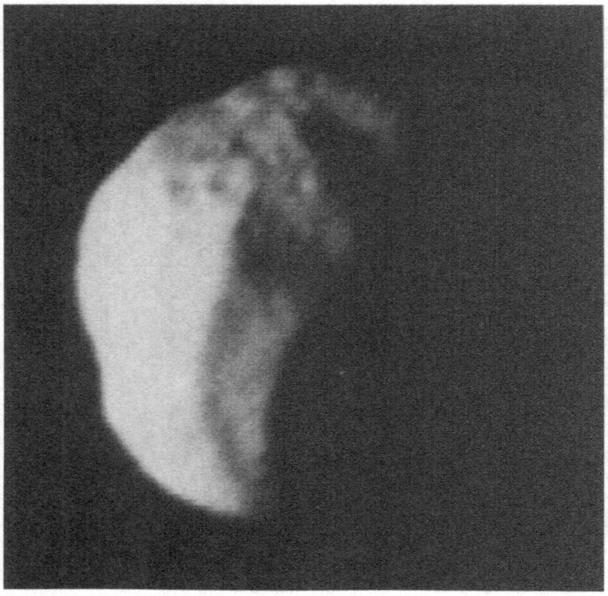

Bild 8.32
Eine der besten Aufnahmen des kraterübersäten Mondes 1980S3, von Voyager 1 am 12. November 1980 aus 177 000 km Entfernung fotografiert. Mit dem Partnermond 1980S1 kreist er auf ungefähr halbem Weg zwischen den F- und G-Ringen.

(1980S26). Sie haben beinahe gleiche Größe und umrunden Saturn 79 050 bzw. 81 400 km von seiner sichtbaren Wolkendecke entfernt. Einer der beiden hatte sich schon im September 1979 beim Vorbeiflug von Pioneer 11 bemerkbar gemacht: Bei der Registrierung elektrisch geladener Teilchen ergaben sich an einer Stelle auffällige Schwankungen in der Partikelzahl.

Die beiden nächsten Monde (1980S3 und 1980S1) erregten besonders große Aufmerksamkeit, da sie praktisch auf der gleichen Bahn um Saturn kreisen (die äußere Bahn ist nur um etwa 50 km weiter von Saturn entfernt als die innere). Sie werden daher koorbitale Monde genannt; möglicherweise sind sie die beiden Hälften eines größeren, zerborstenen Mondes. Etwa alle vier Jahre muß der innere den äußeren Trabanten überholen; die Frage, warum die beiden Körper dabei nicht zusammenprallen, drängt sich sofort auf. Die Erklärung ist einfach, denn bei kleiner werdendem Abstand zwischen zwei Körpern verändert ihre wechselseitige Massenanziehung ihren Bahndrehimpuls: Wenn sich der innere und daher geringfügig schnelle Mond dem äußeren, etwas langsameren nähert (mit einer Relativgeschwindigkeit von ca. 9,5 km/h), wird der äußere Mond durch die Anziehungskraft des inneren etwas abgebremst, sinkt also auf eine etwas niedrigere Umlaufbahn herab. Im Gegensatz dazu gewinnt der Innentrabant durch die Schwerewirkung des äußeren Mondes an Impuls, und wird damit auf eine geringfügig höhere Bahn „gehoben". Beide Monde tauschen so ihre Bahn aus: Der innere Mond wird zum äußeren, der äußere zum inneren. Das nächste derartige Ereignis dürfte wieder 1986 stattfinden [20, 21]. Bild 8.32 zeigt die Südpolregion von 1980S3.

Vermutlich war es einer dieser beiden Körper, der 1966 von Dollfus fotografiert und mit dem Namen „Janus" belegt wurde (siehe oben).

Die Minimonde 1980S13, 1980S25 und 1980S6 (Dione B) wurden 1979/1980 von der Erde aus entdeckt, zu einem Zeitpunkt, an dem nur die Ringkante als lichtschwacher Streifen zu sehen war. Die Entdeckung wurde begünstigt, weil in dieser Stellung die Ringe die kleinen Trabanten nicht überstrahlen konnten. Die beiden erstgenannten Körper haben die gleiche Umlaufbahn wie Tethys; einer läuft Tethys um 60 Grad voraus, der andere bleibt um ungefähr 60 Grad hinter ihm zurück. 1982 wurde bekannt, daß Tethys noch zwei weitere, deutlich kleinere Begleiter besitzt. Dione B läuft dem Hauptmond Dione stets um 60 Grad voraus.

Zumindest die drei größeren Trabanten befinden sich in dynamisch stabilen Positionen (Lagrange-Punkten), wo sie unter dem Einfluß äußerer Störkräfte allenfalls in Schwingungen geraten, nicht aber von dort vertrieben werden [18, 19].

Zu den neu gefundenen Begleitern von Mimas (einer) und Dione (zwei) sind noch keine näheren Angaben möglich.

8.8.3 Die größeren Monde

Der knapp 400 km große Mond Mimas ist über 125 000 km von der Saturn-Wolkendecke entfernt. Bei etwa 110° w. L. entdeckte Voyager 1

Bild 8.33
Mimas besitzt nur einen markanten Großkrater mit gut ausgeprägter Zentralerhebung. Die nächst kleineren Krater sind nur einige Dutzend Kilometer groß. Die Aufnahme vom 12. November 1980 aus 425 000 km Abstand stammt von Voyager 1.

auf seiner Bugseite einen mit rund 130 km Durchmesser enorm großen Einschlagkrater (Bild 8.33). Das Verhältnis Krater-Monddurchmesser (0,33) dürfte zu den größten in unserem Sonnensystem zählen. In Kratermitte ist ein 4 ... 5 km hoher Zentralberg zu erkennen, die Kraterwände selbst sind fast 9 km hoch. Die geringe Größe von Mimas und seine kraterübersäte Oberfläche (Bild 8.34) lassen den Schluß zu, daß sich Mimas seit seiner Entstehung geologisch nicht mehr wesentlich weiterentwickelt hat.

Eine ganz andere Welt zeigt der Mond Enceladus (Bild 8.35). Im Gegensatz zu den Oberflächen der übrigen Monde von Saturn können mindestens fünf unterschiedliche Oberflächenformen differenziert werden, was auf große geologische Aktivitäten in der Vergangenheit hinweist. Teile seiner Oberfläche sind von Einschlagkratern bedeckt, andere Regionen wiederum sind praktisch kraterfrei, was ein Alter dieser Gebiete von nur weniger als einigen Hundert Millionen Jahren bedeutet. Möglicherweise sind heute noch mehrere örtliche Gebiete Änderungen unterworfen, jene nämlich, die mit langen Rücken bedeckt sind, jedoch kaum Krater aufweisen (zu berücksichtigen ist dabei, daß das Auflösungsvermögen der Voyager 2-Kameras bei 2 km lag). Einige weitere Regionen sind von teilweise quer übereinanderlaufenden Rissen und Spalten überzogen.

Eine Erklärung für die Vielfalt der Oberflächenformen von Enceladus ist Vulkanismus. Da der Mond, hellster Körper im Sonnensystem (Albedo 0,9), aber primär aus Eis besteht, könnte es sich nur um Wasservulkane gehandelt haben. Diese These wird durch die Tatsache gestützt, daß der schwache E-Ring in der Nähe der Enceladus-Bahn am hellsten ist, Enceladus ihn also ständig mit neuen Teilchen auffüllen dürfte.

Bild 8.34
Ein Portrait des Saturnmondes Mimas, von Voyager 1 am 12. November 1980 aus 208 000 km aufgenommen. Die Topographie kann am besten am Terminator (unterer Bildrand) erkannt werden. Von links erstreckt sich ein etwa 5 km breiter Graben quer über den Mond. Dieses Bild erlaubt noch das Erkennen von Oberflächendetails bis zu 5 km Größe.

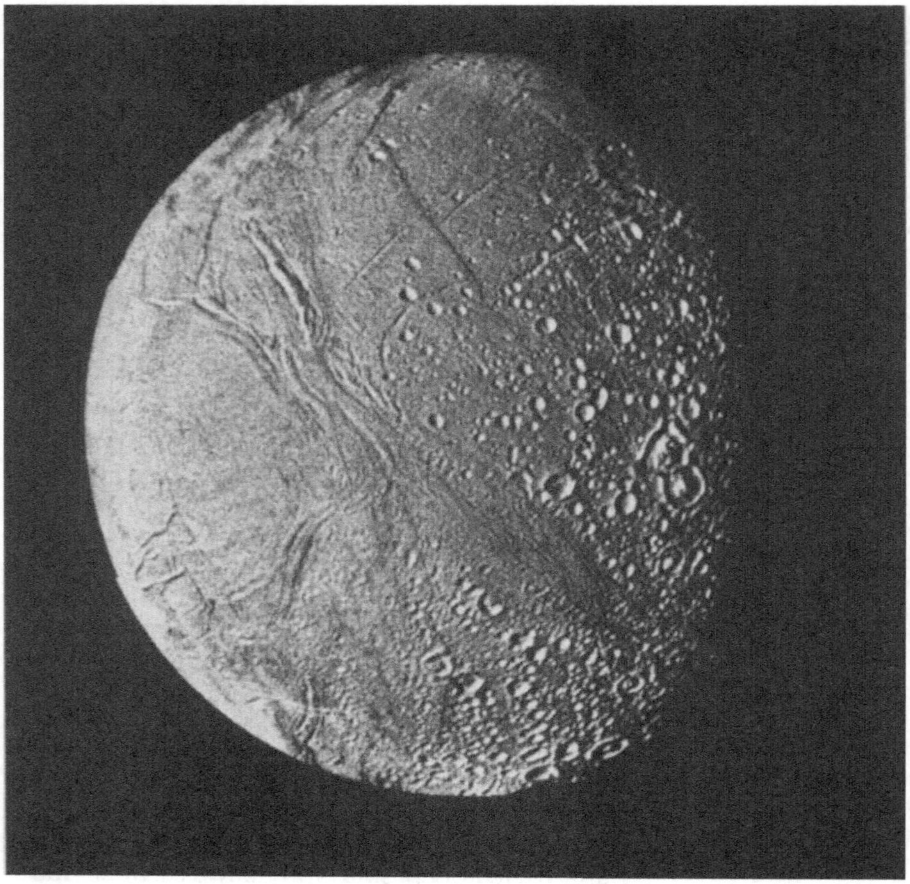

Bild 8.35
Enceladus, der vielseitigste unter den Saturnmonden, wie ihn die Voyager 2-Kamera am 25. August 1981 aus 119 000 km Abstand sah. Krater, von Gebirgsrücken durchzogene Ebenen und relativ unberührte Ebenen charakterisieren seine Oberflächen.

Unwahrscheinlicher, wegen der geringen Größe des Mondes, ist dagegen die Vorstellung, daß durch radioaktives Material im Inneren eine Aufschmelzung stattgefunden hat. Die frühere Krustenaufheizung von Enceladus könnte man einer Gezeitenwechselwirkung mit Dione zuschreiben, auch wenn eine merkbare Beeinflussung nur bei einer wesentlich exzentrischeren Enceladus-Bahn denkbar ist [18].

Infolge des hohen Reflexionsvermögens ist auf der Oberfläche von Enceladus lediglich mit Temperaturen um 72 K zu rechnen.

„Wahrzeichen" von Tethys ist ein weit über 1 000 km langes, bis zu 100 km breites und einige Kilometer tiefes Kluftsystem, ähnlich jenem auf Mars oder Venus, das sich über 75 % des äußeren Umfangs dieses Mondes erstreckt. Dieser Aufbruch erhielt den Namen Ithaca Chasma. Möglicherweise entstand er durch Expansion des Eises, als Tethys nach seiner Entstehung abkühlte (die Kruste war noch vor dem Inneren „hart"). Ungeklärt ist, warum dabei nur eine einzige Kluft entstand. Der größte Teil der Mondoberfläche ist durch eine hohe Kraterdichte geprägt (Bild 8.36). Der größte Tethyskrater entspricht dem Durchmesser von Mimas, ist also etwa 400 km groß (Krater-Monddurchmesserverhältnis etwa 0,38)! Diese Impaktstruktur muß zu einem Zeitpunkt entstanden sein, zu dem die Tethysoberfläche noch teigig-plastisch war, denn die Kraterumgebung zeigt keine der sonst typischen Umfeldauswirkungen großer Meteoritentreffer. Nur ein niedriger Wall und eine niedere Zentralerhebung geben heute Zeugnis von diesem epochalen Treffer; die Deformation konnte sich zum größten Teil zurückbilden.

Bild 8.36
Eine der besten Tethys-Aufnahmen, von Voyager 2 am 26. August 1981 aus 282 000 km Abstand zur Erde übertragen. Der große Zentralbergkrater in dem sehr stark von Impaktstrukturen übersäten Gebiet rechts oben bildet den Abschluß des gewaltigen Kluftsystems, das sich nach links unten erstreckt.

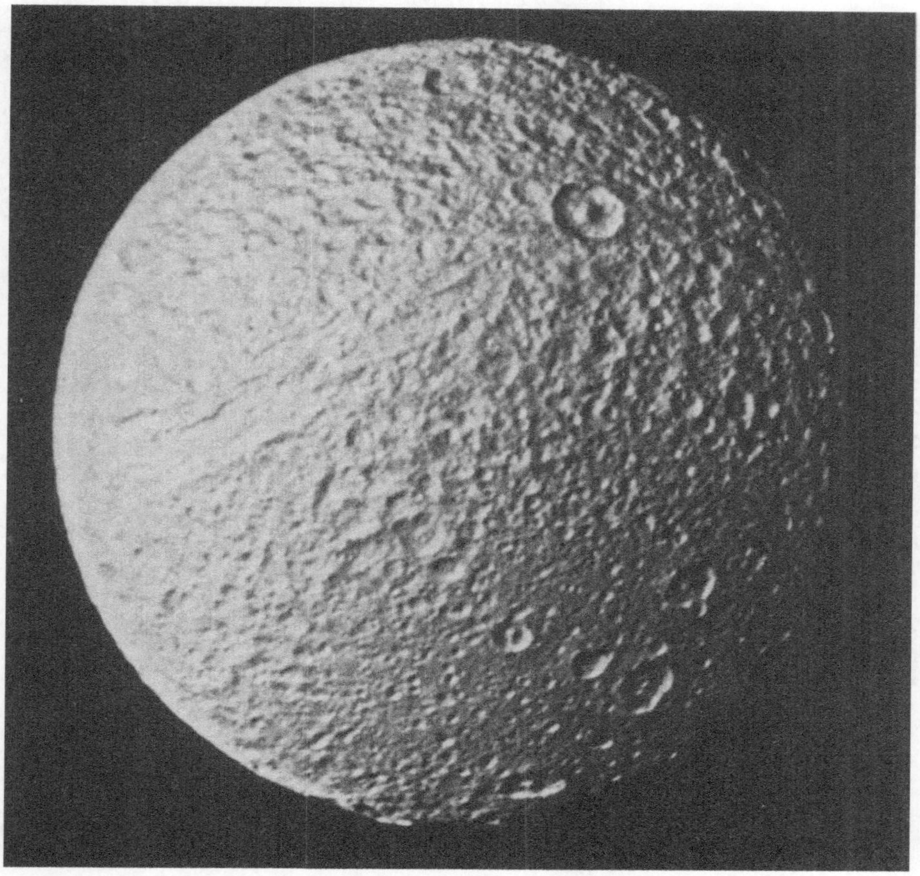

Die Oberflächentemperatur von Tethys wird auf etwa 86 K geschätzt.

Die Oberfläche von Dione ist durch einige große Einschlagkrater gekennzeichnet, die Kraterdichte dagegen ist relativ gering. Die größte bisher entdeckte Impaktstruktur hat nahezu 100 km Durchmesser und eine gut entwickelte Zentralerhebung. Weitere typische Oberflächenformen von Dione sind helle radiale Strahlen bzw. Streifen (Bild 8.37 und Bild XI im Farbtafelteil) und sinusförmig verlaufende Täler. Erstere entstanden durch den Auswurf von Oberflächenmaterial sowie Eis bei der Entstehung der Krater; die Täler verdanken ihre Entstehung vermutlich den Krustenrissen, die den Eismantel von Dione sprengten. Der Mond besteht wahrscheinlich zu 30 ... 70 % aus Gestein. Auffällig ist die Asymmetrie zwischen Bug- und Heckseite des Himmelskörpers: Die Bugseite ist gleichförmig hell, die Heckseite, im Bild rechts, trägt einen dunklen Untergrund.

Rhea hat eine ähnlich stark reflektierende und damit helle Oberfläche wie Dione und zeigt ebenfalls die hellen Streifen des inneren Nachbartrabanten (Bild XII, Farbtafelteil). So weit heute bekannt, ist Rhea der Saturnmond mit der größten Kraterdichte (Bild 8.38). Der größte bisher gefundene Krater hat etwa 300 km Durchmesser. Viele Einschlagkrater weisen gut ausgeprägte Zentralerhebungen auf. Einige andere sind irregulärer, oft polygonaler Gestalt, was den Schluß zuläßt, daß die oberste Kruste stellenweise aus Gesteinsschutt besteht. Außerdem findet man auf Rhea längliche Rücke und Gräben, die an ähnliche topographische Formen auf dem Erdmond oder auf Merkur erinnern. Auch hier

Bild 8.37
Teil der Oberfläche von Dione mit Netzwerken aus hellen Streifen und zahlreichen Einschlagkratern. Das Zentrum der hier erfaßten Region liegt bei 26° s. Br. auf der Saturn zugewandten Mondseite. Voyager 1 machte diese Aufnahme am 12. November 1980 aus etwa 240 000 km Entfernung.

Bild 8.38
Rhea, aufgenommen von Voyager 1 am 12. November 1980 aus einem Abstand von 128 000 km. Die hier erfaßte Oberfläche, auf der noch Details von 2,5 km Größe auszumachen sind, ist die kraterdichteste Region des Saturntrabanten; entsprechend alt ist auch ihre Oberfläche. Bei den weißen Rändern in einigen der steilen Kraterwällen, vor allem im oberen Bildbereich, handelt es sich um frisches Eis auf den Flanken.

fallen zwei grundverschiedene Mondhälften auf: eine leuchtende, ebenmäßige Bugseite mit einem einzigen, noch relativ jungen Einschlagkrater, und eine dunklere Bugseite, die von hellen „Schwaden" überzogen scheint.

Der nächst äußere Mond, Hyperion, ist der unförmigste aller Saturnmonde (Bild 8.39). Er ähnelt eher einer Scheibe als einer Kugel. Es gibt mehrere Anzeichen dafür, daß sich der Trabant in keiner stabilen Lage in Bezug auf Saturn befindet. Die Möglichkeit, daß Hyperion einst von einem großen Meteoriten aus seiner ursprünglichen Bahn geschleudert wurde und dabei seine Längsachsenorientierung verloren hat, ist nicht zu verwerfen. Die gesamte Oberfläche ist von Impaktstrukturen übersät. Die Masse des Mondes ist nur ungenau bekannt, so daß eine Dichteangabe nicht möglich ist.

Auch die Dichte von Iapetus kann nur angenähert angegeben werden (Tabelle 8.3). Um diesen Saturnmond, den äußersten der großen Planetentrabanten, gibt es viele Diskussionen: Seine in Flugrichtung gelegene Hälfte (Bugseite) ist auffällig dunkel (Albedo 3 ... 5 %), während die Heckseite merkwürdigerweise hell ist (Bild 8.40). Die dunkle Hemisphäre ist beinahe so schwarz wie Asphalt; sie ist damit einer der dunkelsten Oberflächen im gesamten Sonnensystem. Erstaunlich ist, daß es in dieser dunklen Region keinerlei örtliche Aufhellungen zu geben scheint, wie z.B. durch Eisauswurf bei der Bildung von Einschlagkratern. Dies kann nur bedeuten, daß die schwarze Schicht entweder sehr dick ist oder

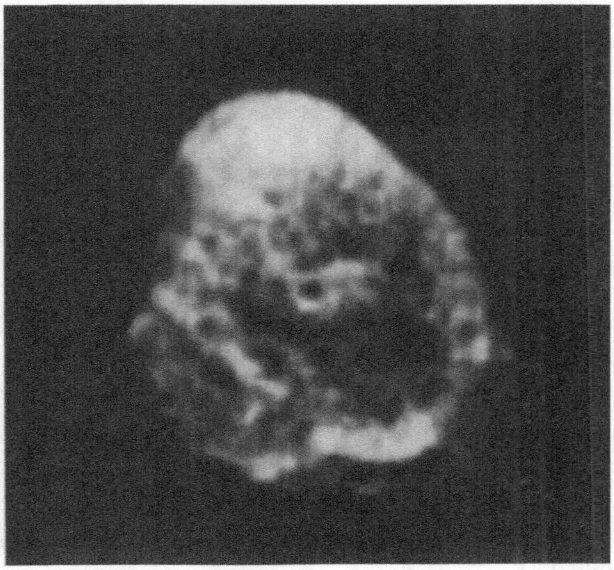

Bild 8.39
Hyperion, dritter Saturnmond von außen, in einer Voyager 2-Aufnahme vom 24. August 1981 (500 000 km). Die Einbuchtungen am Rand der Mondscheibe sind Krater. Die kleinsten noch erkennbaren Impaktstrukturen haben 10 ... 20 km Durchmesser.

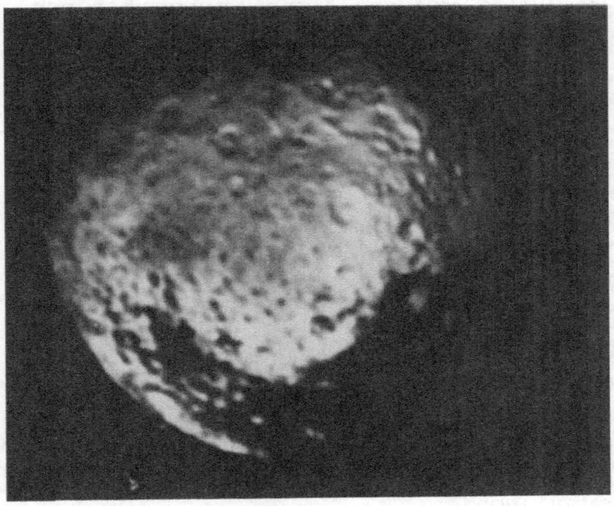

Bild 8.40
Der dunkle Teil des Saturnmondes Iapetus, hier unten rechts, reflektiert nur etwa 5 % des einfallenden Sonnenlichts, während die Helligkeit des Oberflächenmaterials des übrigen Teils etwa 50 % beträgt. Impaktstrukturen sind sowohl auf der dunklen als auch hellen Oberfläche zu sehen. Einige Krater auf der hellen Hemisphäre zeigen dunkle Kraterböden, ein möglicher Hinweis dafür, daß die schwarze Materie aus dem Mondinneren stammt. Das Bild zeigt die von Saturn abgewandte Seite.

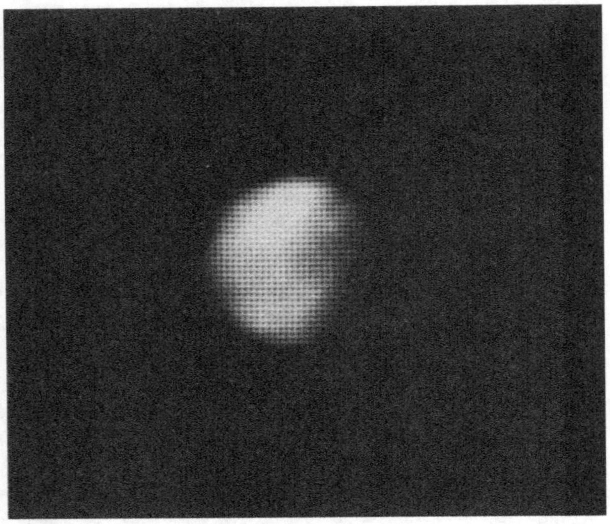

Bild 8.41
Phoebe, von Voyager 2 am 4. September 1981 aus ca. 2,2 Mio. km fotografiert. Dieser Mond ist der einzige unter den Saturntrabanten, der dem Planeten nicht die gleiche Seite zukehrt.

ständig nachgebildet wird, entweder aus dem Mondinneren selbst und/oder in Form von Staubpartikeln von Phoebe. Die scharfe, kompliziert verlaufende Grenze zwischen Hell- und Dunkelgebiet erschwert allerdings die Vorstellung, daß die dunkle Farbe auf der Bugseite von einfallendem Material aus dem Weltraum herrührt.

Der kleine, rötliche Mond Phoebe hat nahezu kugelförmige Gestalt; seine Albedo ist nur etwa 5 %. Für eine Drehung um seine Achse benötigt er neun bis zehn Stunden, braucht aber 1 1/2 Jahre, um den Saturn einmal zu umkreisen. Er ist zu klein und zu weit vom Planeten entfernt, um – wie die übrigen Monde – durch Gezeitenkräfte Eigendrehimpuls zu verlieren. Daher zeigt er Saturn nicht immer die gleiche Seite.

Die meisten Wissenschaftler gehen davon aus, daß Phoebe ein eingefangener Asteroid ist, dessen Zusammensetzung seit seiner Entstehung im äußeren Teil des Sonnensystems unverändert geblieben ist. Falls dies zutreffen sollte, wäre Phoebe das erste derartige Objekt, das je fotografiert wurde.

Details sind freilich auf den Voyager 2-Fotos (Bild 8.41) nicht zu erkennen, da die größte Annäherung der Raumsonde an Phoebe nur etwa 2,1 Mio. km betrug (Voyager 1: 13,5 Mio. km). Allerdings zeigte sich, daß der Durchmesser dieses äußersten Planetentrabanten mit etwa 220 km deutlich über der bisher angenommenen Größe liegt.

Literatur

[1] Köhler, H. W.: Ringplanet Saturn – Unser Kenntnisstand 1982. Sterne und Weltraum 2/1982 (Teil 1) und 3/1982 (Teil 2)

• [2] Hahn, H.-M.: Erde, Sonne und Planeten. Kiepenheuer & Witsch, Köln, 1978

• [3] Ryan, P. und Pesek, L.: Das Sonnensystem. List, München, 1981

• [4] Fimmel, R. O. u.a.: Pioneer – First to Jupiter, Saturn, and Beyond. NASA SP-446, 1980

• [5] Beatty, J. K. u.a.: The New Solar System. Sky Publishing Corp. and Cambridge University Press, Cambridge, USA, 1981

[6] Köhler, H. W.: Voyager 1 an Saturn vorbei – Übersicht erster Ergebnisse. Sterne und Weltraum 2/1981

[7] –: Voyager: Saturn Science Summary. NASA-Jet Propulsion Laboratory, November 1981

[8] Ingersoll, A. P.: Das Wetter auf Jupiter und Saturn. Spektrum der Wissenschaft 2/1982

[9] Köhler, H. W.: Erster Raumflugkörper passierte Saturn. Sterne und Weltraum 3/1980

[10] Köhler, H. W.: Erster Nahvorbeiflug an Saturn. Physikalische Blätter 5/1980

[11] Pollack, J. B. und Cuzzi, J. N.: Planetenringe. Spektrum der Wissenschaft 2/1982

[12] –: Voyager 2: Encounter With Saturn. NASA-Pressemitteilung 81-97, 29. Juli 1981

[13] Lane, A. L. u.a.: Probing Saturn's Rings. Planetary Report, Vol. II, Nr. 1/1982

[14] Sterne und Weltraum 11/1981, Titelbild

[15] Science, Vol. 215, Nummer 4532, 29. Januar 1982

[16] Owen, T.: Titan – ein Mond mit Atmosphäre. Spektrum der Wissenschaft 4/1982

[17] Froböse, R.: Zur Chemie der Titanatmosphäre. Sterne und Weltraum 4/1982

[18] Soderblom, L. A. und Johnson, T. V.: Die Monde des Saturn. Spektrum der Wissenschaft 3/1982

[19] Keppler, E.: Sonne, Monde und Planeten. Piper, 1982

[20] Groschopf, G.: Die koorbitalen Saturn-Monde 1980S1 und 1980S3. Sterne und Weltraum 7 + 8/1982

[21] Wepner, W.: Bewegungen in eng benachbarten Kreisbahnen im Saturnsystem. Sterne und Weltraum 1/1983

9 Uranus, Neptun und Pluto

Über die drei äußeren Planeten ist selbst heute so wenig bekannt, daß sie hier zu einem Kapitel zusammengefaßt werden sollen. Der Zielsetzung dieses Buches entsprechend wird auf die schon längere Zeit bekannten Bahn- und Rotationsbewegungen dieser Himmelskörper nur am Rande eingegangen.

9.1 Uranus

Da Uranus mit etwa 1,2 g/cm^3 eine größere mittlere Dichte als Saturn besitzt, muß er auch eine von ihm (und Jupiter) verschiedene Zusammensetzung haben. Während Jupiter und Saturn nahezu vollständig aus Wasserstoff und Helium in etwa kosmischem Verhältnis bestehen, dürfte Uranus aus schwereren Elementen aufgebaut sein wie Sauerstoff, Stickstoff, Kohlenstoff, Silizium und Eisen. Die Zusammensetzung und die innere Struktur des Planeten kann bis heute nur näherungsweise abgeschätzt werden, da Messungen von der Abplattung und Rotationsperiode von Uranus wegen des großen Abstands von der Erde selbst mit den besten verfügbaren optischen Instrumenten nur ungenaue Ergebnisse liefern. Jedes Modell über den Aufbau des Inneren eines Planeten muß aber – unter anderem – den genauen Werten von Rotation und Abplattung Rechnung tragen.

Nach den heutigen Kenntnissen besitzt Uranus einen festen Kern bestehend aus Silizium und Eisen. Der Durchmesser dieses Kerns wird zu 16 000 ... 17 000 km angenommen. Es ist nicht auszuschließen, daß dieser Kern ganz oder teilweise schmelzflüssig ist und konvektive Strömungen auftreten, die Voraussetzungen für die Existenz eines Magnetfeldes sind. Bis jetzt ist der Nachweis eines derartigen Feldes nicht gelungen. Der Druck im Kern wird auf 20 Mio. bar, die Temperatur auf über 7 000 K geschätzt.

Der Kern ist von einem flüssigen Mantel aus Wasser, Methan und Ammoniak umgeben, dessen äußere Schichten bei 32 000 km Durchmesser liegen dürften. Am äußeren Rand steht diese Zwischenschicht unter einem Druck von 200 000 bar, am inneren Rand herrschen bis zu 6 Mio. bar. Die Temperaturen betragen 2 200 ... 7 000 K. Bei Laborexperimenten mit Materie-Schockwellen zeigte sich, daß Methanmoleküle unter diesen Bedingungen in Kohlenstoff- und Wasserstoffatome aufgebrochen werden, wobei der Kohlenstoff kondensiert und einen Ring um den inneren Kern bilden könnte, der bis zu 17 % der Planetenmasse ausmacht. Da die stabilste Kohlenstoffart der Diamant ist, könnte sich diese Verbindung in der Tiefe des Uranus (wie auch Neptuns) finden. Möglich ist auch, daß unter diesen extremen Bedingungen eine völlig neue Zustandsart entsteht: Kohlenstoff-Metall.

Die flüssige Schale wiederum ist von einer äußeren gasförmigen Hülle niedriger Dichte umgeben. Sie besteht hauptsächlich aus Wasserstoff und Helium sowie geringeren Mengen an Methan und gefrorenem Ammoniak. Die chemisch reduzierend wirkende Atmosphäre ist sehr kalt – die typische Temperatur ist 100 K – und bis in große Tiefen überraschend klar. Es gibt also auf Uranus weder größere Nebel- noch Wolkenvorkommen. Die grünliche Färbung von Uranus resultiert aus der starken Absorption bestimmter Wellenlängen (Rotbereich) des einfallenden Sonnenlichts durch das atmosphärische Methan.

Im Jahre 1978 fanden zwei Wissenschaftler des JPL der NASA, daß die Intensität der Radioemissionen aus der Tiefe der Uranusatmosphäre, dort wo der Druck etwa bei 10 bar liegt, innerhalb von nur zehn Jahren um rund 30 % zugenommen hat. Diese Beobachtung bedeutet, daß sich entweder die Gashülle des Planeten ständig erwärmt oder daß der Durchgang der Radio-

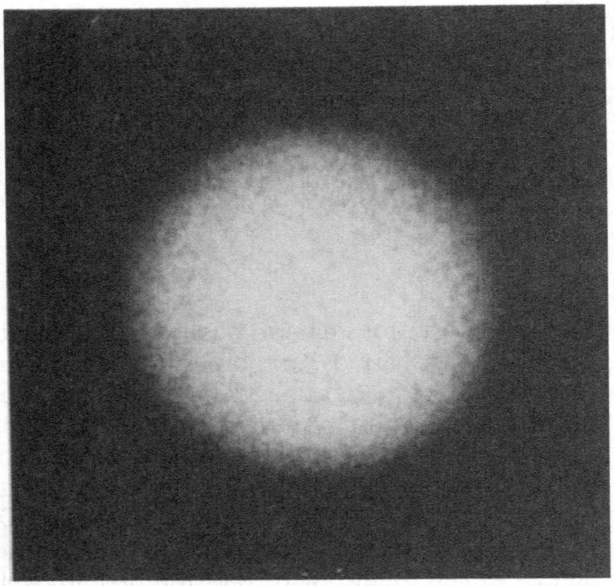

Bild 9.1
Uranusaufnahme vom März 1970, mit dem 91 cm-Teleskop des Stratosphärenballons Stratoscope II in 24,5 km Höhe gewonnen. Obwohl bei dieser Aufnahme das „Verschmieren" durch die Unruhe der Erdatmosphäre ausgeschaltet ist, lassen sich – auch nach Anwendung raffinierter Bildverarbeitungstechniken – keinerlei Oberflächendetails ausmachen.

wellen erleichtert wurde. Eine Temperatursteigerung um 30 % in nur einem Jahrzehnt ist ziemlich unwahrscheinlich, denn ein ähnlicher Prozeß in der Erde hätte einen Anstieg unserer mittleren Lufttemperatur auf über 120 °C zur Folge! Es wird daher vermutet, daß die Ursache der Emissionsänderung mit der eigenartigen Planeten-Achslage zusammenhängt; die Neigung der die Orientierung beibehaltenden Polachse beträgt nämlich mit 98 Grad mehr als einen rechten Winkel, so daß sie beinahe in der Bahnebene des Planeten liegt (Kapitel 1). Daher bescheint die Sonne nur alle 84 Jahre (= 1 Uranusjahr) den Nordpol direkt. Nach 42 Jahren Schattenphase dreht sich der Nordpol nunmehr seit 1966 zur Sonne und wird 1987 genau auf sie (und damit auch auf die Erde) zeigen; erst im Jahr 2008 wird der irdische Beobachter wieder Gelegenheit haben, Äquatorgebiete zu sehen.

Es wurde die Hypothese aufgestellt, daß die Radioemissionen von Uranus auf ihrem Weg aus der Tiefe des Planeten bis zur hohen Atmosphäre durch atmosphärisches Ammoniakgas „gedämpft" werden. Wenn der Ammoniakanteil in den Polgebieten geringer wird, sei es durch achslagenbedingte Konvektionsströmungen oder durch chemische Reaktionsprozesse, so wird der Durchgang erleichtert: Die Radioemissionen werden stärker. Derartige Studien werden in den nächsten Jahren verstärkt fortgesetzt. Ziel ist es, die Radiomessungen an globale Klima- und Wetteränderungen sowie Änderungen der Chemie der Uranusatmosphäre zu koppeln, um diese Erkenntnisse dann auch auf irdische Verhältnisse zu übertragen.

Die ungewöhnliche Achslage des rückläufigen Uranus ist nach wie vor völlig ungeklärt. Vielleicht wurde die Rotationsachse durch den Aufprall massereicher Gesteinsbrocken „umgekippt". Dieses Ereignis müßte dann aber noch vor der Entstehung der Uranusmonde stattgefunden haben, weil anderenfalls deren Bahnen nicht mehr in der Äquatorebene lägen.

Die besten Werte für die Abplattung liegen unter 0,03, d.h. der Poldurchmesser ist maximal 3 % kleiner als der Äquatordurchmesser.

Rotationsperioden von Planeten werden im allgemeinen aus der Verschiebung von Oberflächenstrukturen in bestimmten Zeitabständen gewonnen, oder aus einer Analyse der Spektrallinien abgeleitet. Da jedoch selbst die besten fotografischen Aufnahmen mit einem 91 cm-Ballonteleskop in 24 km Höhe keinerlei Oberflächendetails erkennen lassen (Bild 9.1) und auch wegen des maximal nur vier Bogensekunden großen Uranus-Scheibchens die Spektren sehr schmal sind, lassen sich beide Verfahren nur mit Schwierigkeiten anwenden.

Im Jahre 1910 konnte die Rotationsperiode des Uranus erstmals bestimmt werden. Der erhaltene Wert, 10h50min, wurde durch eine weitere Analyse zwei Jahrzehnte später bestätigt und galt bis in die jüngste Zeit allgemein als gesichertes Wissen. Neuere, unabhängige Untersuchungen ergaben jedoch deutlich höhere Werte; spektroskopisch wurde bereits 1977 mit dem 4 m-Teleskop auf dem Kitt Peak National Observatory ein Wert von 22,5 ± 2 Stunden ermittelt. Etwa um die gleiche Zeit leiteten andere Wissenschaftler (des McDonald Observatory in Texas) auf an-

Bild 9.2
Im März 1977 entdeckten Astronomen Ringe des Uranus, die fast undurchsichtig und sehr schmal sind. Bemerkenswert ist auch ihre scharfe Randbegrenzung (Zeichnung).

derem Wege eine Rotationsperiode von $23 \pm {}^{5}_{2}$ Stunden ab. Heidelberger Astronomen gaben dagegen 1980 eine Periode von nur 15 Stunden an (vgl. Tabelle 1.2).

Derzeit läßt sich nicht verläßlich entscheiden, welcher der neueren Werte der richtige ist. Eine gute Chance für die genaue Vermessung der Rotationszeit wäre der Vorbeiflug von Voyager 2 am Uranus Ende Januar 1986 (Funktionstüchtigkeit der Sondenexperimente und der bord- und erdgestützten Datenübermittlungs- und Empfangsanlagen vorausgesetzt).

Bis Ende 1982 waren insgesamt neun Teilchenringe von Uranus sicher bekannt (Bild 9.2 und Tabelle 9.1); die ersten sechs waren im März 1977 während einer Sternbedeckung mit dem Stern SAO 158687 durch einen glücklichen Zufall entdeckt worden. Astronomen der Europäischen Südsternwarte in Chile glaubten im August 1980 sieben weitere Ringe beobachtet zu haben, deren Existenz jedoch noch nicht als gesichert gilt.

Bisher ist es noch nicht gelungen, dieses Ringsystem mit bodengebundenen Teleskopen im sichtbaren Spektralbereich direkt nachzuweisen. Seine Helligkeit ist so gering, daß Uranus es auf allen Aufnahmen völlig überstrahlt. Im Jahr 1982 war es jedoch möglich, die Existenz der

Tabelle 9.1 Die Ringe des Planeten Uranus [1]

	Radius [km]	$R_U = 1$
Planet (Äquator)	R_U = 26 145	1,0
Ring 6	41 900	1,603
Ring 5	42 300	1,618
Ring 4	42 600	1,629
Ring Alpha	44 800	1,714
Ring Beta	45 700	1,748
Ring Eta	47 200	1,805
Ring Gamma	47 700	1,824
Ring Delta	48 300	1,847
Ring Epsilon	51 200	1,958

Ringe im infraroten Spektralbereich bei einer Wellenlänge von 2,2 μm zu bestätigen. In diesem Bereich absorbiert die Methanatmosphäre des Planeten einen großen Teil des Sonnenlichts und läßt ihn – verglichen mit den Ringen – weniger hell erscheinen. Die IR-Fotos zeigen die Polregion von Uranus und die Ringe als eine den Planeten kreisförmig umgebende Struktur. Man kann sogar unterschiedliche Helligkeit der Ringe längs ihres Umfangs erkennen.

Wie Tabelle 9.1 zeigt, liegen alle Ringe um weniger als einen Planetenradius über der Uranusatmosphäre. Die schmalsten Uranusringe, die Gamma-, Delta- und Eta-Ringe, sind nur wenige Kilometer breit, haben nahezu kreisförmige Gestalt und liegen in einer gemeinsamen Ebene. Die etwas breiteren Ringe Alpha, Beta und der Ring 4 sind elliptisch und etwas gegen die Ebene der übrigen Ringe geneigt. Der breiteste und exzentrischste Ring von allen ist Ring Epsilon. Er läßt besonders wenig Licht durch und besitzt eine weitere erstaunliche Eigenschaft: Er ist an seinen Rändern am dunkelsten. Die meisten Uranusringe zeichnen sich durch Variationen in ihren Breiten aus, was insbesondere für den Epsilon-Ring gilt. Seine Breite variiert zwischen 20 und 100 km, wobei ein direkter Zusammenhang mit der Entfernung von Uranus besteht; die Breite wächst mit dem Abstand zum Planeten, der seinerseits um 800 km variieren kann.

Die Orientierung der elliptischen Ringe ändert sich ständig; die Ellipsen „kippen" um den Planeten, was Rückschlüsse auf die Abplattung von Uranus und auf sein Schwerefeld zuläßt. Die Ellipsenachsen des Epsilon-Ringes beispielsweise drehen sich in 6 300 Stunden einmal um den Planetenmittelpunkt; nach dieser Zeit hat ein Ringteilchen nur etwa 750 Umläufe hinter sich [2].

Zwischen den schmalen Uranusringen gibt es, im Unterschied zu den Hauptringgruppen von Saturn, breite, vermutlich materiefreie Bereiche. Dies zeigt sich auch an der gesamten Lichtmenge, die vom Uranussystem reflektiert wird. Die Uranusringe selbst reflektieren in einem weiten Wellenlängenbereich nur einige wenige Prozent des einfallenden Sonnenlichts. Dies deutet darauf hin, daß die Ringpartikel kaum von einer festen Wasser-, Ammoniak- oder Methanschicht umgeben sein können. Vielleicht sind sie aus Silikaten aufgebaut und enthalten zusätzlich Verbindungen, die das Sonnenlicht sehr stark absorbieren. Eisenoxide und Kohlenstoffverbindungen kommen hier infrage.

Die mittlere Partikelgröße der Uranusringe ist heute noch nicht bekannt.

Die wichtigsten Angaben über die fünf gesicherten Monde von Uranus sind in Tabelle 9.2 zusammengestellt. Diese Trabanten bewegen sich alle in der gleichen Ebene wie die Ringe, also in einer Bahnebene, die fast senkrecht auf der Ebene steht, in der Uranus um die Sonne kreist.

Größe, Masse und mittlere Dichte der Monde sind äußerst unsicher. Im Sommer 1982 gaben Astronomen der Universität Hawaii bekannt, daß es ihnen gelungen sei, aus Messungen der Infrarotstrahlung von Mauna Kea (Hawaii) aus die Durchmesser von vier Uranusmonden erstmals genauer zu bestimmen. Im Gegensatz zur bisherigen allgemeinen Auffassung meinen die Astronomen von Hawaii, daß die Monde überraschend große Himmelskörper sind, wobei Oberon, der größte der näher vermessenen Monde, immerhin einen Durchmesser von 1 690 km besitzt [3]. Die Durchmesser der übrigen Monde wurden wie folgt angegeben: Miranda ca. 550 km, Ariel ca. 1 330 km, Umbriel ca. 1 110 km und Titania ca. 1 600 km. Im Gegensatz zu den hellen Eismonden Saturns seien die Uranusbegleiter deutlich dunkler; sie erinnern an die „schmutzige" Eisoberfläche des Saturnmondes Hyperion. Der Mond Umbriel hat möglicherweise sogar eine weitgehend eisfreie, primär von Gestein oder Sand bedeckte Oberfläche.

Näheres über die Monde wird von der amerikanischen Sonde Voyager 2 erwartet, wenn sie im

Tabelle 9.2 Die Monde von Uranus [1]; Stand Mitte 1982

Name	Entdecker	Entdeckungsjahr	mittl. Abstand von Uranus [km]	siderische Periode [d]	Bahnneigung [Grad]	Bahnexzentrizität [–]	Radius [km]	Masse [kg]	mittl. Dichte [g/cm^3]
Miranda	G. Kuiper	1948	130 000	1,414	0	0,000	(160)	($3,4 \times 10^{19}$)	(2)
Ariel	W. Lassell	1851	192 000	2,520	0	0,003	(430)	($6,7 \times 10^{20}$)	(2)
Umbriel	W. Lassell	1851	267 000	4,144	0	0,004	(450)	($7,6 \times 10^{20}$)	(2)
Titania	W. Herschel	1787	438 000	8,706	0	0,002	(520)	($1,2 \times 10^{21}$)	(2)
Oberon	W. Herschel	1787	586 000	13,463	0	0,001	(460)	($8,2 \times 10^{21}$)	(2)

Januar 1986 an Uranus vorbeifliegen wird. Dann dürfte sich auch bestätigen, ob der Planet ein eigenes Magnetfeld besitzt oder nicht. Nach dem heutigen Verständnis von der Entstehung des Planeten setzt die Anwesenheit von Monden in der Äquatorebene die Existenz eines Magnetfeldes voraus; somit käme seiner Entdeckung eine große Bedeutung zu.

9.2 Neptun

Wir lesen in den Tagebüchern von Galileo Galilei, daß er schon im Dezember 1612 den Planeten Neptun beobachtet hat [4]. Er hielt ihn jedoch für einen Fixstern. Erst 234 Jahre später entdeckte der junge Berliner Astronom Johann Gottfried Galle (am 23. September 1846) den Planeten, und zwar unweit einer Stelle, die Urbain Jean Joseph Leverrier von der Pariser Akademie der Wissenschaften im Januar 1846 aus Abweichungen der Uranusbahn vorausberechnet hatte (Bild 9.3).

Der Planet besitzt mit fast 50 000 km etwa den gleichen Durchmesser wie Uranus (Tabelle 1.2), hat aber mit 1,66 g/cm^3 eine größere Dichte (Uranus: 1,19 g/cm^3). Der Grobaufbau des Planeteninneren dürfte dem von Uranus ähnlich sein. Die größere Körperdichte führte vielleicht zur Ausbildung eines etwas größeren Kerns, der infolge des höheren Druckniveaus im Zentrum teilweise erstarrt sein mag.

Der Poldurchmesser ist um rund 1/40 kleiner als der Äquatordurchmesser: Neptun ist somit ähnlich stark abgeplattet wie Jupiter oder Saturn. Auch dies deutet auf einen vergleichbaren Aufbau im Inneren hin.

Ein grundsätzlicher Unterschied zu Uranus muß jedoch hervorgehoben werden. Trotz des größeren Sonnenabstandes — der Planet Uranus erhält 2 bis 2 1/2 mal mehr Sonnenenergie als Neptun — sind die vergleichbaren mittleren Planetentemperaturen nahezu identisch. Neptun strahlt also zusätzlich Energie ab, und zwar 0,03 Mikrowatt pro Tonne Planetenmasse [1].

Was die äußerst schwierig zu messende Rotationsperiode anlangt, so glaubte man lange Zeit, sie mit etwa 21 ... 23 Stunden einigermaßen sicher ermittelt zu haben, wenn auch dieser Wert mit der beobachteten Abplattung von Neptun nicht sehr gut in Einklang zu bringen ist. In jüngster Zeit wurde versucht, die Rotationsperiode über die Beobachtung periodischer Veränderungen in der Gesamthelligkeit des Planeten

Bild 9.3
Selbst mit den größten optischen Instrumenten ist Neptun von der Erdoberfläche aus nur schwer beobachtbar. Hier eine Aufnahme, die mit dem 3 m-Teleskop des Lick Observatory (Kalifornien) gewonnen wurde [9]. Rechts oben Triton, der größere der beiden Neptunmonde.

im infraroten Bereich zu ermitteln [5]. Ausgangspunkt waren Überlegungen, daß man auf diesem Wege die Geschwindigkeit der Rotation großer hellerer und dunklerer Wolkengebilde einigermaßen wirklichkeitsnah erfassen kann. Nach Auswertungen von 300 im Verlaufe von sieben Wochen vorgenommenen Messungen kam man zu dem Ergebnis, daß die Rotationszeit der Wolkenoberdecke Neptuns 18h12min mit einer möglichen Abweichung von 24 min beträgt. Wie bei Jupiter und Saturn könnte der feste Körper des Planeten möglicherweise etwas rascher rotieren als die sichtbare Wolkendecke.

Für einen Umlauf um die Sonne benötigt Neptun fast 165 Erdjahre.

Die Hauptbestandteile der Atmosphäre sind – ähnlich wie bei Uranus – Wasserstoff, Helium, Ammoniak und Methan, ein Gemisch, das der sichtbaren Oberfläche den charakteristisch bläulich-grünen Schimmer verleiht. Im Infrarotspektrum Neptuns fanden amerikanische Astronomen 1977 neben Methan auch Anzeichen für das Vorkommen von Äthan [6].

Struktur und Temperaturverlauf in der Atmosphäre unterscheiden sich jedoch von Uranus. Während die Uranusatmosphäre bis in große Tiefen kalt und klar ist, enthält die Gashülle von Neptun Nebelwolken, die aus Aerosolpartikeln oder Eiskristallen bestehen. Zeitweise ist der Planet fast zur Hälfte von diesen Nebelschwaden eingehüllt, wobei sich die Schwaden jedoch innerhalb von nur wenigen Tagen zurückbilden oder sogar auflösen können. Die dünnen Wolken führen u.a. zur Aufheizung der oberen Atmosphäre durch Absorption von Sonnenlicht: Die Temperaturkurve weist in diesen Höhenbereichen einen charakteristischen Knick auf.

Im Sommer 1982 wurde bekannt, daß auch Neptun möglicherweise ein Ringsystem besitzt. Ein neuseeländischer Astronom teilte mit, daß er mindestens zwei transparente Ringe gesehen hat: einen in etwa 2900 km und den anderen in etwa 6700 km Abstand von Neptun. Diese Beobachtung wird wahrscheinlich erst nach dem Einsatz des Space Telescops der NASA (1986) bestätigt oder widerlegt werden können. Vermutlich bringt auch die Raumsonde Voyager 2 Klarheit, wenn ihre Experimente beim geplanten Neptun-Vorbeiflug im Jahre 1989 noch funktionstüchtig sind. Schon früher, im Februar 1986, bietet sich schließlich die Möglichkeit, eine günstige Sternbedeckung zu nutzen. Die beiden letzten Sternbedeckungen (1968 und 1979) ergaben allerdings keine der für die Existenz von Ringsystemen charakteristischen Auslöschungen des Lichts vor und nach der eigentlichen Okkultation.

Wie Tabelle 9.3 zeigt, besitzt Neptun zwei (bekannte) Monde, Triton und Nereid, deren Größen, Massen und mittlere Körperdichten jedoch nicht genau angegeben werden können. Für den Radius von Triton ist der bereits 1950 von G. Kuiper gefundene Wert angegeben. Radius, Masse und mittlere Dichte von Nereid gelten für einen Körper gesteinsähnlicher Zusammensetzung und einer Albedo von 0,5. Sollte Nereid dagegen aus einer Mischung von Eis und Gestein bestehen, sind Werte von 235 km (Radius), $7{,}1 \cdot 10^{13}$ kg (Masse) und 1,3 g/cm^3 (Dichte) wahrscheinlicher.

Beide Neptunbegleiter bewegen sich auf ungewöhnlichen Bahnen. Triton läuft auf einer fast kreisförmigen, retrograden Bahn mit hoher Inklination um den Planeten, während die Bahn des kleineren Nereid sowohl gegenüber der Äquatorebene geneigt als auch extrem exzentrisch ist; der Abstand dieses Körpers von Neptun schwankt zwischen 1,6 Millionen und 9,6 Millionen km.

Die Bahnhöhe von Triton scheint im Laufe der Zeit langsam abzunehmen. Irgendwann zwischen 10 und 100 Millionen Jahren wird sich Triton seinem Planeten so stark nähern, daß er als Folge der dann immer stärker werdenden Gezeitenkräfte platzt.

Triton ist noch aus einem anderen Grund ein interessanter Himmelskörper. Auch wenn die bekannt gewordenen Durchmesserangaben (zwischen 3600 km und 5200 km) stark schwanken, so wäre er immerhin groß genug, um sowohl ein aufgeschmolzenes Inneres zu haben als auch eine Atmosphäre aus schwereren Gasen zu halten. Im Jahr 1979 fanden Wissenschaftler auf spektroskopischem Wege gasförmiges Methan und schätzten bei den zu erwartenden Temperaturverhältnissen für Triton (ca. 55 K) einen möglichen Oberflächendruck von etwa 0,1 mbar (mit einem Unsicherheitsfaktor von zwei) ab. Dies wäre gerade der Dampfdruck von Methan bei 55 K Oberflächentemperatur. Eine wesentlich

Tabelle 9.3 Die Monde von Neptun [1]

Name	Entdecker	Entdeckungsjahr	mittl. Abstand von Neptun [km]	siderische Periode [d]	Bahnneigung [Grad]	Bahnexzentrizität [–]	Radius [km]	Masse [kg]	mittl. Dichte [g/cm^3]
Triton	W. Lassell	1846	355 000	5,877	160	0,00	(1 900)	(5,7 X 10^{22})	(2,0)
Nereid	G. Kuiper	1949	5 562 000	359,88	28	0,75	(470)	(1,3 X 10^{15})	(2,6)

dichtere Methanatmosphäre würde daher in kurzer Zeit ausfrieren und sich als Reif auf der Oberfläche von Triton niederschlagen. Dies bedeutet außerdem, daß es auf der Mondoberfläche auch festes Methan gibt, das allerdings nur Teile der Oberfläche bedecken kann. Diese Vermutung wurde im Herbst 1982, nach eingehender Beobachtung Tritons durch amerikanische Wissenschaftler in Kalifornien und auf Hawaii bestätigt: Die Oberfläche von Triton ist nicht gleichmäßig mit Methaneis bedeckt; eisfreie Regionen wechseln mit kontinentgroßen Eisfeldern ab.

9.3 Pluto

Als die Uranusbahn trotz der Berücksichtigung der Störungen durch den Planeten Neptun immer noch Abweichungen vom Sollwert zeigte, machte man sich erst mit Berechnungen, später mit der Himmelsfotografie erneut auf die Suche nach einem weiteren, neunten Planeten. Schon 1905 begann P. Lowell, ursprünglich amerikanischer Amateurastronom mit eigener Privatsternwarte, mit der Suche nach den transneptunischen Planeten. 1914, zwei Jahre vor seinem Tod, veröffentlichte Lowell die Ergebnisse seiner umfangreichen Berechnungen. Sie ergaben zwei entgegengesetzte Punkte am Himmel, wo der gesuchte Himmelskörper zu finden sein müßte. Auch ein zweiter amerikanischer Astronom, W. H. Pickering vom Mt. Wilson Observatory, versuchte sich an der Errechnung der ungefähren Position eines neunten Planeten. Seine Veröffentlichungen zu dieser Thematik stammen aus den Jahren 1909 und, ausführlicher, 1919. Praktisch 25 Jahre wurde sowohl vom Lowell Observatory, als auch vom Mt. Wilson Observatory erfolglos nach dem vermuteten Objekt gesucht [1, 7]. 1929 setzte man im Lowell Observatory eine neu entwickelte astrografische Weit-

Bild 9.4
Pluto-Entdecker C. W. Tombaugh, aufgenommen im Jahr 1979 im Jet Propulsion Laboratory der NASA. Tombaugh war damals 74 Jahre alt (Foto: Engelhardt; Nachdruck mit freundlicher Genehmigung der Zeitschrift „Sterne und Weltraum").

winkelkamera mit 32 cm Objektivöffnung ein. Einem neu eingestellten, erst 24 Jahre alten Amateurastronomen, Clyde W. Tombaugh, gelang dann an diesem Observatorium ein knappes Jahr später, Ende Januar 1930, die lang erwartete Entdeckung. Sie wurde am 13. März 1930, dem 149. Jahrestag der Entdeckung von Uranus und zugleich Lowells 75. Geburtstag, der Weltöffentlichkeit bekanntgegeben. Das sich am Himmel nur sehr langsam bewegende und äußerst lichtschwache Objekt etwa 15. Größe erhielt die Bezeichnung Pluto, ein Name der mit den Initialen Percival Lowells beginnt. Interessant ist, daß Pluto-Entdecker Tombaugh erst nach seiner Planetenentdeckung sein Astronomiestudium aufnahm (Bild 9.4).

Die Plutobahn ist die ungewöhnlichste Planetenbahn im Sonnensystem. Gegenüber der Bahnebene der Erde ist sie mit 17,2 Grad beträchtlich geneigt. Außerdem ist sie exzentrischer als alle anderen Planetenbahnen; der größte Abstand von der Sonne beträgt 49,3 A.E. (7,375 Mrd. km), der kleinste nur 29,6 A.E. (4,428 Mrd. km). Pluto benötigt für einen Umlauf um die Sonne nahezu 248 Jahre, hat sich also seit seiner Entdeckung 1930 erst einen kleinen Teil auf dieser Bahn weiterbewegt. 1989 wird Pluto zum erstenmal (seit 1930) durch den sonnennächsten Punkt seiner Bahn laufen. Ein Charakteristikum der Bahn ist, daß sie 20 Jahre lang innerhalb der Neptunbahn liegt. Dies ist augenblicklich der Fall; 1979 überquerte Pluto die Neptunbahn. Bis zum Frühjahr 1999 ist somit Neptun sonnenfernster Planet.

Für die Rotationsperiode gilt auch heute noch der schon Mitte der 50er Jahre aus Helligkeitsschwankungen ermittelte Wert von 6,39 Tagen, wobei wegen der Entfernung des Planeten und seiner geringen Größe ein gewisser Unsicherheitsfaktor akzeptiert werden muß. Plutos Äquatorebene muß, ähnlich wie bei Uranus, um mindestens 50 Grad, vielleicht sogar bis zu 100 Grad, gegen die Ekliptik geneigt sein.

Es wird heute allgemein angenommen, daß der Planet an den Bahnumlauf seines erst 1978 gefundenen Mondes Charon gebunden rotiert.

Der Planetendurchmesser ist wohl die Zahl, die in den letzten Jahren am stärksten revidiert werden mußte. G. P. Kuiper gab 1950 eine Größe von 5900 km an, 1965 wurde in der Literatur sogar ein oberer Wert von 6800 km für möglich gehalten (nach Messungen bei einem nahen Vorübergang Plutos an einem Fixstern, der nicht bedeckt wurde). Genauere indirekte Abschätzungen der letzten Jahre – eine direkte Durchmesserbestimmung ist fast unmöglich – führten mehr und mehr zu der Erkenntis, daß der Planetendurchmesser wesentlich kleiner ist; er dürfte zwischen 2700 km (für eine mittlere Dichte von 1 g/cm^3) und 2000 km als untere Grenze liegen.

Die geringe Größe (und Masse) gibt Rätsel auf, denn um die beobachteten Bahnabweichungen von Uranus und Neptun erklären zu können, müßte der transneptunische Planet mindestens die siebenfache Erdmasse besitzen! Selbst bei beispielsweise 5900 km Größe müßte die Planetendichte um 400 g/cm^3 betragen, ein völlig unsinniger Wert (vgl. hierzu Abschnitt 9.4).

Vor noch nicht langer Zeit nahm man an, daß die durchschnittliche Dichte Plutos etwa 5 g/cm^3 sei, was einem erdähnlichen Silikataufbau entspricht. Bei einer Dichte unter 1 g/cm^3, von der heute ausgegangen werden muß, kann Pluto eigentlich nur aus gefrorenem Wasser und gefrorenen Gasen wie Methan und Ammoniak bestehen („schmutziger Schneeball"). An der Oberfläche wurde 1976 gefrorenes Methan nachgewiesen. Die Oberfläche selbst erscheint „gesprenkelt" und ziemlich hell: Pluto reflektiert nahezu 25 % des einfallenden Sonnenlichts.

Pluto ist zu klein, um eine eigene Wasserstoff- oder Heliumatmosphäre halten zu können, auch wenn die Molekulargeschwindigkeit dieser Gase bei den sehr tiefen Temperaturen – die Oberflächentemperatur fällt je nach Sonnenabstand bis auf Werte von 40 K – ebenfalls sehr klein ist. Im Jahr 1980 ist es jedoch erstmals gelungen, Methan spektroskopisch nachzuweisen und den entsprechenden Oberflächenpartialdruck von Pluto auf etwa 0,1 mbar zu bestimmen. Nähert sich Pluto nämlich innerhalb der Neptunbahn seinem sonnennächsten Punkt, kann die Oberflächentemperatur auf ungefähr 65 K steigen, so daß ein Teil des Methaneises auf der Plutooberfläche in den gasförmigen Zustand übergeht. Dies wurde erneut im Herbst 1982 durch erdgebundene Beobachtung bestätigt.

Möglicherweise gibt es außer Methan noch ein schwereres Gas wie etwa Neon, das das gasförmige Methan vor dem Entweichen in den umgebenden interplanetaren Raum hindert. In jedem Fall hat Pluto die dünnste Atmosphäre aller Planeten.

Im Sommer 1978 gab J. W. Christy vom US Naval Observatory die Entdeckung eines Plutomondes bekannt; er gab ihm den Namen Charon. Charon ist etwa 1/3 so groß wie Pluto, was einem Durchmesser zwischen 670 km und 900 km entspricht. Sollte sich dieser Bereich bestätigen, so hat Charon den größten relativen (auf den Planeten bezogenen) Durchmesser im gesamten Sonnensystem. Genauere Angaben werden in der zweiten Hälfte der 80er Jahre erwartet. Dann nämlich befindet sich die Erde in einer günstigen Stellung zur Bahnebene von Charon, so daß über die Beobachtung von Sonnen- und Mondfinsternissen im Pluto-Charon-System genauere Angaben über die Größen beider Himmelsobjekte möglich sind.

Die Umlaufperiode von Charon entspricht der Plutorotation: Der Plutotrabant „steht" also immer stationär über einem festen Punkt der Planetenoberfläche, vergleichbar etwa mit einem Nachrichtensatelliten auf dem geostationären Erdorbit (in 36 000 km Höhe). Der mittlere Abstand zum Mutterplaneten liegt bei 17 000 km [1], in einigen älteren Veröffentlichungen ist auch von 20 000 km die Rede.

Die Frage der Herkunft von Pluto und Charon ist nach wie vor ein heftig umstrittenes und diskutiertes Thema. Auf der einen Seite stützt die physikalische Ähnlichkeit zwischen Pluto und den äußeren Planeten (Jupiter bis Neptun) die alte Theorie, Pluto sei ein entsprungener Neptunmond. Ausgegangen wird dabei von einer Beinahe-Kollision zwischen dem Neptunmond Triton (Kapitel 8) und Pluto; ersterer wurde bei diesem Ereignis auf seine jetzige Bahn geschleudert, Pluto auf seine stark elliptische. Auf der anderen Seite spricht jedoch die Existenz einer eigenen, wenn auch sehr dünnen Atmosphäre und vor allem die eines eigenen Trabanten strikt gegen die These eines ursprünglichen Neptunbegleiters und auch gegen die Vorstellung, Pluto sei ein früherer kometen- oder asteroidenähnlicher Weltenkörper.

Einige Wissenschaftler vermuten, daß Charon früher ein Teil von Pluto war und sich später von ihm abspaltete. Ziemlich ausgeschlossen scheint mittlerweile, daß Charon zu einer Zeit, als Pluto möglicherweise den Neptun umkreiste, ein Satellit von Pluto war. Ein solches Dreiersystem wäre dynamisch nicht stabil, so daß Pluto und Charon durch die Wirkung der Gezeitenkräfte innerhalb von 1 Mio. Jahren kollidiert wären.

9.4 Transpluto, ein zehnter Planet?

Da auch Pluto mit seiner geringen Masse die beobachteten Bahnstörungen von Uranus und Neptun nicht vollständig erklären kann, stellt sich erneut die Frage nach einem weiteren transplutonischen Planeten. Bisher blieb die Suche nach einem derartigen zehnten Planeten in 50 ... 100 A.E. Sonnenentfernung und mit zwei bis fünffacher Erdmasse jedoch erfolglos. Auf der anderen Seite werden die theoretischen Grundlagen der Berechnung teilweise in Zweifel gezogen; einige Autoren vermuten, daß die beobachteten Bahnstörungen gar nicht existieren, andere bestreiten es, daraus überhaupt Rückschlüsse auf die Existenz eines störenden Transpluto ziehen zu können.

Es sei hier nur angedeutet, daß man derartige Störungen auch durch einen dunklen Sonnenbegleitstern von etwa Sonnengröße in etwa 80 Mrd. km Entfernung vom äußersten Planeten oder aber durch ein Schwarzes Loch mit zehnfacher Sonnenmasse in doppelt so großer Entfernung erklären könnte. Nachdem die Raumsonde Pioneer 10 im Juni 1983 alle Planetenumlaufbahnen überflogen hatte und sich die Schwestersonde Pioneer 11 – auf der entgegengesetzten Seite des Planetensystems – dem Planeten Uranus nähert, besteht durch die exakte Auswertung des Bahnverlaufs der beiden amerikanischen Raumflugkörper die Möglichkeit einer Überprüfung. Ein kleineres und der Sonne näheres planetenähnliches Objekt (Transpluto) würde eine der beiden Sonden etwas stärker anziehen als die andere, während ein größerer und weiter entfernter Körper (Schwarzes Loch, Sonnenbegleiter) auf beide Sonden etwa den gleichen Einfluß hätte [8].

Literatur

[1] Beatty, J. K. u.a.: The New Solar System. Sky Publishing Corporation und Cambridge University Press, Cambridge, USA, 1981

[2] Pollack, J. B. u. Cuzzi, J. N.: Planetenringe. Spektrum der Wissenschaft 1/1982

[3] Four Moons of Uranus Measured For The First Time. JPL-Pressemitteilung 82–104 vom 23.6. 1982, Pasadena, USA

[4] Drake, S. u. Kowal, C. T.: Galileis Beobachtungen des Neptun. Spektrum der Wissenschaft 2/1982

[5] New Scientist 91, 794 (1981)

[6] Macy, W. u. Sinton, W.: Detection of methane and ethane on Neptun but not on Uranus. Astrophysics J. 218 (1977) L 79

[7] Vogt, N.: Pluto – der ferne Planet. Sterne und Weltraum 1/1980

[8] Waller, P.: Pioneers may find tenth planet. NASA-Presseinformation 82–83, Juni 1982

[9] The Solar System. Scientific American 9/1975

[10] Moore, J. W.: Effective Planetary Exploration at Low Cost. Astronautics & Aeronautics 10/1982

[11] NASA: Planetary Exploration Through Year 2000; A Core Program. Mai 1983

Tabelle 10.1 Auswahl künftiger Planeten- und Kometenflüge (Stand: Mai 1983)

Sonde	Land	Ziel	Start	Bemerkungen
ISEE-3	USA	Komet Giacobini-Zinner (September 1985); Komet Halley (März 1986)	12.8.1978 (bereits erfolgt)	Vorbeiflug am Giacobini-Zinner in ca. 3000 km, an Halley in 34 Mio. km
Voyager 2	USA	Uranus (24.1.1986), Neptun (August 1989)	20.8.1977 (bereits erfolgt)	nach erfolgten Vorbeiflügen an Jupiter und Saturn sind Uranus und Neptun Sekundärziele; Durchführung des Programms noch nicht endgültig gesichert
Vega (2 Sonden)	UdSSR	Venus-Swingby Juni 1985, Halley-Flyby März 1986	Dez. 1984	Absetzen von zwei atmosphärischen Eintauchsonden an der Venus; Vorbeiflugabstand am Kometen Halley 3000 bzw. 10000 km
Planet-A	Japan	Komet Halley	Aug. 1985	Ankunft im März 1986; Vorbeiflugabstand 10000 bis 100000 km
Giotto	ESA	Komet Halley	Juli 1985	Ankunft im März 1986; Vorbeiflug in weniger als 1000 km; Sonde wird durch Kometenpartikel zerstört
Space Telescope	USA	diverse Planetenbeoachtungen	Start 1986?	Nutzungsdauer ca. 11 Jahre; maßgebliche europäische Mitbeteiligung
Galileo	USA	Jupiter (Erforschung durch Eintauchsonde und vom Orbit aus)	1986?	Ankunft an Jupiter 1989? Eintauchsonde zur Erforschung der Atmosphäre sowie künstlicher Jupiter-Satellit (Verweilzeit im Orbit mindestens 20 Monate)
ISPM (ursprünglich je eine europäische und amerikanische Sonde)	ESA	Jupiter-Swingby und Überfliegen der Pole der Sonne	1986?	ISPM (International Solar Polar Mission); durch die Sparmaßnahmen der US-Regierung ist der Start der amerikanischen Schwestersonde unwahrscheinlich, so daß die ESA die europäische Sonde allein entwickeln und starten wird (evtl. NASA-Mitbeteiligung)
Venus Radar Mapper	USA	Venus (Radarkartierung)	1988?	ellipsenförmiger Orbit (250/10000 km); Programm abgeleitet aus dem ursprünglich geplanten, ehrgeizigeren Projekt VOIR (Venus Orbiting Imaging Radar), das 1981/82 Sparmaßnahmen zum Opfer fiel

Schlußbemerkung

Die Erforschung unseres Sonnensystems gilt auch heute keineswegs als abgeschlossen. Durch neue Entdeckungen und neue Berechnungsergebnisse werden zwar länger bestehende Fragen beantwortet, dafür aber auch viele neue aufgeworfen und bisherige Modellvorstellungen umgestoßen, so daß im Lichte neuerer Erkenntnisse auch die wissenschaftlichen Daten früherer Planetenmissionen völlig neu überdacht und evtl. neu interpretiert werden müssen.

Die Erkundung unserer Planeten und deren Monde war keineswegs nur eine Aufgabe der Jahre 1962 bis 1982, die oft als die beiden goldenen Jahrzehnte der Mond- und Planetenforschung angesehen werden. Sie wird vielmehr auch eine der interessantesten Forschungsaufgaben der nächsten Jahrzehnte bleiben. Wieder verstärkt durchgeführte erdgebundene Beobachtungen in Verbindung mit einigen ausgewählten Planetenflügen der NASA und den internationalen Kometenmissionen (Tabelle 10.1), sowie weitere sowjetische Mars- und Venuslandungen werden diese Erkundung schon in den kommenden Jahren weiterführen. Die Vermehrung des Wissens über unsere Planeten wird dabei zunehmend verstärkt begleitet von einer Vertiefung des Verständnisses der Vorgänge auf und in unserer Erde. Eine neue wissenschaftliche Disziplin ist geboren: die vergleichende Planetenforschung (comparative planetology), die Geologie, Meteorologie, das Klima, die Atmosphären und Magnetosphären der Himmelskörper unmittelbar miteinander vergleicht. Je mehr über die einzelnen Planeten bekannt ist, desto leichter ist es, Unterschiede bei Nachbarplaneten im Vergleich zur Erde festzustellen und — vor allem — zu erklären. Die Planetologie der nächsten Jahre wird sich nicht mehr mit Einzelplaneten beschäftigen, sondern eine Sonnensystem-Planetologie sein [10, 11].

Ein guter Aspekt für die Zukunft.

Sachworterklärungen

Albedo	Reflexionsvermögen (von festen Stoffen, Wolken, Planetenoberflächen, Flüssigkeiten); die Albedo ist für einen ideal reflektierenden weißen Körper gleich Eins
antizyklonisch	Bewegung gegen den Uhrzeigersinn
äolische Prozesse	durch Winde hervorgerufene Vorgänge
Aphel	sonnenfernster Punkt einer Planetenbahn um die Sonne
Aurora	Polarlicht, auf der Erde eine Art leuchtender „Vorhang" von grüngelber Farbe, der fast stehend am Himmel erscheint; entsteht durch Wechselwirkung des Sonnenwindes mit dem planetaren Magnetfeld
Caldera	Kraterkessel, in der Regel eine trichterförmige Vertiefung
Clathrat	Eisteilchen mit eingeschlossenem Kohlendioxid
Deposition	Verschiebung oder Verfrachtung von Materie auf einer Mond- oder Planetenoberfläche
differentielle Rotation	Rotation mit einer Geschwindigkeit, die vom Abstand zum Rotationszentrum (bei der Sonne und den Gasplaneten vom Breitengrad) abhängt
Differenzierung (Differentiation)	hier: Vorgang des Aufschwimmens leichter Bestandteile und Absinkens schwerer Bestandteile einer Gesteinsschmelze. Nach erfolgter D. besitzt die erstarrende Schmelze eine andere vertikale Elementenstruktur und Dichteverteilung als vorher
Dipol	Anordnung von zwei entgegengesetzten gleichen elektrischen Ladungen
Dissoziation	Zerfall von Molekülen in einfachere Moleküle, Atome oder Radikale
Ejekta	ausgestoßenes Material
Ekliptik	Projektion der Erdbahnebene an die als unendlich groß angesehene Himmelskugel. Erdbahnebene ist festgelegt durch die Bahn des Systemschwerpunktes Erde–Mond
Elektronenvolt	(eV) atomare Energieeinheit. 1eV ist die Energie, die ein Elektron oder jedes andere mit einem elektrischen Elementarquantum geladene Teilchen beim freien Durchlaufen einer Spannung von 1 Volt (1 V) gewinnt
endogen	im Inneren entstehend; von Kräften im Körperinneren erzeugt
Erosion	Zerkleinerung und Abtragung von Oberflächenmaterial durch Wasser, Wind Temperaturunterschiede, Druck
exogen	von außen einwirkend; Kräfte, die auf die Planeten- oder Mondoberfläche einwirken, wie Wasser, Atmosphäre, Organismen u.a.
Exosphäre	oberer Bereich einer planetaren Atmosphäre, aus dem ständig Gasteilchen und Atome in den freien Weltraum entweichen
Expansion	Ausdehnung eines Himmelskörpers
Flare	chromosphärische Eruption auf der Sonne, oft von Materieauswürfen begleitet
fluviatile Prozesse	Vorgänge, hervorgerufen durch strömende, mehr oder weniger flüssige Medien
Fly-by (Swing-by)	Passage eines Raumflugkörpers an einem Himmelskörper in der Art, daß dessen Gravitation und Bahngeschwindigkeit eine gewollte Richtungsänderung und Geschwindigkeitserhöhung des Raumflugkörpers bewirken
Fraktionierung	Trennung (einer Flüssigkeit) in schwerere und leichtere Bestandteile
Fraktur	hier: Bruch im Sinne von Kluft
gebundene Rotation	Umlauf eines Mondes um einen Planeten in der Weise, daß der Mond dem Planeten stets die gleiche Seite zuwendet.

Geoid	Figur, die in allen Punkten senkrecht zur Richtung der Schwerkraft steht; tatsächliche Form der Erde
Heliosphäre	bewegliches Grenzgebiet zwischen dem Partikelstrom der Sonne und dem interstellaren Gas; alle Planeten des Sonnensystems befinden sich innerhalb der Heliosphäre
Impaktstruktur	Krater, erzeugt durch den Aufschlag eines Meteoriten, Meteors oder Asteroiden
Ionisation	Versetzung von Atomen und Molekülen in den elektrisch geladenen Zustand
Ionosphäre	Bereich einer Planetenatmosphäre, in dem sich stark ionisierte Schichten ausbilden
isostatisches Gleichgewicht (Istosasie)	Gleichgewichtszustand der Krustenschollen eines Planeten
Isotop	Atom mit den gleichen chemischen Eigenschaften wie ein Element, jedoch mit unterschiedlicher Masse
Kontraktion	Schrumpfen oder Zusammenziehen eines Himmelskörpers
Konvektion	Energietransport durch die kleinsten Teilchen in einer Strömung
Kratersättigung	sie ist erreicht, wenn die Gesamtfläche aller Einschlagkrater auf einem Planeten oder Mond größer als dessen Oberfläche ist
Kraterstrahlen	Anordnung von Ejektamaterial in einem oft hellen, strahlenförmigen Muster um einen Krater
Lithosphäre	Kruste oder Mantel eines Planeten
Magma	teilweise oder völlig geschmolzene Silikate mit gelösten Gasen im Inneren eines Planeten (oder Mondes)
Magnetopause	Grenzbereich der Magnetosphäre
Magnetosphäre	Bereich über der Ionosphäre, in dem ein planetares Magnetfeld die Bewegungen ionisierter Gase und energiereicher geladener Teilchen bestimmt
Perihel	sonnennächster Punkt einer Planetenbahn um die Sonne
Permafrost	Eisablagerungen unterhalb der Oberfläche eines Himmelskörpers
Phasenwinkel	Winkel, gebildet zwischen den beiden Linien Raumflugkörper/Sonne und Raumflugkörper/Mittelpunkt eines Planeten- bzw. Mondfotos
Photodissoziation	Aufspaltung chemischer Verbindungen unter Einwirkung der Sonnenstrahlung
Präzession	durch äußere Kräfte aufgezwungene Drehbewegung einer Planetenachse
reduzierend	Sauerstoff wegnehmend, Wasserstoff zuführend
retrograde Bahn	Umlaufsinn eines natürlichen oder künstlichen Satelliten im entgegengesetzten Sinn zur Planetendrehung (rückläufige Bahn)
Sekundärkrater	Nebenkrater, z.B. gebildet durch das Zurückfallen der nach dem Entstehen des Hauptkraters emporgeschleuderten Massen
Subduktion	aus dem lat. sub (= unter) und ducere (= führen) abgeleiteter Begriff für das Abtauchen von Erdkruste ins Erdinnere
Tektonik	Teil der Geologie; sie befaßt sich mit dem Studium der Strukturen, der Bewegung, der Deformation und der Entwicklung von Planeten- und Mondoberflächen
Terminator	Grenzlinie zwischen Tag- und Nachtseite eines Planeten oder Mondes
Umlaufzeit, siderisch	Zeit des vollständigen Umlaufs eines Planeten um die Sonne (siderisches Jahr eines Planeten)
Umlaufzeit, synodisch	Zeit bis zur Wiederkehr der gleichen Stellung eines Gestirns in Bezug auf Sonne und Erde
zyklonisch	Bewegung im Uhrzeigersinn

Bild V
Blick vom Landeplatz
von Viking Lander 1
auf dem Mars
in südwestlicher Richtung
kurz vor Sonnenuntergang

Bild VI Typische Marsregion am Landeplatz von Viking 2.
Im Vordergrund Aufbauten des Landegerätes

Bild VII Wolkendecke des Planeten Jupiter
im Bereich des Großen Roten Flecks (GRF)

FARBTAFELN

Bild I
Unser Mutterplanet – die Erde

Bild II
Die Erde über dem Mondhorizont,
eine Aufnahme aus dem
Apollo 8-Raumschiff

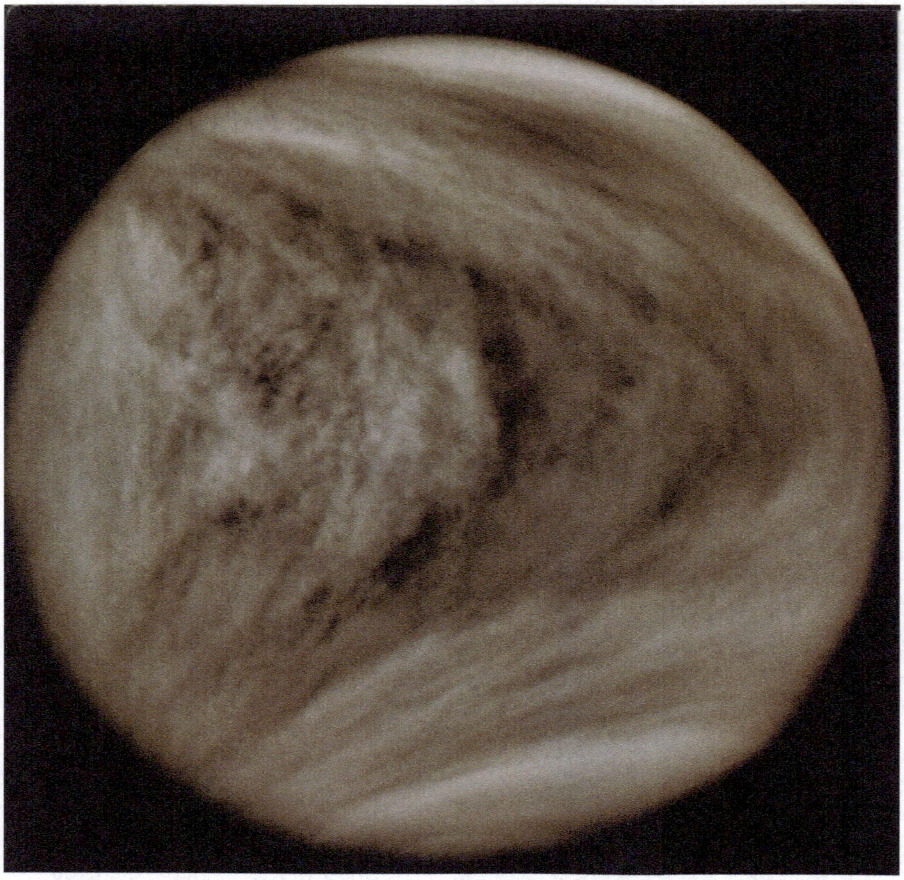

Bild III
Erste Vollaufnahme der Venus von einer Raumsonde, entstanden im Februar 1979 aus 65 000 km Abstand

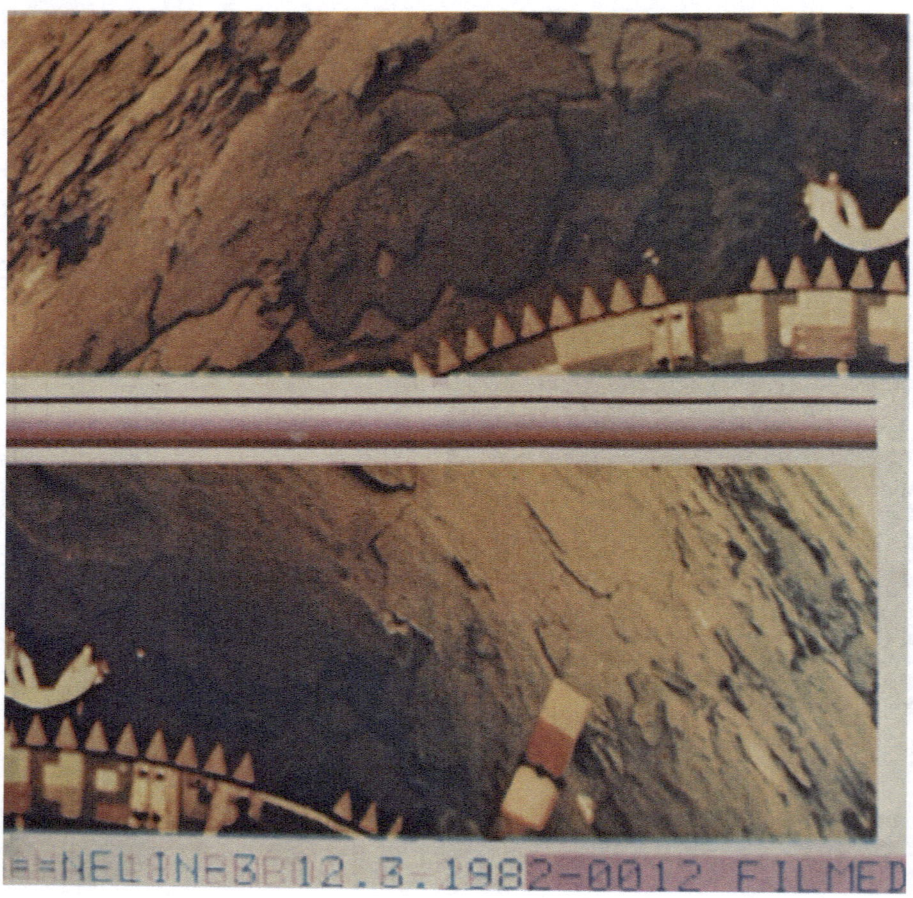

Bild IV
Von der Sonde Venera 14 aufgenommenes Panoramabild, eine der ersten Farbaufnahmen vom Venusboden. Die Umgebung des Landepunktes ist relativ glatt, der Boden leicht gefaltet und von zahlreichen Rissen überzogen. Beide Teilbilder ergeben aneinandergesetzt einen Bildstreifen, an dessen unterem Rand ein Teil des gezackten Landeringes erkennbar ist.

Bild VIII Vulkanausbruch am Horizont des Jupitermondes Io

Bild IX Teil von Saturn und seinem Ringsystem in einer Aufnahme von Voyager 2 aus 14 Millionen km Abstand.
In der Nordhalbkugel sind Wolkenturbulenzen zu erkennen

Bild X Falschfarbenaufnahmen der Nordhalbkugel von Saturn mit den Monden Dione (rechts) und Enceladus

Bild XI
Saturn mit einigen seiner Monde
(nicht maßstäbliche Fotomontage).
Von links: Rhea, Enceladus,
im Vordergrund Dione, Thethys,
Mimas und (rechts oben) Titan

Bild XII
Saturnmond Ganymed
in einer Aufnahme von Voyager 1
aus 2,6 Millionen km Entfernung

GPSR Compliance

The European Union's (EU) General Product Safety Regulation (GPSR) is a set of rules that requires consumer products to be safe and our obligations to ensure this.

If you have any concerns about our products, you can contact us on ProductSafety@springernature.com

In case Publisher is established outside the EU, the EU authorized representative is:

Springer Nature Customer Service Center GmbH
Europaplatz 3
69115 Heidelberg, Germany

Batch number: 10578403

Printed by Printforce, the Netherlands